自 然 文 库
Nature
Series

MONSTER OF GOD

The Man-Eating Predator in the Jungles of
History and the Mind

众神的怪兽

在历史和思想丛林里的食人动物

〔美〕戴维·奎曼 著

刘炎林 译

商务印书馆
创于1897
The Commercial Press

Monster of God:

The Man-Eating Predator in the Jungles of History and the Mind

By David Quammen

published by arrangement with W. W. Norton &Company, Inc.

Through Bardon-chinese Media Agency

谨以此书献给拜尔斯博士、希瑟博士，以及简

作者的话

在印度古吉拉特邦参观吉尔森林的时候，我满脑子都是写这本书的念头。吉尔的狮子是这本书的起点。印度野生动物研究所的拉维·切拉姆带我观察这些狮子，慷慨分享他多年的野外经验。从他已发表的作品以及未发表的数据和见解中，我获益良多。因此，我欠他一份特别的感激，在此我欣然承认。

还有许多科学界和非科学界人士为我提供诸多帮助。在书后我将一一致谢。

书中涉及的单位换算：

1 英尺 =0.3048 米；

1 英寸 =2.54 厘米；

1 英里 =1.609 千米；

1 蒲式耳（英）=36.3677 升；

1 码 =0.9144 米；

1 平方英里 =2.59 平方千米；

1 英亩 =4046.86 平方米；

1 平方码 =0.84 平方米；

1 公顷 =0.01 平方千米；

1 磅 =0.45 千克。

目录

力量与荣耀的食物链

1

长久以来，巨大而可怕的食肉动物始终与人为邻。它们是智人演化的生态环境的一部分，它们是人类认识到自身是一个物种的心理背景的一部分，它们是我们为生存而创建的精神体系的一环。大型食肉动物的尖牙利爪，它们的凶猛残暴和饥饿环伺，是人类努力避免但永难遗忘的冷酷现实。每隔一段时间，总有可怕的食肉动物从森林或河流的暗处现身，将人类杀死并吃掉。这是人类所熟知的一种灾难，就像是今日的车祸，尽管司空见惯，却鲜活在目、触目惊心，思之毛骨悚然。这种灾难寓意深长。在人类最早的自我意识中，必然包含了"身为鱼肉"的部分。

如今，"食人动物"（man-eater）一词可能有些不合时宜，以至于关心食肉动物的人士希望彻底废弃它。一种看法是，这个词带有性别歧视的味道：食（男）人兽。另一种看法是，这个词哗众取宠，误导公众。那些物种的某些个体确实会偶尔杀死并吃掉人，但称它们为食人动物有点言过其实，这强化了人类对它们的极度恐惧。第一种反对意见——涉嫌性别歧视——是有关语义的争议，我们留待语义学者去讨论。第二种反对意见——涉嫌煽动恐惧——则是本书要讨论的。

对食人动物一词的不适，并非捕风捉影。食人动物形象的惊悚价值已被充分挖掘。我办公室的书架上塞满了有关捕食的文学作品。一些书名骇人听闻，丝毫不加掩饰，诸如《死亡的利爪》《鳄鱼来袭》《人类即猎物》，甚至简单粗暴地取名《袭击!》。最后一本书的封面是龇牙咧嘴的灰熊，嘴唇后翻，露出巨大的犬齿和粉灰斑驳的舌头，像是在低声咆哮（但也可能是打哈欠，或是生物学家所谓的性嗅反射，一种嗅觉动作）。这是一张近距离的特写，你甚至可以看到灰熊的喉咙，想象自己葬身熊腹，跟它吃下的"杨帕根"（禾羽芹属植物）、美洲越橘和美国白皮松果搅合在一起。杂乱的藏书中还有另外三本，《食人动物》（Maneaters）、《食人动物》（Man Eaters）和《食人动物》（Man-Eater），封面也都是龇牙咧嘴的猛兽，其中一本的副标题是"动物追踪、撕咬、杀死和吃掉人类的真实故事"。我手里还有一本《察沃的食人动物》（The Man-Eaters of Tsavo），算是这类作品中的经典之作。作者 J.H. 帕特森（J.H.Patterson）中校在 1898 年监理乌干达铁路建设时，射杀了两头四处劫掠的狮子。装点帕特森一书封面的——你能猜到了吧？——又是咆哮的狮子。使用这些咄咄逼人的照片，再加上咄咄逼人的"食人动物"一词，无非是为了消费动物而演出的一场通俗闹剧。不客气地说，我们甚至可以称之为猛兽色情作品。事实上，大型食肉动物与无处不在的灵长类关系历来紧密——虽然后者有时也因为鲁莽而绝望地沦为猎物——源远流长而充满张力。但是，这些随处可见的通俗闹剧、"利齿毛片"，无疑是对这种密切关系的扭曲。

尽管有这些反对意见，我还是不愿从字典中抹去"食人动物"一词。无论煽动恐惧与否，性别歧视与否，这个词在语言体系中自有其价值。"食人动物"，简单粗暴，冷酷无情，没有其他中性词语能更准确地表达同样的含义。这个词值得保存，因为它标识并纪念着一种人类的基本体验——在少数情况下，人类的一员降格为可食用的肉类。这个词提醒我们，在力量与荣耀的食物链中，在千万年间的过往中，人类曾居于何处：我们并不总是毫无疑问地位于顶端！

这些食人动物是什么动物？广义的食人动物既包括大型的独居食肉动物，也有体型较小的群居食肉动物。小型食肉动物包括鬣狗、胡狼、狼、野狗、食人鱼（可能还有其他一些兽类和鱼类），它们成群结队，有时会袭击人类。不过这些动物并不是本书关注的对象。我需要你思忖的是一种特殊关系的心理、神话和精神层面（以及生态含义）：一只危险的食肉动物和一名人类受害者之间的捕食者—猎物对决。我相信，在人类认识自身在自然之位置的过程中，这种关系发挥了至关重要的作用。

我将要谈及的动物，没有统一的学名，也没有正式的分类。既然没有更好的标签，我姑且称之为顶级捕食者。它们属于一个精挑细选但又参差多态的群体，横跨多个动物门类，包括一些兽类、一些鱼类以及一些爬行类。在严谨的科学术语中，这种组合是人为的，不具有分类学或生态学依据，它其实是心理性的，铭刻于人类的意识中。这些动物包括虎（*Panthera tigris*）、棕熊（*Ursus arctos*）、大白鲨（*Carcharodon carcharias*）、尼罗鳄（*Crocodylus niloticus*）、咸水鳄（*Crocodylus porosus*）、狮（*Panthera leo*）、豹（*Panthera pardus*）、恒河鲨（*Glyphis gangericus*）、北极熊（*Ursus maritimus*）、科摩多巨蜥（*Varanus komodoensis*），以及其他一些物种。美洲狮（*Puma concolor*）正重新成为候选物种之一。非洲岩蟒（*Python sebae*）、网纹巨蟒（*Python reticulata*）、水蚺（*Eunectes murinus*）和美洲豹（*Panthera onca*）

可能也符合要求，另外还有几种鳄鱼和鲨鱼。不过也就是这些了。大型猫科动物、一些软骨鱼、一些爬行动物、几种熊——名单很短，然而个个令人生畏。它们与其他生物的不同之处，也是彼此相似之处：每一个都足够巨大，足够凶猛，能够轻而易举地杀死并吃掉一个人（当然，也是偶尔为之）。它们对人类的威慑，不同于其他动物。

大象每年都会踩死人，但不管在非洲还是亚洲，大象都不吃人。野牛和犀牛像高速货车一般致命，但它们也不吃肉。河马尽管是素食动物，对在河边生活和工作的乡村居民却非常危险。鬣狗也袭击人类，不过它们是群居动物，不是独居的捕食者。同样，印度和其他地方的狼也会袭击人，不过狼一般群体活动，不单独出击。眼镜蛇、曼巴蛇以及其他毒蛇每天都会咬死很多人。蝎子和蜘蛛咬死的人要少一些。携带疟疾的蚊子可能是全球最致命的野生动物。不过所有这些能置人于死地的动物，都不是我想要讨论的对象。它们不是食人动物。它们不是顶级捕食者。

顶级捕食者及其带来的刺激，已经超越了生死相搏的单纯生理维度，进入神话、艺术、文学和宗教多个领域。古埃及狮形女神赛赫麦特（Sekhmet）嗜杀成性，威名赫赫，代表着战争、瘟疫和死亡。斯芬克斯狮身人面，有时长有双翼，性情比赛赫麦特更为叵测。不止是埃及，在整个古代中东地区，狮子都是超群的掠食者，因此成为标志性捕食者的第一个模板，这同样反映到犹太—基督教的《圣经》中。一位耐心的学者做过统计，《圣经》至少提到过 130 次狮子。在《约伯记》忧郁的故事中，狮子提醒高傲者即将来临的诸多灾难。《约伯记》第 4 章第 10 节写道："狮子的吼叫，和猛狮的声音，尽都止息。少壮狮子的牙齿，也都敲掉"；"老狮子因绝食而死。母狮之子也都离散"。当但以理被封进狮群的洞穴，狮群担当公义的仲裁者，拒绝吃他；后来，狮群愉快地吞噬了囚禁但以理的波斯总督。在《撒母耳记》中，默默无闻的青年大卫向扫罗王自荐抗击巨人歌利亚。大卫吹嘘他经常杀死袭击羊群的狮子，保证像搞定狮子那样搞定那位非利士傻大个儿。另外，《诗篇》第7篇中写道：

> 我的上帝啊，我投靠你！
> 求你救我脱离所有追赶我的人，搭救我出来！
> 免得他们像狮子撕裂我。

这些狮子以及《圣经》中另外126处提到的狮子，仅仅是想象出来的吗？它们是根据远古传闻的原型编造出来的幻象吗？不。它们是投射在神圣寓言中的真实狮子。它们是本土动物在神学上的亲属。

在印度，狮首神那罗辛哈（Narasimha）被尊为毗湿奴神的第四化身。在澳大利亚北部，沿着面积广大的阿纳姆地原住民保留地的东海岸，雍古人早就认识到——并且仍然信奉——人类与熟知的本土动物错综复杂的图腾崇拜关系。其中之一是咸水鳄，雍古人恭敬地称之为巴茹（Bäru）。在格陵兰岛和加拿大北部，因纽特人有许多北极熊的传说。比如，母熊吃掉一位孕妇，却慈爱地抚养从女人子宫中撕下的婴儿。东非马赛人践行真正的猎狮传统"阿拉马约"（*alamaiyo*），部落勇士以此证明勇气，赢得荣耀。第一位将长矛投向狮子的人，可以获得狮子的鬃毛和尾巴作为奖品。在印度尼西亚群岛的科莫多岛（Komodo）上，早期人类将死者葬于浅墓，再覆以巨石堆——要在岩石嶙峋的火山岛上挖掘深坑，大概是不可能的。显然，这种做法是为了阻止科摩多巨蜥啃食尸体。在日本北海道阿伊努岛，棕熊"喜木马"（*higuma*）被尊为山神。而阿伊努人却实行一种仪式：亲手养育棕熊幼崽，待幼崽长到两三岁时将之杀死，称"送回家"。

鲨鱼崇拜在一些太平洋岛屿上相当普遍，至少在基督教传教士到来并反对它之前是这样的。根据记载，所罗门群岛的人曾为此竖起石头祭坛，向鲨鱼神"塔库·马纳卡"（*takw manacca*）献祭人体。为祈求游泳区的安全，斐济人每年举行两次亲吻鲨鱼的仪式。

在苏门答腊中西部山区，葛林芝人（Kerinci people）将虎分为肉身虎（*harimau biasa*）和灵魂虎（*harimau roh*），以此神化对于虎的观念。前者令人恐惧，后者则被尊为祖先监护人和法官。当面临可怕的麻烦之时，葛林芝人召唤灵魂虎，以期让自己充满虎一般的勇气和能量。刚果东部也有类似的观念。豹人阿尼奥托（Anioto）可以在人类和豹子之间转换外形。豹人有时使用利爪施虐，将谋杀罪行归咎于真正的豹子。生活在俄罗斯东南部森林里的乌德盖人（Udege），传统上以狩猎和诱捕为生。他们把森林之王称为安巴（Amba），也就是我们所知的东北虎（Siberian tiger，亦可称西伯利亚虎）。乌德盖人视安巴为善良的观察者和守护者，也视之为争抢猎物的对手，但很少看作直接的威胁。乌德盖人似乎相信，你不打扰安巴，安巴也不打扰你。

在这本书中，我将详细讲述老虎安巴、鳄鱼巴茹和棕熊的故事。棕熊是暴躁的杂食动物，在日本北海道和欧洲、亚洲、北美洲三大洲的北部地区都引发了复杂的忧虑。此外，本书还想讲述鲜为人知的狮子亚种亚洲狮（*Panthera leo persica*）的故事。亚洲狮如今仅生存于印度西部的一处森林孤岛。我围绕这四种动物展开调研之旅：从印度古吉拉特邦的吉尔森林（狮子），到澳大利亚北部的阿纳姆地保留地（鳄鱼），再到罗马尼亚的喀尔巴阡山脉（那里有数量惊人的棕熊），直到俄罗斯远东白雪皑皑的锡霍特－阿林山脉（东北虎的最后据点）。

印度，澳大利亚，罗马尼亚，俄罗斯，路途遥远，且非常规路线，但大型捕食动物就在这些地方才能找到。尽管每种情形都颇为离奇，而且相比世界上更大的问题（甚至相比更广为人知的大型食肉动物所关涉的大问题）而言似乎微不足道。但每种情形都独具一格，富于象征意义和说服力。如果你认真发问、虚心向学，风景自有教化的力量，而最偏远的风景会传授给我们最宝贵、最低调的经验。

我在神话和文学作品中的往来穿梭同样零散而迂回。我翻阅过《贝奥武夫》（*Beowulf*），重新审视吃人的格伦德尔（Grendel）；探究过古巴比伦诗歌中令人难忘的怪物［《吉尔伽美什史诗》（*The Epic of Gilgamesh*）中的洪巴巴（Humbaba）、《埃努玛·埃利什》（*Enuma Elish*）中的提亚马特（Tiamat）］；求之于中世纪冰岛的《沃尔松萨迦》（*The Saga of the Volsungs*）——因为它描绘了一条蠕虫模样的龙；还问道于未来（至少是好莱坞想象的情景），将粗野的猛兽与电影《异形》（*Alien*）中西格妮·韦弗（Sigourney Weaver）所面对的外星捕食者相联系。《异形：复活》之类的电影算是文学吗？也许不算，但它们肯定参与了强化神话认知和焦虑的过程。

《贝奥武夫》在它的时代也曾是大众娱乐的一种形式。但《圣经》全然不同，书中的怪物往往有说教的目的，而不仅仅是吓人的叙事角色，当然有些故事将说教和吓人结合得浑然一体。《约伯记》第 4 章和其他地方提到的狮子尽管可怕，也不过是普通的动物，没有超乎寻常的巨大体型或不可思议的恐怖。看到利维坦时，我才意识到它是《圣经》中真正可怕的怪物，也是顶级捕食者的原型。

2

利维坦在《旧约》和《圣经》中出现过几次，以《约伯记》第

41章的描写最为生动。不同于但以理和大卫的狮子（也不同于《以赛亚书》第11章中顺带提到的狼和豹——它们跟羔羊和孩童友善相处），相比普通生物，利维坦体型更巨大，尤其是在《约伯书》第41章中，这只怪兽可怕得超乎寻常：他有着长长的獠牙，厚如装甲的皮肤，口喷火焰，鼻孔冒烟，心硬如石，连凝视的目光都仿佛隐隐怒火燃烧——或者更有诗意地说，眼睛"如同清晨的眼睑"。一种理论推测这种形象可能来自更早期的腓尼基怪物七头巨龙洛坦（Lotan）。洛坦代表原初的混乱，最终被巴力神所降伏。在《希伯来圣经》中，利维坦似乎更坚定地从属于神力。耶和华是全能的，利维坦是强大的，其次是其他所有怪物。《约伯记》第41章描述了这种作为上帝仆从的掠食者，它的存在是为了提醒人类——既包括可怜的约伯，也包括其他所有人类——在权力和荣耀的食物链中，我们仅位居第三，甚至更低。

切莫将鲸鱼和原初的利维坦混为一谈。在后来更宽松的用法中，利维坦也有鲸鱼的意思，但是《圣经》中的利维坦更诡异、更可怕。它是想象的产物，一半是鳄鱼，一半是龙。它被神的旨意所召唤，基于真实的动物形象所塑造，又被人类的心灵所唤醒。《以赛亚书》第27章承诺审判日："主用他残忍、伟大而有力的剑惩罚利维坦，这条逃跑的大蛇，扭曲的大蛇。主将在海里杀死这条龙。"这是一种现代的翻译，来自新牛津注释的《圣经》；而英王詹姆斯钦定版《圣经》，表述稍微不那么清晰，但对我来说更可取，因为它传情达意，将利维坦称为"弯曲的蛇"。在《诗篇》第74篇中，人类赞颂和感激上帝，因为他"压碎利维坦的头"，并将它多头的尸首作为食物分发给荒野中的人。这些应急供应食品，一定不比甘露可口多少。利维坦有多少个头？大概有七个，类似洛坦。但在《约伯记》第41章明确的记载中，这只怪物似乎只有一个头。尽管形象略有挫败，不过利维坦在此得到详尽的描述：

> 谁能开它的腮颊？它牙齿四围是可畏的。
> 它以坚固的鳞甲为可夸，紧紧合闭，封得严密……
> 从它口中发出烧着的火把，与飞迸的火星。
> 从它鼻孔冒出烟来，如烧开的锅和点着的芦苇。
> 它的气点着煤炭，有火焰从它口中发出。

上帝正在告诫约伯这种动物可怕的威严。上帝之目的，起初是加深约伯的谦卑和尊崇，提醒他世间有着特殊的存在，人类对此无能为力。

> 你能用鱼钩钓上利维坦吗？能用绳子压下它的舌头吗？
> 你能用钩穿它的鼻子吗？或用荆棘刺穿它的腮骨吗？

正如约伯所知，答案是否定的。但上帝用嘲弄和讽刺的语气强调他的观点：

> 它岂能向你连连恳求，说柔和的话吗？
> 岂肯与你立约，使你拿它永远做奴仆吗？
> 你岂可拿它当雀鸟玩耍吗？

几乎不可能。不，上帝说，作为一个明智的人，约伯将永远记住利维坦的野蛮和力量，记住它令人生畏的外表和不可战胜，并主动避开。接下来是主的嘱咐："没有哪个凶猛的人敢惹它。这样，谁能在我面前站立得住呢？"

这与故事更大的主题是一致的——约伯受苦，约伯受辱，约伯无比虔诚。但是上帝有点得意忘形，继续杂乱无章地长篇大论，出于自己的目的夸耀利维坦。这种生物纯粹邪恶的强壮似乎暂时偏离了上帝（或者至少是《圣经》作者）的想象，就像从弥尔顿（Milton）的《失乐园》（*Paradise Lost*）中溜走的撒旦。正如我们所知，强大的恶棍比完美的英雄更为有趣。第41章的结尾写道：

> 箭不能恐吓它使它逃避，弹石在它看为碎秸，
>
> 棍棒算为禾秸；它嗤笑短枪飕的响声。
>
> 它肚腹下如尖瓦片，它如钉耙经过淤泥。
>
> 它使深渊开滚如锅，使洋海如锅中的膏油。
>
> 它行的路随后发光，令人想深渊如同白发。
>
> 在地上没有像它造的那样无所惧怕。
>
> 凡高大的，它无不藐视，它在骄傲的水族上做王。

那些骄傲的孩子让上帝重申他的旨意：尽管利维坦威严而可怖，但它的存在归功于上帝自己。"我创造了这个怪物。没有人能勇敢或鲁莽到去和它纠缠。那么谁能立在我面前？"在《约伯记》第41章和《圣经》的其他章节中，利维坦的作用是让人们保持谦逊。

与此同时，巨牙长爪的真实动物也能起到同样的作用。从智人（*Homo spaiens*）具备智慧开始——如果算上储存在我们基因中的演化智慧，那就更长了——顶级捕食者就让我们敏锐地意识到自身在自然中的地位。它们提醒我们，对它们来说我们只是另一种味道的肉食。

利维坦是以文化神化顶级捕食者的范例。安巴是另一个，巴茹又

是一个。美洲豹、尼罗鳄、美洲狮、网纹蟒以及其他各种大型食肉动物，都有类似的信仰和传统。这些动物与人类共享土地，不安地比邻而居，有时会把人类当成猎物。显然，这些信仰和传统反映并放大了顶级捕食者的神奇，在影响人类定位自身位置的过程中发挥了重要作用。

狮子、老虎和熊让黑暗的森林变得可怕了吗？的确如此。鳄鱼和鲨鱼有没有犯下丑陋、可怕的杀人和吃人罪行？有。从某些方面来说，这是一件好事。通过这类行为，它们为我们提供了一个特定的视角。虽然人类可能是自然中最具反思能力的成员，但（在我看来）我们也并非自然指定的所有者。哪怕从来没有另一个物种如此天资聪颖，既能撰写格律诗，又能制造钚元素，我们也不是演化的顶点。在人类整个演进故事中，提醒我们在自然中地位的一个因素是，在某些时代里，在某些土地上，我们不过是食物链上的中间环节。我说的不是《圣经》中象征权力和荣耀的食物链（虽然这是上帝为教训约伯给他留下的深刻印象），而是字面含义的食物链——谁吃谁。

那些人类会被吃掉的时代和景象正在消失。在群体的生存斗争中，顶级捕食者面临特殊的困难，只得以低密度的种群存在。饥饿又凶残的食肉动物不得不彼此隔离，因此每个种群需要大面积的栖息地方能维持。每只个体不得不维持高能量的输入，尤其是兽类，爬行动物和鲨鱼的能量消耗则稍小一些。在过去数世纪里，它们中有许多已经消失了——巴巴里狮、阿特拉斯熊、爪哇虎、加利福尼亚灰熊，等等。还有许多其他种群、亚种或者整个物种，正处于危险之中。食肉动物英俊、吓人而又充满魅力，因此广受欢迎，作为动物园吸引人的景点长期存在。但这并不一样。当它们在野外消失时，它们在最深刻的意义上消失了。尽管它们的 DNA 仍然可能得以保存，在笼子里或试管中无意识地活动着，但作为完整生态系统中具有功能的成员生存下来，却是全然不同的。

这个星球目前有 60 亿人口。根据联合国人口司的权威预测，150 年内人口还可能再增加 50 亿。每增添一个孩子，土地生产力就多受一份额外的压力，使森林变成农田，河流变成沟渠。在这种压力下，顶级捕食者濒临灭绝。它们已经被边缘化了，数量下降，失去栖息地，丧失遗传活力，局限于面积狭小的"庇护所"，局部灭绝此起彼伏。这种趋势的另一面是，它们正变得与"智人"脱节，我们正变得与它们毫无关联。纵观我们的历史，我们作为一个物种的历史，在过去几万年、几十万年，乃至两百万年间，我们一直容忍危险而麻烦的大型食肉动物的存在，并在我们的情感世界中为它们赋予了角色。但时至今日，人类自身的数量、力量和唯我独尊，已经把我们带到了无法接受和容忍来自食肉动物的威胁的境况。可想而知，到 2150 年世界人口将达到 110 亿左右的峰值。到那时，顶级捕食者将不复存在，即使还有个体存活，也不过是在铁丝围栏、高强度玻璃和钢筋后面苟延残喘。在那之后，动物园中的猛兽将变得越来越少，越来越容易驯服，越来越远离现实。人们对猛兽的记忆将逐渐消退，再也难以想象它们曾经是骄傲的、危险的、不可预测的、分布广泛的、国王一般的存在，再也难以想象它们曾经在人类使用的森林、河流、河口和海洋中自由地游荡过。成年人，除了少数顽固的灵魂，都会认为它们的缺席是理所当然的。如果那时候有人告诉孩子们，世界上曾经有过逍遥自在的狮子，他们将备感震惊和兴奋。

曾有狮踪

3

柚木树光秃秃的，落满了黄褐色的灰尘。相思树和榕树也被灰尘覆盖。林木簇拥的整座森林，如同一道西兰花天妇罗，已被炎热和干旱烤焦，渴望着雨季的到来。现在是五月下旬，此地正处夏末。随着黎明的曙光开始渗入，热带的黑暗逐渐变成棕色、褐色、棕褐色和其他暗褐色。即使是在树顶栖息的孔雀，也将尾羽收拢，暗淡无光。夜晚不属于它们，至少在野外不是。孔雀的生活依靠视觉，但它的视觉并无特异之处。夜行动物需要依赖比普通动物更敏锐的视觉、听觉，以及嗅觉——水的气味、恐惧的气味、血液的气味。

在这片棕褐色的土地上，走来一只棕褐色的动物。它如同幽灵一般，沿着一条林间路潜行。真不可思议！在一个以老虎闻名的国家里，竟然出现了一头狮子。如果有人在看，也许会觉得它是不真实的、虚幻的，被激光全息投影投射到印度西部的。但并没有人在看，而动物也是真实的，它有实体，也有重量。它是吉尔（Gir）的本土生物。这里是亚洲狮（*Panthera leo persica*）最后的自然避难所。

路上的灰尘像磨碎的香菜一样细腻，深达数英寸，留下了狮子四个趾头的巨大脚印。这么大的脚印通常代表着成年雄狮：我把它想成一头鬃毛稀疏的"大汤姆"①。也许它的鬃毛是黑色的，光溜溜的脸反而被衬托成棕色。想象它以一种轻松、自信的步态前进。腹部低垂，肩膀渐次起伏，每一步都无声无息。如果一只狮子大步穿过森林，却没有观众，那它还是这里的王者吗？脚印说，是的。

"狮子"一词承载着王者的力量。英国理查德一世以"狮心王"（lionhearted）闻名，而不是熊心王。场面人物的威仪如同狮子（lionized），而不是老虎（tigerized）。印度早期国王主持正义时，要坐在名为辛哈萨纳（*sinhasana*）的宝座上。辛哈萨纳，也是狮子之意。在美国，美洲狮（*Puma concolor*）被称为"山狮"（mountain lion），却不过是狐假虎威的谄媚类比而已。山狮不仅生活在山地，还生活在平地，而且它也不是狮子。山狮（无论雌雄）仅与母狮的形体个头接近，跟狮子分属于猫科不同的属，与猎豹的亲缘关系更密切。欧洲曾经有过狮子，这里说的当然不仅是罗马斗兽场中的困兽。虽然欧洲的狮子已经在更新世灭绝，但已被虔诚地画在了肖维岩洞（Chauvet Cave）的石壁上。肖维岩洞是旧石器时代的艺术遗址，最近发现于法国东南部。肖维岩洞既壮观又震撼，还带来种种疑团。洞穴里不仅有狮子的华丽图像，而且狮子的图像数量比其他所有欧洲艺术洞穴加起来的还多。肖维岩洞描绘的大型猫科动物是通常被称为洞狮的物种。根据化石证据，不同的专家正式地给出了不同的学名，其中包括 *Panthera spelaea* 和 *Panthera atrox*。（在本书结尾，我还会再回来讨论这个小小的分类学问题，以及肖维岩洞本身的更大意义。）但无论是 *Panthera spelaea*、*Panthera atrox*，或是认定为 *Panthera*

① 汤姆，英语里的常用男人名，也指雄性动物，特别是雄猫。作者称猫科动物的狮子为大汤姆，是对这头成年雄性狮子的昵称。——译者注

leo 的一个亚种，任何专家都必须承认，洞狮的确是真正的狮子，而不是一种比喻。它们跟我们今天所知的狮子非常相似。看过肖维岩洞的图像，没有人能够怀疑，三万多年前手持火炬绘画的艺术家们，再现了那些危险大猫的王者风度。

当然，多数人会认为狮子是一种非洲景象，体现了东非稀树草原、灌丛地带或非洲南部的疏林草原高贵的精髓——典型地具象了吃或被吃的严重性。欧洲更新世的狮子，是过去的，关乎遥远的记忆、古代的艺术和古生物学。而印度的狮子则完全不同：它虽然是一个异数、一种遗迹，却是一种真实的现代图像。它代表了一种极不可能的概念，即顶级捕食者也可能在地球上拥有未来。

这只幽灵般的雄狮，站在尘土飞扬的路肩上，是其先驱存活至今的后裔。一千年前，它的祖先从小亚细亚向东扩散到这里。追根溯源，它们和所有其他狮子的祖先都可以追溯到非洲 *Panthera leo* 的原始种群。我们最早从坦桑尼亚的化石中发现这个物种，其年代可追溯到 350 万年前。在最近数个世纪中，随着人类用斧头、火器和犁耙改造土地，狮子几乎从所有的亚洲分布区中消失了。只有在吉尔，它们幸存了下来。这是印度西部卡提阿瓦半岛（Kathiawar Peninsula）上的一小片残余森林。这片森林位于古吉拉特邦（Gujarat），距离阿拉伯海不远。目前，这片森林大部分被划入吉尔野生动物保护区和国家公园，由古吉拉特邦森林部管理。吉尔国家公园是一个受到严格保护的核心区域，占地 25,900 公顷。而吉尔国家公园以外的区域是吉尔野生动物保护区，面积更大，限制略少。两者共同构成了保护地，包括 141,200 公顷起伏的火山丘陵、干燥的森林、灌木丛，以及零星的稀树草原。这是一个生态丰富的岛屿，被人类活动的海洋所包围，面积大约和夏威夷的瓦胡岛相当。保护地周遭的大部分土地上，树林要么被砍伐殆尽，要么被山羊和饥饿的牛啃光，要么被犁耙刨成细槽、被热带毒辣的阳光炙烤成裸露干旱的耕地，要么被贫困的人们采摘干净。古吉拉特邦有 4500 万人口，面积相当于内布拉斯加州。在这些人中间，在吉尔森林里，大约有 325 只狮子。

吉尔的狮子不受任何边界围栏的限制；它们只是被人类的海洋困在它们的岛上。它们可以随意离开。但如果离开——由于种群增长和保护地内的栖息地局限，这种情况时常发生——它们就要在远不那么适宜的土地上讨生活。

大约有 36 只狮子生活在保护地外的外围亚种群里，约占总数量的十分之一。它们在保护地南面靠近海岸的小块天然植被、农田和树木种植园中寻找庇护。那里没有野生猎物，它们只能以肉牛、水牛、狗和其他任何无人看管的大型家畜为食。极少情况下，它们会因为捕杀家畜变得不受欢迎，被愤怒的村民毒死或电死；或者，因为不合时宜地鲁莽奔跑，被小轿车、卡车或火车撞上。这种生活很不稳定。短期内可以生存，但长期来看难以为继。有时，这些游离在外的狮子在挣扎求存或濒死之时也会杀人。上一次狮子与人类冲突的大爆发，发生在 20 世纪 80 年代末。当时，这里正遭受一场严重的干旱。大多数狮子对人的攻击都发生在保护地外的周边地带。越过保护区的边界、到农村乡间定居，对狮子来说，是一种绝望的行为，会带来致命的风险。

这只在道路尘土中留下脚印的雄狮，并没有那么鲁莽——至少今天没有。它向北向东，离开保护地的边界，回到森林中的安全地带。对它来说，泥土路不过是一段捷径，可以通向它想要和需要的资源：食物、水、交配的机会和舒适的栖息地。在夜幕的掩护下，它沿着路边走了一段，天一亮，就掉头消失在树林里。

我带着我所有的问题和想法，大约半小时后赶到当地。那时它已经走了，只留下它的脚印——虽然令人印象深刻，但也只是昙花一现，轻如微尘，似乎一个喷嚏就全然抹掉。

4

历数那些狮子曾经生活过的地方：亚洲西南部曾经有过；叙利亚有过；美索不达米亚有过——分布在底格里斯河和幼发拉底河两岸；波斯帝国的部分地区有过，即今天伊朗的海岸地带；俾路支斯坦有过——现在的巴基斯坦南部。狮子的分布区一直延伸到印度：西至辛德（Sind）边境，东抵帕拉茂（Palamau），距离加尔各答不过数百英里。狮子似乎没有穿过位于印度次大陆中心点的纳尔马达河（Narmada River），但仍然稳稳地扩散到了印度的北半部。德里的外围地区曾经也有过不少狮子。

它们并非古生物学上狮子祖先的化石记录。说到"这里有狮子，那里有狮子"，我指的是人类自己的历史记录。古人看到过狮子，和狮子生活在同一片土地上，杀死过狮子，某些情况下也被狮子杀死。当古人听到"狮子"这个词时，想到的就是真实的狮子。在我们今日的普遍观念看来，狮子有着飘逸的鬃毛，高贵的鼻子，夜间在长有刺树的稀树草原上咆哮，似乎与非洲浑然一体，不可分割。但事实上，历史上狮子并不仅仅与非洲对应。实验室对遗传差异的测量表明，吉尔的狮子及其非洲亲戚之间的隔离长达 20 万年。这意味着两者存在显著的基因差异，但还没有分化为不同的物种。因此吉尔的亚种被命名为 *Panthera leo persica*。这个亚种的建群世代（funding generation）包括那些分布范围东至恒河峡谷的不安分狮子。几个世纪乃至几千年来，它们在那里以鹿、羚羊和野猪为食，似乎生活得不错。

正如我前面提到的，巴勒斯坦和埃及有狮子，它们在当地的肖像和经文中扮演了充满魅力的角色。土耳其、马其顿和希腊都有狮子。希罗多德记录道：公元前 480 年，当波斯薛西斯王（Xerxes）率军穿过希腊半岛时，狮子"趁着夜色从它们出没的地方下来"，攻击他的辎重车队。那份报告还提道：狮子不理会薛西斯的部下，也不理会马匹和其他驼畜，只捕食骆驼。这个奇怪的现象让希罗多德百思不得其解。

根据希罗多德的记录，薛西斯遭遇麻烦的地点在涅司托斯河（Nestus）和阿刻罗俄斯河（Achelous）之间，当时那里有很多狮子。希罗多德同时声称，希腊其他地方根本没有狮子。真的都没有吗？哦，要证明没有狮子是很难的。尽管，希罗多德被誉为"历史之父"（当然你也可以认为所谓历史不过是任人打扮的小姑娘），但他不懂生物地理学。不管怎样，我们在另一个记录里看到，最晚到公元 100 年，希腊已经完全没有狮子了。文明兴起，狮子倒下。

人类文明和狮子活动的这种负相关关系，在前面提及的许多地区普遍存在。随着城镇、文化和国家的兴起，随着农耕劳作和钢铁武器的传播，狮子种群开始消失。农作物生产是一个因素。斧头和犁耙到哪里，哪里的狮子栖息地就快速消失。畜牧业是另一个因素。牧民豢养的家畜与当地原有的猎物相互竞争，也让狮子与看管牲畜的牧民发生冲突——就像歌利亚和年轻大卫之战一样。再一个导致狮子数量下降的因素是狩猎。随着武器的进步，猎杀愈加严重。逐渐形成的个人英雄主义、虚荣和皇家炫耀的传统，让狩猎问题愈发严重。

在埃及，猎狮是法老的特权。出自图坦卡蒙（Tutan Khamen）宝藏中一个箱子上的图饰，描绘了年轻的图坦卡蒙在打猎：七头狮子已经被装进口袋，国王的箭即将射中第八头。阿蒙诺菲斯三世（Amenophis Ⅲ）统治时期雕刻的圣甲虫图腾柱，讲述了国王杀死

102 头狮子的事迹。亚述诸王也将屠狮视为威严的象征。在一篇公元前 7 世纪的碑文中，一位君主夸口说："吾乃亚述巴尼拔，世界之王，亚述之王。蒙阿舒尔神和伊师塔女神之助，吾持长矛，刺杀野狮。吾之幸也。"此前几个世纪的卡拉赫（Calah）城宫殿墙上的石膏浮雕，描绘了亚述纳西巴二世（Ashurnazirpal Ⅱ）扮成弓箭手，驾着战车，正瞄准一只受伤吼叫的狮子。狮子体态俊美，栩栩如生，同时凶猛可怕。可见，雕刻工匠对狮子的解剖结构了如指掌。在一份相关的碑文中，亚述纳西巴对杀死多头大象和野牛颇感自豪。他更骄傲地补充道："吾心坚强，跋涉山区和森林之间，抓捕强壮之狮十五头。"不管他所谓的"抓捕"狮子是什么意思，我们都可以确定，亚述王肯定不仅是为了采集 DNA 样本，并在采集后释放狮子。更早些时候，一位名为提格拉特帕沙尔（Tiglath-Pileser）的亚述王自吹自擂道："遵保护神尼努尔塔之命，吾怀勇者之心，徒步击狮，浴血奋战，屠狮一百二十。另以战车屠狮八百。"随着时间的推移，屠狮的数量似乎在逐渐减少——从提格拉特帕沙尔的 920 头狮子，到亚述纳西巴的 15 头，再到亚述巴尼拔的 1 头。我们只能从这几个方面猜测，要么是亚述皇家猎人的狩猎技艺在衰退，要么是更早期的帝王有意夸张以供消遣，要么就是狮子的数量确实在减少。

在罗马共和国晚期和罗马帝国早期，意大利本土早就没有狮子了，人们从叙利亚、美索不达米亚和非洲带来了圈养的狮子。这些狮子在庸俗的娱乐中扮演可悲的角色。据老普林尼（Pling the Elder）的记录，低阶官员昆图斯·斯卡沃拉（Quintus Scaevola）是第一位在罗马上演屠狮的人。当然，其他人很快就超过了他。冷酷又能干的卢修斯·科尔内利乌斯·苏拉（Lucius Cornelius Sulla）成为罗马独裁者后，向民众提供了一场屠杀"100 头鬃狮"的血腥表演。有鬃毛的狮子——意味着全都是成年雄性——似乎是这场血腥表演中最吸引人的地方。庞贝（Pompey）大帝又用一系列壮观的庆典超过了苏拉。他放了600头（根据普林尼的说法）或者至少500头（根据普鲁塔克的简短传记）狮子进入斗兽场。按照普林尼的记录，600头狮子中，有315头是带鬃毛的。普鲁塔克（Plutarch）的描述更加具体："表演时有500头狮子被杀死。但最主要的还是大象之间的战斗，那是一个真正可怕的景象。"数字上的不同，也许意味着600头狮子中有100头未遭屠杀，幸免于难——至少没有当场死亡，还可供以后的表演使用。后来，还有尤利西斯·恺撒（Julius Caeasar）的庆典，400头狮子的表演。然后是奥古斯都（Augustus，即屋大维），后世所称的"世界统治者"，以1000名角斗士和3500只动物（包括数百头狮子）的盛大庆典来彰显自己的威严。当年的罗马，对狮子而言，就是今天生物学家所说的种群汇（population sink），个体不断被消耗之处。

这种情况不能持续，也确实没有。研究人类—动物关系的学者朱丽叶·克拉顿-布洛克（Juliet Clutton-Brock）报告说，尽管罗马在公元325年颁布了取缔角斗士比赛的禁令，但是"利用野生动物的'娱乐'活动仍在继续，尽管狮子变得越来越少"。她还说，在随后的公元414年，罗马又颁布了一项法令，允许每个人拥有出于自身安全需要而"屠狮的权利"，但系统狩猎和商业贸易需要办理执照。她没有解释执照由谁颁发。罗马那时已被亚拉里克（Alaric）洗劫一空，昔日帝国正向内收缩。帝国由盛而衰，而亚拉里克的西哥特人、匈奴人、汪达尔人以及其他新来的部落，以其他形式的暴力取乐，这大概为各行省的野生狮子种群提供了喘息的机会。中央集权帝国的权力大小与被殖民土地上顶级捕食者的种群健康程度，两者也是负相关的关系——比如罗马治下叙利亚的狮子、英属印度的老虎、英属澳大利亚的鳄鱼。当然，这种负相关是一个更大的问题，后面我将再次谈到。值得注意的是，狮子目前已经幸存了下来，它扬名于非洲，而在亚洲西南部则更为隐蔽和边缘化。

到 12 世纪，巴勒斯坦的狮子已经灭绝或近乎灭绝。尽管在叙利亚和更遥远的东方，狮子存活了更久——文字记录似乎可以追溯到 19 世纪。1830 年，一位名叫切斯尼（Chesney）的上校沿着幼发拉底河旅行，在现今伊拉克西北部的河岸上看到一头狮子。二十年后，亨利·莱亚德（Henry Layard）在讲述他探索古代亚述首都尼尼微（Nineveh）废墟的书中写道："在巴格达下游的底格里斯河两岸，人们经常能见到狮子，但在巴格达上游却很少见到。"在莱亚德此前的一次旅行中，同行的当地部落成员会在营地周围生火驱赶狮子。他的筏工拒绝在夜间漂流时靠岸，"因为害怕强盗和小偷，还要避开狮子。狮子偶尔会出现在底格里斯河畔，但北岸很少"。把亡命之徒和狮子相提并论——这是另一个会重现的主题。

随着人类定居点和农业活动日渐填满土地，狮子失去了其地位和栖息地：它们从森林之王变成了生态强盗。1880 年，一份英国科学期刊刊登了一位族长传来的报告。报告称，"五年前，有一头狮子出现在比勒代克附近。狮子杀死了许多马，最终被处死。"如果族长所说的"比勒代克"（Biledjik）就是现代地图上的"比雷吉克"（Birecik，幼发拉底河上游的一个城镇）的话，那这只鲁莽的动物可能是土耳其最后一头狮子。可能因为天然猎物被侵占，栖息地变成了柴火和农田，或者它的牙齿破损，只好被迫无奈去猎杀马匹。狮子在叙利亚的最后记录则是五年后另一位评论员的报道："几年前，一具狮子尸体被带到大马士革。"

向东，在美索不达米亚和更远的地方，这个物种留存得更久。

晚至 1910 年，珀西·塞克斯（Percy Sykes）爵士在《田野》（*The Field*）中写道，"在阿拉伯斯坦，狮子仍然沿着河岸生存，但数量很少。"他所谓的阿拉伯斯坦，即今日的伊朗西南部，卡伦河（Karun）在此注入波斯湾。"我曾经看见一具狮子尸体在卡伦河顺流而下，被鲨鱼分食。"赛克斯补充道。其实真正的问题在陆地上，人类才是真正的鲨鱼。

在卡伦河上游，河水蜿蜒流出扎格罗斯山脉（Kuhha-ye Zagros mountains），那里的狮子似乎更坚韧耐久。第一次世界大战期间的一份报告称，印度士兵在阿瓦兹（Ahwaz）附近发现一头带幼崽的母狮。1929 年，在卡伦河支流迪兹富勒河（Dizful）附近铁路线上工作的美国工程师也目击到一头狮子。但是这两份报告都以狮子文学的方式流传，不过是模糊的第三手信息。它们不出自声誉卓著的期刊，甚至比不上亨利·莱亚德那样的具名回忆录，因此不拥有目击陈述的可信度。这恰是物种灭绝的普遍情况，它们很少被看到，也很难被记录下来。1944 年，《孟买博物学会杂志》（*Journal of the Bombay Natural History*）报道了另一起伊朗狮子的目击记录，同样是在迪兹富河附近，由一队印度测量员发现。尽管如此，事实上，没有人知道，也没有人"能"知道，狮子何时消失在伊朗、伊拉克或任何其他失落的家园。很有可能，扎格罗斯山脉的最后一只大猫并没有在马身上发泄它的绝望，然后在某人的畜栏里暴死。很有可能，它悄悄地、孤独地、无人注意地死去。这里或那里，曾经有过狮子，然后，就没有了。

印度狮子的情况有所不同。印度狮子本身就是一个传奇——发生在一小块地方的宏大、浮华、悲伤又充满希望的故事。亚洲狮，早已从其他地方消失，如今成了位于吉尔野生动物保护区、吉尔国家公园及周边一小块区域内的狮子的同义词。当这一血脉消失（如果不幸成真），人们倒是可以确定这个物种消失的时间和地点，尽管原因仍需追问。

5

在地球上刨食的 60 亿人中，有 10 亿生活在印度。奇迹竟然在这里发生了，吉尔仍然有狮子。这个种群的一头雄狮刚刚走过这条路。多久以前路过？它走远了吗，还是在附近徘徊？我好奇地蹲在尘土上查看脚印，同时听着拉维·切拉姆（Ravi Chellam）博士的专业见解，而他则会听取穆罕默德·朱玛（Mohammad Juma）的意见。

拉维·切拉姆长着一双黑眼睛，口才不错，文质彬彬，受过良好教育，敏锐入微，是印度野生动物研究所的一位生物学家。这个研究所是一家政府研究机构，位于新德里北部的小镇德拉敦（Dehra Dun）。穆罕默德·朱玛是追踪者，身形消瘦，头戴无边帽，穿着橄榄色制服，话语简洁，但很有洞察力。他们是昔日田野考察的伙伴。十多年前，拉维在吉尔大学做博士研究。他初到吉尔时，还是一位年轻的研究生。在接下来的四年里，这位在马德拉斯（Madras）长大并接受教育的高种姓城市男孩，大部分时间都待在吉尔，努力适应清贫的野外生物学家艰苦寡淡的生活方式，也获得了古吉拉特邦农村的研究技能、生存技能和社交技能，并完成了最近几十年对吉尔狮子最彻底的研究。如今，他作为亚洲狮生态学和种群现状的权威（可能是该领域最权威的专家）备受认可，但他仍然依赖穆罕默德等追踪者的当地知识和敏锐感觉，这些人一辈子都在吉尔的森林中度过。

穆罕默德和拉维检查脚印，用古吉拉特语交谈了几句。"这些足迹很新鲜，"拉维告诉我，"穆罕默德说最多半小时内。""他怎么会知道？""全神贯注就可以，他不愿细说。"因为穆罕默德不会说英语，我也不会说古吉拉特语，我只能大概猜测他这样判断的理由。可能是，新近踩踏的路尘有一定的角度，经不起数小时的温度和湿度变化？先不管这些。现在是早上 6:35，按照穆罕默德的估计，狮子一定是在黎明前的宁静时刻经过这里的。去哪了呢？大概是朝着有水和阴凉的地方。经过一夜的狩猎，它可以在那里睡觉。在旱季里，唯一能找到的水源是一个温热的水泡。从吉尔山向南，流出五条小河。水泡就在其中一条河边。河床形成深深的凹槽。即使吉尔的高地森林和稀树草原变褐变秃，河床上的森林长廊仍然绿树成荫。对游荡了一宿的雄狮来说，最近一段河底的小片沙地可能是舒适凉爽的庇护所，不过那也只是猜测。我们自己上午的计划并不包括跟踪它到白天的卧穴。

穆罕默德走在路肩上，一边查看其他动物的痕迹，豪猪、胡狼、孔雀、野猪，还有骆驼巨大笨重的蹄印。显然，最近几个小时里有许多动物经过。白天，雄孔雀和雌孔雀通常从树上的巢里下到地面。现在，一只雄孔雀已经开始在路边展示自己——昂首阔步，伸展腰肢，扇动尾羽。蓝孔雀（*Pavo cristatus*）是本土鸟类，并非外来的"装点"。它能在狮子、豹子、贪食的野猪和好事的叶猴中生存繁衍，堪称奇迹，这提醒我们世界上真的存在亨利·卢梭（Henri Rousseau）所描绘的那种"原始的丰饶"。它的存在也证明了，雄孔雀滑稽而夸张的尾羽，是野外环境中性选择的产物，而不是人类繁育者疯狂实验的结果。另一方面，骆驼的足迹反映了人类的干预——单峰驼是外来的家养动物。玛尔达里（Maldhari）游牧民现在仍生活在森林中，将骆驼用作驮畜。拉维·切拉姆有很多研究发现，其中之一是：骆驼在狮子的食谱中排名较低。这一点跟孔雀相似，虽然两者排名低的理由并不相同。无论薛西斯运送辎重的骆驼对希腊中部的狮子多有吸引力，但在吉尔情况似乎并非如此。

玛尔达里人本身是该地区的关键因素，无论是对吉尔生态系统的直接影响，还是对影响管理吉尔的政治考量来说，都是如此。拉维说："玛尔达里"这个词的意思是照顾牛或牲畜的人。"玛尔（Mal）"表示牲畜，"达里（dhari）"表示看护人。人类学家哈拉尔德·坦布斯－莱西（Harald Tambs-Lyche）在他对卡提阿瓦半岛（Kathiawar Peninsula）传统社会的研究中，给出了类似的解读，"送牛奶的人"。坦布斯－莱西补充道："就像欧洲的吉普赛人，玛尔达里人既遭受怀疑，也被认为具有异国情调。"根据坦布斯－莱西的说法，按照惯例，玛尔达里的首字母大写，暗示这是一个种族或部落的名字；但事实上，卡提阿瓦的玛尔达里人分属几个不同的群体,每个群体都被认为是"游牧种姓"。因此，把这个词理解为通用词更合适。它表示一种嵌入到强大的文化背景中的职业特征，大致类似于中世纪的行会。话说回来，也没有什么能真正类比印度的种姓制度。对局外人来说，种姓制度不仅意味着令人挠头的错综复杂，也是残酷和怪异的。

　　传统使得玛尔达里人的生活、职业和着装有着不合常理和过时的不变性。他们的起源隐没于没有文字记录的过去，似乎包括了游牧生活，以及某些情况下的长途迁徙。坦布斯－莱西认为，长途迁徙仍在继续着："他们远离村庄，带着一百来只动物、几个家庭一起迁徙。在旱季，他们利用田里收成的遗撒放牧家畜；夏天，他们退到荒漠或半荒漠地区。他们饲养骆驼或牛，还会专门养几只骆驼来运送帐篷和其他物品。"但是吉尔的玛尔达里人已经不再游牧了。考虑到卡提阿瓦拥挤的人口，很难想象他们能如何游牧。似乎没有人知道他们从哪里来，尽管一定是在半岛北部的某个地方，或许是现在巴基斯坦边境的辛德（Sind）地区。没有人知道他们在吉尔的森林里居住了多长时间，尽管有些猜测说早在一千年前他们就迁到了卡提阿瓦。柏林民族学家西格里德·韦斯特法尔－赫尔布施（Sigrid Westphal-Hellbusch）对此兴趣浓厚。他认为，公元1000年前后，至少有一支玛尔达里人为躲避穆斯林统治者，从辛德向南迁移，并在公元1400年前抵达卡提阿瓦。

如今，在吉尔，玛尔达里人占据着半永久性的森林营地。每个营地——称为"尼斯"（ness）——由一堆荆棘组成的围墙保护着，就像仓促而就的紧急路障。营地大约占地一英亩（4046.86平方米），因此需要相当多的荆棘篱笆——好在这片灌木丛生的森林里有大量的金合欢。篱笆环绕的场地上有六间左右的土木结构小屋，每间住一户人家。每间小屋的前门对着自家的畜栏；后门穿过荆棘篱笆，由木头门柱围成。门柱之间装有铁门，可在晚上关闭，以抵挡狮子和豹子。可以说，玛尔达里人生活在一堆畜栏里。最近几十年，他们每隔五年或十年就放弃旧营地，转移到新营地，以便接近更新鲜的牧草和树叶。但现在他们对营地的选择受到森林法规更严格的限制。在吉尔保护地所在的保护区范围内，大约有60个营地，分布广泛，也不起眼。保护地的核心地带曾经也有营地，但从20世纪70年代中期开始就迁出去了。当时，核心地带划为国家公园，那里的玛尔达里人被迫搬迁。搬迁安置计划初衷良善，但最终不尽人意。剩下的玛尔达里人养奶牛和水牛，自给自足，与狮子共享土地——并且常常被迫共享牲畜。

他们自己选择的这种生活，艰难困顿，也仅能糊口。对他们的动物来说，则更为艰难。牧人通常带着名为"库瓦蒂"（kuwadi）的轻型工具保护家畜。饥肠辘辘的狮子能轻而易举地杀死一头奶牛，不过在牧人的保护下，奶牛至少有机会逃跑。水牛的情况稍微好一点，能低头用角抵御狮子，这可能是水牛在玛尔达里牧群中占优势的原因。偶尔，狮子会杀死骆驼。

到现在，有可能对这个非凡的、很少被研究的群体的私人生活做一点明确的陈述，其一就是：玛尔达里人没有枪。他们与狮子的战斗类似于肉搏战，不是狩猎旅游，也不是对狮子赶尽杀绝。他们的主要武器"库瓦蒂"，不过是一把短柄锄头。他们不得不跟亚洲狮谨慎相处，但关系十分紧密。牧民很少受伤。至少在吉尔，玛尔达里人常常遇到狮子。他们会小心应对，用虚张声势，或偶尔用库瓦蒂击打头骨，就能对付狮子。

就在脚印的前方，我们遇到一群玛尔达里人。他们潇洒地穿着宽松的白色宽袖衬衣（称为 kadia）、白色紧腿裤（称为 chorni），戴着高高隆起的白色针织帽。帽子有点古怪，看起来更适合挪威滑雪队。我见过其他玛尔达里人的传统服饰，这种清爽的全身白色装扮让我困惑。是的，毫无疑问白色能反射阳光，减轻午后的炎热，但不是很难保持干净吗？营地里通常连一口井都没有，电或自来水这样的便利设施也不可能有，更不用幻想洗衣机。但是，玛尔达里人带着一丝不苟的尊严严格保持传统——就像宾夕法尼亚的阿米什人（Amish）和蒙大拿的哈特莱特人（Hutterites），尽管生活离土地很近，但白色服装还是保持洁净。在节日里，针织帽可能会被精心包裹的白色头巾所取代。今天不是喜庆的日子，只是一个平凡的早晨。戴着白帽子的男人们拿着大罐牛奶站在那里，等待冷藏车将他们的产品运送到森林外的村庄集市。

拉维告诉我，这种售卖牛奶的生意是新事物——现代性的又一次入侵。不久前，人们还无法从森林中运出新鲜牛奶。长久以来，营地里的主要产品是酥油，一种提纯过的黄油，可在暖和的温度下保存，用作烹饪时的油脂。传统的玛尔达里人仍然把酥油装在大大的粗制罐里卖。他们制作酸奶和更多的酥油给自己吃，把脱脂后的牛奶回喂给牲畜。但是出售鲜奶更赚钱。而且，有了冷藏车和其他交通工具，进出森林变得越来越容易。这不仅给玛尔达里人的生活方式，也给狮子带来不可逆转的变化。

今天早上，我们开着一辆类似吉普的小车向北穿过保护地，巡回调查吉尔和周边地区。就在这条路上，我们经过一个封闭在荆棘篱笆里面的寂静的营地。我们遇到几十头水牛，正在玛尔达里牧民的驱赶下向我们慢慢走来。我们遇到一辆橙色的巴士，载着乘客向南去往萨珊村（Sasan），也就是我们今早出发的地方，就在保护地西南入口外边。我们遇到几辆白色的大使牌汽车，几辆三轮出租车，几辆摩托车。这条公路是公共大道，而不仅仅为保护地服务。尽管这里的丘陵森林中有满山的柚木、合欢树和其他各种树木灌丛为狮子提供了很好的遮蔽，也为有蹄类动物提供了很好的觅食场所，但保护地给人的感觉是脆弱的。保护地的边界千疮百孔，"受保护"是个相对而非绝对的术语。在吉尔的外围，印度的十亿人口正在涌入。你几乎可以在空气中尝到他们集体的饥饿。你几乎可以闻到他们生存和繁衍的决心。你几乎可以听到他们坚定的努力，就像一大群行进中的白蚁的颚发出的微弱的咔咔声。

到早上7:30，我们已经穿过保护地，从北门出去了。在不到一英里的范围内，地形发生了剧烈的变化。我们发现自己身处光秃秃的毫无生机的平原，到处都是红色的泥土和被啃食严重的麦茬。地平线上一棵树都没有。由大戟、仙人掌和龙舌兰紧密围成的树篱，里面什么也没有，外面也什么都没有，就像荒芜草原上的带刺铁丝网。这里一块，那里一块，几小片耕耘过的多石土地似乎代表着花生或扁豆作物的希望。土路变成了柏油路。沿着这条路，我们经过几个红色砖瓦屋顶的村庄。我们看到一群耷拉着耳朵的黑山羊——这并不奇怪，因为整片土地看起来都像被山羊啃食过。在一个村庄的边缘，一条狗拽着一头公牛的残骸——大部分是骨头和坚硬的兽皮，比牛肉干还干。而家鸦在一旁等待着轮到它们的时机。牛背鹭站在旁边，像是无精打采的专业哀悼者。牛背鹭长着繁殖羽，头部和肩部呈沙橙色。它们以昆虫为食，而不是腐肉。公牛已经死了，不能在吃草时把虫子惊吓出来，牛背鹭自然毫无兴趣。

"这可能是狮子杀的。"拉维说。然后，他又自我修正，这没法确认。还有许多其他可能，比如干旱、饥饿、豹子、疾病等，都可能造成公牛的死亡。"但是狮子能跑出森林这么远吗？"我问道。"哦，当然，"他说，"更远都可以。"没有领地的年轻雄狮，丧失领地的老年雌狮，或是饥渴难忍、四处游荡的健康狮子——很难说这些动物走多远才能找到一片贫瘠的森林安家；或者，陷入困境。拉维还提到保护地南边和西边的外围种群，它们在更广阔的土地中找到了局促的栖身之所。

应该如何处理这些离群的狮子呢？哦，它们捕食所有能找到的猎物。在这里，主要是牲畜。因此通常会引起人们对狮子的怨恨，可能的话需要把它们抓捕回去，拉维说。一旦抓住狮子，可以将它们运送到任何愿意接收的动物园或圈养繁殖项目。它们不应该，不应该（拉维重复着）被送回吉尔保护地，因为那里已经狮满为患了。如果抓不住，那么必须杀掉。这令人不快，但很有必要。相比任其恶化，杀掉更明智，比完全禁止杀牛而让狮子挨饿更人道，也比装模作样地把它们运回它们原来的地方更诚实。把它们抓住放回森林——过度拥挤的森林——没有任何作用。事实上，这比什么都不做更糟糕。如果缺少对误入歧途的动物的严格管控，在人类居住区遣返狮子只会让当地人更加不欢迎狮子。在政策讨论中，拉维反复表达了这一点——毫无疑问，以他特有的清晰、直率的风格，反复表达了这一点。在循规蹈矩的官僚看来，这似乎是一种大逆不道的异端言论。其他人建议拉维本人应该被枪毙，拉维说。

我们在坑坑洼洼的道路上向东行驶，经过更多的村庄、牛群、大戟属植物围成的篱笆、庄稼地。人们在庄稼地里又挖又戳，才不过搞出几蒲式耳①的食物。任何冒险穿越这片土地的狮子，肯定已经绝望透顶。土壤看起来又硬又差，没有流水的迹象。在一些地方，熔岩石板直接裸露在阳光下。我们默默地开了一会儿，直到拉维说："印度很多地方都是这样的。"

6

印度的狮子是违反直觉的。这不仅是因为它们栖身于通常认为是破败不堪的次大陆的一小片残存的绿色大地上。对普通的西方人说起"印度狮子"，那个人会想象你是在说"印度老虎"。"不，不，"你需要重复一遍，"狮子——还有一群狮子，在那里生存着。"即使在印度本土，亚洲狮也是一种默默无闻、鲜为人知的生物，生存于老虎的阴影下。印度教仍然尊狮子为女神难近母（Durga）某个化身的坐骑。许多圣庙顶上都有狮子雕像站立护卫。狮头神人那罗辛哈，是毗湿奴神为了血腥报复恶魔王而设想的化身。狮子一度是印度的国家象征。但现在这一切都变了。在这个国家，老虎分布更广，更有亚洲血统，同样濒临灭绝（虽然没有印度狮子那么严重），而且现在有了更高的知名度。于是老虎取代了狮子。

在早期的几个世纪里，在后来称为拉贾斯坦邦、古吉拉特邦、旁

---

① 蒲式耳是一种定量单位，用于固体物质的体积测量，类似于我国旧时的升或斗。此外，英制和美制略有差别，1 美制蒲式耳 =35.238 升，1 英制蒲式耳 =36.3677 升。

遮普邦、哈里亚纳邦（围绕德里）、北方邦和中央邦的地方，狮子相对较多，东边比哈尔邦也有少量分布。也就是说，它占据了印度北半部宜居的森林和稀树草原，并维持了种群。关于狮子在这里或那里出现的书面记录，大部分都是射杀记录——射杀狮子的记录如此之多，某种程度上解释了狮子几近灭绝的原因。在古代亚述、中世纪和殖民地时期的印度，射杀狮子都是皇室和王公们最喜欢的运动。随着印度次大陆星星点点的小公国（由邦主、大君、塔库尔或纳瓦卜统治）被各种前赴后继的帝国势力（孔雀王朝、莫卧儿人、马拉地人，最后是英国人）所吞并或掌控，来自王室的猎手数不胜数。但是，印度似乎没有形成像亚述纳西巴那样自吹自擂的风尚。17 世纪初，莫卧儿皇帝贾汗吉（Jehangir）至少射杀过一头狮子。根据贾汗吉的证词，他的父亲［著名的阿克巴（Akbar），巩固了莫卧儿王朝的权力］也是一名猎狮者。贾汗吉甚至与第一任英国驻印度大使托马斯·罗（Thomas Roe）一道猎狮，从而开创了一个先例。数世纪后，在帝国雄狮从伦敦呼啸而来的那些年里，半独立的印度土邦政治上精明的王子们，时常会邀请英国政要前来拜访并射杀狮子。

事实上，许多掌管英属印度的官员和行政人员都喜欢猎狮，于是精心安排的猎狮就成了外交和商业活动中的润滑剂，就像昂贵的雪茄、妓女或高尔夫。在某些情况下，杀死狮子似乎也是一种骑兵操练的形式。一份旧体育杂志提到，早在 1832 年，第 23 孟买骑兵队的军官在马背上猎杀狮子。据一名骑兵老兵后来回忆说，他所在军团的军官至少射杀了 26 头狮子。其他情况下，猎狮几乎成了战争的余波。据报道，在 1857—1858 年的暴力起义期间（英国历史学家称之为"印度叛乱"或"兵变"，而印度人则认为是第一次民族独立战争），乔治·史密斯（George A. Smith）上校杀死了 300 头狮子，其中仅德里地区就有

50头。史密斯的横冲直撞听起来更像是驱离举措，而不是运动狩猎，大概是为了制造某种血腥、惨烈的印象，让每个人都精神紧绷。

狮子的完全灭绝首先发生在印度东部——其分布范围的最远端，以及印度的最西部（除了卡提阿瓦半岛）——那里的栖息地干旱又贫瘠。在印度中部，狩猎仍在继续。1863年，印度中部骑兵团的马丁上校和他的狩猎搭档（一位副专员），在一个叫帕图格哈尔（Patulghar）的地方杀死了八头狮子。三年后，在现今拉贾斯坦邦的科塔（Kotah）附近，一个狩猎队声称杀死了九只狮子。1872年，蒙塔古·杰拉德（Montagu Gerard）爵士在博帕尔（Bhopal）北部的古纳市（Guna）附近杀死了一头狮子；次年在那又杀死了一头——那是印度中部最后一头被杀死的本地狮子。

在古吉拉特邦，狮子们坚持住了。为什么？可能因为古吉拉特邦更偏远，在英国控制的主要地区的外围，那里的土地足够贫瘠，保持荒野状态的时间更久。1878年，一头狮子在德埃萨（Deesa）赛马场被海兰德（Heyland）上校杀死。德埃萨是古吉拉特邦北部的一个城镇。海兰德的猎物，就像伊朗南部卡伦河上沦为鲨鱼诱饵的狮子尸体，似乎是一个令人心酸的象征。具体细节已不可知，但我能够想象那头赛马场里的狮子的困惑和惊慌。在一个节日般的周六冲过一片整洁的草地，爬过或跳过栅栏，被逼到角落又折回。勇敢的上校飞奔追逐，而围观的人群喧闹震天。狮子的世界变了，比赛输了。

1888年，古吉拉特邦其他地方有四头狮子被杀。除了最后一块飞地卡提阿瓦，这下整个印度的狮子都完了。

研究印度狮子的权威人士试图解释它们面对猎人如此脆弱的原因——特别是，为什么它们比老虎更快被消灭。"狮子是一种比老虎吵闹得多的动物，"L.L.芬顿（L.L.Fenton）在1909年写道，"因

众神的怪兽：在历史和思想丛林里的食人动物

为这个缘故，狮子太容易被发现了，比老虎更容易被抓起来。"40年后，出现了另一个有说服力的解释。英国教育家M.A.温特-布莱思（M. A. Wynter-Blyth）在监测吉尔狮群种群数量方面发挥了重要作用。他写道："没有必要在印度的其他地方寻找它们灭绝的原因。因为它们对人类的无畏和对开阔地的喜爱，总是让它们轻易成为猎手和其他人瞄准的目标。"M.A.拉希德（M. A. Rashid）和鲁本·大卫（Reuben David）最近合著了一本讨论该问题的书。他们持有同样的观点："狮子天性相对大胆，对人类出现的容忍度更大，适应了人类活动更频繁的平原和开阔地带。而狡猾而神秘的老虎喜欢更偏远、干扰更少的丘陵和林地，在那里它感觉更自在。"那些开阔的平原和稀树草原很快就被改变，被印度快速增长的人口以及他们的牲畜、庄稼和居住地所代替。"狮子天性大胆，生活方式更社会化，与老虎相比，它们更容易成为人类侵略的受害者。"的确，很难想象嗜好运动的英国骑兵在中央邦潮湿的竹林或孙德尔本斯（Sundarbans）的红树林沼泽滩中追逐老虎。印度老虎通常喜欢的潮湿森林似乎比狮子的干旱栖息地更不容易耕作。

卡提阿瓦半岛是个例外。该地区土地多石，平原平坦，季风带来暴雨的雨季和炎热干燥的旱季交替出现。些许河流从零星的丘陵和山地中流出。山坡太陡，无法耕作，所以保留了大部分天然植被——大部分是干旱落叶林和开阔的灌木稀树。即使在卡提阿瓦平原开始被农田、道路和城镇填满时，这里依然如此。巴尔达山（Barde Hill）位于半岛最西端的楔形地带，位于名为纳瓦纳加尔（Navanagar）的小土邦内。卡提阿瓦的东边是班纳加尔公国（Bhavnagar），西霍尔山（Sihor Hill）和拉姆德里山（Ramdhari Hill）长满了灌木丛和荆棘林。在卡提阿瓦的中南部，吉尔纳尔山丘（Girnar）赫然耸立在古老的要塞城市朱纳加德（Junagadh）东部。再往东南30英里（约48公里）处是一个褶皱带，满是山脊、山峰、隐藏的台地和冲沟，由火山喷发而成，山体上散布着森林，这就是吉尔。总体上，这些高地——巴尔达、西霍尔、拉姆德里、吉尔纳尔、吉尔——代表了残余的印度狮子的天然庇护所。

中世纪时期，卡提阿瓦有海盗（他们越过阿拉伯海直到中东，劫掠海上贸易船只）、强盗、骄傲的战士和拉杰普特种姓的酋长、吟游诗人、牧民、微不足道的国王，为争夺土地经常爆发武装混战。卡提阿瓦这个名称源自卡提斯（Kathis），一个由北方来的战士和偷牛贼组成的流氓部落。卡提斯人早先被赶出了旁遮普，然后又被赶出辛德。他们像玛尔达里人那样继续向南迁徙，但过程更为野蛮，最终来到这个半岛上碰运气。[①] 英国军官威尔伯福斯－贝尔（Wilberforce-Bell）在1916年出版的《卡提阿瓦史》中写道："据说他们的女人非常漂亮，卡提斯马也和卡提斯人一样出名。他们以前是太阳崇拜者。"带着他们勇猛的流氓习性、太阳崇拜和养马本事，卡提斯人为卡提阿瓦定下了基调，但他们没有统治半岛。

没有人能够始终统治卡提阿瓦，只有部分和暂时的统治。几个世纪以来，这里一直是"牛仔之地"，人口相对较少，政局不稳定，是机会主义者的角斗场。来自不同部落和家族的野心勃勃的军阀（穆斯林和印度教徒都有），在此占据领地，组建军队，彼此争斗。18世纪中叶，巴比家族（Babi）在朱纳加德确立了统治地位。此后，每位来自巴比家族的统治者都拥有穆斯林头衔纳瓦卜（*nawab*）——纳瓦卜的意思是代理人，臣服于莫卧儿皇帝。朱纳加德的第一位纳瓦卜

---

① 卡提斯人是勇敢好战的种族，从突袭式掠夺中获得了巨大的声誉。

是谢尔·汗·巴比（Sher Khan Babi），于 1748 年自称为王。纳瓦纳加尔和班纳加尔也同样崛起为地区势力，其统治者声称拥有大致相当的印度教头衔——纳瓦纳加尔的贾穆（Jam）、班纳加尔的塔库尔（Thakur）。除此之外，还有许多更小的公国。随着莫卧儿帝国的衰落，马拉塔联盟取而代之。马拉塔军队远征卡提阿瓦，勒索贡品，并胁迫当地小国王结盟，向小酋长和民众收取保护费。保护费被层层盘剥。纳瓦卜或者塔库尔，还有执行命令的军官和士兵，都从下层阶级的血汗钱中趁机劫掠，每个人都欲壑难填。根据威尔伯福斯－贝尔的说法："这里的一切充满了混乱。那些不能从更不幸的人那里压榨财富、获得生计的人，最为悲惨。各地强奸和抢劫泛滥成灾。每个人都与邻居为敌。"一头狮子杀死一头奶牛，当然会让挣扎中的牧民生活更加艰难，但还原当初的情景，亚洲狮并非卡提阿瓦最麻烦的捕食者。智人，才是更糟糕的大麻烦。

然后英国人来了，取代马拉塔人成为统治者，确立了新的稳定秩序——虽然并非是解放。卡提阿瓦从未完全融入大英帝国，而是变成了某种缴纳贡品的保护国；或者更确切地说，是一群由朱纳加德的纳瓦卜和其他小国王直接统治的受保护国。他们接受英国的许可、行政服务和建议。有记录称，最后一位旧式封建自治者投降于 1822 年。时任纳瓦卜与英国人达成了一项收入分配协议，从此英国人将代表他收取税款。在他的领地大朱纳加德的土地中，大部分是吉尔森林。

英国人的到来对纳瓦卜和塔库尔有利，但对卡提斯人却没什么好处。卡提斯人是一群顽强的战士和盗匪。他们根本不适合定居、保卫边境并屈从于统治者。正如威尔伯福斯－贝尔所解释的那样，卡提斯人"开始厌倦英国统治下对他们而言奇怪而和平的生活"，因此"为了平息对战斗的渴望，他们进攻了班纳加尔"。威尔伯福斯－贝尔本人是一名帝国行政官，他可能是以高高在上的态度来挖苦卡提斯人，认为他们是习惯性的好战，但是换个角度来看，他们是试图收回祖传土地的土著游击队。

在 19 世纪，卡提斯强盗就像叛贼，屡屡突袭王公。他们有时会利用吉尔森林作为掩护。例如 1820 年，哈达·库曼（Hada Khuman）带领的一伙卡提斯强盗烧毁并劫掠了几个班纳加尔城镇，然后像电影《虎豹小霸王》中的布奇·卡西迪（Butch Cassidy）和圣丹斯（Sundance）一样进入"墙洞"逃向吉尔。四年后，在另一次对班纳加尔的突袭后，这群卡提斯人被班纳加尔士兵抓住。除了一名首领被杀之外，其他人再次逃到了军队无法追踪的吉尔。另一伙卡提斯强盗更加胆大妄为，他们绑架了一名英国人质——印度海军上校格兰特（Grant）。格兰特上校那时正以其英国绅士式的沉稳，由一小队护卫护送，跨马执鞭，经海岸向执行公务的目的地进发。被俘后，他在吉尔森林里被关押了两个半月。英国人以朱纳加德的纳瓦卜为中间人，跟卡提斯酋长展开了好几轮谈判，然后卡提斯人终于释放了格兰特上校。不幸的是，格兰特上校被发现"晚上在田野里游荡，精神错乱，浑身是寄生虫，由于受寒和疲劳而患了严重的疟疾和发烧"。其时正逢雨季，想必在吉尔森林里游荡尤其艰难。

19 世纪后半叶，偶尔还会有反叛者或不法分子把吉尔作为逃跑的地方。狮子也在那找到了避难所。直到 19 世纪，卡提阿瓦各条孤立的山脉都生活有少量狮子，或者至少有一些个体间歇出现。但是随着人口密度的增加，低地的森林被农田取代和政治局势的稳定，卡提斯游击队和狮子都变得越来越稀少。吉尔森林因其纵深较大（大约 2000 平方英里），是最大的一块连续栖息地，于是成为印度狮子最后的希望。

有一段时期，情况看起来狮子甚至在吉尔也无法生存。1880年，英国军官沃森（Watson）调查整个朱纳加德地区的地理状况。他在报告中推测，吉尔森林里只剩下"不超过12头"狮子。沃森是一名狂热的猎手，也是知识渊博的野外工作者。尽管他估计的数字不尽精确，却做出了狮子数量急剧下降的正确判断。他在报告中提请英国和公国王室中的一些人改变旧有的观念，不要再把印度狮子视作无穷无尽的运动资源或麻烦源泉，而应看作是一种珍贵的稀有动物。1893年，官方估计整个朱纳加德地区有31头狮子，其中包括吉尔种群和吉尔纳尔种群。吉尔纳尔是距吉尔30英里外的一座大山。新的数字包括了新的区域，考虑到可能的误差范围，它并不比沃森的猜测更令人振奋。另一项估计是在1900年，得出共有19头狮子（其中8只幼崽）的结果。即便在理想情况下，狮子幼崽的存活率也很低，所以更有效的数字是11头成年个体。这同样不是精确的数字，但毋庸置疑，同样令人沮丧。没有人能准确地说清楚，这个区域到底有多少头。也许有十几头狮子幸存，也许有二三十头？卡内基（Carnegy）少校对数字持不同意见。他从1903年起就驻扎在朱纳加德。在他看来，狮子数量高达60或70头。无论如何，对狮子数量的估计存在巨大的不确定性。但即使卡内基是正确的，狮子数量也很少，种群岌岌可危。

世纪之交，又发生了两件事，使情况变得更加复杂。第一个是社会政治问题，第二个是变幻莫测的气候。

时任印度总督的乔治·纳撒尼尔·寇松（George Nathaniel Curzon），一位聪明而傲慢的英国贵族，收到朱纳加德纳瓦卜请他前去猎狮的邀请。彼时纳瓦卜的家族已在他们的小公国统治了150年。在此期间，吉尔森林从亡命之徒的天堂，逐渐变成事实上的野生动物保护区。当狮子在其他地方消失时，它们在吉尔变得非常受欢迎。主要是因为运动狩猎之风正盛，即某位权贵在一群时髦密友的簇拥下，在仆人和当地勇士（*shikaris*，职业猎人）的伺候下，等待射杀一头被驱赶的狮子。猎杀之后自然少不了喝酒欢庆。对纳瓦卜来说，猎狮的价值无可匹敌，能充分展示对尊客的款待。帝国各地有许多小王公可以安排猎虎，但只有他能提供狮子。尽管朱纳加德并没有涵盖整座吉尔森林，但一代代的纳瓦卜愈加以傲慢之心对待吉尔的狮子。

寇松勋爵接受纳瓦卜的邀请后，又不知从哪里听说狮子现在只剩下十几头。他按照原计划继续前往朱纳加德进行访问，但拒绝了猎狮。他的动机是什么？很难猜测他是真诚关心这个亚种的生存状况，还是仅仅出于政治正确的考量。〔我在寇松的传记中找不到他喜爱狮子的表达，甚至在大卫·迪克斯（David Dilks）的两卷本《寇松在印度》（*Curzon in India*）中也没有。但这件轶事在有关狮子的书中被讲了又讲。〕无论如何，寇松鼓励纳瓦卜保护这种高贵的大猫免于灭绝。纳瓦卜同意，签发了猎狮禁令。

但是狮子出于本性，攻击栖息地内或附近的牲畜，还是会给纳瓦卜带来麻烦。当它们在邻近的杰特普尔（Jetpur）造成损害时，边界上的紧张局势就出现了。巴罗达（Baroda）是另一个临近的公国，它也拥有一部分吉尔的森林，但并不欢迎狮子。因此，巴罗达和杰特普尔的统治者都认为，如果朱纳加德纳瓦卜选择将这些野兽视为自有，那么理所当然地，应赔偿他们因狮子而损失的牛和羊。

第二个使情况变复杂的事件，是1899年至1900年间折磨半岛的可怕干旱。这场干旱导致卡提阿瓦大饥荒，人们至今记忆犹新。大量饥渴虚弱的猎物聚集在几个不断萎缩的水坑周围，对狮子来说更像是一场盛宴——总之，起初是如此。丰富的食物甚至可能提高了幼崽的存活率，增加了狮子的数量，从而加剧了接下来的困难。不久，几乎所有野生有蹄类动物都死了。狮子变得绝望。饥饿驱使它们去到森林边缘和更远的地方捕食牲畜。1901年，一份报告指出："狮子更大胆，白天进入村庄，无畏地攻击人和牛。警察不得不竭尽全力保护人的生命。"在不长的一段时间内，狮子杀死了352头家畜，两个女人和一个男孩。随后几年死亡名单还在继续：在吉尔以南20多英里的科迪纳区（Kodinar），两名男子被杀。在岗特瓦德区（Ghantwad），饥饿的狮子杀死并吃掉一个男孩，还扯掉一个村庄小屋的屋顶去抓里面的山羊。1901年，狮子在吉尔杀死31人，伤8人。随后两年没有记录。然后在1904年有29人死亡，11人受伤，一份报告形容狮子"非常大胆"。在这种压力下，纳瓦卜取消禁令，结束了第一次对狮子进行完全保护的社会实验。

印度狮子距离灭绝到底有多近？人们意见不一。极端乐观的种群估计是卡内基上校的60~70只。之后不久，卡内基在一次大型狩猎社交中被狮子杀死——这可能使得他的专业判断令人生疑。1907年出版的《统治印度的王公们：朱纳加德》（*Ruling Prince of India: Junagadh*），简洁地记录了朱纳加德及其统治家族的历史。书中驳斥了对狮子种群的任何担忧："几年前，寇松勋爵放弃在吉尔射杀狮子的计划。这无意间助长了误解的蔓延。"这本书显然是《印度时报》（*Times of India*）系列出版物中的一本，作者是S.M.爱德华（S. M. Edwards）和L.G.弗雷泽（L. G. Fraser）。他们对狮子种群情况持乐观的态度，因此对寇松拒绝打猎的决定提出了其他解释：

> 要么是由于新闻界的强烈抗议，要么是未被正确告知真实的情况，要么是没有在适当的区域仔细调查。即使在五年前，寇松的决定也是被信息误导的。据追踪者称，森林最深处还有很多狮

子，它们大多潜伏在相对难以接近的地方。没有哪个欧洲人熟悉吉尔的情况。

然而熟悉吉尔的欧洲人L.L.芬顿，却持相反的观点。和卡内基一样，芬顿也是一名英国战地军官，但更审慎明智。他在1909年写道，尽管狮子受到一些有限的保护，但"毫无疑问，它们正不可避免地逐渐走向灭绝"。

在芬顿做出预测时，吉尔的朱纳加德每年会有四五头狮子被射杀，外围地区大概会有八头。这种速度一直持续到1911年，老纳瓦卜去世，其子继位。新任纳瓦卜只是一个小男孩。因此，当他去英国上学时，英国人摄政，接管了朱纳加德的行政控制权。1913年，朱纳加德的首席林务官在吉尔调查了两个月，判断狮子的数量可能下降到了6~8头，肯定不会超过20头。因此，英国行政长官颁布了另一项猎狮禁令。虽然禁令注定不会永久，就像前任纳瓦卜的禁令一样，但确实帮助狮子种群从最低点恢复过来。最糟糕的年月已经过去了。

"然而，我观察到有趣的现象，"M. A.温特－布莱思（M. A. Wynter-Blyth）写道，"在这些年里，狮子的习性发生了深刻的变化。再也没有它们攻击人的传闻了。"温特－布莱思是细致的观察者，后来他在吉尔组织了第一次系统的狮子种群普查。他在1950年写下的这段话是正确的。但如今情况又有变化。

7

到1986年，情况发生了变化。某些方面变得更好了。亚洲狮的灭绝已被逆转——虽说差点就失败了。保护条例已经到位：印度政府延续了老纳瓦卜开启的禁止猎狮的政策。随着死亡率的降低，吉尔的狮子已经繁殖到大约 250 只。种群恢复是积极的变化，哪怕短暂，也令人欢欣鼓舞。

另一方面，在如此短的时间内，恢复遗传多样性的可能性微乎其微。它们的基因库估计仍然很小（考虑到遗传多样性反弹的速度比纯粹的种群增长要慢得多），与曾经只存活十几只个体时存在同样的危机。数百头狮子的数量掩盖了种群持续的不稳定性。

不管有没有坚实的遗传基础，它们现在被认为是亚洲狮最后的野生种群，也是吉尔野生动物保护区和国家公园特有的濒危亚种。一些个体被转移到了其他地方，包括朱纳加德的一个动物园、印度北方邦北部（可惜失败了），以及远至伦敦和华盛顿的其他动物园。至于吉尔种群本身，目前估算有 250 只个体，虽然看上去比 6 只、8 只或 20 只好得多，但这还远远不够。即使没有世纪之交的瓶颈效应带来的遗传后果，数量如此少的种群，其长期生存前景也不容乐观。它们被隔离在小块森林里，被现代印度雄心勃勃的争夺和令人窒息的绝望所包围。栖息地萎缩导致小种群孤岛化，吉尔的狮群是教科书般的典型案例。接着，在 1986 年 3 月，另一场严重的干旱开始了。

就像 1899 年那次一样，这场干旱一开始制造了对狮子有利的环境——野生猎物饥渴地聚集在水坑里，牲畜无人照看，奄奄一息。在一段时期内，食草动物受苦，狮子受益。到 1988 年，干旱再次爆发，形势逆转让狮子的行为变得越来越鲁莽。

此时，已经有狮子亚种群在保护地外的边缘栖息地中定居。在投机或生存的指引下，其他狮子也在保护地边界上进进出出。在干旱最严重的时期，周边的田野和村庄为狮子提供了大量食物——焦躁不安的、被遗弃的和死去的家畜。但是当干旱结束，形势就变了。对牲畜和牧民来说，这是个好消息，意味着有水和饲料可以救命。但对狮子来说，这是个坏消息，因为可供食用的奶牛和水牛尸体大为减少，无人照看的流浪牲畜也大为减少。人们又有能力喂养他们的牲畜，并赶入畜栏或其他形式的围栏内加以保护。狮子继续在保护地边界之外的地带活动，寻找食物。这当然意味着麻烦。容易捕食的猎物短缺，狮子便再次威胁到人类的生命安全。温特－布莱思在 1950 年所做的乐观的观察论断失效了。到 1991 年底，绝望的狮子袭击了 120 人，杀死其中 20 人，至少七具尸体被部分吃掉。

三年后，《保护生物学》（*Conservation Biology*）杂志发表了一篇由四名研究人员合写的论文《印度吉尔森林中的人狮冲突》（Lion-Human Conflict in the Gir Forest，India）。第一作者是印度野生动物研究所的瓦桑特·K. 萨博瓦尔（Vasant K. Saberwal）。他们采访了吉尔森林周围的 56 个村庄。通过分析采访得来的和其他来源的数据，他们发现了一些有趣的趋势和模式。论文列出了 193 起狮子袭击人类的事件，时间跨度 13 年（1978~1991），包括干旱前后。在这些袭击中，有 28 起是致命的。干旱和干旱之前，平均每年有 7.3 起冲突；干旱过后，跃升至每年 40.0 起。亚成年狮子（即体型已经接近成年个体的青少年，可能刚刚离开母亲独立生活），不论雄雌，都比成年狮子更频繁地卷入冲突。大多数袭击发生在保护地之外，肇事者是长期在保护地外避难的狮子，或者是后来因干旱无法再在保护地中生活的流浪者。这些离群的狮子在花生地、芒果园和村庄间跋涉 15~20 英里，穿过马路，在任何可能的地方寻找遮蔽和食物，在安顿下来之前小心翼翼地开启漫长的"奥德赛之旅"。然后，其中一些个体，在某些情况下，陷入了严重的麻烦。特别有意思的是，干旱之后，袭击事件在保护地外急剧增加，但在保护地内却没有。显而易见，共同占据吉尔森林的玛尔达里人和狮子在一定程度上能彼此兼容——一种紧张但稳定的相互容忍，这在外部世界是不存在的。萨博瓦尔及其合著者冷酷地指出干旱期间和干旱后的另一个区别："干旱过后，狮子开始以它们杀死的人类尸体为食。"

读完这篇论文，我还想了解更多，于是通过电话联系上瓦桑特·萨博瓦尔。他在康涅狄格州的纽黑文，被耶鲁大学临时聘用。当我开始向他询问狮子的生态和种群状况时，他解释说野外生物学不是他的专长，他是一名社会学家、调查方案的创制者，以及人类看法和感受的问询和分析者。萨博瓦尔建议我和他的第三合著者谈谈，他才是真正在吉尔研究狮子的人。那个人就是拉维·切拉姆。

萨博瓦尔给了我一个德拉敦的电话号码。德拉敦是古老的山区小镇，坐落在德里北部，也是印度野生动物研究所的所在地。为了对上当地的时差，我一直等到午夜过后才拨通电话。我通过总机大声呼叫，终于找到这家伙。他热情地对我的兴趣做出了回应，但很唐突。（后来我才知道，这就是拉维·切拉姆的风格。）"天哪，伙计，你为什么打电话？"他说，"你知道国际电话在印度要花多少钱吗？""我花的是我的钱。"我提醒他。"你没听说过电子邮件吗？发邮件给我！"他要求道，然后就挂断了电话。

8

那次电话联系后不久，我自己到了德拉敦，在研究所做了一次演讲。而最令人开心的是，我见到了拉维·切拉姆，从而开启了我们许多次交谈中的第一次。他三十多岁，身材颀长，蓄着浓密的胡须，思维敏锐有序，有一套清晰的专业信念：对自己的知识边界有着无可挑剔的认识，同时对自己的所学所知有着坚定的信心。他愿意彻底搞清和回答每一个问题，对事实和细节孜孜以求，并且锲而不舍，以至于有时模糊了解释和争辩的界限。换句话说，要是少了敏捷的、语带讽刺的幽默感，他肯定会是个讨厌鬼。不过，我立刻喜欢上了他："我们一起去吉尔吧！"几个星期后，我们来到了这里，沿着这条路向东穿过保护地，来到北部边界外的荒芜平原。

在我们的左边，月光扫向暗淡的地平线，偶尔被大戟篱笆、寂寞的小村庄和山羊打断。不过，这条路现在重新向南偏转，与保护地边界汇交，把我们带到令人宽慰的树林。穿过干涸的河床，我们看到大块的岩石和细碎的砾石间有一只雌猫鼬和三只受惊的小猫鼬，就像在水中游荡的水獭一家。通过一个检查站重新进入保护地，我们再次被干燥的落叶林包围，凌乱但多样。这里有阔叶的紫矿树、矮小的柚木、金合欢和几种多刺的酸枣；还有一种假虎刺属的灌木（*Carissa opaca*），这种植物往往会长有蓬松的圆顶，底部有洞穴状的空洞。假虎刺属灌木的圆顶下，阴暗凉爽，狮子有时会在里面午休。拉维告诉我，这种灌木的叶子和果实对野生有蹄类动物来说非常重要。它的蓝色球状果实像花楸果一样的有着浓郁气味，也是周围村民需要的。村民们会闯入保护地，一桶桶地摘取果实。对这种灌木的彼此竞争，代表了吉尔地区更大的冲突。

在如此贫瘠的森林里，可食的枝叶是有限的。而对野生有蹄类来说，由于草的短缺，可食的枝叶就变得至关重要。草很贫乏（尤其是在旱季），还经常被玛尔达里人的奶牛和水牛啃食。为了给圈里的牲畜多弄一点枝叶，玛尔达里人有时也会砍掉小树，或从大树上砍下多叶的树枝。家畜消耗着树木，却并没有反哺。奶牛和水牛的粪便，以及一点表层土壤被玛尔达里人刮取作为肥料出售。外围的村民除了采集假虎刺属灌木的浆果和其他几种野生水果外，还偷偷溜进来砍树做柴火。这些柴火或者是自己用作燃料，或者是拿去出售。早先，在宣

　　　　　　　　众神的怪兽：在历史和思想丛林里的食人动物

布建立保护区和国家公园之前，外面的村民造成的影响更大。他们每天驱赶成千上万的奶牛和水牛到森林中吃草。在保护地边界 6 英里的范围内，有 200 多个村庄，生活有 16 万人口和几乎同样多的牲畜。保护区内大约生活有 2500 名玛尔达里人，以及 1.5 万头奶牛和水牛。尽管目前仍不过糊口，但随着玛尔达里人跟外界的联系越来越紧密，面对着外面世界的机遇和诱惑，玛尔达里人的经济面貌正发生不可阻挡的变化。周围的村民并没有完全停止从森林中获取资源——有时出于救急，有时情有可原，有时合法，有时违法。所有这些的结果是，养分和其他资源正源源不断地流出吉尔生态系统。

这是渐进、累积的恶化，不是突发的灾难。但根据拉维·切拉姆及其同事和前辈在过去三十年里的生态学研究，问题已经清晰地显现出来：吉尔正在被侵蚀。这个地区很小，能容忍的损失幅度并不大。与此同时，这里还有地球上最后几百头亚洲狮和它们的天然猎物——成千上万的野生有蹄类动物。

一个好消息是，有蹄类动物的数量在 30 年间急剧增加。因为吉尔核心地带被指定为国家公园，并且禁止（虽然不是绝对强制，但也有帮助）家畜进入。这些措施给当地居民带来了令人不安的影响，尤其是对部分玛尔达里人来说，这一点我后面还将在适当的时候解释。但是对本地食草动物来说，却很理想。最常见的本地物种是白斑鹿（*Axis axis*），一种带斑点的小型鹿，现在是狮子的主要猎物。这里还有水鹿（一种类似麋鹿的大型鹿）、印度瞪羚、蓝牛羚（一种体型巨大的羚羊）、四角羚羊和野猪。这些本地动物，有的相对罕见，有的只出现在生态系统的局部区域。白斑鹿会出现在任何地方，但最近几十年它们的总体丰度发生了变化。水鹿更喜欢国家公园富饶的茂密森林。

早在 20 世纪 70 年代初，根据两位北美研究人员的博士论文，这片森林只有大约 4000 头白斑鹿。家畜数量远远超过它们，从狮子捕食的模式可以反映出这种不平衡。狮子吃最易获得的食物，而牲畜约占它们食物的 75%。到拉维·切拉姆在 20 世纪 80 年代后期开展博士研究时，白斑鹿种群已经上升到将近 5 万头，森林中的奶牛和水牛则少多了，这时狮子主要吃白斑鹿。这种转变在某种程度上缓解了玛尔达里人和狮子之间的冲突，但并没有完全消除。拉维对狮子偏好这种或那种动物的数学分析——不仅仅是绝对数量，而是每种动物相对的可获得性——揭示，那些又大又多肉的水鹿，才是狮子最喜欢的猎物。牛排名第二。白斑鹿数量丰富，但个体太小，不足以满足一群狮子的需求。因此，尽管经常被狮子杀死，但它们并不特别受欢迎。

沿着北部边界，我注意到这里明显没有白斑鹿。事实上，我们几乎没有见过任何动物。我们向南开了一个小时，在山沟的阴凉处停下来吃一顿印度煎饼（roti）当作早餐，然后继续前行。一路上一直不见有任何野生动物，直到我们穿过另一条干涸的河床，听到一片嘈杂的叫声。这里离上游不远处，黑暗的天空下，乌鸦兴奋地盘旋和俯冲。它们的盘旋像浮标一样明显。拉维认为，这可能是一场杀戮。

我们停了下来。在穆罕默德的带领下，我们小心翼翼地穿过茂密的灌木丛逆行而上，来到了现场。当乌鸦散开时，我们发现一只年轻白斑鹿的尸体。尸体藏在一棵树下，无论是哪种捕食者杀死了它，都容易找到。满身苍蝇的死鹿像变压器一样嗡嗡作响。

瘤胃就在附近，被完整地取出，然后半埋起来。这是某种挑剔的食肉动物细心的举措，以避免一团被瘤胃变酸的草弄脏了好肉。尸体本身还较完整，除了一条被扯断的前腿离它有 10 英尺远。我想知道，这是狮子还是豹子干的？拉维怀疑是后者，因为面对如此美味的早餐，狮子绝对不会这样客气。果然，过了一会儿，穆罕默德在河边一条兽道的松软土壤中发现了豹的脚印。拉维说这具尸体看起来有好几天了。那只豹子现在去哪了？为什么没有回来继续进食？这些问题是地面上的证据无法回答的。任何人都不知道它此刻在哪。

9

豹（*Panthera pardus*），是全球适应性最强、分布最广的大型猫科动物。这种动物的全球分布范围大得惊人，栖息地也异常多样。从西非的热带雨林，到亚洲西南部的荒漠，再到中南半岛的热带雨林和俄罗斯东南部的温带森林，都能发现豹的踪迹。它分布区的海拔范围从海平面到 17,000 多英尺（约 5200 米）。在印度，豹生存在数十个不同的国家公园、野生动物保护区及其周边地区。从印度最南端的泰米尔纳德邦到喜马拉雅中高海拔的山坡，从西部的卡提阿瓦到与中国接壤的东部高地，都有豹的踪影。它与老虎（在一些印度国家公园）和狮子（在非洲的部分地区，就像吉尔那样）共享栖息地。在其他地方，豹则是当地的顶级捕食者。豹体型较小，对食物的需求较少，能爬树并将猎物藏在上面，能适应干燥的栖息地，能容忍极端的生态条件和人类的接近——所有这些特征使它能与老虎和狮子相容，而不是直接竞争。小心翼翼且富有进取精神的豹，比狮子或老虎更能容忍人类的靠近，甚至到人类主宰的区域去碰运气。比如豹子会冒险走出圣杰·甘地国家公园（Sanjay Gandhi National Park），在孟买贫民窟里以流浪狗为食。它与吉尔狮子的共存，不能用食物偏好差异来解释。拉维的研究表明，豹可能更满足于捕食叶猴或孔雀，而不是扑倒水牛；但豹也会和狮子一样喜欢白斑鹿、水鹿和牛等猎物。

然而，豹子够大，无需偷偷摸摸就可以杀死一个人。豹吃人的现象非常普遍，也足够引人注目，因此在印度狩猎和野生动物文学中，产生了许多生动的描述。其中最著名的是吉姆·科贝特（Jim Corbett）的畅销书《鲁德拉普拉耶格的食人豹》（*The Man-Eating Leopard of Rudraprayag*）。这位传奇猎人和作家因《库蒙食人兽》（*Man-Eaters of Kumaon*）中的流浪虎故事而闻名。《孟买博物学会期刊》（*Journal of the Bombay Natural History Society*，简称 BNHS）发表过一些关于人豹冲突的较为枯燥的报道。一个多世纪以来，孟买博物学会一直是由野生动物观察者、生物学家和保护主义者组成的杰出团体，其期刊上的论文往往是为严肃读者撰写的冷静报道。其中许多报道与豹有关。例如，1918 年，期刊早期的一位撰稿人 R.G. 伯顿（R. G. Burton），描述了豹似乎自相矛盾的行为：

> 它们经常表现为极端大胆和极端胆怯。豹子很大胆，人们都知道它们敢进入帐篷甚至房子，但当它们意识到会被看见时，就很少会在人类面前捕食。因此，一个小牧童就能看管一群山羊不受干扰，只有掉队的会被抓住。

期刊中的另一则报道写道：

> 像老虎一样，豹子有时喜欢吃人。而食人豹比食人虎更可怕，因为它更敏捷，也更隐秘和安静。它能悄无声息地跟踪、跳跃……爬树的本事也比老虎厉害。令人震惊的是，它还能在很小的角落中隐藏自己，行为上经常表现出不可思议的智慧。食人豹经常冲破村庄小屋脆弱的墙壁，带走睡着的孩子甚至成年人。

这样的主题反复出现：狮子和老虎可能大而可怕，但豹子却很隐秘。

吉姆·科贝特在《鲁德拉普拉耶格的食人豹》一书中，用一个故事重申了这一点。这个故事发生在鲁德拉普拉耶格，豹不可思议地突袭了一个人。袭击发生在一个朝圣者的庇护所——位于通往高地神殿的路上。地名中的"普拉耶格"（Prayag）是印地语，意为"汇合"。这个遭受豹子恐怖袭击的地方，鲁德拉普拉耶格，坐落在两条恒河源头溪流的汇合处。那是一个多山的半荒野地区，春天的融水"无拘无束、欢快地泻在覆盖着苔藓和铁线蕨的岩石上"，道路因数百万虔诚的印度教徒赤脚走过而损毁。受害者是一名不幸的当地妇女。因不愿冒险摸黑走回自己的村庄而在那里过夜。她躺在房间中还算安全的地方——远离大路，周围有五十名朝圣者。科贝特的书中提道，这只神奇的豹子钻过一排排的人，用嘴叼着那位妇女的尸体向后拖。没人看到它，没人听到它。它不小心抓到了另一名妇女。被抓伤的妇女醒了，以为自己被蝎子蜇了，尖叫起来，吵醒了其他朝圣者。虽然"蝎子蜇伤"是个流血的抓伤，让人们疑惑，但也没有深究，只是安慰了她。然后每个人都回去睡觉了。早上起来，他们发现一个女人不见了，只有血淋淋的纱丽还在屋子外面的路上。

科尔贝特说，他是从管理保护区的印度教学者那里听说这起事件的。不管我们是否全部采信（我自己是不大相信），但它确实揭示了豹子在印度的名声。

除了注意到豹子在大胆和胆怯之间的摇摆外，R.G. 伯顿还怀疑豹子比老虎更容易吃人。部分原因是环境的诱惑。"它们的习性使它们与人类居住地的联系越来越紧密，越来越频繁。"粗心的母亲没看紧孩子，豹子正趁天黑躲在村庄外围。伯顿写道，"即便它不是确定的食人兽，自然也会趁机叼走无人照看的孩子。"伯顿自己也曾协助杀死一只豹子。这只豹子擅长在炎热的夏夜，趁全家人在户外乘凉睡觉时，从父母身边掠走孩子。按照他的叙述，以及科贝特从鲁德拉普拉耶格听来的故事，那些最机敏的豹子似乎能易如反掌地从人群中选出受害者。

1920年，E. 布鲁克·福克斯（E. Brook Fox，他也是《孟买博物学会期刊》的撰稿人）报道了吉尔森林中的一只食人豹。"我相信它是一只雌性——很可能带着幼崽。她断断续续地杀人。连续四年，它每年雨季杀死并吃掉一个孩子。"这些孩子很可能是玛尔达里人的。按照布鲁克·福克斯的说法，吉尔的豹子（还有狮子）已经养成了日落时离开巢穴，直接向最近的玛尔达里人营地进发的习惯。到了营地，"如果没有发现受害者，就继续前往下一个营地"。如此这般，直到幸运地找到一名"掉队者"。掉队者可能是一头奶牛、一头小牛、一个牧民，或者是一个牧民的孩子（就像某些报道里所说的）。在半暗半明的时分，牲畜在森林和营地间走动，无人陪伴的孩子被野兽抓住。"有四个小女孩……在黄昏或黎明时被带走，就发生在营地边。"布鲁克·福克斯说，在每一起事件中，"唯一的痕迹不过是一个光秃秃的头骨。"

四个不同的事件中，都留下了一个裸露的头骨？这比吉姆·科贝特的漂亮故事更让人难以相信。食肉动物通常会咬碎并啃食骨头。如果时间够长，秃鹫、乌鸦、甲虫和蚂蚁会把骨头清理干净。很难想象，在失去女儿的情况下，玛尔达里人会让豹子好整以暇地清理受害者的头颅。或者，也很难想象豹子能够咀嚼、剥下或是吮吸干净头骨上的肉。这些耸人听闻的精描细画确实让人难以相信，不过四名小女孩死于豹子袭击的推测则是完全可能的。

虽然还没人很好地研究过吉尔的豹，不过拉维推测它们可能是印度最大的豹种群。这个国家还有许多豹栖息地，但可能都没有吉尔这么大而完整。几年前，拉维在我们今天行驶的同一条路上与豹相遇，这强化了他认为吉尔是豹子幸福天堂的印象。那次相遇就在雨季过后，公路两旁长满了高高的野草，拉维当时一个人开车，一只豹子像拦路强盗一样突然出现在视野中——然后是另一只，又一只，最终共五只。他分辨出这是一只雌豹，带着四只亚成年小崽。小豹子扭打推搡着，互相摔跤嬉戏，然后继续前进，消失在道路另一边的草丛中。"这个经历可能持续了三四分钟，"拉维回忆道，"但它说明了很多。"这让有深厚生态学背景的拉维认为：吉尔森林现在是健康、富饶和强健的。豹等顶级捕食动物不断面临生死挑战，在大多数生态系统中，幼崽死亡率都很高。如果一只母豹能把四只幼崽抚养大，那它生活的地方一定条件优越。

在过去一个世纪里，《孟买博物学会期刊》还记载了其他关于食人豹的报道。学会的前任图书馆长和期刊编辑 J.C. 丹尼尔（J. C. Daniel）在《印度的豹》（*The Leopard in india*）一书中整理了这些报道。丹尼尔本人是受人尊敬的印度博物学者，完全有资格来概述印度次大陆豹的行为和历史。"数世纪以来，豹一直与人类生活紧密相连。"他写道。他还指出，在人类主宰的世界里，这种亲近对豹有利有弊。从积极的一面看，反映出豹子能容忍栖息地退化，能容忍造林和农业对野生环境的侵蚀。从消极的一面看，在某种程度上这解释了为什么食人豹的出现频率如此之高，又如此致命。据报道，在恒河下游的帕格尔布尔（Bhagalpur）地区，仅 1959 年至 1962 年间，豹就杀死了 350 人。20 世纪 20 年代末，科贝特在鲁德拉普拉耶格猎杀的食人豹至少带走了 125 名受害人。即使在最近，这个问题也很严重。

据统计，从 1982 年到 1989 年，豹在印度杀死了 170 人。就在大孟买范围内，桑杰·甘地国家公园及其周边地区，截至 1996 年的十年间，发生了 14 起豹袭击致死事件。以上及其他记录验证了丹尼尔的判断："在致人伤亡方面，大型兽类中豹仅次于大象。"

但是，当然有一个关键的区别：大象不会吃掉受害者，只是在困惑和愤怒的爆发中把人踩伤和撞伤。丹尼尔也注意到，大象造成人身伤亡通常是意外，而"豹子造成的死亡，大多数情况下是蓄意攻击的结果"。随着环境压力的升高，如干旱、饥荒或栖息地缩小，袭击事件随之增加，这可能导致一系列严重后果。"豹子一旦开始吃人，就会成为一种祸害，经常对儿童构成致命威胁。"丹尼尔警告道。他又进一步简单地补充道，"然而豹子就会因此被消灭。"他的意思是吃人的特定个体会被消灭。这的确是事实。不仅仅是对豹，对于每种顶级捕食者都是如此。吃人是最致命的轻率行为，经常引发报复性的灭绝行动。吃人招致妖魔化，妖魔化一个物种是走向全面战争的第一步。然而，正如丹尼尔提醒我们的那样，至少在豹子中，吃人的习惯通常是在它们的天然猎物灭绝后才出现的。所以一个灭绝跟随着一个灭绝，就像文明跟随着犁耙一样无情。

豹是一种非凡的动物，即使在大型猫科动物中也是如此。它不仅凶猛、狡猾，而且顽强。J.C. 丹尼尔的一句话恰当形容了豹子的特点。他认为，豹子是"这个时代最完美的食肉动物"，即便其他大型食肉动物都消失，它还有可能存活下来。不过现在，在吉尔，这个完美的捕食者还只是威严而不完美的狮子的生态替补。

10

狮子是神灵般的动物，有王者之风。当拉维和我到达坎凯

（Kankai）神庙时，这一点变得清晰起来。坎凯神庙是印度教的仪式中心，位于保护地腹地，靠近核心区国家公园。这个地方装饰着狮子的形象。

坎凯神庙是献给雪山女神的。雪山女神是湿婆的配偶，她的化身是难近母。根据印度教传说，难近母对抗黑暗和野蛮时骑的"瓦哈那"（印度语中坐骑之意）是一只狮子。这说明了狮子在寺庙装饰中的重要性。整座建筑是一套山坡上的分层结构，就像方形的结婚蛋糕。有供寺庙祭司居住的小房间，有供朝圣者临时住宿的地方，还有其他各种各样的实用建筑。一条石阶从上院通向主神殿，那是一座带四柱拱门的精致小建筑。拱门顶上有一幅难近母的画像，两只狮子分侍两侧。

神殿本身是一个封闭的小房间。密室有部分被窗帘遮挡，由一座两英尺高的蹲伏的狮子雕像守卫着。从神殿门口延伸出一个大理石平台，信徒和游客可以在镶有镜子的圆顶天花板下集会。从平台往前几步是第二个神龛。这一个是献给湿婆的，代表他自己的"瓦哈那"——湿婆个人的乘具公牛。像雪山女神一样，湿婆神殿也有拱形屋顶，里面是一只站立的狮子雕像。这些标志性的猫科动物看起来都很温顺、尽职、强壮。在整个大院的周围，有一堵高高的石墙，上面有带刺的铁丝网——也就是防狮子的围栏。任何停下来注意到它的人，都会注意到其中叶公好龙的讽刺意味。与其他带有狮子装饰的印度教圣地不同，坎凯位于狮子国度的中心。

尽管有带刺的铁丝网和大片混凝土的附属建筑，神庙大院仍不失为一座美丽的建筑。它位于风景优美之所，俯瞰着神戈达河（Shingodah River）的一条支流。凤凰木（也被称为"森林之火"）在庭院上方升起，长有猩红橙色花朵的树冠在阳光下闪闪发光。九重葛也开花了，无花果树遮蔽了通往难近母神殿的台阶。神殿的圆顶被装饰成明亮的浅橙色，顶端是同样颜色的旗帜——这是印度教的神圣色彩，与红色的凤凰木交相辉映。一个橙色风车在庭院上方缓慢旋转。神庙外面，一个英语标志向游客问好："自然是唯一每页都充满意义的书。"人们来到这里就是为了读这句话，或者至少是为了看图片。

这就是吸引钱德拉肯特·潘纳（Chandrakant Panna）前来的原因。潘纳先生30多岁，穿着透气的白衫白裤，我跟他聊了聊。他在离保护地边界不远的村庄长大。二十年来，他一直住在孟买，但他每年都会回来看望家人，有时会带他们来这座森林里的寺庙举行祈祷仪式。越过他的肩膀，我看到他年迈的父亲，身体虚弱，头发花白，带着幸福的微笑，还有几个年轻女人裹着明亮的纱丽。潘纳先生告诉我，他们还计划参观位于此地东南几英里的巴奈神庙（Banej）。巴奈神庙是类似的建筑群，也是保护地内仍存的四大神庙之一〔其他三座分别是坎凯、图什沙央（Tulshishyam）和帕特拉－马哈德富（Patla Mahadev）〕。这些神庙不完全受保护地规定的约束。潘纳礼貌地询问我来坎凯做什么，然后给了我一个建议：如果我对狮子感兴趣，我应该去图什沙央。它位于野生动物保护区的东半部，那里更加开阔和干燥。狮子就在那儿！他建议我，如果想看狮子，可以在日落时到图什沙央去。最近那一带有四只狮子——不，等等，他说，五只，外加一只豹子。潘纳先生没有细说原委，但我猜想，那些狮子可能是被迷途的奶牛或山羊，或者在垃圾堆觅食的鹿吸引到神庙的，也可能是去那里跟踪偶尔落单的人类。心不在焉的朝圣者，甚至可能比布鲁克·福克斯提到的玛尔达里小女孩更容易成为猎物。

"你呢？"我问，"为什么千里迢迢来坎凯祈祷呢？""非常平静和安静的地方，"潘纳先生回答，"被丛林和树木包围着。"

真是这样。与孟买相比，这里是幸福的森林。不过，一些观察者也对坎凯和其他森林神庙的蓬勃发展感到担忧。尽管观察者也很尊重跟他们有同样信仰的印度教徒，但这些神庙使得吉尔森林不那么平静和安静。拉维本人是虔诚的印度教徒。他说，"我对寺庙本身没有任何异议。但它们往往进行商业运作并且不断扩张。"坎凯肯定已经扩张了。这座神庙的历史可以追溯到400年前，远在吉尔被指定为野生动物庇护所之前，甚至在纳瓦卜的巴比王朝建立之前。当该地区获得印度法律保护的地位时，神庙先前的地位被某种上位条款所承认。1974年，它从古吉拉特邦林业部获得一份有限定的特许执照，其中包括在神庙周边一小片土地上存在的权利，以及欢迎朝圣者的权利。朝圣者将拥有道路交通和河流的使用权。从那时起，神庙管理者悄然新增了19栋未经授权的建筑，并竖起石墙，范围几乎是许可土地面积的三倍。朝圣的人数增加了六倍，从每年八千人增加到五万多人。保护区道路上的交通量也随之相应增加。随着朝圣者过夜停留，他们住宿的压力、垃圾的排放、从林中砍伐的柴火和产生的噪音也相应增加。祈祷圣歌现在通过公共广播系统播放。在坎克什瓦里神殿外的大理石露台上，有一个带自动敲打装置的塔布拉鼓，随时准备传递鼓舞人心的节奏，就像哈蒙德风琴上的打击效果。恐怕只有难近母自己才能知道真正的狮子对这一切的看法。

我们没有采用潘纳先生去图什沙央看狮子的建议，仍从坎凯转到了巴奈，也是他的目的地。那边的神庙坐落在另一片绿洲般的森林长廊里。我们在那看到了更多的狮子形象，它们扮演着不同的神话角色。其中一幅小画让我觉得有些奇怪。它挂在一个有遮荫的阳台的墙上，俯瞰着河中筑坝拦起的宁静水池。在水池柔和的水面上漂浮着一块浮石，轻盈光滑。一个小男孩大喊着"游动的石头"，将我们的注意力吸引了过去。原来是水龟在空旷的水面来回游动，享受着温热的池水——还真像游动的岩石！在进入神庙深处之前，我们必须恭恭敬敬地脱鞋。但是通往神殿的混凝土台阶已经被午后的阳光烤焦，热得不敢把脚放上去，至少对我这样的异教徒来说是这样。我的灵魂也许已经被厚厚的老茧包裹着，但我的脚底板可没有。我们在阳台上停下来，一个男人用浅钢碟给我们端来甜茶。清晨出发后的八个小时里，我已经把水壶里的水喝光了，任何一口液体都甘之如饴。我是因为暑热脱水而头昏眼花，还是因为印度教圣地的咒语，让巴奈神庙的一切看起来支离破碎、神秘、让人眩晕？一边啜饮着茶，我一边研究着阳台上这幅奇怪的画。

画上有一位印度教圣人，长着长长的胡子，穿着缠腰布，驾着一辆装满柴火的两轮牛车。公牛从它拉车的位置解脱出来，大步奔跑，消失在背景里。代替公牛拉车的，是一头狮子。

这背后的故事是什么？我问拉维。他毫无头绪，也不屑一顾。但我仍疑惑不止：把亚洲狮当作役畜？也许这是《吠陀》中的古老场景？也许它描绘了某位相当于阿西西的圣方济各的印度教圣人的一件事迹？不管怎样，我觉得它很吓人。一只拉着一堆枯枝的狮子，感觉太像末日寓言了。

11

25 年前，生态学家保罗·科林沃（Paul Colinvaux）写了一本开宗明义的小书，名为《为什么凶猛的大动物如此罕见》（*Why Big Fierce Animals Are Rare*）。普林斯顿大学出版社的这本小书，在出版界的喧嚣中悄然而来，又悄然而去，并不畅销。但在小圈子里，它自有其地位，多年来稳步销售，在专业生态学家和生态学公众传播者（包括我）中口碑极好。科林沃的书之所以经久不衰，是因为他善于提出看似天真、简单的问题。这些问题的答案不仅有趣，还是理解地球上生命动态变化的基础。

为什么有这么多不同的物种？他问道。为什么年复一年，常见的动物依然常见，稀有的种类依然稀有，尽管它们都在尽可能快地繁殖？为什么有些动物大而有些小？为什么北极没有树？保罗写道：生态学是"解释这些原由的科学"。任何人如果想要认真严肃地解释关于动植物的基本事实，包括它们的形状、数量、习性等，必然需要对它们生活的环境、所依赖的资源以及获取资源的方式，开展更深入的研究。作为一名研究者和教师，科林沃已经工作了多年。他想走出自己的职业圈子，与非科学家们分享更深入的研究。因此，他停下了手头工作，写了这本简短的书。书中充满了成果丰硕的、超越性的问题。他的书名尤其精彩：为什么大型食肉动物总是稀有的？

想要找到答案，首先不能把注意力放在数量上，而要放在大小上。"动物有不同的体型，"科林沃直白地陈述明显的事实，"小动物比大动物更常见。"以典型的北温带林地为例，你会在那里发现昆虫、小鸟、狐狸、鹰和猫头鹰。"狐狸的大小是小鸟的十倍，而小鸟的大小是昆虫的十倍。如果某种昆虫是森林地面上的捕食性甲虫（如在树叶间捕食的狼蛛），那它又比被捕食的螨虫或其他小东西大上十倍。"相邻等级之间相差十倍的系数，虽然只是粗略的估计，但很大程度上是正确的，而且不仅限于温带林地。在海洋中，硅藻和其他藻类是最小的生物，这些浮游植物直接从太阳获取能量。以藻类为食的浮游动物（如桡足类动物），大约是它们的十倍大。食物链上再高一级的更大动物，是吃它们的虾和小鱼。然后是像鲭鱼这样中等大小的食肉动物，吞食大量的小鱼和虾。最后，鲨鱼和虎鲸出现了，它们以鲭鱼和其他看起来值得一咬的东西为食。体型逐级增大，比例大致是十倍、百倍、千倍和万倍。如果再把目光放到热带森林或爱尔兰沼泽，会看到同样的模式。"生命以体型分级的形式出现，差异极为显著。通过仔细的观察可以发现所有的组合和例外。这非同寻常但很真实。"他写道。

这时，他又指出另一个同样重要而明显的事实："体型较大的动物相对来说比较罕见。"硅藻数以千万计，而鲭鱼只能算是比较多，鲨鱼很少。为什么？是什么决定了更大的动物，尤其是食肉动物，会如此稀有？

在早先几个世纪和几千年里，这通常被归因于造物主的直接干预，让物种之间得以精妙地和平共处，这被称为"自然的平衡"。希罗多德（Herodotus）在公元前 5 世纪提出了这个观点："事实上，我们很难避免这样一种信念，即上帝的眷顾，以人们所期望的智慧，使每一种胆小怕事、被他人捕食的生物都变得有利可图，以确保它的延续，而野蛮而有害的物种相对来说繁殖能力较差。"科林沃的回答不来源于神学指引，他求助的不是希罗多德，而是几十年前的生态学先驱，查尔斯·埃尔顿（Charles Elton）。

埃尔顿是英国人，生于 1900 年。1922 年，他在牛津大学获得动物学学位。当时的动物学很大程度上是一门实验科学，主要研究单个动物的形态和生理。当时受过高等教育的动物学家，多少有点看不上描述性野外工作的博物传统，而会更愿意花时间测量心率和头骨尺寸。埃尔顿继续补充和解释说，这种动物学研究的新潮流是由查尔斯·达尔文的思想引发的。

达尔文本人是杰出的野外博物学家，却以非凡的影响力使整个动物学界聚于室内。他们在室内辛勤工作了五十多年，现在刚刚开始重新把谨慎的头脑伸到户外的空气中。但是户外的空气让他们感觉很寒冷难耐。对动物学家来说，处理形态学或生理学问题已经成为常规操作，以至于出门研究自然环境中的动物反而变得令人困惑和不安。

这并不奇怪，埃尔顿补充道，因为之后的动物学家并没有受到野外工作的传统训练。相比之下，植物学家野外工作的倾向就很强。植物学家在物种鉴定和分类方面比动物学家取得了更大的进步——这是一项至关重要的基本工作，是加深生态学认识的先决条件。当然，植物学家有一定的优势，"因为植物的种类比动物少，而且当你试图收集它们时，植物不会跑开"。

埃尔顿本人喜欢那种寒冷的新鲜空气。1921 年，他还在读研究生时就参加了牛津探险队，到挪威以北 400 英里的斯匹次卑尔根岛（Spitsbergen）开展调查。他和一位植物学家一起，调查了北极的植物和动物群落。那些群落相对简单——纬度高、条件艰苦、物种很少——因此很适合生态学分析。1923 年和 1924 年，埃尔顿重返探险队，继续他的野外工作。大约在同一时期，基于这一段北极经历，他成为哈德逊湾公司（Hudson's Bay Company）的生物学顾问。他因此能查阅捕猎者的记录和追溯到两个世纪前的毛皮贸易数据。有了这些数据，结合之前在斯匹次卑尔根的工作，他开始研究北方动物的种群动态。

他观察了许多物种的数量——北极狐、赤狐、猞猁、雪兔、麝鼠、旱獭和旅鼠。他对这些物种相对和绝对丰度的时间变化很感兴趣。埃尔顿看到，食肉动物的种群数量往往随着猎物数量的波动而延迟波动。这似乎很容易理解，猎物数量的增加会支持更多捕食者的繁殖和生存。

但是，是什么导致了猎物数量的波动呢？这更复杂些。食物供应，天气变化，还是疾病？ 1927 年，短短三个月，埃尔顿就出版了他的第一本书《动物生态学》（*Animal Ecology*）。创作出这部经典时，他不过 26 岁。

《动物生态学》成为生态学向系统科学转变的里程碑。就像科林沃的书一样，这本书语言平实，清晰而优雅。这并不影响它被专业人士重视。关于捕食的教科书和期刊论文至今仍在引用它。它的创造性贡献之一是对食物链的讨论。

"食物是动物社会中最紧迫的问题，"埃尔顿写道，"整个群落的结构和活动都取决于食物供应。"埃尔顿所描述的"食物链"是消费者和被消费者的线性序列。植物的营养来自于土壤、空气和太阳。食草动物吃植物。食肉动物吃食草动物。他将"食物循环"定义为一个群落内所有相互关联的食物链的集合。现在听起来可能耳熟能详，但在 1927 年却无比新鲜。［《牛津英语词典》（*Oxford English Dictionary*）也能证实这一点。"食物链"一词最早在该词典中出现时，直接引用了埃尔顿的一段话。］他提出的"食物循环"已经被"食物网"一词所取代，但这一概念仍然不可或缺。埃尔顿指出了食物链的两个重要方面，两方面都得到保罗·科林沃的回应：沿着食物链每从下一级转移到上一级，动物的体型越来越大，种群数量则越来越小。

埃尔顿认识到，动物的体型并非理所当然。在看似简单的标题"食物的体型"（Size of Food）下，他写下了五页富有启发的文字。体型差异使得食物链成为可能——相反，食物链使得体型差异成为必要，尤其是在吃其他动物的不同动物之间。链条中的每一环都将较小的食物颗粒转化为较大的单位，从而使较大的动物能够方便地获得食物，因为它们无法应付细小分散的食物颗粒。埃尔顿指出："食肉动物能吃的食物大小，有非常明确的上限和下限。"正常的食肉动物不能捕食超过一定大小的猎物，因为如果食肉动物不够强壮、不够凶猛，或者不够熟练，就无法捕捉和杀死强大的受害者。吞咽能力是另一个限制。许多食肉动物没有能切割或撕裂的牙齿，除了把猎物整个吞下外，别无选择。"与此同时，"埃尔顿接着写道，"食肉动物也不能以低于一定尺寸的动物为食，否则就不可能在单位时间内捕捉到足够的动物来满足其需求。如果你曾经在荒野中迷路，试图用覆盆子做一顿丰盛的大餐，你就会立刻明白这种推理的力量。"他进一步解释说，下限还会受到当地小型潜在猎物数量（也就是绝对密度）的影响。当老鼠泛滥成灾，狐狸完全可以依靠它们生存；当老鼠数量中等时，狐狸就去吃兔子。每种食肉动物的最佳食物大小，就介于其上限（太大而不能杀死或吞咽）和下限（太小而不值得吃）之间的某个位置，也正是它们通常的食物大小。

当然，这种模式也有例外。埃尔顿提到一个反常的例子，它表明了考虑尺寸大小的重要性："人类是唯一能处理几乎任何大小食物的动物。即使这样，人类也只在自己历史的后期才能做到这一点。"灵巧的手指、可对握的拇指、人造的武器和切割工具，极大地拓宽了智人的饮食选择。长须鲸可以浮游生物为食，虎鲸可以捕食长须鲸，"但只有人类才有能力不分青红皂白地吃大中小各类食物。"埃尔顿选择性地忽略了其他几个聪明的物种，如黑猩猩和棕熊。它们也吃不同大小的食物。尽管如此，他的观点仍然站得住脚。对几乎不使用工具的动物来说，食物的大小是至关重要的。

上限和下限也决定了任何动物能获得的食物尺寸范围。同时，这些因素还限定了另一个结果：任何食物链可以包含的环节的数量极限。从植物到食草动物再到一级食肉动物，埃尔顿观察到，一条食物链通常不到五个环节。在每个环节，都必须有一定的繁殖盈余，才能够支持上一个环节捕食造成的损失。如果没有这种过剩，食物链就不再稳定。在一个稳定的食物链中，每一个环节和下一个环节之间的另一种差异——繁殖率的差异——使得盈余成为可能。小生物比大生物繁殖得更快。因此，一亿个硅藻细胞可以繁殖得足够快，在满足一百万个桡足类动物的同时，还能维持自身的数量。一百万只桡足类动物可以继续支撑一万只虾，从而支撑一百条鲭鱼，进而为一条鲨鱼偶尔提供食物。但是什么生物吃鲨鱼呢？没有生物会这样做——除了在某些时候，遇到那种巧妙使用工具的物种，智人。

埃尔顿称这种情况为"数字金字塔"，因为它在数学上类似于阶梯金字塔。为了纪念他，今日的生态学家称之为埃尔顿金字塔。在金字塔的顶端——也是最后一级——是一群食肉动物。它们通常不会被捕食。埃尔顿认为，"最终，会到达某个临界点。在那个临界点上，我们会发现那种食肉动物（如猞猁或游隼）的数量已经少到无法支持食物链的任何进一步发展。"

为什么"最终会到达一个临界点"？是的，确实存在临界点。但是为什么是这里，而不是在那里到达临界点呢？尽管埃尔顿的书有很多优点，但他对这一终点的解释并不令人满意。为什么埃尔顿金字塔会缩小到最后一级？为什么它不会无限上升，每一步都变得越来越窄，直到无限？为什么没有吃老虎或鲨鱼的巨型食肉动物？

12

不管有没有专家的帮助，我都一直在思考这个小秘密。它唤起了一些有趣的假想：比如恐狮（*Panthera rex*）——两吨重的猫科动物，巨鲨（*Carcharodon magnificus*）——像蓝鲸一样大的鲨鱼，象熊（*Ursus humongous*）——大象一样的熊。它们并不存在。但它们为什么不能存在？非洲和亚洲都没有吃狮子的食肉动物。我想象着，有一种动物迈着迅雷般的步伐，爪子长如干草叉，牙齿大如帐篷钉。为什么它们不存在呢？为什么食物链会有顶点呢？

埃尔顿的书出版 15 年后，一对最具科学素养的师徒，提出了下一个重要的见解。他们是雷蒙德·L. 林德曼（Raymond L. Lindeman）和 G. 伊夫林·哈钦森（G. Evelyn Hutchinson），虽然辈分不同，但因对湖泊生态的共同兴趣而走到了一起。他们研究捕食者和被捕食者之间的关系。通过仔细观察充满淡水小鱼、蝌蚪、仰泳蝽和其他小动物的小湖泊系统，他们得出了一个大真理。林德曼在明尼苏达大学攻读研究生时，在一个叫赛达伯格湖（Cedar Bog Lake）的小水体开展调查。与此同时，哈钦森已在耶鲁大学获得了领先世界的湖沼学家的声誉。他们独立发展出了类似的想法。然后在 20 世纪 40 年代早期，当林德曼到耶鲁访学时，他们将双方的想法融合在一起。对生态学来说不幸的是，1942 年林德曼因病去世，合作骤然结束。他去世时才 26 岁。他最著名的作品是一篇密密麻麻的 18 页论文，题为《生态学的营养动力学》（The Trophic-Dynamic Aspect of Ecdogy），于他死后发表在《生态学》（*Ecology*）杂志上。哈钦森称之为"一位终身致力于生态学研究、最有创造力而且最慷慨的人的主要贡献"。

在食物链的问题上，雷蒙德·林德曼从埃尔顿放弃的地方，继续发展理论。在 1942 年的论文中，他将埃尔顿金字塔转化为营养层级的概念。每个营养层级都代表能量在生态系统之间流动的一个阶段。他所说的"营养"是指营养物质，或者说是能量的利用，以此描述不同层级之间的关系。术语"营养层级"后来成为生态学中的常用术语。

林德曼和哈钦森都认识到，能量是一种资源，可以用来量化和理解食物链。任何生态系统（除了海洋热液喷口生物群落）的基本能量输入都是阳光。植物从阳光中捕获小部分能量，通过光合作用转化为分子燃料。然后植物在自身生存和成长过程中消耗一部分燃料，剩下的仍留在身体组织中。食草动物吃植物。它们消耗的能量中，一部分用于支持生命活动，一部分继续用于生长。它们呼吸、奔跑、游动或飞行。它们散发热量，也建造肌肉、器官和骨骼。它们长出犄角或换羽。在这些过程中，不可避免地，会丧失原始能源供应的一大部分：熵，噗，嘶，不见了。剩下的部分可供链条的下一个环节，也就是初级食肉动物使用。能量体现在食草动物身体中的主要物理形态是蛋白质和脂肪，并依次将更小的一部分能量提供给次级食肉动物。这些能量都可以用卡路里来计算。雷蒙德·林德曼也是这么计算的。

将一个营养层级（比如说，食草动物）可用能量的总量与下一个营养层级（主要食肉动物）的总产出量进行比较，你会得到一个比率。林德曼称这个比率为营养关系的"累进效率"。当人们听说能量沿着食物链传递的效率不高时，通常不会感到惊讶，毕竟生命中的大多数其他活动也都是一样。植物通常捕获大约 2% 的可用太阳能，尽管在最佳条件下可能获得多达 8%。食草动物到食肉动物的累进效率很难测量，但可能高达 10%。在每一层，消耗或损失的能量都远远超过下一层捕获的食物。这是另一个版本的埃尔顿金字塔，只是这个版本中，接近顶部的，不是越来越小的种群数量，而是越来越少的可用能量。最后，就再也没有足够的食物来喂养我前面假想的那些巨型捕食者了——不管是恐狮还是巨鲨，所以它们并不存在。埃尔顿金字塔的底部宽度有限，不足以让其按照固定比率的台阶升到更高，它的宽度甚至不足以支撑真正生活在顶部的生物（比如狮子和大白鲨）；所以顶部生物的种群密度才会如此低下，它们的整体生存可能会遇到困难。

在林德曼之后几十年，保罗·科林沃引用了一句中国俗语来反映这种生态学和热力学事实：一山不容二虎。最大的食肉动物分散生活在地球各处，因为它们所能获取的能量（也就是它们的猎物）数量有限且分散。因为负担不起群聚的后果，它们不得不长途跋涉；它们拼命狩猎和竞争；它们必须大胆、谨慎、鬼鬼祟祟、投机取巧，还需要一些运气；它们的食物很少，而且彼此远离。

埃尔顿金字塔、林德曼能量分析和科林沃的注释解释了这一点：为什么在我跟拉维和穆罕默德驾车穿越吉尔森林及其边境地区的13个小时里，我们连一只亚洲狮都没见到。大而凶猛的动物注定稀有。

13

但这不是如今让狮子隐形的唯一因素。我们一直在路上，我们一直很吵闹，我们走得又远又快，在生态系统中走马观花，而不是深入观察。要想认真观察狮子，我们需要放弃车辆，突破古吉拉特邦林业部门对临时游客施加的严格限制，步行进入森林。

我们在巴奈南部的检查站离开保护地，沿着公共道路返回萨珊村，向西进入夕阳下布满灰尘的强光中。这种光线跟微妙的棕褐色晨光不同。它更干渴、朦胧和鲜红，像一个充血的蛋黄。从日出到现在，众多人类劳作了整整一天，他们奋斗的气氛渗入到了空气中。在吉尔野生动物保护区和国家公园的南边，这里的土壤和湿度条件似乎比北方更宜居，我们看到了甘蔗地、茂密油绿的花生，以及一大片芒果园。整齐的树木成行排列，果实累累，摇摇欲坠。拉维观察到，芒果产业似乎正在蓬勃发展。芒果是一种经济作物，需求量越来越大，种植面积越来越广。可直接采摘、腌制或者做成酸辣酱后贩运到孟买、德里或海外。当地的芒果品种叫"凯萨"。它的果肉微甜，如同奶油。我们从村里的街边摊上就可以很便宜地买到，用勺子舀出果肉吃，一人一份。尽管它的成本是保护区的土地，但我依然得承认，这是我尝过的最好的芒果。我想这让我成了破坏狮子栖息地的同谋。

　　每清除一公顷土地用来种植芒果或庄稼，无论行为是否合法，森林都变小了。狮子的数量变得越来越少。人兽冲突的可能性也增加了。这里的亚洲狮想要长期存活，似乎前景黯淡。这显然是大型食肉动物在我们的星球上如此罕见的另一个原因。它们虽然大而凶猛，但仍很有可能灭绝。

麝鼠难题

14

拉维·切拉姆来到吉尔研究狮子，完全是一场意外。他出生于印度南部的泰米尔纳德邦，在马德拉斯长大，本希望成为一名医生。但是由于他的婆罗门种姓身份，尽管学业成绩很好，却被预留制度（reservation system）排除出医疗体系。预留制度是印度版的平权法案，旨在补偿两千年来的种姓歧视。于是，他去当了一名营销主管，工作之余沉迷于业余板球比赛。拉维是右手投球手，又瘦又快，扔得一手漂亮的快球——漂亮到为板球大奖赛俱乐部工作的一年中，他是全邦最棒的击球手。他为一家公司赞助的球队打半职业板球比赛，收入颇丰，一度曾想过转为职业球员。

但到了25岁左右，拉维发现舒适的工作、年轻高管的奢华生活、马德拉斯都市，甚至在赛场上摧枯拉朽，这些都不能让他满意。与此同时，他开始参与保护工作。最初是作为世界野生动物基金会的志愿者，在印度青少年自然营工作。起初，他完全没想到野生动物生物学可以是一份职业。然而到了1985年，他进入印度野生动物研究所攻读博士。两个论文项目摆在他面前：研究大象或者是吉尔的狮子。显然，他选择了狮子。狮子面临的威胁更严重，因此更迫切地需要研究。但是，当他回到德里一边访友一边等待研究所需的官方许可文件时，一封新电报告诉他还有第三种可能性："来加入雪豹项目吧。"拉维至今还记得当时电报的内容。

雪豹，鼎鼎大名，如同神话，还有科学上的诱惑。除了雪豹自带的光环吸引着他，研究所的压力也迫使他接受这个任务。但是一想到要在喜马拉雅待四年，他又退缩了。"不可能，我是南方小伙，泰米尔人，我喜欢炎热的天气。""对我来说，雪豹栖息地就像北极圈。"多年后回忆起当年的决定时，他说道。吉尔森林的夏季气温高达华氏125度（约52摄氏度），更合他的口味。作为一个研究课题，狮子也很热门。1985年12月，他第一次来到吉尔。那次初步调查很短暂，大约一周。

那次调查令人沮丧，几乎让他重新考虑换回雪豹。就像大多数研究生新生一样，他缺乏热情，也缺乏实践经验、资源和影响力。古吉拉特邦林业部的负责官员态度冷淡。他没有车，也还没有研究许可。他曾试图建立一些工作上的联系，但没多少进展。在掌管吉尔野生动物保护区和国家公园的小官僚看来，他那么年轻，不会常驻，还是学院派，于是轻易地就忽视了他。但他确实得到允许（或者说是被默许）可以四处走动。是的，他能四处走动——只要他不被狮子吃掉（谢天谢地）。他尝试着往森林里走了一点，寻找这个地方的感觉，熟悉这个群落里的物种。白斑鹿数量非常丰富，但这里也有水鹿、印度大羚羊、印度瞪羚、叶猴和野猪。鸟类有孔雀、各种鹑、燕雀、八哥以及其他许多种类。他看到一个丰富多样的生态系统，而不单单是几百只濒危狮子的栖息地。他穿上全套迷彩服，腰带上有一把刀和一个水壶，但迷彩服无法掩饰他是一个新手。他招募一个小男孩当向导，这个男孩十或十一岁，知识丰富但沉默寡言。男孩唯一的野外装备是一根棍子，那是一种牧羊人的手杖，只适合在一天的放牧后哄骗水牛回家。在男孩的帮助下，拉维找到了大量的狮子痕迹——足迹、粪堆和猎物残骸。他听到狮子晚间的吼叫，但一头也没看到。

"那是我在那边的最后一个晚上，但连一头狮子也没有看到，"他回忆道，"于是我开始重新考虑要不要来这研究狮子。"他的不安是基于最实际的考虑：一名研究生需要的不仅是确定一个方向、一个研究问题，还需要确定能收集到足够的数据。没有数据，就没有论文，也就没有学位。对研究动物行为的野外生物学家来说，数据只能来自于观察。拉维不想花费数年时间，追逐一种稀有或警惕到无法看见的动物。

那天傍晚，他和男孩正沿着土路步行，拉维听到了咕哝声，然后看到四只狮子出现在灌木丛中。是亚成年雌性狮子，他回忆道，尽管当时他不可能这么想。狮子们对他视而不见，亲切地打闹成一团。看上去似乎是姐妹。不过，它们的年龄、性别、家庭关系以及放松的状态，这些都不如某些更基本的事实让拉维记忆深刻："它们是狮子，它们在打闹，而我在步行。我感到切切实实的威胁。"当他努力控制住自己的激动时，年轻的母狮注意到他，小心翼翼但很平静地转身离开了。整个遭遇只持续了不到几分钟。在这段时间里，那个拿着棍子的小男孩站在一旁漫不经心地看着。

对当地男孩来说，狮群是土地上熟悉的现实：它们样子好看，在缓慢呆板的日常生活中充满生趣；虽然它们可怕暴躁，但并不比一辆隆隆驶过的内燃机车更可怕；只要保持清醒，注意举止，就没有理由过分惊慌。但与此同时，穿着迷彩服的见习野生动物学者却"极度恐惧，寸步难移"——这是他自己后来的原话。

偶遇的恐惧之后，他想起了相机。四只狮子，在夕阳的照耀下脸上闪着金光，那会是一张可爱的照片。然而，他只拍到了那只最后退回森林的狮子的屁股。"我就是这么开始的。"拉维对我说。

到第二年三月，他的野外工作正式开始了。他在保护地外的萨珊村找了一个住处，但仍然尽量多地花时间待在森林里。他计划研究狮子的捕食习性，了解猎物的大致情况，尽可能了解狮子的社会组织和栖息地利用情况。对于捕食习性，他的方法包括收集粪便和分析猎物残骸。在清洗并烘干狮子粪便后，仔细检查从中提取的毛发，他可以分辨出狮子吃了哪种动物。在野外寻找狮子还没吃完的猎物残骸，并进一步确定受害者的物种、性别、年龄和身体状况（根据牙齿和骨髓的情况），他可以了解到更多关于狮子食性偏好的信息。这些数据很容易量化。只要有机会，拉维就观察狮子的活动，并补充数据。就像他在第一年快结束的那个晚上所做的事那样，当时拉维和亚洲狮有过一次最亲近的接触。拉维的笔记提供了生动的证据，证明吉尔的狮子跟其他地方的不同。

拉维记录了一起捕食事件。猎物是一头水鹿。水鹿在一个陡峭的斜坡上被杀死，然后又被拖下山坡，藏在河床上方的茂密灌木丛中——在那里，秃鹫和乌鸦不会把它啄食干净。正当他们收集尸体的基本信息时，拉维注意到完成捕杀的狮子——那群带着幼崽的成年雌狮——还在附近徘徊。雄鹿的个头很大，足够给狮子们吃一两天。啊哈，一个观察的好机会！于是他晚上带着水、食物和睡袋重新回到现场，准备监视。为了减少人为影响，向导则被送回附近的玛尔达里营地睡觉。

凉爽的月夜，拉维始终保持清醒。他听着狮子进食时嚼碎骨头的嘎吱声，看着它们的暗影来来去去。当它们爬下岩石峡谷喝水时，他也小心翼翼地跟着。"这相当有趣。"他一边回忆，一边温和地说。

众神的怪兽：在历史和思想丛林里的食人动物

天亮后，水鹿也没被完全吃干净。他决定出去拿点补给，然后再回来观察一晚上。

第二天晚上，直到凌晨两点他还醒着，舒舒服服地拉上睡袋，背靠着一棵树做笔记，然后不知不觉地睡着了。几个小时后，突然惊醒，猛然意识到自己正睡在森林里，四周都是狮子。"哎呀，一个鲁莽的失误，以后必须得更加小心。"然后他感觉到自己腿上的重量，低头一看，是一只小狮子的脸。小家伙正蜷缩在他身上打盹。拉维的第一反应是，"你妈妈呢？"

他环顾四周，丝毫没有雌狮的踪迹。"于是我扭动脚趾，轻轻地哄诱幼崽离开睡袋。小狮子被我弄开了。我现在还记得小家伙脸上吃惊的表情。"小狮子在蒲桃树后面转过身，好奇地回头看他。拉维当时拍了一张闪光照片，结果大部分是树干。幼崽意识到这个能发光的陌生人不是母亲，就慢慢走开去找妈妈了。它母亲呢？它似乎知道它的孩子在哪里，和谁在一起，而且显然毫不在乎。

这种经历在拉维身上是常态，而非特例。他说："我所有的工作都是步行完成的。但去年到非洲时，他们坚决不相信。"研究非洲狮子的同行明确表示，他们的狮子不允许愚笨的双足入侵者如此放纵："它们不习惯看到人步行。如果看到，它们就会冲过来，杀了你。"但是不知出于什么原因，亚洲狮对人类的态度似乎明显不同于肯尼亚或坦桑尼亚的非洲狮。拉维提到自己的另一次经历。当时，一头成年雄狮坐在他几码远的地方发出强劲的吼叫，近到他都感觉到狮子的唾沫溅到了自己的脸上。"这是威胁吗？""不，他只是在吼叫。"拉维解释说，这是狮子的发音特点，跟咆哮不同。咆哮声音小一点，但更具敌意。"吼叫是雄狮跟其他雄性交流的方式。对友好的雄狮来说，吼叫的意思是'我在这'。对不友好的雄狮来说，它的意思是'我在这，滚开'。"吉尔的狮子似乎不愿意将人类视为对自身安全的潜在威胁，也不将人类视为猎物。因此，那些在吉尔森林中漫步的人——包括玛尔达里人、林业官员、拉维之类的研究人员，甚至是偷偷溜进来偷柴火、饲料或果实的村民——通常会像拉维的男孩向导一样，啥也不带，最多扛上一根硬棍子或库瓦蒂。

15

另一个午后，我见识到了库瓦蒂——那是穆罕默德·朱玛在森林里带的家伙什。当时拉维和我蹲在河床的干砾石中，离一只带着三只幼崽的母狮没几步远。

这次陪同我们的，是一位年轻的美国摄影师迈克尔·卢埃林（Michael Llwellyn），他为一本杂志执行拍摄任务。我和拉维的目的是在安全距离内观察母狮和它的幼仔，尽可能多地观察，同时尽可能少地侵扰。迈克尔的目的略有不同，他要捕捉有冲击力的图像。迈克尔是一位风格独特的艺术摄影师。他更多从事时尚和另类的肖像摄影，而不是拍摄野生动物，所以他根本没带长焦镜头，连一个大变焦镜头都没有带到印度。他用哈苏相机拍摄，我的老天！你有没有试过盯着哈苏相机的取景器拍摄狮子？第一个难题是拍摄者必须得靠得很近。

幼崽们似乎很乐意合作。它们像可卡犬一样大，软绵绵的，充满快乐的纯真。在照片里，它们的脸毛茸茸的，爪子很大。幼狮的上身和成年狮子一样是单纯的黄褐色，没有斑点，而腿和腹部则带有幼年时特有的斑点。迈克尔越走越近，穆罕默德在一旁警觉地关注和指导他。拉维和我小声聊天。

拉维估计，这些幼崽大约四个月大，是旱季之初出生的。一窝三只并不罕见。总体来说，他目前没有看到任何关于狮子繁殖率低下或出生缺陷的证据；这表明世纪之交的种群瓶颈导致的近亲繁殖，并没有引发遗传问题。每窝仔数一直不错，没有畸形扭曲的尾巴，到目前为止，没有迹象表明这群狮子更易罹患遗传疾病。"种群注定要灭绝的想法是错误的。"拉维说。尽管如此，种群瓶颈大概还是降低了狮子的遗传多样性——这意味着它们对微生物传染病的易感性可能会很高。这种危害有多严重？非常严重。非洲已有可怕的教训。

1994年，犬瘟热病毒（通常只影响犬科动物）的一个变种，出现在塞伦盖蒂生态系统中。事实证明，这个变种对猫科动物是致命的。不到一年，它杀死了大约一千只狮子，这占塞伦盖蒂狮子种群的三分之一。塞伦盖蒂狮子应该比吉尔几百只幸存的狮子拥有更大的遗传多样性，因此也有更好的整体适应性。如果同样的疾病袭击亚洲狮，整个种群可能因此灭绝。

仿佛听懂了这个令人不安的想法，母狮动了一下，从蒲桃树荫底下站了起来。迈克尔僵住了。母狮后退了几码，沿着河床的另一边退向更深的树荫处。"有什么东西困扰着她。"拉维说。小狮子们跟在后面，拉维仔细观察着，不一会说："她杀了头猎物。"

那是一头白斑鹿，被藏在树丛里。一只幼崽啃着鹿的胸腔，和妈妈分享着食物，其他幼崽则在休息。过了一会儿，母狮停了下来，抬起头，直直地看着60英尺外的我们。猛地看去，你肯定不能将她与非洲母狮区分开来——她有着同样的金色脸庞、奶油色的胸部、耳朵后面有黑斑。相比非洲的同类，雄性亚洲狮鬃毛更短，尤其是在头顶，这使它们的耳朵更突出。亚洲狮的雄雌两性都在腹部中央有明显的皮肤脊棱。非洲狮有时也出现同样的腹部脊棱，但是很少见。这些脊棱是微小的线索，常人难以察觉，只有拉维这样的专家才能注意到。他使劲盯着许多狮子仔细观察过。除了这些外在线索，还需要实验室的基因工作，才能将吉尔的狮子和非洲狮分成不同的群体。即使在白天距离很近的时候，我也看不到这只雌狮的腹部脊棱。她不被我们的出现干扰，也不为我们的关注所动，继续吃着东西。

"你可以看到她有多舒服。"拉维说。一些印度生物学家，尤其是研究虎或豹的人，倾向于贬低亚洲狮这种不自然的温顺。拉维自己的博士论文导师 A.J.T. 约翰辛格（A.J.T. Johnsingh），一位著名野外生物学家，也曾常常取笑拉维在吉尔和那些"驯服"的猫一起工作。"真是见鬼，她是一只野兽，刚刚还杀了一头白斑鹿，"拉维说，"白斑鹿可不是自杀的。"他的意思是，对捕食者来说，避免不必要的冲突是一种明智，而非懦弱。损坏一颗牙就可能会开启可怕的厄运。愚蠢的打斗造成的骨折会导致感染。吉尔狮子异乎寻常的平静，它们的迟钝，它们的明智，并不能证明这个亚种已经被人为侵扰和近亲繁殖削弱了。不过拉维也承认："我对此有点敏感。"

不管怎么说，这只雌狮也不能免于受伤。她的左肩有一个裸露的深色伤疤，一只耳朵上有一个缺口，似乎是被牙齿咬掉的。拉维说，要是他后面继续在这里做野外工作，就用这些标记来识别她。除了缺口和疤痕，她看起来状况良好——不超过六岁，犬齿完好无损，正值壮年。她拥有一片不错的领地，包括这片河床，还有森林长廊和旱季末的水坑。树荫和水应该能吸引口渴的白斑鹿——尤其是在季风来临前的几个星期，因此这里可算是捕猎者的战略要地。

眼下，那艰难的几周变得越来越难熬。干燥的高地森林一片棕色，树叶全无，看起来像是被火烧过，甚至溪流里有树荫遮蔽的水塘也快干了。但是林业部针对这个问题做了准备。穆罕默德知道母狮吃完饭后会很渴，于是他走上山坡，启动隐藏的水泵。我们听到水泵开始突突作响，然后井水通过一根粗大的软管汩汩流了下来。慢慢地，她的水坑得到了补充。

但即便在吉尔，尽管享用着奢侈的"自来水"，母狮就是母狮，她的宽容是有限的。这并非没有征兆。当迈克尔转换拍摄角度，不小心背对着她时，母狮突然蹲在地上，准备移动。

"哇，"拉维警告道，"这可不是放松的姿态。"

穆罕默德，值得信赖的灵魂，把他的库瓦蒂给了我。现在要我行动吗？这不可能。我无法想象用这把小小的钝斧砍向一头狮子，更没法保护迈克尔免受攻击——事实上连他的胶卷都保护不了。会有人受伤的。

幸运的是，我并不需要经受考验。母狮走向了水坑，而不是狗仔队。她停下来，犹豫着，等着水泵将她的水坑注满水。一只乌鸦叼走了一大块白斑鹿的肉。等穆罕默德关掉发动机，山林重归寂静，母狮带着轻松的自信，大步跨过砾石。她蹲坐在地，爪子抵地，膝弯向外，身体前倾去喝水。

迈克尔和拉维现在在水池的另一边，离她只有30英尺远。拉维解读着她的身体语言。迈克尔注视着取景器，想让狮子雄壮的脸充满画面。快门声响起，"咔嗒"，她的头猛地抬起来。

她不喜欢噪音。但这只是一个小小的干扰，她忍了。又喝了一口水之后，她坐了起来，摇了摇头，甩掉胡须上的水珠。母狮踱着步回到树荫下躺了下来。一只幼崽靠了过来，她让它四肢摊开靠在自己的前腿上。幼崽的脸上沾满了白斑鹿的血渍——像是蹒跚学步的孩子端着意大利面条。现在妈妈开始用舌头帮它清理，然后心满意足地斜眼欣赏自己的成就。幼崽则陶醉地向后仰着头。

然后母狮翻过身来，露出乳头，让那只幼崽和另一只来吃奶。它们爬上去，轻轻地拱来拱去，争夺位置。就在这时，我的脑海中给她贴上了一个临时标签：快乐母狮。她和我们目光相接，似乎在嘀咕：你们男人就没有自己的工作要做吗？

16

岁月静好，不必忧伤。快乐母狮和它的可爱小崽们以后会面临更艰难的时刻。

再过几年，这些孩子便会独立，那时它们的母亲会再次发情。可它们会去哪儿呢？它们需要食物，需要水，需要安全的庇护所。要满足这些，它们必须要有领地。母亲不会放弃自己的领地——至少不会愉快地让出领地，哪怕可能会和成年的女儿共享领地，但绝不会让给雄性后代。然后呢？一只找不到领地的狮子会做什么？吉尔已经到处都是狮子。在任何一个拥挤的生态系统中，想要找到领地，找到安全的港湾和食物，都是困难的。在《物种起源》中，查尔斯·达尔文就这个主题提出过著名的比喻："大自然的表面可以比作一个弯曲的表面，成千上万个尖利的楔子紧紧地挤在一起，被不断地击打向内推进。有时一个楔子遭到击打，然后另一个楔子被更大的力量击打。"他指出，每一个生命都在挣扎求存，每一个个体都在努力生存和繁衍。出生的后代远比栖息地所能支持的要多得多，而且"严重的伤害不可避免地落在年轻或老年的个体身上"。一头年轻的狮子，会如何使出浑身解数挤进其他狮子中间？

吉尔狮子的社会系统与东非的不同。东非开阔的热带稀树草原上有体型较大的猎物，如角马和斑马，允许大群狮子合作狩猎、分享食物。狮群中甚至包括成年雄性。除了担当装饰性的配种公兽的主要角色，这些非洲雄狮还为以雌狮为核心的狮群提供一些次要的社会功能。

例如，在雌狮狩猎时保护幼狮免受鬣狗的攻击。不过，它们大多时候都过着轻松的生活，与这个或那个狮群结伙，揩油雌狮们。在吉尔，情况大相径庭。这里森林茂密，主要猎物白斑鹿体型娇小，并不需要合作狩猎。因此，狮群的规模较小，两性间的关系更加脆弱。在非洲，雄狮可以彼此结成联盟，三四头雄狮一起狩猎，一起游荡，共同保卫领地。而吉尔的雄狮在交配期之外就很少跟着狮群闲逛了。如果一头年轻的雄狮找不到伙伴，它就只能完全依靠自己了。它可能会为了在生态系统中赢得一个好位置而打一场小规模的遭遇战；或者它可能会走出保护区，进入人类的地盘，在那里面对其他形式的危险；或者它可能会试图在竞争的挤压下勉强维持生存。为了不挨饿，狮子面临着各种危险的诱惑，不得不铤而走险。

其中一个诱惑就是家养牲畜。年轻的狮子要想捕杀家畜，用不着走多远。比如在快乐母狮哺育幼狮的下游，我们就遇到了十几头家养的水牛——它们正在几个玛尔达里人的注视下，舔着混凝土水箱里的水。

玛尔达里人随时警惕，一旦有狮子攻击家畜，他们就会采取行动。他们首先会大喊大叫，向狮子扔石头。如果不管用，接着他们会用棍子打狮子的鼻子。要是被逼到了极限，说不定他们会用一个库瓦蒂打击狮子的前额。但是现在，他们看起来平静而冷漠。我觉得，在狮子活动区里守卫牲畜——用这种传统的方法——像是玛尔达里式的服役行为：长久的沉闷，偶尔被恐怖打断。与兵役不同的是，他们要终身服役。

17

家养的牛，以及放牧牛群的人，在吉尔森林里从未有过轻松的生活。如前所述，三十年前，狮子就以牲畜为主要食物。奶牛和水牛被狮子猎杀是家常便饭，而凶手不仅仅是游荡的年轻雄性。这些现象是加拿大研究生保罗·乔斯林（Paul Joslin）记录和发现的。20世纪60年代末，他在吉尔开展野外调查，获得了爱丁堡大学的博士学位。

乔斯林对近500个狮子粪便样本做了显微分析，发现"大约75%的粪便中含有家畜的毛发"。这是一个很高的数字，但"考虑到保护区内现有的大量牲畜"，这个比例也并不令人惊讶。旱季时，周围村庄的外来人员带着奶牛和水牛进入保护区放牧，家养的和野生的食草动物的比例高达9∶1。在保护区内定居的玛尔达里人拥有大约2万头牲畜。外来人员又赶进来2.5万头，严重干旱的季节甚至多达7万头。也就是说，大约有4.5万头到9万头奶牛和水牛在跟野生动物争夺吉尔的草地。这个地方是个大饲养场，树木和狮子的存在使它变得复杂。根据乔斯林的计算，家养水牛占大型食草动物总数的53%，奶牛占30%，白斑鹿作为保护区最常见的野生有蹄类动物，只占潜在有蹄类猎物总量的8%。

乔斯林还从玛尔达里人和外来人员那里收集了关于狮子袭击的信息。他了解到，奶牛比水牛遭到捕杀的情况更为严重。这可能是因为水牛受到威胁时更好战，也可能是因为奶牛通常走在移动的牛群前面，首先陷入狮子的埋伏圈。他了解到，大多数被狮子杀死的动物都是玛尔达里人的牲畜。大概是因为玛尔达里人的牲畜一天24小时都待在保护区里，而外来人员的牲畜白天赶进来放牧，黄昏时又赶出来。吉尔的狮子一般在夜间捕猎，它们杀牲畜时，通常是在黑暗的掩护下，潜伏进保护地附近的村庄，或者跳过带刺的篱笆进入营地。古吉拉特邦政府建立了牲畜损失赔偿项目，旨在防止人们报复性地毒杀狮子。但是该项目的条款没几个玛尔达里人或其他牧民能看懂，很多遭受损失的人甚至都懒得申请赔偿。最好的情况下，牲畜主人不得不等上几个月才能拿到赔款。而索赔被驳回时，也很少有人向他们解释原因。乔斯林了解到，平均每年有一起毒杀狮子的报告。还有多少起毒杀没有上报？任何人都猜不到。

乔斯林还有一个有趣的发现，在许多情况下，狮子没能享用它们杀死的奶牛或水牛就被家畜的主人赶走了。主人会守护着家畜的尸体，直到专业的剥皮匠到来。牛皮很值钱。对任何刚损失了奶牛或水牛的牧民来说，卖掉皮子多少是个安慰。

对印度教徒来说，给动物剥皮是一件令人不快的事，因此剥皮就成了周围村庄某些达利特人（Dalit）的特殊职业。印度各地的达利特人（"不可接触者"，用种姓制度的旧术语来说，或者甘地更喜欢称他们为"上帝的孩子"）囿于传统，专职从事屠宰动物或打扫厕所之类的肮脏工作。从被狮子杀死的牲畜身上剥皮也是这一类工作。如果牲畜的肉还没有腐烂并且运输距离不远的话，收皮人有时也会买下尸体。如果收皮人不要，肉就会进到白背秃鹫（Gyps bengalensis）的嘴里——折腾了这么久，狮子早已经放弃吃肉的希望了。秃鹫，这种执着的食腐动物，等待没什么损失，因此也更有耐心。

这种安排对吉尔周边的收皮人来说是个机会。他们从被狮子杀死的牲畜身上，获得相当比例的兽皮用于交易。这对白背秃鹫而言也是个福音。白背秃鹫是一种高大、喧闹的动物，印度最权威的鸟类书籍介绍说："它们发现动物尸体、成群聚集的速度，令人惊讶；将之啄食摧毁的速度，亦令人惊讶。在葬礼上它们发出刺耳的尖叫和嘶嘶声，彼此推搡，试图挤占有利的位置。不时有两只秃鹫各叼着食物的一端，张开翅膀四处跳跃。"尽管勇猛贪吃，但白背秃鹫没法用喙撕开牛皮。保罗·乔斯林注意到，如果被狮子杀死的牛完好无损，秃鹫就只能去啄咬柔软的部位（眼睛、耳朵、嘴巴、鼻孔、肛门）或任何裂开的伤口。但是，如果这头牛被剥了皮，被乐于助人的达利特人像剥香蕉一样剥了皮，秃鹫可以在半小时内把骨架清理干净。即便是一头900磅的水牛，剥了皮之后，也会马上被这些鸟吃干抹净。

在乔斯林调查的案例中，狮子杀死牛却连一口肉也没吃到的情况，几乎有四分之一。另外有22%的情况下，狮子只能匆匆咬上几口，仅此而已。杀死的牲畜，狮子能想方设法留给自己的大约只有一半，它们只能靠这一半养活自己。那么多尸体被达利特人和秃鹫夺走，只会迫使狮子去杀死更多的牲畜，数量上远超过它们实际的需要。这是一种怪异透顶的生态经济。定居的玛尔达里人、寻求免费牧场的外来人员、狮子、收皮人和秃鹫，都从吉尔森林过剩的家畜中获利。面对这样的竞争，野生有蹄类动物日渐衰落，整个生态系统开始出现恶化的迹象。

同在20世纪60年代末，另外两名研究人员的工作可以跟保罗·乔斯林的研究相互印证。托比·霍德（Toby Hodd）是英国草地生态学家，他研究吉尔的家畜放牧对森林土壤条件和植物生产力的影响。斯蒂芬·伯威克（Stephen H. Berwick）是美国人，耶鲁大学的研究生，他的博士课题是研究吉尔野生有蹄类的食性和种群动态，涉及白斑鹿、水鹿、印度大羚羊以及其他三个物种。这些研究工作都是史密森学会和孟买博物学会支持的，跟其他几项研究一起，总称为吉尔生态研究项目。它们旨在综合分析吉尔的生态系统，试图回答两个紧迫的问题：狮子种群正在崩溃吗？如果是的话，原因是什么？这些问题源于1968年的狮子普查，结果显示种群数量出现了惊人的下降。

涉及野生狮子的种群普查，方法是个敏感问题。为此，古吉拉特邦林业部采用了新旧结合的方法。旧的方法是，在水坑或其他狮子可能出现的地点，寻找 48 小时内出现的脚印，根据脚印的差异区分个体，以此估算狮子数量。这种方法的问题在于，如何确定哪些脚印确实属于不同个体，而不仅仅是同一个体的多个脚印？选定的解决方案是，假设每头狮子脚掌的长宽比例都是独特的，通过在野外测量脚印的长度和宽度，进而做个体区分。护林员和雇佣劳工做了大部分的实际测量，再通过折断的小竹片来匹配长度和宽度。每头狮子右前爪的长度和宽度分别用一对竹片量尺代表。早在 1936 年，这种足印测量和计数方法就用于首次正式的种群普查。在随后 1950 年、1955 年和 1963 年的种群普查中，对方法稍做修正后，依然沿用。根据 1963 年的种群普查，吉尔及其周边栖息地的狮子总数为 285 只。这个数字跟 1955 年种群普查的发现几乎一样。两次调查相隔八年，但结果相似，这鼓励（虽然不一定能证明）人们相信这个方法可靠。基于竹片量尺的推算，狮子的数量似乎是稳定的。

尽管如此，精确度还可以提高。在 1968 年的种群普查中，林业部官员决定，除足迹调查方法外，还使用基于诱饵的目击计数。调查人员有选择地在森林中的不同地点拴了活的猎物。每个地点都有两名观察员，统计前来捕杀和进食的狮子。

如果说方法的改进让结果更加准确，可数字却着实让人沮丧。1968 年这次普查计算出来的总数仅为 177 只——狮子种群似乎在五年内减少了近 40%。这个消息令人不安，要知道，1965 建立吉尔野生动物保护区，就是为了保护亚洲狮啊。

保罗·乔斯林大约就在这个时候抵达吉尔。他自己用了几种不同的方法，做了一系列种群估计，认为林业部 177 只的数字大体是正确的。他还指出，绝大多数种群数量下降发生在保护区以外。保护地本身并没有像外围栖息地那样失去很多狮子。这算不算一种安慰？这要看你是站在狭隘的官僚主义角度，还是站在广泛的生态角度了。乔斯林总结道，种群下降的部分原因是由于一块块外围栖息地的缩小或消失。狮子的栖息地变成了人类的栖息地。当时，绿色革命在整个印度方兴未艾，这一运动不仅带来改良的种子和人工肥料，也带来一种天真的信念——农业技术的爆发将喂饱全世界。卡提阿瓦南部越来越多的土地被清理和耕种。几个世纪以来，狮子的领地一直在缩小，但是现在已经接近极限。

乔斯林、托比·霍德和史蒂夫·伯威克所做的研究，很快在这令人沮丧的事实上又添加了令人沮丧的推论。吉尔保护地内部的生态系统，虽然理论上还算安全，但却无比破碎。

保护区已经遭受到各种退化的影响，未来也还会如此。例如，小木材商被允许在保护区的某些地方砍伐树木。被砍伐的主要是柚木。古吉拉特邦林业部以 40 年的轮伐周期管理这些树木，这可以带来大约 60 万卢比（当时为 6 万美元）的年收入，但新种植的柚木和矮小的树桩取代了更古老、更多样化的森林植被。取食树叶和嫩枝的野生有蹄类动物不太喜欢柚木，但某些有害的鳞翅目昆虫的幼虫很喜欢。这些昆虫偶尔会大规模爆发，把柚木的树叶吃得只剩下网状的叶脉。溪谷两侧的肥沃土地，都已经被清理干净并种上了庄稼，开垦的耕地甚至延伸进了保护区内。一些玛尔达里人已经开始从他们的营地周围收集混合了表层土壤的水牛粪便，成桶成桶地卖给外来的人。这使得森林流失了一部分可回收的蛋白质、碳水化合物、脂肪和矿物质。除了失去养分，由于牲畜的践踏，营地周围的土壤变得更加紧密，保持水分的能力下降了。过度放牧似乎正在改变植物群落的组成，因为营养丰富的多年生草本植物会被不太可口的一年生植物所取代，后者每年都会从种子中发芽。高强度的放牧也招致侵蚀。砍伐、啃食、耕种、踩踏、刮取、冲刷——这个地方被围追堵截，一片狼藉。

难道吉尔的动物实在是太多了，还是野生有蹄类和牲畜太多了？嗯，也许没那么简单。斯蒂芬·伯威克研究了白斑鹿、水鹿、印度大羚羊和其他本地食草动物的食性，发现这些物种几乎完全以树木的枝叶为生，而不是草类；在旱季这个植物最稀缺的关键时期也是如此。野生食草动物和家畜之间的竞争似乎很小，过度放牧仅仅是后者造成的。他总结说，牛正在摧毁吉尔。随着森林走向地狱，它独特的动物群落也将走向地狱。"当然，也包括最后一只亚洲狮。"

能做些什么呢？显然，第一步是禁止外来人员和他们的牛进入保护区。但是，玛尔达里人呢？早在保护区成为保护区之前，他们就一直生活在这里。从生态和人类的角度来看，这都是一个复杂的困境。伯威克写道："如果林业部将玛尔达里人和他们的牲畜搬走，森林就能得到保护。但是狮子的主要食物来源也将随之消失，而玛尔达里人这种特殊的人力资源，将不得不被重新安置。"搬迁，伯威克不安地写道，将带来"未知的潜在社会后果"。

驱逐玛尔达里人是一种极端想法，特别是他们已有意脱离现代印度。他们还能去哪里？他们还会做什么？如果不能进入吉尔的野生环境，他们还能生存吗？没有这些人，狮子还能生存吗？古吉拉特邦政府决定查明真相。

18

没有人知道玛尔达里人在吉尔住了多久。有一种说法是，数百年前他们就开始从拉贾斯坦邦向南迁徙，于19世纪末最终到达吉尔。可能早在15世纪，他们就到了卡提阿瓦半岛，但是过了很久，直到大概130年前（偏差最多几十年）才进入吉尔。换句话说，尽管玛尔达里人的文化传统悠久，但他们在这个生态系统中的存在可能并不古老。要比较的话，他们并不比蒙大拿州和达科他州白人牧场主和定居者的存在更古老。然而，关键的区别是，玛尔达里人并没有取代已经生活在那里的土著人——没有一系列被废除的条约，没有玛丽亚斯河（Marias）上的贝克大屠杀（Baker Massacre），没有小巨角战役（Little Big Horn），没有《道斯法案》（*Dawes Act*），没有伤膝河大屠杀（Wounded Knee）①。玛尔达里人只是占据了最后一批卡提斯亡命之徒留下的空地。他们创造了全新的生态角色——和平地生活在森林里，养牛，制作乳品——对这个地区来说这是前所未有的。

人们习惯上称呼的"玛尔达里人"到底是谁？自从我第一次看到他们，看到这群身穿宽袖衬衣和紧腿裤在森林里照料水牛的人时，这个问题就一直困扰着我。我翻阅各种人种志研究，都没有找到圆满的答案。哈拉尔德·坦布斯－莱西写过一本论述卡提阿瓦传统文化的书，将玛尔达里人列为"十三种姓"（ter tansali）之一。"十三种姓"是一个紧密团结的联盟，在该地区的历史上扮演了各不相同却引人注目的角色。这十三个种姓中，最突出的是拉杰普特人（Rajput），以勇敢和骑士风度而闻名的战士家族。他们从拉贾斯坦出发，一路征战到卡提阿瓦和其他地方，征服并建立王室，建造宏伟的庙宇，创作英雄诗歌，形成一种优美的风格。其余十二个种姓都承认拉杰普特人是第一等的。还有三个种姓是职业牧民：阿希尔（Ahir）、巴拉瓦德（Bharwad）和拉巴里（Rabari）。另一个种姓，查兰（Charan），在游牧和诗歌中逐渐提升自己的特权地位，成为拉杰普特人的宫廷吟游诗人。阿希尔、巴拉瓦德、拉巴里和查兰这四个种姓，组成了卡提

---

① 这里所列举的战役或法案等，皆为美国白人拓荒者驱赶印第安原住民的举动。

　　　　　　　　　众神的怪兽：在历史和思想丛林里的食人动物

阿瓦早期玛尔达里人的大部分。最初，他们是游牧族群，在半岛上四处迁移，放牧牛群，寻找开阔的牧场或收获后的农田。当地农民可能欢迎这些牲畜把田里的秸秆嚼碎。玛尔达里人本身不从事任何农业，但是为交换牧场，他们可以提供肥料。随着越来越多的土地被人占有，给游牧带来种种限制，许多玛尔达里人也开始从事其他职业。一些人定居在不太拥挤的地区（特别是森林），建立半永久性营地。他们可以根据放牧条件或水源情况，每隔几个月或几年搬迁一次。吉尔就是这种模式。这里的大部分玛尔达里人，不是拉巴里就是查兰。

根据词源学的一种假说，查兰来源于"char"，意思是"放牧"。另一种观点是，它来自于一个意为"传播"的词，如传播新闻、传播荣耀的故事。查兰人有关于自身起源的神话，从吉尔后来的历史来看，颇有预言意味。故事是这样的，女神帕尔瓦蒂（湿婆的配偶）用"她身体的污垢"（这称呼真微妙）做了一个小娃娃。湿婆把自己生命的气息注入其中。湿婆命令污垢娃娃充当牧人，管理四种互不协调的动物——牛、蛇、山羊和狮子。正如学者 R.E. 恩托文（R.E. Enthoven）所描述的那样，维持这四种动物的和平困难重重："狮子攻击牛，蛇攻击狮子。但是牧人以血肉之蛮力使它们安静下来，并把它们带到湿婆那里。作为回报，湿婆给他赐名查兰，也就是放牧人。"现在，玛尔达里人试图在牛和狮子之间进行干预时，仍然偶尔会牺牲自己的血肉。

根据恩托文的说法，生来卑微的牧人在神话中的崛起过程，与查兰人受拉杰普特王子青睐而发达的过程，可相互印证。查兰人的崛起基于他们的诗歌天赋和英俊外表。恩托文在 1922 年记录道：他们属于"一个高大英俊、皮肤白皙的部落，就像拉杰普特人一样强壮且美貌"。"他们大多数留着小胡子和长髯，居住在古吉拉特中央的会留山羊胡。"跟今天的查兰人一样，他们穿着宽松的棉布衣服，头上缠着"拉杰普特式的头巾或四肘长的棉布"。富裕的查兰女性（也包括部分男性），用银脚链、金项链、金耳环来装饰自己。除了富于诗意和整洁时髦，查兰人还像爱尔兰人一样能言善辩。作为吟游诗人、宗谱管理人、令人生畏的（大概也是有趣的）辩论者、王家声名的传播者，他们对拉杰普特人很有价值。查兰女性被赞美为聪明、有力甚至神圣的。女神化身查兰女性的古老故事，证明了她们的神圣。尽管有这些光环，查兰人仍然保持着与牧牛的密切关系，一部分人继续以此为生。你可以把这些查兰人看作是最早的牛仔诗人。你还可以把查兰女人想象成……呃，没有足够合适的类比，比如：正在将水牛酸奶搅拌成黄油的戴手镯的印度教女神。

拉巴里人虽然不如查兰人神圣，但也很骄傲和英俊。恩托文称他们"强壮、高大且美观，五官端正，鹅蛋脸上长着大大的眼睛"。样貌俊美之外，拉巴里"男人既无趣又愚蠢，但女人既精明又聪明"。恩托文也许对拉巴里男性并不公平，尽管他提到的"强壮、高大且美观"与"无趣又愚蠢"并无矛盾之处。众所周知，拉巴里妇女在家庭生活和商业决策中起着主导作用。我前面提到过的德国学者西格里德·韦斯特法尔－赫尔布施曾写道，女人与商贩激烈地讨价还价，让男人免于负债。在她对拉巴里人的研究中，韦斯特法尔－赫尔布施发现，"通常是女人用手势或语言来决定男人是否能提供信息。她们常常会为了独揽大权，不顾礼貌，拒绝男人说话。很少有人会说，男人太笨了，不会回话。"然而，这些不受尊重的男人有着骆驼骑师的运动血统。这些手段高明的牧马人曾经为拉贾斯坦邦的军事探险提供支持。

拉巴里人的神话起源可以追溯到一名叫桑巴尔（Sambal）的人。他给湿婆赶骆驼。湿婆送给桑巴尔三个仙女做妻子。这个可怜的男人有了一个大家庭之后，湿婆让他离开天界，去外面生活。因此 Rabari 这个名字来源于"rahabári"，意思是"住在外面的人"。对这个词源，还有另一种解释，说他们是"远离正道的人"。这种说法说他们原本是拉杰普特人，但没有娶拉杰普特的妻子，因此不得不离开拉杰普特的庇护，住在外面。这两个语源学解释似乎都有道理。时至今日，最为传统的拉巴里人仍然生活在外面——在村庄之外、在社会之外，只在包围他们森林营地的荆棘篱笆之内。而其他人，正如我们所见，最近被迫以不同的方式远离森林，因此回到了传统的农业经济中。这并不容易。

玛尔达里人在吉尔的生活已经够艰难了。当保罗·乔斯林和史蒂夫·伯威克正在研究狮子及其野生猎物的生态学时，伯威克的妻子玛丽安（Marianne）用大致相同的概念框架进行着自己的研究——研究玛尔达里人的生态学。他们如何养活自己？他们对土地有什么影响？他们在食物链中扮演了什么角色？她把注意力集中在森林中心附近的样区。样区内大约有 30 个营地。玛丽安通过走访、提问、测量和直接观察收集信息。她的问题既有最表面最基础的，也有细致深入的。玛丽安·伯威克想知道：每个营地住多少人？出生率和死亡率是多少？人口的年龄概况是什么样的？性别比例是什么样的？健康习惯是什么样的？婴儿死亡率有多少？有多少能量以卡路里的形式和以蛋白质的形式流经社区？在他们的活动过程中，玛尔达里人消耗了多少能量？他们生活得怎么样？

她发现，情况不容乐观。玛尔达里人的预期寿命只有 24 岁，相比之下，印度人口的整体预期寿命为 41 岁。不仅婴儿死亡率颇高，在其他生命阶段也会出现大量的意外死亡——尤其是分娩期和更年期的女性。即使在水和食物最丰富的雨季，生活也很艰苦，成年玛尔达里人体重会变轻。哺乳期女性摄入的蛋白质不够。其他人虽然能获得足够的蛋白质，但却没有足够的卡路里。每个人摄入的绿色蔬菜都不够。"数据表明，玛尔达里人在营养上和医学上，都处于危险之中，不过是挣扎求存。"她总结道，"他们与经济灾难仅有一步之遥。"当她在 20 年后发表这篇论文时，另外一种灾难已经降临到玛尔达里人身上——重新安置。

在 1968 年的狮子普查和乔斯林的初步调查之后，古吉拉特邦的主政者开始认为有必要采取行动。经过之前 60 年的恢复期后，狮子的数量再次开始减少。遭到过度开发和滥用的吉尔生态系统正在衰退。高级官员开始逐渐接受成立国家公园的想法。在新德里的一次会议上，乔斯林向世界自然保护联盟（IUCN，全球最权威的保护机构）提交了一份论文。他在文中概述了吉尔面临的问题，并讨论了可能的解决方法。他警告说，情况很复杂，人们不应该急于下结论，认为驱逐牲畜就能解决问题。虽然没人喜欢在野生动物保护区看到奶牛，但同样"没有理由认为狮子不能像依靠野生动物那样依靠家牛，依靠家牛甚至可能生活得更好。如果为了恢复野生食草动物而突然将牛移走，狮子可能会饿死或迁徙。"乔斯林的报告使得这个问题受到更广泛的关注。委员会不断地开会，写报告，写信件。世界野生动物基金会国际理事盖伊·蒙特福特（Guy Mountfort）给印度总理英迪拉·甘地（Indira Gandhi）写过一封信。在这封信中，蒙特福特附上一份详细的建议，包括将吉尔保护区升级为国家公园，关闭保护地边界，取消木材开采，立即将玛尔达里人和他们的牛驱逐出核心区域，并逐步将他们从整个保护区中撤出。在政治的和科学的推动下，行政系统产生了行动。1972 年 1 月 17 日，古吉拉特邦政府发布了"WLP-1971/P"号决议，规定在保护区周围修建石墙，在道路入口处设立检查站，并将全部 845 户玛尔达里人重新安置到吉尔外。

这项工作被称为"吉尔狮子保护地项目"。1975 年，古吉拉特邦政府发布了该项目的官方报告。这本小册子宣扬吉尔的新措施和古代印度自然保护传统的联系，后者可追溯到两千多年前。最著名的是公元前 242 年阿育王在石柱上颁布的法令，其中就有保护动物和森林的规定。吉尔的保护行动经常援引阿育王的指导，因为幸存至今的一根阿育王之柱就在附近的朱纳加德。再向前追溯，公元前 300 年帝国重臣考底利耶（Kautilya）曾撰写过《政事论》（*Arthashastra*）。考底利耶是一位马基雅维利 ① 式的人物，辅佐印度第一位皇帝旃陀罗笈多（Chandragupta）。而《政事论》也大致相当于《君主论》（*The Prince*），是一部关于如何有效治理和保持权力的务实论著。在《政事论》的实用建议中，提出建立 abhayaranyas（庇护所），或"免于恐惧的森林"，以保护野生动物。按照吉尔项目手册阐述的《政事论》的说法："在这些受保护的森林里，有严格的监管，某些兽类、鸟类和鱼类得到充分的保护。如果这些动物是邪恶的，它们将被诱捕或杀死在庇护所之外，以免打扰其他动物。"正如项目手册宣称的那样，这样的庇护所确乎可能是国家公园的先驱。然而，《政事论》本身并没有解释在"免于恐惧的森林"中，对"邪恶的"［或称"危险的"，根据我手头 L.N. 兰加拉詹（L. N. Rangarajan）翻译的版本］动物的禁令会如何适用于一群狮子。而且，当然啦，每种食物链上层的动物对下层而言，都是危险的。

（按照政府决议所言）修建了一堵围墙——仅能挡住蹒跚的水牛，阻挡不住跳跃的狮子。禁止外来牲畜的禁令也颁布了。虽然有了围墙

---

① 尼可罗·马基雅维利（1469~1527），意大利政治思想家和历史学家，其代表作有《君主论》《论李维》等，是近代政治思想的主要奠基人之一。

和禁令，也没有完全停止外来牲畜的入侵。不过这两个措施是直接的、有用的，而且与驱逐玛尔达里人的做法相比，几乎没有争议。

玛尔达里人的重新安置始于 1973 年。根据官方计划，每个玛尔达里家庭将获得 8 英亩可耕地和 725 平方码的住宅。政府还将为他们免费运输财产和拆除的小屋建材。为了重建房屋和生活，他们可获得 2500 卢比的现金和 2500 卢比的贷款。第一批 90 户转移到一个叫乔蒂拉（Chotila）的地方，在森林以西大约 30 英里。政府出资帮助他们耕地。似乎没有人问一个关键问题：这些有着古老的半游牧传统的人，愿意或者能够成为农民吗？答案应该是：不太喜欢。

大约用了四年时间，重新安置了 200 户，但是成本高得出乎意料——已经超过了整个重新安置行动的预算。由于资金短缺和玛尔达里人的复杂反应，该计划受阻，进展缓慢。虽然项目从未被正式取消，但实际上到 20 世纪 80 年代末就结束了。那时差不多已经搬迁了 600 户。还剩大约 300 户，留在保护地的 54 个营地里。保护地的中央区域已经清空。这一核心地区，在此期间被宣布为国家公园，即便没有完全摆脱恐惧——像考底利耶在《政事论》中想象的那样，也确实完全摆脱了玛尔达里人。

林业部门以良好的意愿和有限的手段解决了一个几乎不可能解决的问题，不过在随后的一份报告中也承认，玛尔达里人对任何进一步的搬迁都感到"疑虑"。这份报告温和地轻描淡写道："一些搬迁的家庭在从事农业和奶制品方面并不擅长。"从其他证据来看，他们得到的土地似乎很贫瘠，没有足够的水，而且各种农业补贴也不尽如人意。他们转型为农民的努力失败了，成为其他小农场主的雇农，或者搬去乡镇打工。年轻人去了更为遥远的城市。传统被抛弃了，曾经引以为豪的独立变成刻骨的绝望。拉维·切拉姆在吉尔的那些年里，亲眼目睹了这一切。在 1993 年的一篇合著论文中，他以其典型的直率风格直陈时弊："玛尔达里的搬迁项目已经失败了。被搬迁的玛尔达里人已经陷入赤贫。"

研究生希希尔·拉瓦尔（Shishir Raval）因其景观设计的博士论文，采访了流离失所的玛尔达里人，以及吉尔附近的其他居民。他发现，一种温柔哀怨的怀旧语气常常反复出现。有人说，"我们的心在城市附近感到不安"；还有人说，"吉尔意味着（我们的）心"。一些人把吉尔叙述为母亲，养育他们、支持他们。被重新安置的受害者不仅想念他们的森林，也厌恶他们的新环境，这一点反映在"（他们）还不如把我们扔回吉尔"的叙述中。当被问及对未来的想象时，有些人听起来很乐观，或者至少很坚忍："第二个千年到来时将会有所改变，一切都会改变。吉尔是独一无二的。她有这样的品质，她会活下来。"也有一些悲观的观点："即使有保护，吉尔也会退化。当树木消失，曾聚在树荫下的人也不复存在。它终将变得荒芜！"另一个人冷冷地说："如果没有丛林，我们就不会在那里，狮子更不会在那里。"在各种哀伤的声音中，拉瓦尔捕捉到下面一段悲歌：

> 当天空乌云密布，雷声隆隆，大树在风中摇摆，孔雀歌唱，我渴望跑回吉尔。

当然，作为博士候选人，更多时候，拉瓦尔会用枯燥的学术术语来阐述他的工作，让自己考虑对吉尔"资源管理和景观质量的看法"。换句话说，他着手去将主观的想法客观化。他采访了 60 多人，其中大约有 24 名玛尔达里人。他的论文于 1997 年提交给密歇根大学，其中包括 327 页有序的学术报告和 3 页赤裸裸的悲情报道。

19

一天晚上，在保护地以南几英里的哈里普尔村（Haripur），我自己也听到了类似的证词。我来这里是为了见一位玛尔达里长老，他被称为"希玛兄弟"（Khima Bhai）。他有着对强制重新安置计划的痛苦记忆。在距隔离石墙不远的一个小土院子里，我们坐在折叠床（charpoys，老式的编制折叠床，全印度都喜欢的便携家具）上，就着夜空下一盏裸露的灯泡，喝着加了不少水牛奶和糖的茶。

滚烫的茶趁热端上来，倒在扁平的茶碟上，让它快速冷却。这是玛尔达里传统。我们小心翼翼地托着茶碟，用手指像三脚架一样撑着散热最快的边缘——仿佛是轻触着一根低压电线。早先受玛尔达里人款待时，我已经熟悉了平衡茶碟的技巧，但仍需要小心翼翼。稳住茶碟，让茶冷却，啜饮一口——大声啜饮，以示欣赏，然后不慌不忙地慢慢享用，然后……我再次抓起我的笔记本。拉维·切拉姆始终在畅谈，并充当翻译。各种语言交织重叠在一起——印地语、古吉拉特语，也许还有一点辛德语。但我甚至分不清谁在说哪种语言，只是看到他们的脸在动，听到各种音调飘来。这次会面是一位跟拉维关系密切的玛尔达里人伊斯梅尔·巴普（Ismail Bapu）安排的。他是一个高大迷人的家伙，一个很有故事、很有影响力的人，对吉尔的狮子和豹子都很熟悉，对林业部也不乏看法。不过今天他只是偶尔发表一些评论，当晚的主角是希玛。几个年轻人坐在门廊上，恭敬而不语。

希玛70多岁，又瘦又帅，留着长长的白胡子。那胡子仿佛打了蜡，悬浮在空中。他穿着传统的宽袖衬衣和紧腿裤。不像我在森林中看到的马尔达里人那般衣着清爽，他的衣服又皱又脏。尽管衣服上满是灰尘，周围环境也很糟糕，但他仍然保持着梵蒂冈主教般的尊严。

他的全名是希玛·杜拉·拉巴里（Khima Dula Rabari），在20世纪70年代初被迫离开森林。他最后居住的地方是萨加（Sajia），他们三个兄弟和家人全住在一起。他和兄弟们养奶牛、水牛、骆驼，总共大约五十头。他觉得那时的狮子不太多，至少影响不大。他说，狮子有时会攻击他们，但他们能对付它。20年前那次搬迁，并非心血来潮，而是传闻已久。更早些时候，政府曾经计划给他们16英亩土地，条件是要他们把土地开垦出来用于农业种植，帮助养活印度人口。那是绿色革命的事情。"但是让我们种庄稼？我们不是农民。我们不喜欢那个样子。另外，我们知道农民非常贫穷。我们是自由的、独立的。我们是牧民，我们要和家畜待在一起。但是随后我们被告知，必须离开，没有任何选择。"

希玛的声调逐渐提高。回忆起往事，他的怒火越来越大。在20多年里，他有多少次重温旧伤？至今心痛难消。

走，走，走，政府说。好吧，于是希玛搬走了。拒绝离开的人遭到殴打。

希玛继续讲述，"他们在45公里外的乔蒂拉给了我们8英亩土地。除了土地，我们还应该得到灌溉用的水井、孩子们的学校、医疗保健，但这些都没有。不仅土地很贫瘠，而且雨水也靠不住。8英亩，那样的8英亩，养活不了一群牛也养活不了一个家庭。我所有的牲畜都死了。我们中有一半人搬回了这里，但现在我们也只能到田里当劳工。劳工！"提到劳工这个字眼时，他带着屈辱和厌恶又重复了一遍。"也许我们养几只山羊。水牛？不，水牛很贵，我很想有，但恐怕负担不起。"

承认了贫困的窘迫之后，希玛命令旁边一位年轻人去另一个房子拿些新茶叶。年轻人是他的一个儿子。沿着小巷走不远，就是那位儿子的房子。我想是，希玛这个曾经的族长，现在正卑微潦倒地住在那里。我们一开始喝的茶是由庭院的主人伊斯梅尔·巴普提供的，但希玛的尊严和盛情让他也想有所表示。他儿子拿着一小罐热气腾腾的茶回来了，再次用甜水牛乳增稠，用肉豆蔻调味，倒到我们的锡茶碟里。除了便于散热，这样的小茶碟还有个不便明说的好处，那就是可以以非常小的份额表达好客之情。茶对玛尔达里家庭来说是很贵的。我咕哝着表示感谢，慢慢地品味我的茶，尽量不烫到舌头。水牛奶的味道非常浓郁，烟熏味道十足。伊斯梅尔·巴普郑重其事地宣布，这一轮茶是由希玛提供的——生怕有人没有注意到。

这个小插曲之后，我们的话题又回到狮子，以及在食肉动物的国度饲养牲畜的艰苦。"是的，偶尔会有损失，"希玛说，"不仅是年老体弱的牲畜，有时候也会失去一头好水牛。顺其自然吧。"希玛用长久的沉默表明了他对无情现实的默认——但我打算再向他施加一点压力。我问道："如果你现在有机会搬回森林，并作为玛尔达里人住在那里，面对你知道的各种危险，包括可能遭到狮子的攻击，失去牲畜，你自己也可能受伤，你会怎么做呢？"我是明知故问，显然这是一个愚蠢的假设。他没有这样的机会，未来也不会有了。

拉维翻译了希玛的答案："我们都接受。"

20

但实际上，他们并不是都能接受。这并非我的假想，也不是因为重新安置实在太过糟糕。第二天晚上，我听到一个类似却有着不同走向的故事。故事来自一位被称呼为"拉尔兄弟"（Lal Bhai）的中年人——他的全名是拉拉·博达·拉巴里（Lala Boda Rabari）。他出生在森林的一个角落，现在已经适应了外面的生活，对现在的生活非常满意。我发现，拉尔是一个乐观主义者，他相信变化是必然的，而且自有其价值。五年前，也就是和前任妻子结婚但未育有子女三十年后，他和一个16岁的女孩结了婚。这位女孩的生育能力很强。现在他已经有了两个小女儿，第三个孩子也即将出生。拉尔今年58岁，身材魁梧，留着白色的八字胡（和希玛兄弟一样都生硬地抹了润发油），胸肌鼓得像码头工人。他和他年轻的妻子、老伴（作为受尊敬的养老金领取者，她仍然是这个家庭的一员）以及两个小女儿，住在吉尔西缘高速公路旁一座现代化的营地里。

曾经环绕营地的荆棘篱笆已经被一堵石墙所取代。输电线带来电力。墙外，小轿车和卡车在去往大城市朱纳加德的路上飞驰而过。拉尔招呼上茶，当茶端上来时，他分发茶碟，亲自倒茶。然后，他盘腿坐在折叠床上，回答我的问题。是的，这里也有自来水。一个电泵把水从井里抽上来。围墙是六个月前用国际"生态发展"基金建造的。拉尔兄弟很感激。

拉尔出生在森林里，那是在希兰（Hiran）河边的一个营地。从那时起，他曾住在五六个不同的地方——玛尔达里人是游牧民族。他在帕塔利亚拉（Patariala）营地住了16年，那个营地现在位于国家公园里面。公园建立时，所有的玛尔达里人都被要求离开，他去了杜达拉（Dudhala），仍然位于保护区内。林业部帮他搬家。八年前，他从杜达拉来到这里。这里有12个家庭，大约300头牲畜。虽然在旱季没有足够的牧草，不过其他方面还不错。林业部门允许他们从保护区的另一个地方收割牧草。此外，承诺提供600块石灰石供他们重建房子。他们还有可能得到一个磨坊。拉尔把自己的牛群减少到四头水牛和七头奶牛，每天从这些牛身上挤16升牛奶。他买袋装棉籽作为饲料添加剂，他卖的是鲜奶，不是酥油。16升，每天能赚200卢比。拉尔说："为了卖牛奶，我必须靠近公路。这是出于经济上的考虑，当然孩子们上学也方便。"

他希望他的孩子接受教育，有更多的机会，去找一份工作。世界变化如此之快。看看人们取得了什么成就。拉尔对自己的玛尔达里生活很满意，但是在一个不断变化的世界里，新的一代必须发现新的角色和新的幸福。他的小女儿们应该接受教育，走出玛尔达里传统。如果他能有一个儿子，那么，儿子可以在放牧和其他任何事情之间做出选择。不是每个人都能成为玛尔达里人的。假设有十个孩子，其中只有两个能留在营地，其他人必须离开。他们必须找到不同的方式和地方去生活，否则会有太多的人和太多的牛。虽然拉尔没有用这样的术语，但他敏锐地意识到，玛尔达里人也受到特定生态系统中特定生态位的承载能力的限制。这一点就像狮子一样。

拉尔认为，狮子本身似乎比过去少了。他不同意希玛的说法和官方的普查结果，而是自有一套自己的测量方法。按照他的方法，要么狮子数量更少了，要么狮子变得没那么大胆。拉尔的测量方法是：当你不想要一头奶牛，就故意把它放到森林里，以便获得补偿，看看狮子会在多长时间内杀了它？最近有人放出了一头年老干瘦的水牛。在被杀掉之前，它独自在那里吃了15天的草。15天，拉尔觉得，这证明吉尔的狮子不再是过去的样子了。

他自己从来没有被狮子攻击过，虽然曾经有过危险的遭遇。那是一天傍晚，他提着一袋洋葱和土豆，从萨珊村走回杜达拉。他看见一些小狮子坐在路上。他当时只身一人，没有手电筒，没有棍子，没有库瓦蒂。他当然清楚幼崽在哪里，母狮就会在哪里。当他走近时，母狮咆哮着露出了身子。拉尔发出声音，试图赶走母狮，可母狮却冲了过来。情急之下，他扔出了一袋蔬菜。显然这是一只吃蔬菜的母狮，因为它转向袋子，抓住袋子后跑掉了。拉尔趁机逃脱。后来他返回现场，发现袋子里还有几个洋葱，但都被毁了——没人愿意要沾过母狮口水的洋葱。

拉尔推心置腹地与我们分享这些想法，他坐得很近，靠得更近，就像美甲师或忏悔室里的年轻牧师，直直地对着翻译的脸说话。当他提出一个观点或是讲述一个故事时，他的手就会像又大又慢的蛾子一样在空中移动。"我在狮子身上学到这一点：如果你不跑，如果你坚持自己的立场，它们永远不会杀你，即使它对你流口水也不会。"拉尔兄弟强调说，"而吉尔森林，正在被砍伐。如果没有森林，也不会有狮子。"毫无疑问这是一个熟悉的主题，也是希希尔·拉瓦尔的访谈对象常说到的。拉尔的独特之处在于，他拒绝悲伤。在他看来，万物都可替代，一切都在变化。世界就是这样。

我不知道该如何看待这个机会主义者，以及他年轻的家庭、他的电力营地、他轻快的宿命论，这些都与我自己的期望或执念不同。我能有信心说的仅仅是：他是一个勇敢的人，他不怕狮子，也不怕未来。我不知道他是否想过把自己的老伴留在森林里。

21

在保护地内，"拉尔兄弟"曾经住过的那个杜达拉营地，现在住着一位叫"阿玛拉兄弟"（Amara Bhai）的人。他像一位轻量级拳击手，有着热情的棕色眼睛，脸庞狭窄，笑容怪异，鼻尖有个球状的伤疤，就像被咬掉又重新接上一样。听说他颇具传奇，我便来征求他对狮子的看法。

一棵古老的无花果树遮蔽了杜达拉的院子。一堆堆柴火垒在大铁桶旁，桶里装着从附近井里抽的水。当阿玛拉欢迎我们来到营地时，已经是傍晚时分，黄色的阳光低低地斜射过森林。阿玛拉刚刚剃了胡子——当天早些时候，拉维和我在路上遇到他相约见面时，他憔悴的脸颊上还布满白色胡茬。接待从德拉敦和美国远道而来的客人，显然是一件大事。他戴着白色头巾和沉重的圆柱形耳环。耳环要不是黄铜的话，就是纯金的。他已经准备好迎接我们多管闲事的访谈。但先得有茶，阿玛拉递来了茶碟。

我们坐在波纹铁皮屋顶下的折叠床上。阿玛拉说，其他几个男人听。孩子们懒洋洋地躺在附近的小床上，好奇地看着我们。穿着鲜艳裙子的妇女在工作，背回水和柴火。营地由四个家庭共用，分别是阿玛拉和他三个兄弟的家庭。他自己57岁，三个妻子，但只有一个小孩，一个小男孩。他并没有说出生后没能活下来的孩子有几个。他和他的兄弟们希望孩子们接受教育。是的，如果年轻人要离开营地，光有玛尔达里人的技能还不够。但是有一个问题，这里没有学校。小孩子不能每天穿过充满狮子和豹子的森林去萨珊上学。孩子们也不想住在营地外的村子里，寄宿在别人家，远离父母。阿玛拉说："也许我们需要的，是在杜达拉或者附近的营地建一所普通的小学校。""你的鼻子受伤了？""不，这不是狮子咬的。"阿玛拉愉快地回答，"我身上的狮子伤疤并不明显。"

第一次袭击发生在三年前的雨季。当时有两只雄狮，可能是兄弟。那天一早，他听到了它们的吼声。当他把一些水牛赶到外面吃草时，狮子出击了，各抓住一头牛。阿玛拉带着他的小斧头冲过来。一只狮子跑掉了。另一只松开它抓住的水牛，打了个旋，咬住阿玛拉的腿，把他拽倒，然后消失了。幸好没有骨折。阿玛拉被人用骆驼带到莎圣（Sasan），然后用汽车送到塔拉拉（Talala）的医院。他在医院待了15天，再加上一个月的康复期。政府给了他赔偿金，但并不足以支付医疗费用。

第二次袭击发生在一年后。又是两头雄狮——阿玛拉怀疑它们是同一对，危险的一对。那天下午晚些时候，他带着牲畜回家。最后一公里的时候，他停下来让牲畜喝水。狮子冲了过来。其中一只抓住一头两岁大的水牛，阿玛拉前去保护。"像玛尔达里人那样。"他带着自豪的优越感说。他起初超然地微笑着，后来甚至大笑起来，一边笑一边描述狮子是如何站起来，把牙齿咬到他的右肩后，又放开他，转身回到水牛身边。他孤身一人，流着血，想办法回到营地。接着依旧是住院和账单。他的叙述没有妙语，也没有结尾。那两只狮子仍然在森林里。他的朋友警告说，不要给那对狮子第三次机会。但是他还能做些什么不同的事情呢？如果那些狮子再发起攻击，就让它们吃水牛吧，他的朋友们劝他说。但不行，他负担不起。水牛是珍贵的，而他是一名玛尔达里人。

一年内两次遇袭，这让阿玛拉对人狮冲突有了话语权，但他没有因为自己的经历就变得偏执。我问他是否会害怕。他说，对那两只恶毒的狮子，确实害怕，但对其他一般的狮子，并不会。狮子攻击人不是吉尔生活的常态，只是偶然发生的事故。他会对自己的受伤和损失感到愤怒吗？他会对林业部处理补偿的方式不满吗？我很快就发现，他的情感中似乎并没有太多愤怒和不满。尽管受伤了，尽管危险还在，但他对森林生活很满意。他除了吉尔无别处可去，除了玛尔达里的生活方式也没有别的选择。饲养牲畜是他安身立命的方式，所以他会继续照料他的水牛，把它们从草场赶到水边，每天晚上再努力把它们安全地带回荆棘围栏里，同时也承受不可避免的代价。

那么，他担心即将到来的变化吗？不。他承认，他根本不关心外面的世界，也根本不关心任何变化。他从来没有想过，有什么变化正在改变吉尔，有什么变化正在改变他自己的世界，而不仅仅是外面的世界。

那么他又是怎么看待狮子的呢？"这种动物很好，没有任何问题。"阿玛拉微笑着说道。

22

在这个坚忍的玛尔达里群体里，拉维的老朋友伊斯梅尔·巴普是个大人物。他直言不讳，头脑冷静，从而备受尊重。有时会被称为社区发言人，尽管这有些违背传统——他没有拉巴里或查兰血统，根本不是印度教徒，而是个穆斯林。他的家族有着古老的游牧历史，可以追溯到辛德边境的某个地方。

伊斯梅尔·巴普今年56岁，是一位有威严的慷慨之人，膀大腰圆，圆脸，目光严肃而警惕，高兴起来咧嘴大笑。他乱蓬蓬的头发和胡子都已灰白，但眉毛仍然是黑的。他名字中"巴普"，是一个敬语，可以翻译成"老爹"。他日常穿着宽袖衬衣和窄腿裤，戴一顶满是灰尘的红色针织帽，不过在节庆日子里他会用白色头巾代替帽子。这身打扮放在其他地方，他会被当成小意大利的教父。

因为他精明而独立的风格，巴普跟古吉拉特林业部和外部世界的关系处得不错，游刃有余地避开了极端的流放、贫困和文化投降。除了二十几头水牛和几头奶牛，他还做一点农活。有六个人帮助他，包括他的小儿子——人称小巴普（Bapu Mia）的15岁男孩。巴普人脉极广。从到吉尔开展博士课题开始，拉维本人也成了巴普人脉的一部分。而且他俩关系颇为亲密，如同家人。巴普与拉维都带有一种莫名的自信和毒舌式的幽默，跟林业部呆滞、胆怯的追求名利的官僚反差明显，因此他们相互交好也是自然而然。巴普目前的营地，被称为拉坎迪亚（Lakadvera），是一个单一家庭的大院，坐落在森林边缘，

　　　　　众神的怪兽：在历史和思想丛林里的食人动物

混合着丘陵、岩石河床和花生田，就在吉尔边界之外。这个营地是生态系统的一部分，但不完全在保护地内。

因为我们和拉维在一起，而拉维算是他的家人，所以巴普欢迎迈克尔·卢埃林和我在他家住一晚。我们到达时，他刚杀好一只鸡当晚餐。拉维说，现在营地里的大部分劳动都已经交给了年轻小伙或他的妻子女儿了，他只要监督就行——这跟15年前不一样，那时他还正值壮年，健壮而勤奋。但是用斧头砍断一只鸡的脖子，显然还是族长的任务。

他的房子小而简单，有着编织的枝条和泥筑成的墙，以及石灰岩垒的附属建筑；屋顶固定红瓦用的大块火山岩，看起来像是缓缓落上去的陨石。荆棘篱笆包围房子和畜栏，占地大约四分之一英亩。原木门柱上连着的生锈金属大门紧闭。围栏外面的花生地里还被一堵低矮石墙围挡着。在石墙外面，我们看到一个腐烂的瘤胃和一些碎骨头。这些来自巴普的一头奶牛，上周被一只母狮和两只亚成年小崽杀死了。

巴普目睹了整个捕杀事件。当时奶牛和水牛正在回家过夜的路上，已经快到家了。这头奶牛很小，一年前受过伤，后腿不太对劲，走得比其他牛慢一些。它还没来得及跳过那堵矮墙，母狮就抓住了它。巴普当时正站在院子里，他能透过围栏清楚地看到一切，但什么也做不了。狮子吃饱后，巴普和他的儿子们把尸体拖离营地。他没有申请赔偿，他觉得那头奶牛价值太低，不值得费劲申报。而且那头奶牛已经跛了，也不产奶，简直就是长了蹄子的狮子饲料。失去这头牛他并不烦恼。大多数人都会申请补偿，但补偿制度并不公平。两个月前，一群狮子杀了他的几头好水牛。那时，他确实提交了补偿申请，尽管现在还没有得到任何回应。补偿，即使真的给了，通常也会远远低于牲畜的市场价值。一头价值15,000卢比甚至更多的牛，你可能只会得到4000卢比。

如果狮子杀了人，政府要支付 10 万卢比。但当然这是另一回事了，巴普没有失去任何家人。

水牛在小巴普的驱赶下慢慢回家。乘着傍晚光线好，迈克尔去给他们拍照。我也跟着看了一眼例行的挤奶。叶猴正在树上，躲在树枝后面栖息。然后我回到拉维和巴普坐的地方，坐在像草坪椅一样摆放在营地外的折叠床上，享受黄昏的气息。巴普向远处一个树木繁茂的小山点点头说，昨晚有两只雄狮就在那儿，吼叫了好几个小时。他的话混杂着印地语、古吉拉特语和辛德语等好几种语言，再由拉维翻译过来，我听不出这是一种骄傲的幸福，还是一位牧民的抱怨。也许两者都有。

天黑时，我们退到围栏内，关上大门。折叠床也被重新放回我们睡觉的走廊旁边的一块干地上，不远处就是水牛的粪便。晚餐也在这里举行，那是一道咖喱鸡、小米烤饼、米饭和生洋葱的盛宴，还有几碗浓郁、精细的水牛酸奶，比我尝过的任何酸奶都好。在油灯的照耀下，我们盘腿坐在泥地上面的粗麻布垫上，用手指抓着吃这种气味扑鼻的东西。酸奶是用带小勺子的小碗盛的。吃完辣得冒火的咖喱菜，酸奶比啤酒更能冷却味觉。离开走廊回到院子里，巴普的二儿子用水罐给我们每个人倒水。食物怎么样？巴普问道。我问拉维，那个表示极好、绝妙、棒极了的词怎么说来着？"萨如"，更准确地说是"博萨如"，在古吉拉特语中表示"非常好"。

"博萨如。"我回答道。

我们又一次瘫坐在折叠床上，仰望晴朗的黑色天空，看着卫星闪烁着在星星间穿过。巴普在谈论他与大型食肉动物和政府机构的各种小冲突。拉维翻译着："他不讨厌狮子。在某种意义上，这是自然之道。狮子不会吃草。它必须吃肉，其中也包括他的牲畜。"巴普知道，捕食一直是森林生活的一部分，长久以来一直如此，也是不可避免的。有一些更偶然的让生活变糟的问题，如重新安置、放牧限制、以低于市场价格的补偿，则不太容易承受。"他对林业部感到愤怒。"

巴普讲了一次豹子袭击事件，反映了玛尔达里人生活中的致命现实问题。这些五英尺（约 1.5 米）高的荆棘篱笆挡不住因饥饿、受伤、干旱或其他紧急情况而变得绝望或疯狂的捕食者。这件事发生在大约二十年前的雨季。那段时间巴普住在别的营地，不过那天他正好回到拉坎迪亚。那是一个细雨蒙蒙的早晨，巴普放牛回来，坐在屋里帮妻子切菜。他的妻子和妹妹在制作当天的乳酪。他家附近，就在我们今天看到死牛遗骸的地方，当时有一棵榕树——不过现在已经没有了。突然，榕树上挤满了歇斯底里的叶猴。它们看见豹子来了。豹子飞快地跑过榕树，跃过荆棘篱笆。巴普什么都不知道，直到听见他的妹妹喊"豹，豹"！他以为她的意思是，豹子在外面，在营地外面。但当他走进门时，豹子径直冲向他，向他的喉咙咬去。一只大公豹，强壮而敏捷。他抓住一只爪子，用力推着豹子的喉咙，然后扭打翻滚在一起。

巴普的妻子过来帮他，用棍子打豹子的后腿。巴普得以奋力把豹子推开，但豹子猛地向前一扑，又抓住了他，乱挠他的胳膊。巴普让他的妻子走开，然后又奋力把豹子甩出去。豹子的腿受伤了，也可能断了。巴普抓住棍子，猛击它的头部。他不停地击打，直到豹子死去。然后巴普走到几英里外的萨珊，林业部的车把他从那里带到了塔拉拉的医院。林业部的人说："我们会诱捕那只豹子，告诉我们去哪里找。""这只不用抓了。"巴普回应道。巴普被缝了 52 针，但至少林业部支付了他的医药费。

"那次袭击有打消你在这里生活的想法吗？"我问。

"没有。那是意外。不太可能重演。"拉维翻译道。巴普对豹子或狮子没有特别持久的恐惧。"死亡潜伏在生命的每一个转折点。如果必须由你来承担，那就由你来承担。"

这不可能简单地理解为，这样的想法源自因对痛苦和困难默然承受而闻名的印度教的因果报应，因为巴普是穆斯林。当谈话结束时，我舒适地躺在畜栏边的折叠床上，一边漫不经心地地扫视漫天星斗的闪烁，一边不那么漫不经心地想，这种宿命论是印度的普遍现象，还是吉尔的玛尔达里人特有的，或是伊斯梅尔·巴普、阿玛拉兄弟和他们的少数几个同伴特有的。

吉尔周围的非玛尔达里村民，似乎并不都持同样态度。他们与森林是有距离的，但偶尔和狮子有遭遇。根据瓦桑特·萨博瓦尔和他的合著者（包括拉维）发表在《保护生物学》期刊上的那篇关于人狮冲突的论文，超过 60% 的受访村民对狮子怀有敌意——这也很有情可原，因为超过 80% 的袭击记录都发生在保护地之外。在人类地盘上游荡的狮子可能比森林中的狮子更不可预测、更疯狂，因此也更危险。大多数村民抱怨说，流浪的狮子在晚上威胁更大，但是他们不得不在晚上灌溉，因为他们的水泵只有晚上才有电——白天的时候，电力要先供给工厂。随着 20 世纪 80 年代末的干旱和干旱后虚弱牲畜的骤减，狮子的攻击性变强了，以至于它们会像巴普的豹子一样，跳过栅栏和围墙，甚至试图进入房屋寻找猎物。本就艰难的生活，变得更加艰难，无论对人还是狮子。

令我有一点失望的是（当然巴普肯定不会这么想），这个宁静的夜晚，没有狮子来访，也没有豹子跃过荆棘篱笆。二十几只睡着的水牛发出轻微的喘息和鼾声，听起来像是我们折叠床边的宁静节拍。附近唯一有害的动物是一只公鸡。它站在我脚边的栏杆上，对黎明的概念是四点半。

23

萨博瓦尔在论文中描述了各种重要的模式和趋势，最重要的却只是顺便提及："许多受访者报告，在旱季，贫穷村民遭到狮子捕杀的牲畜比富裕村民多得多，占到62%。穷人在夜间只能把牲畜不加保护地放在外面；而富人有能力建造保护牲畜的畜棚和其他建筑。"简而言之：穷人首当其冲。

哪怕算不上普世真理，事实往往大抵如此。从鲁德拉普拉耶格到科莫多再到察沃，都有类似的发现：捕食造成损失，而损失分布不均。有人已经注意到这一问题，但很少加以量化或分析。大型掠食动物给穷人（特别是居住在栖息地内或附近农村地区的穷人）和坚持传统生活方式的当地人（他们的"贫穷"，可能意味着物质财富的匮乏和政治权力的缺失）带来的物质上的损失、不便、恐惧、痛苦和死亡，比其他任何人都多。邻近加脆弱，就等于危险。

但这种模式并不是人类和顶级掠食者之间独有的。在动物谱系中的不同节点上的其他捕食者—猎物的关系中都体现了这种模式。这是保罗·埃灵顿（Paul Erringto）在他著作中的重要观点。埃灵顿是一位谦逊但敏锐的小型兽类生态学家，他在20世纪中叶成为研究捕食问题的权威，而爱荷华州湿地的麝鼠和水貂为他的研究提供了更为广阔的视角。

埃灵顿是典型的美国中西部人，身穿法兰绒格子衬衫的诺曼·洛克威（Norman Rockwell）①式的野生动物学者。他的研究兴趣延伸到大草原、沼泽、农田腹地空隙处的小阔叶林，以及栖息其中的鸟兽。他在南达科他州中东部长大，自小就是一名毛皮猎人和猎手。早

---

① 美国在20世纪早期的重要画家及插画家。

在掌握正式的科学方法之前，他就学会了追踪动物，解读动物生活史的线索。他还养成了记笔记的习惯。他最早一次水貂观察记录，发生在1919年5月23日，他高中的最后一天。为享受春光和自由的新鲜空气，年轻的保罗沿着市郊的小溪散步。他在泥地边缘扫视动物足迹，发现岸边有个洞。那个洞似乎是水貂窝，到处都是螯虾残骸和水貂粪便。粪便里大部分是螯虾碎屑。就在洞穴入口处——四十年后，他根据笔记和记忆重现这一时刻——"我发现一只活螯虾。我把它捡起来。当我把它捏在手里时，一只水貂从洞里窜出来，从我的手指上一把抓过螯虾，飞快地跑回洞里"。这件事，不管能不能说明水貂的食物偏好或胆大妄为，都让埃灵顿感到近距离观察的刺激。埃灵顿继续从他的追踪技能中获益，当然他对捕食者和猎物的最早感触也随着自己对种群水平的研究而改变。

20世纪20年代末，埃灵顿断断续续地在南达科他州立学院进行本科学业，部分经费来自野味和毛皮。他后来写道："我吃的猎物和我剥的麝鼠、水貂、黄狼、臭鼬和郊狼皮，让一些原本不可能的事情成为可能。"大萧条早期，他在威斯康星大学攻读博士学位，研究北美鹑及其捕食性天敌。后来他搬到爱荷华州立大学，把注意力转到麝鼠身上，开始对爱荷华州北部湿地的麝鼠进行长达三十年的生态研究。

麝鼠是一种半水生的啮齿动物，它生活在沼泽中，沿着池塘和溪流的边缘寻找巢址，在浅水区的植被堆中或泥泞的河岸边建造洞穴。麝鼠原产于美国和加拿大的大部分地区。如果条件良好，它们能迅速繁殖，一年两三窝，甚至四窝。它吃水生植物，如香蒲的嫩枝，也吃青蛙、蛤蜊和其他能找到的肉类。水貂（*Mustela vison*）也是半水生的动物，分布范围和栖息地偏好与麝鼠大致相同。但它是纯食肉动物，分类上属于食肉目鼬科。食性上，它以小型兽类、鸟蛋、螯虾、青蛙和鱼类为食。水貂和麝鼠的体型相似，平均来说，水貂比麝鼠略长，但块头较小。在没有太大风险或干扰的情况下，水貂会贪婪地捕食麝鼠。根据埃灵顿的粗略估计，20世纪中期美国水貂每年捕食数百万只麝鼠。没人准确估算过捕食总量，但是这一可察觉的损失已经引起毛皮业的不满，进而招致他们对水貂的敌意，因为麝鼠毛皮是毛皮业的主要商品。水貂虽然也是珍贵的毛皮兽，但相对稀少，也不容易从野外捕获。水貂似乎在过度吞噬麝鼠资源，这让捕猎者和毛皮商有所猜忌。埃灵顿的工作纠正了这种错觉。

"毫无疑问，麝鼠肉是水貂最喜欢的食物之一。"埃灵顿写道，"理想情况下（至少对水貂而言），水貂能连续数月，什么都不吃，只吃麝鼠。同样毫无疑问的是，在经常出没于中北部沼泽和溪流的野生捕食者中，水貂是最成功的麝鼠杀手之一。一只大水貂一旦抓住某只麝鼠，那它就难逃一劫了。"他所说的"抓"是指水貂用前腿抓住麝鼠，用后爪狠狠地抓挠，同时咬它的头和脖子。即使有了这些战术，水貂一般也不敢在安全水域或麝鼠的巢穴中攻击健康的成年个体。艾灵顿的野外证据表明，水貂主要捕食多少有点虚弱或处于弱势的麝鼠。而麝鼠变得虚弱或弱势，有同类冲突的原因，也可能因为气候突变或疾病。经过几十年的细心观察、数据收集和分析，埃灵顿确信，水貂捕食不是限制麝鼠种群的重要因素。

他最后得出结论：真正限制种群数量的，是麝鼠自身在环境中的社会行为。麝鼠讨厌拥挤，超过某个限度，它们就忍受不了。

科学家如今将麝鼠的种群动态称为密度依赖现象。麝鼠是领域性物种，其领域本能决定了在给定的区域内能找到食物和足够栖息地的个体数量。此外，麝鼠的社会容忍度（或不容忍度）决定了一年中有多少窝幼鼠会得到合理的喂养。一旦栖息地满了，达到拥挤的阈值，麝鼠死亡率就会大幅提高。死去的麝鼠可能是新出生的，也可能是早已疾病缠身的，或者是因为年龄或其他原因离开原先优质领地的。总之，这就是埃灵顿看到的现象。他把那些被排斥、被剥夺、注定要灭绝的麝鼠，称为种群的"损耗部分"。

一个地区有多少麝鼠，和有多少麝鼠是潜在猎物，两者有着关键的不同，但此前没有人对此做出区分。埃灵顿发现，巢穴位置优越的麝鼠，实际上水貂是捕获不到的。他进一步给出了理由：这些麝鼠有良好的巢穴，附近有充足的食物，巢穴和食物之间的路线安全，不会受到攻击。而种群中的"损耗部分"，由于缺少这些优势，因此大部分会遭到水貂的捕杀。经过埃灵顿的计算，爱荷华州中部水貂所吃的麝鼠中，70%都来自于因疾病或气候突变（如干旱或特别严重的冰冻）而死亡或濒临死亡的个体。另外的30%中还有很多来自春季时从冬季洞穴扩散去陌生区域、寻找新的夏季繁殖地的个体，以雄性为主。还有一部分属于他所说的"过剩的青年个体"，包括体弱的、无家可归的，以及养育不起的后代——这些都是受害者阶层。相比之下，健康的成年麝鼠没有什么好害怕的。

领域性区分了有领地和没领地的个体。是否在优质栖息地内拥有领地，将会极大影响个体的预期寿命。在有捕食者存在的情况下，领地的供应限制了种群的规模。埃灵顿写道："考虑到这个因素，就要对传统观点做一些修改，如生存斗争、自然考验的残酷性和捕食的本质。"对这一因素的思考也有助于说明，为什么吉尔森林周边最贫穷的村民最厌恶狮子。没有人想成为人类种群中"损耗部分"的一员。

顶级捕食者造成的代价不成比例地由穷人来承担——特别是受传统束缚的乡村人群，如吉尔的玛尔达里人、俄罗斯东南部的乌德盖人、罗马尼亚高原的牧羊人等，在宏大的国家背景下，他们几乎无能为力，毫无发言权——而那些壮观猛兽的精神和美学收益却被遥远的人群所享受。这是不可避免的吗？如果不能避免，那么社会应该如何重新分摊成本？我们应该如何重新分配收益？——此处的收益既包括物质的，也包括精神和美学的。这就是本章标题麝鼠难题的用意。保罗·埃灵顿生动地叙述了这一点，但并未展开。在他去世几十年后，这依然是我们这些生活舒适的麝鼠需要解决的问题。

鱼钩上的利维坦

24

危险的捕食者，不拘何种动物，远观总比近侍容易。以麝鼠难题为例，纯理性的人道主义者可能会争辩说，消灭所有顶级捕食者是文明事业的基础，只有那些多愁善感的人（比如你和我）才会持不同看法。住在遥远而安全的地方的人，难免有些矫情。这种严肃的观点，需要认真分析和讨论。

早在 1973 年，生物学家阿利斯泰尔·格雷厄姆（Alistair Graham）在一本措辞华丽的书中清楚地阐述过这个问题。那本书叫作《早晨的眼睑：鳄鱼和人类交织的命运》（*Eyelids of Morning: The Mingled Destinies of Crocodiles and Men*），描写了格雷厄姆自己对尼罗鳄（*Crocodylus niloticus*）的实地研究。他在肯尼亚北部开展研究，主要研究地点位于时称鲁道夫湖（Lake Rodlf）的湖边。鲁道夫湖后来改名为图尔卡纳湖，湖里生活着大量鳄鱼，湖边有一个图尔卡纳人（Turkana）的小定居点。这些人傍水而居，捕鱼为生，将可怕的鳄鱼袭击视为日常生活的一部分。格雷厄姆研究的尼罗鳄是世界上体型最大也最具威胁的两种鳄鱼之一。他的项目始于 1965 年 6 月。为了测量形体、测定年龄和化验胃内容物，他杀死了500条鳄鱼，剥掉鳄鱼皮并出售，以支付探险费用。项目持续了一年时间。在这期间，格雷厄姆得到过一小群图尔卡纳人的帮助，他的朋友、"鳄鱼迷"摄影师彼得·比尔德（Peter Beard）也施以援手。该项目的官方成果是向肯尼亚野生动物管理署提交的报告，非官方成果就是《早晨的眼睑》。这是一本照片、绘画和文字的大杂烩，可能是有史以来最"糟糕"的咖啡桌图书。

《早晨的眼睑》已经绝版，几十年来只能断断续续地买到。但它仍然是一部地下经典，就像车祸一样将自己的影像印在大脑上，被一小部分读者熟知和牢记，读来记忆犹新。除了讲述格雷厄姆的鳄鱼研究，书里还有比尔德可怕而美丽的照片，包括死掉的鳄鱼，鲜活的图尔卡纳人以及环绕湖泊的荒凉景色。它是语言和视觉元素的粗暴结合，关于鳄鱼的历史片段、老照片、卡通作品、神话、传说和媚俗作品，全都混在一起。阿利斯泰尔·格雷厄姆还在书中对更大的主题做了深刻的思考，诸如荒野、食人动物、科学、进步，以及在日新月异的世界中看似不切实际的自然保护事业。例如：

> 只要一个人不断受到野蛮野兽的威胁，他在某种程度上就被野蛮所束缚。野蛮会压制你。因此，人类有一种文化本能，要把自己与鳄鱼等怪物区分开来，进而消灭它们。只有经过一段没有野生动物的文明时期，人类才会再次关注野生动物，在它们身上寻找值得珍惜的品质。

这些文字出自书中第201页，里面有一张黑白照片：两条被切断的人腿从鳄鱼肚子里被取出，扔进溅满鲜血的纸箱里。

这两条腿属于美国人威廉·奥尔森（William Olson），一名和平工作队的年轻志愿者。他是在埃塞俄比亚西南部的巴罗河上遇害的。当时，格雷厄姆和比尔德正在鲁道夫湖开展研究。奥尔森跟和平队的朋友在巴罗（Baro）河畔的村庄度假时，无视当地居民的警告，执意要到河里游泳。这是个致命的错误。河中潜伏着一条贪婪的巨鳄。不久前，它在村民的眼皮底下，先后吃掉了一个孩子和一个女人。对依赖河流生活的当地人来说，鳄鱼是一种乏味可憎而司空见惯的危险。但时值暑热，这种危险对奥尔森和他的伙伴来说实在太过抽象，根本无法说服他们改变主意。其他人都上岸后，奥尔森还在后面，站在一块被水淹没的岩石上，凝视着水面。袭击悄然发生。前一分钟他还在，然后就没了。

这条鳄鱼显然是从他身后游过去，咬住他的腿再潜入水中的。大鳄鱼有时会溺死需要呼吸空气的大型猎物。格雷厄姆写到"它们会把你拖下去"时，可能已经委婉地提到了这个事实。从新闻报道的角度看，整个事件让人毛骨悚然，令人震惊，在《时代》杂志的"里程碑"版块引起过短暂的关注："死亡：威廉·H.奥尔森，25岁，康奈尔大学毕业生（1965年），去年6月加入和平工作队，在埃塞俄比亚的阿迪·乌格里村教科学课。在埃塞俄比亚甘贝拉附近泥泞的巴罗河，他在齐腰深的水中遭到鳄鱼的攻击。五个工作队的同伴听到奥尔森的叫喊，看到鳄鱼把他拉进水下。第二天，警察找到并射杀了鳄鱼。"实话实说，也就是因为奥尔森是美国人，才会引起媒体报道，才会令人震惊。要知道，同年死于鳄鱼袭击的非洲人有数十或数百之多。早些时候被同一条鳄鱼杀死的埃塞俄比亚妇女和孩子，根本没有引起注意，甚至连名字都没有被阿利斯泰尔·格雷厄姆记录下来。

《时代》杂志和格雷厄姆的书，都搞错了一点小细节。格雷厄姆把威廉·H.奥尔森（根据康奈尔大学的校友记录，H 是 Henry 的缩写），写成了威廉·K.奥尔森。不过，格雷厄姆的版本纠正了《时代》杂志的错误：当时没有人看到鳄鱼把奥尔森拉下水，也没有人听到他的呼喊。他消失的时候，朋友们都在别处。直到不久之后，大鳄鱼叼着尸体在下游浮出水面，他的命运才得以揭晓。鳄鱼也不是被警察射杀的。当时，现场碰巧有一位来自美国的大型动物猎人和他的专业向导，他们追踪并杀死了这条鳄鱼。这些细节是向导卡尔·卢西（Karl Luthy）亲自澄清的，格雷厄姆在书里一字不差地引用了他的叙述。奥尔森失踪时，卢茨正站在河边，后来他帮忙把鳄鱼尸体拖到沙滩上，并讲述了接下来发生的事情：打开鳄鱼的肚子，检查是不是它抓走了奥尔森。卢西说："我们发现了他的腿，膝盖以下完好无损，骨盆处还连在一起。他的头被压碎成小块，只剩下一团几乎无法辨认的毛发和血肉。我们还找到其他无法辨认的肉块。显然，鳄鱼已经把他撕碎吃了进去，吞不进去的就扔了。"鳄鱼只有 13 英尺多，对尼罗鳄来说并不算大，但大到足以杀死并肢解一个人。卡尔·卢西承认，他和他的客户道（Dow）上校都觉得有必要杀死这条鳄鱼，不仅因为它威胁到村民，还出于人类对鳄鱼原始的复仇渴望。

　　格雷厄姆在鲁道夫湖认识的图尔卡纳人对鳄鱼的态度复杂，混合了厌恶、无奈和漫不经心，因为每年都有一些村民被鳄鱼吃掉。不过，湖边的图尔卡纳人并不能代表整个部落。图尔卡纳部落原本是骄傲的战士和游荡的牧民。20 世纪 20 年代，因为一次严重的饥荒他们才来到湖边定居。肯尼亚政府当时在湖西岸建立了一个叫卡罗科尔（Kalokol）的难民营。饥荒过后，救济物资继续供应，于是卡罗科尔变成永久性的村庄。格雷厄姆将卡罗科尔村作为起点，前往更偏远的湖开展调查，还从村里招募野外助手。像其他图尔卡纳人一样，男人们苗条、英俊、自信，而女人们可爱、匀称、身材傲人。彼得·比尔德对他们颇为赞赏，留下了不少照片。与其他图尔卡纳人不同的是，这些人非常熟悉尼罗鳄。一位白人受政府委派前来推广捕鱼技术，跟当地人住在一起。他告诉格雷厄姆，图尔卡纳人"不在乎鳄鱼是下了煮熟的蛋还是倒着游泳。在他们的世界里，关于鳄鱼只有两件事是重要的：它们是邪恶的，它们可以吃"。格雷厄姆发现，图尔卡纳人在意自己部落勇士的名声，为自己的贫穷和在卡罗科尔村过着吃鱼的生活而感到羞耻。与此同时，他们快乐、傲慢、坚韧、内省、心胸狭窄、好斗、粗犷、野蛮，同时也带有一种"心满意足的平和"。尽管（或许也是因为）有这些矛盾，不过他们似乎有些崇拜鳄鱼。

图尔卡纳人对鳄鱼的矛盾心理兼具冷漠和蔑视，这令格雷厄姆深为着迷。在图尔卡纳阴沉的泛神论信仰中，尼罗鳄是代替反复无常的神施加惩罚的代理人。这位神有时仁慈，有时暴虐，比《约伯记》中的上帝更坏。格雷厄姆认为，这样的神"与魔鬼没有区别"。生活中所有的不确定性"基本上都是同一位神灵的杰作，他随心所欲，时而邪恶，时而仁慈"。尽管古怪，这位图尔卡纳神似乎给坏人准备了最可怕的惩罚，鳄鱼袭击就是其中之一。格雷厄姆的野外助手们乐观豁达。他们告诉他，只要良心清白，在鳄鱼出没的河里涉水也感觉很安全。格雷厄姆写道："他们的自信不是熟视无睹的轻蔑，也不是听天由命的冷漠，而是对完整自我的至高自信。对自身清白无可置疑的男人来说，遭到一条有鳞的、邪恶的鳄鱼的攻击，必然是邪恶的魔法。"

还有两个因素让邪恶的魔法显得更糟糕。首先，鳄鱼神出鬼没。对如此巨大的动物来说，这很不可思议。在水边追踪陆地上的受害者时，它们一直隐藏在水下，直到最后一秒钟才现身，就像在埃塞俄比亚袭击威廉·奥尔森的鳄鱼那样。它们很强壮，速度很快，但它们突袭人类时，并不仅仅依靠速度和力量。第二个因素是，它们不只是杀死人类，它们会吃掉人类。"被动物吃掉的恐惧，"格雷厄姆论述道，"比仅仅被动物杀死要大得多。"

为什么食人会让一种凶残的动物——尤其是鬼鬼祟祟的爬行动物——看起来更可怕？格雷厄姆提出了一个奇怪的理论。"文明的禁忌之一是同类相食。同类相食会引起最大的恐惧或厌恶。在情感上，我们不容易区分人类吃人和动物吃人。"对食人动物的担忧，与对自己成为食人者的担忧交织在一起。"这种担忧引发愤怒和恐惧。我们不应该在文化上傲慢到认为自己与同类相食距离遥远。如果战争或其他灾难引发身心混乱，食人现象很快就会重现。"格雷厄姆认为，鳄鱼靠近湖泊和河流，而且具有真正的威胁，于是不可避免地背负恶毒和堕落的罪名。他并未详细解释原因，但又继续讲道："正是围绕食人问题，鳄鱼的象征意义变得扭曲。被鳄鱼吃掉，意味着永远被邪恶吞噬。一个人丧失了所有永生的希望。灵魂归于撒旦，肉体归于尘土。"

《早晨的眼睑》大部分都是这样的话，言过其实，令人不适。我同意他吃人让恐惧加倍的看法，不过我觉得他对同类相食的论证没有说服力。我自己的观点更简单，也不那么夸张：对被吃的巨大恐惧，主要来自古代对葬礼仪式和逝者转世前景的关注。在几乎所有时代和所有文化中，恭敬体面地处理遗体都是非常重要的。当赫克托在特洛伊城墙外遭遇他丑陋的结局时，这种丑陋并不是什么食肉动物造成的，而是因为阿喀琉斯把他的尸体绑在战车后面拖行。在不同的文化中，人们可以接受土葬、火化、天葬，也可以像科摩多岛那样在尸体上堆满石头，甚至煮了自己吃［就像新几内亚高地的弗雷（Foré）人那样，直到医学研究人员警告他们，食用未煮熟的大脑会传播库鲁病］，但无论如何不能任由尸体被豹子或鬣狗啃噬。人们雇佣殡仪人员为所爱之人的冰冷遗体化妆。为什么？为了尊严和归宿。士兵不仅有责任从战场上救回伤员，还要救回死者，责无旁贷。为什么？给他们自己，给近亲，给倒下的同志以心灵的安宁。阿喀琉斯是在有意识地蔑视这种虔诚，而不仅仅是盲目夸大他与死去对手的战斗。看到朋友或亲戚的尸体被鳄鱼——或狮子、灰熊、老虎——咀嚼和吞食，肯定带有同样的亵渎味道。格雷厄姆的同类相食假说不无道理，但并不能解释为什么吃人的食肉动物比死神的其他代理更可恶。

根据格雷厄姆的说法，鲁道夫湖的图尔卡纳人解决这一令人憎恶的问题的方法是，将鳄鱼的伤害等同于神圣的正义，这有助于在情感上拉开距离。格雷厄姆写道，"他们似乎对袭击的受害者相当无情。事实上，他们并不残忍，也不愤世嫉俗。他们只是想当然地认为受害者是一个邪恶的人——否则为什么鳄鱼会攻击他？"攻击、杀戮，然后是撕咬和吞咽，是神在索取被出卖的灵魂，就像魔鬼对待浮士德那样。"在我们潜意识的幼稚逻辑中，出于私念被邪恶吞噬，就会变成邪恶。"这是对格言"你吃什么就是什么"的反转：什么吃了你，你就是什么。

这种狂热的理论，我们应该相信多少？阿利斯泰尔·格雷厄姆是白人野生动物生物学家，不是图尔卡纳老人，甚至不是人类学家。他只在鲁道夫湖待了一年。在此期间，他忙于杀鳄鱼、剥皮、清洗器官，忙于把自己从船只失事、洪水围困和飞机停飞等事件中解救出来。他对图尔卡纳人精神信仰的描述，耸人听闻，自以为是，还有点模糊不清。他是有计划地访谈过大量知情人，还只是从野外助手或其他图尔卡纳人那听来只鳞片爪？他在书中并没有提及。《早晨的眼睑》中表达的观点和报告的印象是有趣的，但不应被误认为是审慎核对过的事实。

不过，他的鳄鱼数据似乎是可靠的。格雷厄姆和比尔德按计划捕杀了500条鳄鱼。不过最后一次探险时风急浪高，他们在湖上沉了船，弄丢了最后三条。在497条鳄鱼中，278条是雌性，最长的11英尺；202条是雄性，最长的16英尺；其余17条显然没有测量体型，也没有鉴定性别。大鳄鱼和小鳄鱼都主要以鱼为食，并辅以任何能捕获的肉食（从鹳到人）。它们在晚上狩猎，大多在岸边的浅水区。狩猎一定很困难。在格雷厄姆采集的标本中，空腹的比例很高。年轻个体每年大约长15英寸，直到6岁左右性成熟，然后生长速率就减慢了。一条雄性大鳄鱼重达半吨，能活到70岁。一条雌性鳄鱼一生中可以生出一千条幼崽。据格雷厄姆估计，图尔卡纳湖大约有14,000条鳄鱼（不包括那些不足一岁的），可能是非洲当时最大的尼罗鳄种群。但只有5500条是成年个体，这似乎令人费解。

格雷厄姆怀疑鳄鱼种群过于拥挤了。他估计平均每年孵化出14,000只幼崽，但很少能活到成年期。在成年个体中，他发现了发育迟缓的证据。与其他已知的鳄鱼种群相比，这些鳄鱼性成熟初期的体型相对较小，因此成年后体型也较小。尤其是性成熟的雌性体型也不大，因此它们产的蛋就要少一些。然而，格雷厄姆指出，发育迟缓本身是一个相对的概念。这些鳄鱼似乎是古老的种群，长期不受干扰。当地人很少狩猎鳄鱼，除了人类，成年鳄鱼几乎没有天敌。因此，这种规模的鳄鱼种群对湖泊有限的资源（只有这么多食物，只有这么多巢域）来说刚好合适，而体型和繁殖力下降是适应数量上限的调整方式。

但是，无论这种调整方式如何影响尼罗鳄，它对智人并没有什么约束力。在肯尼亚的这个偏远地区，已经可以感觉到，或者至少可以预见到，人类对自然的压力日益增大。最后，阿利斯泰尔·格雷厄姆对自己研究的意义和可能的应用感到闷闷不乐。"我们对鳄鱼的了解，最终只对那些远离鲁道夫湖的人有潜在价值。千里之外的人们感到拥挤，总是需要更多的资源、更多的想法、更多的空间，无休无止。"他听说，可能是从内罗毕传来的消息，政府要把湖的东北岸划为国家公园，他一点也不喜欢这个规划。他蔑视利用法规将荒野封闭起来加以保护的想法，猜测任何此类计划都将意味着将图尔卡纳牧民驱逐到内陆地区。湖边的图尔卡纳人将不可避免地遭遇变故。

> 我们对鳄鱼的知识是增加了，但对当地人有什么帮助呢？人类和食肉动物仍然无法兼容。我们的发现不能改变这一点。对善于学习的人来说，知识可以祛除鳄鱼的邪魅，但是无法改变图尔卡纳人的观点。对他们来说，鳄鱼仍然是湖里充满敌意的邪恶居民。然而，没有图尔卡纳人会试图灭绝鳄鱼。他们不恨它们。只有那些文明的、受过教育的、感到过度拥挤的人才会恨鳄鱼，或爱鳄鱼，或利用鳄鱼，或消灭鳄鱼。

让它们顺其自然地存在，需要约伯式的耐心。

三十年后，格雷厄姆勾勒的困境仍然切中要害，甚至更加严重。他警告说，请记住，"人类有一种文化本能，就是把自己与鳄鱼等野兽分离开来，然后消灭它们。"这个公理引出一系列难题。分离是不是必然意味着消灭？围堵（比如在狭小得不足以维持可存活种群的国家公园里）不就是囚禁的另一种说法吗？另一种做法是把智人从顶级捕食者的危险中脱离出来。让人类离开湖边、河边或森林，让顶级捕食者继续在野外栖息地生活。这有可能吗？如果我们不愿生活在它们中间受苦，我们还能拥有它们吗？最后，在回答这个问题时，我们所说的"我们"究竟是谁？

25

1977 年 4 月 25 日傍晚，在印度东海岸婆罗门河和拜塔拉尼河交汇的三角洲，两条鳄鱼被悄悄投放到一条溪流中。它们都是小家伙，每条长约一米。它们是湾鳄（*Crocodylus porosus*），比其他任何鳄鱼都要大，甚至比尼罗鳄还要大。这两条小鳄鱼都是母的；也许它们会存活下来，长得更大；也许它们最终会找到雄性，然后交配；它们就是这里的希望。湾鳄也生活在微咸水和淡水中，不过通常称为咸水鳄（有时也叫河口鳄）。在婆罗门河—拜塔拉尼河的三角洲，由于几十年来的重度猎杀和红树林砍伐，这种鳄鱼已经几近消失。如今则被重新放归。

第二天，又放了三条鳄鱼。一个半星期后，在同一条河道又释放了十条。这些鳄鱼的投放安排在雨季开始前几个月，以便在水位上升、三角洲一片狼藉之前，年轻的鳄鱼能适应它们的栖息地。

婆罗门河—拜塔拉尼河三角洲是一片迷宫，它由河流的支流、狭窄的河道和浑浊的泥沼汇合、分裂、环绕、回转和交错穿过奥里萨邦（Orissa）滨海地带大面积的洪泛平原和红树林而成。这片迷宫坐落在布巴内斯瓦尔市（Bhubaneswar）东北大约 100 英里处，是印度最大的红树林区之一，可与恒河三角洲的孙德尔本斯（Sundarbars）地区相媲美，后者位于印度东部海岸更靠北的地方。孙德尔本斯三角洲以食人老虎而闻名，而婆罗门河—拜塔拉尼河三角洲没有老虎，在印度以外鲜为人知，但它的生物多样性令人叹为观止。在这些红树林、泥滩、长草的空地和沼泽湿地中，生活有印度岩蟒、眼镜王蛇、丛林猫和渔猫。这里还是印度最大的斑头雁聚集地之一。树梢上无处不在的巢穴吸引了几种大型涉禽，包括成千上万的钳嘴鹳。在东南海滨的沙滩上，成千上万的榄蠵龟上岸产卵。这片水域最大的蜥蜴——印度版的科摩多巨蜥，在红树林的树枝上晒太阳，或在林下穿行。温暖、潮湿、混乱的婆罗门河—拜塔拉尼河三角洲，还是大型水生爬行动物的好去处。就在几十年前，这里还生活着数量众多的咸水鳄。

在印度中北部地势平坦的高地上，水通常从源头流向东南，最终注入孟加拉湾。但在三角洲内，水向四面八方流动，蜿蜒向北、向南，甚至在最后流入大海之前还会向西流。 小的河道没有名字，不过大的支流在地图上都有标记。但只要出现分叉或急转，河流就会换一个名字。这实在令人费解，很难想象城市大道在每个主要的十字路口都换个名称。除了婆罗门河和拜塔拉尼河，还有达姆拉河（Dhamra）、汉辛纳河（Hansina）、迈普拉河（Maipura），以及靠近三角洲中心的比塔卡尼卡河（Bhitarkanika）和其他几条河。

三角洲的边缘是人类定居点，由壮观而绝望的堤坝网络保护着，让人们免受汹涌的河水和潮水侵袭。堤坝主线是一堵五英尺高的人工堆积黏土墙，也就是盐渍土堤。人们坚定地宣称，这里是海洋的尽头，陆地的起点。但是，海洋和河流的高水位涌动与潮汐的碰撞，并不总是尊重这道分界线。由于河水泛滥和泥沙淤积，堤岸后面的土地上覆盖着肥沃的土壤。只要不让海水进入，就可以在稻田里种植水稻。这是一片充满机遇、危险和变化的脆弱区域。

大英帝国晚期，根据柴明达尔制（Zamindar system），这片土地大部分归卡尼卡（Kanika）土邦的王公所有。印度这种地主制度是新兴的封建制度，外居地主向英国人支付特许经营费，换取向无地农民榨取租金的特权。1947 年，印度独立和分治时期，一波孟加拉移民从边境地区来到奥里萨邦东北部。这里是印度西孟加拉邦和东巴基斯坦的接壤处，动荡不安。柴明达尔制度很快就被废除了，但卡尼卡王公此前已将约 1 万公顷林地租给了当地的奥里延人（Oriyans，奥里萨邦的土著）和孟加拉定居者。勤劳的佃农清理红树林，改良堤坝，开垦更多的稻田，建造更多的鱼塘和村庄。剩下的林地归奥里萨邦政府经营管理。1971年孟加拉战争（在印度帮助下，东巴基斯坦从伊斯兰堡获得独立）爆发之后，又有一波孟加拉难民来到这里。部分难民获得土地，另一部分干脆擅自占用。最终，三角洲周边发展出一百个村庄，人口总数接近四十万。但在比塔卡尼卡河环绕的中心地区，仍是一片泥泞的红树林荒野，土地肥沃，物种繁多。这块尚未被人类和水稻驯服的土地，被称为比塔卡尼卡森林区。1975年，政府颁布法令，将未开垦的核心地带及其周围一部分半定居的区域划为比塔卡尼卡野生动物保护区。创建该保护区，是为了重建并保护咸水鳄在印度次大陆最后的优质栖息地之一。

咸水鳄不仅体型最大、最为凶猛，也是鳄鱼中分布最广的。它们的踪迹从西太平洋一直延伸到印度洋，一度囊括印度大部分沿海地区。向东数千英里，它们还在澳大利亚北部、新几内亚和菲律宾的河口和河流中繁衍生息。它们能在开阔的海域上扩散，甚至出现在偏远的帕劳群岛，向东远至所罗门群岛和瓦努阿图。整个印度尼西亚和东南亚各地都有它们的踪影。就连位于孟加拉湾、距离马来西亚大约400英里的安达曼群岛和尼科巴群岛，也有它们的栖息地。缅甸、孙德尔本斯、印度次大陆东海岸、斯里兰卡，以及印度南端马拉巴尔海岸附近，都曾经发现过咸水鳄。简而言之，咸水鳄是一种数量丰富、分布广泛的热带爬行动物，繁衍得非常成功。咸水鳄的祖先可以追溯到八千万年前，外形跟现在没什么两样。在整个印度—太平洋地区，它们对人类祖先明确自己与自然的关系发挥了重要作用。然后，在数百万年的辉煌后，咸水鳄走向了衰退。

咸水鳄很难应对现代人类带来的掠夺和竞争压力。出于本能和生存需要，它沿着河岸筑巢，但河岸也是人类选择定居的地方。同样不幸的是，咸水鳄腹部的皮肤光滑美观，可以鞣制成优质的皮革。狩猎重创了咸水鳄种群，尤其是使用步枪、摩托艇和电池供电的射灯进行的新式夜间狩猎。第二次世界大战后，咸水鳄不仅是本地饮食和神话的来源，也成了国际市场上的商品。随着人类贸易的发展，河口变成港口，人类定居点沿着河流四处扩张，咸水鳄的分布区亦逐渐缩小，繁殖进一步受到阻碍。红树林被砍伐和清除，底下的淤泥被用来筑堤或"开垦"成田地种植水稻。1939 年时，还有一位锡兰①的爬虫学家写道，咸水鳄"在孟加拉湾沿岸数量繁多"。但形势很快就变了。到 20 世纪 70 年代初，咸水鳄在南印度海岸灭绝了。在孙德尔本斯只能找到少数个体，在婆罗门河—拜塔拉尼河三角洲的比塔卡尼卡地区有一个小种群存留了下来。

然后不久，到 1972 年，印度颁布《野生动物保护法》，禁止鳄鱼狩猎，也禁止出口鳄鱼皮。湾鳄和两种较小的印度本土鳄鱼沼泽鳄（*Crocodylus palustris*）和恒河鳄（*Gavialis gangeticus*），被列入法案的名录一（最受威胁的物种），得到全面保护。但是《野生动物保护法》需要各邦批准，再落实到具体执行措施，大概需要几年的时间。考虑到咸水鳄数量稀少，栖息地持续丧失，即便实施良好的保护措施可能也是不够的。野生动物官员认识到，不管其他地方，只要保护好比塔卡尼卡，这个物种就有机会恢复。

26

鳄鱼专家 H. 罗伯特·布斯塔德（H. Robert Bustard）曾在澳大

---

① 斯里兰卡的旧称之一。

利亚和巴布亚新几内亚（新几内亚岛的东半部，直到 1975 年都是澳大利亚的领土）工作，调查鳄鱼野生种群并提出管理建议。巴布亚新几内亚的弗里河和塞皮克河是咸水鳄栖息地中最为荒凉的两条河流，布斯塔德发现河流沿岸很多地方的鳄鱼都灭绝了。先是外国猎人，后来是配备着外国鳄鱼皮收购商提供的手电筒和枪的巴布亚当地猎人，二十年的商业狩猎几乎猎取了大部分大鳄鱼和许多中小鳄鱼。更早些时候，土著居民也捕杀鳄鱼，但效率不高，数量也不多。传统方法是用鱼叉刺杀。他们还用渔网和鱼钩捕捉鳄鱼，就像捕鱼一样。特别是在塞皮克河沿岸，常用鱼钩捕鳄鱼。对付年老谨慎的鳄鱼，鱼钩有时是唯一有效的方法。布斯塔德亲自沿着塞皮克河河岸搜寻了八个晚上，只看到六条鳄鱼。他得出结论，在新式射击和旧式钩钓的作用下，具有繁殖能力的大鳄鱼正被赶尽杀绝。

鳄鱼生长缓慢，即便在最适宜的栖息地中也是如此。雌性咸水鳄大约在 12 岁、体长 7 英尺时达到性成熟；而雄性大约 16 岁、体长 11 英尺时达到性成熟。新几内亚的危机在于，主要河流中的咸水鳄种群面临失去所有性成熟个体、从而丧失种群繁殖能力的局面。在某些区域，这种情况可能已经出现了。因此，布斯塔德建议，首先要对合法猎杀的鳄鱼设定体型上限，以保护繁殖个体，无论它们在哪里幸存下来。除此之外，自治领政府还应启动增殖放流。他建议从野外收集鳄鱼蛋，孵化出幼崽并在圈养条件下饲养一年；度过自然死亡率很高的脆弱生命阶段后，把它们重新放回河里。先"种植"孵化的鳄鱼幼崽，最终收获野生大鳄鱼。

1969 年，布斯塔德发表论文《鳄鱼的未来》（A Future for Coreo-diles）。他在文中解释道，他提议的目标并不仅是帮助新几内亚的鳄鱼恢复种群、继续生存，这只是一个短期问题。从长期来看，同样重要的是做好环境安排,让当地人也希望鳄鱼活下去。"鳄鱼不易引起公众的同情。经济价值就是保护它们的最佳理由。"言简意赅。

根据未鞣制皮革的出口情况计算,当时鳄鱼的经济价值达每年47万英镑。布斯塔德认为,通过改善管理和经营,年收益可以超过235万英镑。他提出四种改善的方法:提高鳄鱼皮的总收获量;提高单张鳄鱼皮的平均尺寸,因为大皮张比小皮张更有价值;改善剥皮和鞣制技术,提高皮张质量;在新几内亚建制革厂,提高出口附加值。教人们灵巧地剥皮,并鞣制好皮张。鼓励猎人和制革人与收购商密切接触,了解市场的实际情况。限制可猎取鳄鱼的体型范围,以便年轻鳄鱼有时间长到最佳尺寸。通过土地所有权、专属收获权等方式,授予当地人对生活在他们水道中的鳄鱼专有使用权。布斯塔德认识到,如果对公共河道上的鳄鱼狩猎不加监管,就会形成另一种常见的困境,即生态学家加勒特·哈丁(Garrett Hardin)提出的"公地悲剧":没有人拥有的资源会被每个人过度使用和滥用。"很明显,"布斯塔德写道,"如果任何人都能来射杀鳄鱼,就没人有动力在当地的河流沼泽区建立鳄鱼种群。"从某种意义上来说,最好让当地人行使所有权,拥有对当地鳄鱼的专属捕捞权,同时接受监管。

布斯塔德还建议自治领政府在塞皮克河和弗里河分别建立两个鳄鱼孵化场示范点,培训巴布亚人在自己的村庄进行类似的活动。当地收集者从野外拾捡鳄鱼蛋,供应给孵化场,报酬是每枚一先令。每条鳄鱼幼崽养到一岁后被放归野外,当地人就能再得到九先令。

简而言之,布斯塔德想要通过管理鳄鱼种群获得可持续的增长,并让生活在鳄鱼栖息地中的居民获得较大的收益。这样安排有两个极好的理由。首先,这将阻止偷猎、过度捕捞和灭绝所有鳄鱼的倾向。其次,在自己的水域冒着被鳄鱼袭击的风险为社会和自治领经济服务,人们理应得到回报，这样才公平。

布斯塔德补充说，这些建议"可以应用到全球曾经拥有大量鳄鱼但目前已严重减少的许多地区"。在印度，肯定有人注意到了他的建议。

1974年，在联合国粮农组织的支持下，布斯塔德被邀请到新德里。他的访问原本为期六周，为印度政府提供咨询，并协助新德里动物园建立鳄鱼养殖场，旨在饲养鳄鱼以最终收获皮张。如果养殖场取得成功，再到印度其他地方开发类似项目。然而，布斯塔德到达印度后发现，"事关印度三种鳄鱼的保护以及一个产业的发展，问题更为严重"。恒河鳄是一种长吻鳄，生活在喜马拉雅山区的凉爽河流中，以鱼类为食，但由于栖息地丧失、猎取鳄鱼皮以及使用尼龙刺网捕鱼（这往往使鳄鱼成为意外的受害者）而濒临灭绝。咸水鳄和泽鳄的情况虽然没那么严重，但同样受到了伤害。布斯塔德又像在新几内亚时那样，做了一次大规模的实地调查。他走访了印度十个邦，评估三种鳄鱼在不同地区的种群状况，并提出保护和商业建议。他的报告对经济前景持乐观态度，也完全不认为当地人的反应会是问题。他声称："印度村民不害怕鳄鱼，也不会为了杀戮而杀戮。鳄鱼和当地人共存的冲突很少。村民们不攻击鳄鱼，鳄鱼也很少骚扰村民。"也许当时在他所到之处情况确乎如此。但显然，布斯塔德低估了罕见而严重的挑衅性例外情况的重要性。布斯塔德声称："众所周知，人类并不是鳄鱼喜欢的捕食对象，不过偶尔会遭到攻击。除了反常的'食人'鳄鱼，鳄鱼吃人大多是误捕的结果。"只有不停坐飞机赶场的顾问才会写出这样的声明。误捕？这是一个荒谬的术语，尤其是用来描述饮食倾向如此多变的动物。布斯塔德没有认识到，对于受害者及其家人来说，被误食和被故意吃掉，同样不可接受。

他对印度鳄鱼养殖潜在经济价值的美好愿景，掩盖了真正的危险和恐惧。他认为，鳄鱼原产热带和亚热带地区，因此热带国家在鳄鱼商业养殖方面有得天独厚的优势。时尚产业对鳄鱼皮需求旺盛，价格似乎还会继续上涨。他报告说，咸水鳄腹部皮的价格是39卢比（约5美元）/英寸。因此，一张小小的皮就价值5000卢比。这在1974年可是一大笔钱。布斯塔德假设二十年后印度年产50万张鳄鱼皮，价值2.6亿卢比。如果在国内继续完成高档皮革产品的生产和出口，年均经济产值可达6亿卢比。

从哪里开始呢？布斯塔德认为比塔卡尼卡特别有希望，6月初他曾在那里调查了一周。他写道："该地区是咸水鳄的优质栖息地，以前这里鳄鱼非常多。"在土邦王公时代，比塔卡尼卡的鳄鱼作为战利品遭到狩猎。后来，从西方来到三角洲的穆斯林猎人用鱼叉捕杀鳄鱼。夜间借助灯光使用鱼叉捕杀，使大鳄鱼的数量大大减少，但并未灭绝。布斯塔德认为，如果得到保护和合理的管理，鳄鱼将会恢复。

增加野生种群的数量是必要的，但还不够。保护栖息地不受进一步侵蚀也很重要。还有第三个因素：人类的态度。布斯塔德写道："为保持与当地居民的合作，鳄鱼管理方案应该给居民带来真正的物质利益，这对项目来说至关重要。将保护区的保护与村级商业鳄鱼养殖关联，就有可能实现这一点。"在新几内亚如此，在印度也是如此。尽管鳄鱼既危险又麻烦重重，但如果能赚钱的话，还是可以容忍的。他认为，仅在比塔卡尼卡地区，鳄鱼养殖加上野生鳄鱼的可持续猎取，最终每年可以产出两万张皮。

一年后，为了响应布斯塔德的建议，奥里萨邦政府建立比塔卡尼卡野生动物保护区来拯救湾鳄。保护区内禁止捕鱼，保护鳄鱼不被渔网缠住淹死，也防止偷猎者假装渔民进入。禁止砍伐红树林。政府在保护区内建立咸水鳄鱼研究和保护中心。罗伯特·布斯塔德本人成为印度及其他地方鳄鱼保护工作的首席技术顾问。

在项目的最初几年里，林业部研究人员苏达卡尔·加（Sudhakar Kar）与布斯塔德密切合作（一直持续到布斯塔德离开后很长一段时间）。他们首先对保护区进行了更彻底的调查。调查过程中，他们只发现了29条成年鳄鱼、6条亚成年鳄鱼和61条幼年鳄鱼。成年鳄鱼的数量已经够少了，但亚成年鳄鱼的极度缺乏更令人担忧。这可能是因为在到达亚成年阶段之前，两三岁的鳄鱼大量死于渔网捕鱼。因此，保护这些珍贵的小鳄鱼，就是繁殖种群的希望。要让它们长得足够大，能够参与繁殖，还要放养更多圈养的幼鳄到野外。1977年4月25日，两只小鳄鱼被放养。随后不久，13只小鳄鱼也从加和布斯塔德的"托儿所"毕业。

实际上，它们只是被送出了后门。在放流鳄鱼的河道附近，有一个叫丹玛尔（Dangmal）的村庄。

27

自1977年以来，除了鳄鱼多了，丹玛尔似乎没什么变化。整洁的泥筑房子有手工打造的圆角和茅草屋顶，屋前就是中央大道的土路。硕大的藤蔓叶缠绕在屋顶上，像一串串圣诞灯，在棕色的茅草屋顶上泛着绿色。村里用手摇水泵抽水。在竹子和棕榈做的尖桩篱笆上，晾着刚洗过的纱丽，随风拍打着篱笆。一些房子旁边有方形的小池塘，岸边都是泥巴，看起来像是人工挖掘的，大概用来养鱼。远处是稻田，一直向低低的地平线延伸，直到与盐渍堤坝相接。我到达丹玛尔时是11月下旬，季风已经结束，水稻正在收割。

我和比瓦什·潘达维（Bivash Pandav）从布巴内斯瓦尔（Bhubaneswar）开车过来。比瓦什是印度野生动物研究所的博士研究生，到这一带研究海龟。小伙子二十来岁，活泼敏锐，来自奥里延邦的中产阶级家庭。为了这次野外考察，他穿着时髦的牛仔裤、威基基 T 恤和澳大利亚丛林帽，看上去就像年轻的杰西·杰克逊（Jesse Jackson）衣着整齐地去威斯康星州钓鲈鱼。他自己的野外工作还有几天才开始，正好有空给我介绍生态系统。我们在比塔卡尼卡国家公园（最近刚从保护区升级）西侧的林业部办公室办理手续，然后搭上一艘林业部的巡逻艇前往红树林。这是一艘大型河流摩托艇，命名为保拉（Baula），正是奥里延语里"咸水鳄"之意。

我们先沿褐色的拜塔拉尼河顺流而下，再沿达姆拉河逆流而上。道路、卡车、汽车、自行车和牛车的世界，人口聚集的印度及其陆地交通方式的世界，消失在身后。我们正在进入的世界，全是水、泥和红树林。汽艇在不宽的河道里蜿蜒穿行，我和比瓦什坐在上层甲板王座般的位置上，望着河岸上的苍鹭和白鹭。翠鸟空中飞人般从一根树枝跳到另一根树枝，一群红领绿鹦鹉从头顶喧闹而过。我们讨论比塔卡尼卡的鳄鱼管理问题，以及印度仍然没有合法鳄鱼捕捞这一事实。比瓦什认为，这种顽固的错误思想令人抓狂。不允许打猎，也没有鳄鱼养殖，尽管二十多年前罗伯特·布斯塔德就提过紧急建议。但现在，任何皮或肉都不能用于商业用途，既不能出口，也不能在国内销售或在当地使用。在比塔卡尼卡不行，在其他任何地方都不行。比瓦什认为应该可以商业利用了。鳄鱼种群已经恢复，重引入计划运作良好，现在栖息地已经满了。鳄鱼正成为自身成功的受害者。当地人开始讨厌它们。政府仍然禁止捕获。比瓦什尖锐地指出，在这个印度教国家里每天都宰杀成千上万的鸡和山羊，人们为什么不愿同意杀死一些大型爬行动物呢？

比瓦什本人是狂热的保护主义者，但他是以种群生物学家的冷静和清醒来看待鳄鱼保护的。而且，他也了解栖息地重叠区域的实际情况。在那些区域，危险而奇妙的动物与贫穷的村民比邻而居。"我告诉你，"他说，"如果你的父亲被鳄鱼杀死了，你的母亲被杀了，你的弟弟也被杀了，再多的自然教育也无济于事。"

　　下午晚些时候，汽艇把我们放到一个木制码头上。码头是为丹玛尔的森林旅馆服务的。这里曾经是布斯塔德、苏达卡尔·加和他们的同事孵化和饲养鳄鱼的地方。一条棕榈成行的小路通向旅馆，旅馆后面还有一条路通向饲养场。再往前，就是村子了。

　　到达丹玛尔的第一个晚上，我散了一会儿步，天就黑了。我沿着饲养场又长又浅的池塘边的围栏漫步，发现两个令人困惑的事物。第一个是池塘里的一条小鳄鱼。它被遗弃了，看起来很孤独——尽管它被爬行动物特有的耐心暂时稳住了。它似乎在等待布斯塔德的归来，就像等待戈多一样。除了这只动物，这个地方空无一人。另一个令人困惑的，是一块油漆的计数板，标题写着"将鳄鱼放归自然"，下面是逐年的数目列表。

　　根据这一记录，1977 年放归了 15 条鳄鱼。这与加和布斯塔德发表在《孟买博物学会期刊》上的数字相吻合。这其中包括我前面提到的两位先锋，当年 4 月 25 日它们被放到丹玛尔的小溪里。尽管有一些小波折，该计划还是强劲扩张。1986 年达到了 300 条的峰值。从那以后，放归数量不断下降。1989 年只有 4 条。究竟发生了什么？然后 90 年代初期又有所回升。重引入项目似乎以一次大规模的间歇性爆发告终：1995 年释放了 190 条鳄鱼。然后戛然而止。项目结束了，还只是计数板不再记录？这些模糊的数据让我着迷，我知道它们反映了一段保护政策和爬行动物饲养的复杂历史，于是完整抄录到我的笔记本上：

1977－15	1988－77
1978－80	1989－4
1980－30	1990－10
1982－75	1991－100
1983－50	1992－100
1984－100	1993－120
1985－200	1994－80
1986－300	1995－190
1987－123	

虽然放归鳄鱼的数量并不是很多，但考虑到这种一米长的小鳄鱼存活下来的概率，已经足够将鳄鱼数量恢复到与现有栖息地相当的水平了。根据苏达卡尔·加后来的一份报告，到 1995 年，野外有 660 条鳄鱼，其中大部分是亚成年和成年个体。

另外，计数板上列出的数字大多数是可疑的整数，因此它们一定是近似值。为什么计数员要估算？如果能够精确记录第一年的数量（4月 25 日 2 条鳄鱼，4 月 26 日 3 条，等等），为什么后面的年份里四舍五入到十位或百位的整数呢？1987 和 1988 年又有什么特殊之处，再次出现不同往年的精确记录？是人员变动吗？在那些年里，是否有一位看守鳄鱼的人，对他保护的每一只动物都关心备至？如果是这样，在 1989 和 1990 年这两个灾难般的年份里，他和鳄鱼的命运又怎样呢？记数板无法解释，除了围栏里的小鳄鱼，我周围无人可问。

在丹玛尔的三天里，其余的信息来自于我不断的听和看。天黑后，

众神的怪兽：在历史和思想丛林里的食人动物

我和比瓦什乘坐一艘小船，在河道里用聚光灯照到大约一百只鳄鱼。它们大多数是幼体，不到 3 英尺长，但有 12 只是相当大的亚成体或成体。这些动物不显眼地漂浮着，保持着对危险或食物的警惕。在平滑的水面上，只能看见它们眼睛和鼻孔的凹窝。在黑暗中，它们的眼睛就像橙色的小点，反射着我们的光束。大鳄鱼似乎正在夜间捕猎，在河岸不远处游弋，面部埋在水里。只要粗心大意的白斑鹿或猪到水边喝水，就会成为它的一顿美餐。粗心的苍鹭也可能被抓，尽管苍鹭大部分是羽毛、腿和喙，但还是很松脆，容易消化。要是鲁莽的人类偷偷进来撒网捕鱼，可能看起来也像一头猎物。

白天，我们探索到更远的地方，发现许多大鳄鱼在朝东的泥岸上晒太阳，获取晨光的温暖。其中一条大个子鳄鱼有 16 或 17 英尺长。当我们的船驶近时，它就滑下泥浆，潜入水下。这样一种身披铠甲、沉重而巨大的动物，竟然如此灵活而谨慎，简直不可思议。半小时后，比瓦什特意带我来到一段河流，让我有机会看见更大的鳄鱼，一条臭名昭著的庞然大物。那是一条真正的大公鳄鱼，让我印象深刻。我们进入这段河流，满怀期待地扫视河岸和河流。"大家伙！"比瓦什指点着说。然后我也看到了，一条 20 英尺长的鳄鱼像驳船一样轻轻漂浮着。这家伙的脑袋和海狸一样大，尾巴露出水面，像是一排鲨鱼翅。它的腿在水下轻松地划水，在水流中转弯，顺着涡流绕圈游动。"它"无疑是"他"，只有雄性咸水鳄才能长这么大。比瓦什告诉我，他有一个名字。当地人叫他 Mahisasur，意思是"大恶魔"。

我们敬而远之地把船停下，欣赏这只野兽。比瓦什建议我们不要再靠近了，否则只会打扰他，他已经被打扰得太多了。"好主意！"我回应道。

回到营地后，比瓦什帮我说服了几名林业部门的工作人员，让他们讲讲自己遭遇的鳄鱼事故。这些故事反映出令人不安的事实：当季风降雨抬高河水水位时，鱼类和其他动物会从堤坝中溢出，几个星期后鳄鱼就能出现在任何地方。纳塔（Nata）是一位小个子男人，穿着一件系带的 T 恤，裹着多蒂腰布（dhoti）。他通过比瓦什的翻译告诉我，1995 年的一天，他到我们所住的旅馆后面的池塘边舀水，一条 7 英尺长的鳄鱼突然冒出来咬住他的胳膊。纳塔往外拉胳膊，这时鳄鱼松开了嘴，他向后倒去，受了伤，不过还活着。他给我看了前臂上的伤疤。缝了 22 针，一个月后愈合，但他的手还是有问题。几天后，这条鳄鱼又袭击了一位农村女孩，被人抓住，后来放到了河里。

"在这里它们没有杀死'问题动物'的概念。"比瓦什解释道。"它们"指的是林业部门，负责野生动物保护和控制的机构。从池塘里窜出来咬人手臂的鳄鱼被视为普通的鳄鱼，只需要转移到其他地方。

纳塔担心他的孩子吗？不是特别担心。他说，如果有人偷偷进入红树林捕鱼，那他可能会受到攻击。但是，如果人们只走正确的小路，待在他们的房子里，待在他们的村子里，他将是安全的。我没有追问这和在他后院发生的冲突是否矛盾，只是塞给纳塔五十卢比，热情地表示感谢。

卡加（Khaga）是一位中年人，光着脚，穿着短裤，面带恳求的微笑。他现在是一名船夫。在罗伯特·布斯塔德的时代，他是鳄鱼项目的劳工，为林业部工作。卡加的工作是到野外寻找鳄鱼的巢穴。第一年，他们只找到两个。根据卡加的回忆（堪称传奇般精确的长期记忆），其中一个巢穴有 48 枚蛋，在养殖场里孵化出了 26 条小鳄鱼。这些孵化出来的小鳄鱼，加上另一个巢穴的蛋孵出来的十几条，就是这个项目的创始种群。卡加告诉我，布斯塔德的想法是在这里发展孵化场，然后帮助人们在村子里养殖鳄鱼。但事实上，从来没有过养殖。

"为什么不呢？"卡加回答道："政府没有做出任何决议，所以就没有发生。"他的回答构成了严肃明确的否定答案。卡加自己在收集鳄鱼蛋时被雌性鳄鱼追赶过，这很正常，但他从来没有被无缘无故地攻击过，也从来没有被咬过。他断言，那些受伤的人肯定是莽撞地闯入了鳄鱼的栖息地。鳄鱼生活在河里，保护着森林。因为它们的存在，村民们不敢偷偷越过法定边界去偷猎鱼、兽或砍伐木材。听上去，卡加对湾鳄的态度是温和的。他像对待自己的孩子一样照顾鳄鱼，抚养它们，尊敬地对待它们，把它们放归野外。他怎么会恨它们呢？他唯一感到难过的是，这个项目没有给像他一样帮助鳄鱼的人任何回报。如今，他只是一名贫穷的工人，饱受通货膨胀之苦，连一公斤洋葱都买不起。比瓦什早些时候跟我提过当前的洋葱危机，供应少，价格高，而洋葱是奥里延穷人的主食，需求量很大。我用一百卢比向卡加表示同情，这足够买两公斤洋葱了。

然后，比瓦什和我沿着通往丹玛尔的步道向前走，前往卡玛·萨希村（Khamar Sahi）。这是一个炎热干燥的下午，非常适合收割水稻。我们看到半裸的男人和身穿明亮纱丽的女人挥舞着镰刀，把一抱一抱的稻秆放倒在一边，准备捆成捆。其他人去稻田里搬运捆包，每个人两大捆，扁担两端各挑一捆。脱粒后的稻谷铺在草席上晾干，年老体弱的男男女女光着脚搅动稻谷，尽自己的职责。牛粪是宝贵的资源，像玉米饼一样摊在太阳下烘烤。比瓦什告诉我，这些人大多是零工。印度的传统地主体系柴明达尔制已经崩溃了，但是外居地主仍然控制着稻田。独立 50 年后，从州府开车过来只需要半天，但丹玛尔村仍然没有通电。

再往前，我们溜达到卡玛·萨希村。在村里看到白人是一件不寻常的事。孩子们目瞪口呆地盯着我，甚至没有像在人迹罕至的第三世界旅游路线上的游客所常见的大声欢呼和问候。我没见过多少如此偏远、如此幸运地与世隔绝的村庄，村里学得很快的孩子都没能学会跟陌生人搭话的两个英语单词："你好，先生！"但这里就是如此。比瓦什大胆推测，我可能是自布斯塔德后第一个闯入这里的白脸外来人。

我们在用作社区中心和编织车间的小房子里跟二十个人会面。天花板上挂着轻便的篮子，用当地一种叫"纳里亚（nalia）"的结实的草编织而成。有一个篮子上精心编织有鳄鱼的图案，可能是一时兴起，或者是某种图腾。这群亲戚朋友们应我们的要求，聚到一起向我大谈特谈鳄鱼的劫掠行径。我听说了阿南塔·耶拿（Ananta Jena）的故事。他26岁，是两个孩子的父亲。他去森林里砍纳里亚，过河时遭到袭击，鳄鱼咬住他的腰，把他拖了下去。因此，他的兄弟们也无法找全他的尸体。我听说了16岁女孩吉贡·内萨（Jeigun Nesa）的故事，她被一条9英尺长的鳄鱼咬死。这条鳄鱼随着雨季的雨水潜伏到她家的池塘里。一天晚上，她出去洗澡，鳄鱼咬住她的手，淹死了她。吉贡·内萨还没结婚，但已经有婚约了。那条鳄鱼甚至现在还待在池塘里，最近袭击了一头低头喝水的小公牛。小公牛挣扎着逃脱了，但脸上需要缝一百针。我听说了卡蒂克·曼达尔（Kartik Mandal）的故事。他32岁，已婚，有一个儿子。他和兄弟们还有几个朋友去森林河道里捕鱼。他的弟弟撒了网，却拉不上来，就让卡蒂克去解网。卡蒂克俯下身，发出一声轻微的尖叫，然后就消失了。他们以为他在潜水解网，但他没有上来。最后，一条非常大的鳄鱼浮出水面，嘴里咬着卡蒂克的身体。有人告诉我，鳄鱼的嘴太大了，除了卡蒂克还放得下其他人。这句话让我心中一震，似乎隐喻了每个人都没说出口的问题：还有谁？下一个是谁？

跟其他遇害者一样，卡蒂克·曼达尔的尸体也没有找回来。林业部没有采取惩罚行动。没有游猎的猎人带着强力步枪到村子里寻找鳄鱼，也没有勇敢的大型猎物向导帮着从鳄鱼的肚子里取出受害者的遗骸。卡蒂克·曼达尔、吉贡·内萨、阿南塔·耶拿，他们跟埃塞俄比亚巴罗河畔的无名妇女和儿童一样，成了西方杂志和书籍中威廉·奥尔森故事里被忽视的注脚。

　　讲述卡蒂克·曼达尔之死的，是一位身材高挑瘦长的愤怒男子，穿着蓝色衬衫和蓝色纱笼。他是和卡蒂克一起捕鱼的同伴，目睹了事件经过。他拒绝和我们一起坐在地板上，而是站在门边，不停打断其他目击者的发言。他言辞激烈，脸上带着阴郁的微笑，摆出愤世嫉俗的姿态，挥舞着手臂比划这条或那条鳄鱼的长度和腰围。他的头发灰白光滑，梳向脑后。其他男人表情平淡，当他说话时他们就保持沉默。我看不出这位男子是社区领袖，还是声名狼藉的大嘴巴，但他很有说服力，很有主见，而且很投入。吉贡·内萨是他的侄女。卡蒂克是他的朋友。他告诉我们，阿南塔·耶拿的遗孀和两个没有父亲的孩子还住在这里。政府应该做点什么。他说，应该竖起一道栅栏，应该以某种方式阻止鳄鱼入侵他们的稻田和池塘。当我问到鳄鱼养殖时，其他人都紧张地咧嘴笑着，对这种想法不置一词。故意把鳄鱼放进池塘？算了吧。纱笼男子再次把话题转回到他早先的抱怨上。鳄鱼养殖？养殖可能没问题，养殖很好。是的，他们当然会考虑鳄鱼养殖。但首先政府必须控制这些野生动物，阻止它们出现在河里和溜到鱼塘里。政府必须做点什么。必须帮助人们减轻这种可怕的负担。我听着暴躁的奥里延语来回讲述，琢磨着他们的面孔和声调，等着比瓦什给我翻译。今天，编织车间里有一种情绪上的复杂化学反应，人们把委屈和挫败发泄给一位非常感兴趣的美国访客，但他们肯定知道，我无法解决这一问题。对这个社区来说，鳄鱼问题是某种集体精神脓疮。我戳过它，轻柔地检验它，但我没能将它排干。

后来，我们被带到阿南塔·耶拿的家，把给他妻子和孩子的一百卢比交给他的兄弟。从我钱包里拿一百卢比根本不算什么，只是零钱，油纸的碎片；这笔钱是比瓦什所建议的：适度，不要太大，免得令人尴尬，能够表达一位过路熟人的尊敬和同情就好了。这位兄弟走进屋内，把我微不足道的捐赠送过去。一位害羞的十来岁少女出来向尸鬼般的陌生白人鞠躬，双手合十致谢。寡妇在屋内没有出来，但阿南塔·耶拿年迈的母亲出来向我致意，在悲伤中哭泣和哀嚎。这种悲伤要么没有随着时间的流逝而减弱——阿南塔死去十二年了——要么又重新出现了。比瓦什说，她哭诉的是：谁能把我的儿子还给我？

黄昏时分，比瓦什和我再次乘船进入河道。我们统计到87条鳄鱼，再次证明了重引入项目的成功。它的失败则更难衡量。

28

另一方面，在澳大利亚，人们用务实的态度对待湾鳄。达尔文市是北领地的首府，也是喧闹的鳄鱼旅游产业的首府，安静而可观的鳄鱼制品的贸易纽带。举凡鳄鱼皮、鳄鱼肉、鳄鱼器官纪念品、鳄鱼小报新闻、鳄鱼博物纪录片以及——如果你坚持算上《鳄鱼邓迪》（*Crocodile Dundee*）系列的话——用鳄鱼牛仔神话包装的悉尼演员表演的粗制滥造的鳄鱼冒险电影，应有尽有。可是悉尼根本就没有咸水鳄。湾鳄在北领地有很多，西澳大利亚和昆士兰州也有不少。

澳大利亚北部还有一个特有物种澳洲淡水鳄（*Crocodylus johnstoni*），又称约翰斯顿鳄，或者通常直接称为淡水鳄。在轻快的澳大利亚俚语中（语言风格距离南部大城市越远越活泼），不可避免地将这两种本土鳄鱼称为"咸鳄（saltie）"和"淡鳄（freshie）"。淡鳄体型较小，没有攻击性，长着扫帚状的鼻子，几乎像是恒河鳄。它生活在流向北海岸的内陆河流上游，以鱼、青蛙、甲壳类动物（甚至昆虫和蜘蛛）为食。吻部细长，很好地适应了挑拣小物件的饮食习惯，其功能更像钳子，而不是咸水鳄的血盆大嘴。淡水鳄不会咬住公牛的脸，也不会对人类构成任何严重威胁。它们一般避开河流的下游，那里是咸鳄的地盘。虽然六七英尺长的淡鳄也是一种强壮的动物，武装着锋利的牙齿，不过与咸水鳄相比，它是温顺的乡下亲戚。

这两种鳄鱼都因为它们的皮而遭到猎杀。不过淡鳄的价格通常不高，因为它们腹部皮肤上有小骨板（科学家称之为膜质骨板，皮革贸易中称为"纽扣"）。鞣制鳄鱼皮时，骨板会呈现出不同的色斑，摸上去有粗糙的不规则感。咸鳄体型巨大，性情凶猛，背部表面多节，但在商业上备受欢迎；主要是因为它的腹部皮肤柔软光滑，颜色均匀呈乳脂状，有许多柔软的鳞片，并且没有骨板。

抵达澳大利亚北部的早期白人探险家未能区分这两个物种，他们经常将这些牙齿巨大的爬行动物称为短吻鳄（alligator）。这种混淆仍然反映在三条河的名称中：东短吻鳄河、南短吻鳄河和西短吻鳄河。那里是北领地最好的鳄鱼栖息地。1839年，英国"小猎犬"号沿北海岸勘测航行，中尉J.L.斯托克斯（J. L. Stokes）发现"短吻鳄"数量繁多，还记录下一名水手侥幸脱险的经历。一天晚上，从水里出来寻找食物的"怪物"发现水手睡在吊床里（他非常不明智地把吊床挂在水边），于是向它的猎物猛扑过去。水手被吓醒过来，敏捷地逃出毯子。那头笨拙的畜生无疑被失手激怒，咬着毯子耀武扬威地离开了。后来水手杀死那条鳄鱼时，在它肚子里发现了一块毯子，还有他"心爱的西班牙猎犬的脚掌"。猎犬应该是在码头游泳时被鳄鱼抓走的。

J.L. 斯托克斯青史留名，不仅是因为他对澳大利亚的探险记录，还因为在"小猎犬"号绘制南美洲海岸地图的航行中，他与查尔斯·达尔文共用舱房。斯托克斯当时只是一名助理测量员，而达尔文是年轻绅士兼博物学家，受邀与船长共进晚餐的显贵阶层。达尔文是平等主义者，愿意和任何人交往；哪怕空间狭小，他也和同舱房的伙伴相处得很好。几年后，斯托克斯在澳大利亚西北角的天然良港上岸时，就以他朋友的名字命名了这个港口（即达尔文港）——当时他的朋友在英国还没出名。

斯托克斯游过一条小溪，要去猎捕远处河岸的杓鹬，竟然与一条鳄鱼擦肩而过。他光着身子爬出来，手里拿着一把装着小号铅弹的枪。这时，"一只短吻鳄在离我很近的地方出现，把那张不讨人喜欢的脸凑了过来"。斯托克斯后退了几步，希望能游得比它快。他"及时游到对岸，看到短吻鳄的大嘴在我离水的地方伸过来"。我们怀疑斯托克斯夸大其词：人刚跳出水面鳄鱼嘴巴就啪嗒合上，这画面也太卡通了。但即使在今天，不明智的游泳仍然是许多鳄鱼袭击事件的诱因。斯托克斯上尉可能从此学会谨慎，寿命够长，后来出任"小猎犬"号的船长。

在澳大利亚北部的早期白人定居者看来，鳄鱼只是讨厌的东西。他们来这里开采黄金，建立放牧前哨（他们称之为"站"），将基督教强加给原住民，或帮着建造一条通往达尔文港的电报线路。从那里，海底电缆将澳大利亚与爪哇（再从那里通往世界各地，包括英格兰）连接起来。淡鳄很容易被忽视；咸鳄则更为武断地被视为危险的生物或无聊的消遣加以射杀，但不是为了获取皮货。这种捕杀对野生种群的影响可以忽略不计。原住民在当地已经生活了数万年，各种语族和部落［比如定居在达尔文港和周围的拉若基亚人（Larrakia）］与鳄鱼渊源颇深。原住民与鳄鱼的关系往往蕴含神圣的神话纽带，但为了吃肉，原住民也会猎杀鳄鱼或采集鳄鱼蛋。不过原住民毕竟人口很少，而且熟知艰苦环境里长期生存的必要性，因此他们的捕获往往是可持续的。从 19 世纪末到 20 世纪初，白人猎手偶尔会尝试出售鳄鱼皮，但没有形成稳定的贸易。白人从亚洲引进驯养的水牛，放到北部的灌丛里散养。这些牛更容易猎杀，牛皮可用于制革、鞣制和销售，处理起来也更熟悉。

第二次世界大战后，人们开始大肆捕杀鳄鱼。猎人乘坐配备舷外发动机的小船，带着步枪（大多是战争中的老式 0.303 英寸口径）进入栖息地。夜间借助探照灯射击，捕杀效率大为提高。突然间，咸水鳄皮变身国际奢侈皮革贸易的主打产品，比肩美国短吻鳄和巴西凯门鳄。事实上，咸水鳄是所有鳄鱼中最优质的产皮物种。咸水鳄的腹部皮肤不仅没有骨板，还有大量珍珠般的长方形鳞片，就像麻将牌上光滑的象牙，这让咸水鳄皮备受欢迎。皮张主要通过新加坡进行交易，而全球市场笼统称之为"新加坡小鳞鳄鱼"。全球市场并不在意这些鳄鱼是来自新几内亚、印度尼西亚，还是澳大利亚。据估计，1945年至 1958 年期间，北领地共出口了 87,000 张咸鳄皮。

这已经足以让鳄鱼变得稀少。在容易到达的潮汐河中，除了几条大块头的成年鳄鱼能对舷外发动机搅动流水的震动保持警惕，躲避射击外，其他鳄鱼几乎全都销声匿迹。鳄鱼在两个地方生存得更好。一个是密集的涌泉沼泽，这种沼泽只在雨季与河流水系汇合。另一个是阿纳姆地（Arnhem Land）更偏远的河流和沼泽。阿纳姆地是原住民保留地，面积广大，涵盖了北领地的东北部。但即便在沼泽地带，甚至是阿纳姆地的沼泽中，也有人捕杀鳄鱼。一些原住民充当白人猎手的向导，帮助追踪鳄鱼，剥除鳄鱼皮，或者自己进行商业性狩猎。基督教传教士鼓励原住民猎人捕猎鳄鱼，并帮他们运送鳄鱼皮。当摩托艇和步枪对狡猾的老鳄鱼无能为力时，猎人们就用陷阱或诱饵来捕捉它们。到1959年，澳大利亚北部的湾鳄种群被消耗殆尽。然后，交易转向了淡鳄。

淡水鳄每英寸腹部皮肤的价格，仅为咸水鳄的三分之一。但市场和猎人均已饥渴难耐，于是这种不太重要的产品也具备了商业吸引力。此外，淡水鳄可以批量捕捉，尤其是在旱季。在干旱季节，北领地大部分湿地收缩，鳄鱼聚集到死水潭里。几年内，淡水鳄种群就遭到严重捕杀，繁殖中断。不过影响更大的是，肆无忌惮的鳄鱼捕杀终于遭到公众的抵制。猎人将鳄鱼剥了皮，尸体随手乱扔，污染了水域，惹恼了养牛场的老板们。其他人基于更抽象的理由提出反对意见——这些鳄鱼不仅人畜无害，还是澳大利亚独有的！淡鳄是澳大利亚的鳄鱼，不是别的地方的。相比湾鳄，公众更喜欢澳洲淡水鳄。

1962年，西澳大利亚州开创保护先例，将淡水鳄列为受法律保护的物种。1963年，北领地见贤思齐。北方三州中，昆士兰州最为固执，冥顽不化。结果很长一段时期内，偷猎者就在另外两个州的偏远地区捕杀淡水鳄，再去昆士兰州出售猎物。

对咸水鳄的捕猎仍在继续。很多体型较大的鳄鱼都消失了，但也有一些得以幸存。它们在偏僻的沼泽中筑巢，繁殖，保护巢穴，养育小鳄鱼。与此同时，猎人转而重点捕杀体型更小的鳄鱼，两三岁大的咸水鳄也能产出珍贵的小皮张。刚孵化的和一两岁的小鳄鱼也遭到捕捉，填成标本当作纪念品售卖。没有规章，没有限制，因为人们认为这个物种是有害的。有些猎人只是业余爱好者、渔民或其他丛林居民。他们偶尔抓条鳄鱼，甚至抓小鳄鱼当标本卖，赚上几块钱。真正的商业猎人更加挑剔，但肆无忌惮的随意捕猎，让他们也入不敷出。最敏锐的那些猎人意识到了问题，呼吁某种形式的监管干预。1969年，西澳大利亚州开始保护咸水鳄。1971年，北领地再次紧随其后。昆士兰很另类，对鳄鱼和法规都不友好。但1972年新任全国政府颁布法令，全面禁止鳄鱼产品出口，昆士兰州也非法外之地，这让鳄鱼捕猎实际上变得无利可图。

大约在这时候，罗伯特·布斯塔德开始调查西澳大利亚的鳄鱼种群。他也是新成立的鳄鱼专家组的澳大利亚代表。这个小组是在世界自然保护联盟（IUCN）支持下成立的专家委员会。世界各地的生物学家和保护人士越来越关注鳄鱼的保护。全球现存22种鳄鱼，其中一些分布广泛（如湾鳄），一些分布狭窄（如菲律宾鳄，*Crocodylus mindorensis*，和中介鳄，*C. intermedius*）或仅存少量残余栖息地（扬子鳄，*Alligator sinensis*）。及至20世纪70年代初，许多鳄鱼种群均已遭受几十年的滥捕滥杀，数量受到严重影响。从1880年到1933年，路易斯安那州有300万只美国短吻鳄遭到捕杀。1950年至1965年间，巴西亚马孙州出口了700万张凯门鳄皮。在20世纪60年代早期，美国有25家鳄鱼皮制革厂，仅其中一家公司每年就鞣制150万张鳄鱼皮。事实上，出口一直是贸易的中心，因为大部分制革厂和商户都不在产鳄鱼的国家。每年大约有500万到1000万张鳄鱼皮被运往世界各地。1975年，随着《濒危野生动植物种国际贸易公约》（CITES）通过，形势突变。全球绝大多数鳄鱼都被列入该公约的附录 I 中，禁止所有国际贸易。澳大利亚的湾鳄最初被列在附录 II 中，允许部分受管制的贸易，然后在1979年被移至附录 I。据一位专家解释，之所以转向更为严格的保护，更多是出于对印度和东南亚湾鳄的担忧，而不是根据对澳大利亚湾鳄的直接评估。颇为讽刺的是，因为各州的狩猎禁令和全国性的出口禁令，澳大利亚湾鳄当时的状况已经大为改善。

特立独行的悉尼大学教授哈里·梅塞尔（Harry Messel）发起一项长期调查，检查每条河流的鳄鱼，记录鳄鱼的恢复过程。梅塞尔是加拿大物理学家，为人自信，留着哈特教派信徒式（Hutterite）的胡子，常常咧嘴而笑。据他说，使用无线电在北极冰面上跟踪北极熊的实验失败后，他找到了研究澳大利亚鳄鱼的方法。由于熊项圈上的无线电发射器失灵，他意识到有必要为世界各地类似的野外研究开发更好的技术。1971 年，移居悉尼的他被鳄鱼迷住了，开始与北领地政府合作研究湾鳄，给鳄鱼安装新型无线电发射器。在阿纳姆地北海岸的原住民聚居地曼宁立达（Maningrida），他建立了一个野外基地，还设法找到资金，定制一艘 125 吨的研究船（命名为"哈里·梅塞尔"号），还购买了一架塞斯纳 206 飞机、几辆四驱汽车和一些捕捉鳄鱼的小船。随着项目的发展，他更关注北部各条河流的鳄鱼种群调查，而不是使用无线电追踪鳄鱼个体，获得行为数据。追踪鳄鱼也许曾经是有用的，但眼下更迫切的问题是：鳄鱼数量下降了，究竟下降了多少？这个问题急需回答。梅塞尔聘请了一些初级合作者，在他们的帮助下撰写了大量专题论文和逐条河流的报告。他雇佣的第一位全职生物学家是一个年轻人，刚获得博士学位，名叫格雷厄姆·韦伯（Grahame Webb）。正是韦伯承担了在利物浦河和布莱思河上捕获—标记—重捕鳄鱼的繁重工作。该项目希望相对精确地测量残余种群的年龄结构和种群数量。在这项研究中，韦伯和他的同事捕捉并测量了 1354 条鳄鱼。

25 年后，哈里·梅塞尔已经退出了舞台，而格雷厄姆·韦伯已经是北领地乃至澳大利亚最权威的鳄鱼生物学和鳄鱼管理专家。

29

"当人们说'让我们保护鳄鱼吧'，"韦伯在位于达尔文市郊区的总部对我说，"就像是说，让我们保护独角兽吧，让我们保护恐龙吧。毫无实质性内容。"对此他嗤之以鼻。立法保护鳄鱼并没那么多争议，因为大多数人很少能看到鳄鱼。

经历20世纪70年代早期的低谷后，由于四五个关键因素的作用，澳大利亚北部的咸水鳄和淡水鳄种群开始迅速恢复。第一，河流和湿地中数量不多但谨慎成熟的顽固分子在继续繁殖。第二，鳄鱼每年产下大量的蛋（咸水鳄每窝超过50个），条件适合可以快速繁殖。第三，20世纪70年代到80年代期间，鳄鱼的生存条件不错，大片栖息地没有遭到破坏，而鳄鱼数量相对较少。这与印度的情况大相径庭。在印度，人口压力摧毁了栖息地，而猎人正在摧毁鳄鱼。北领地的面积是印度奥里萨邦的10倍，人口只有15万，而奥里萨邦有3000万人。无论是在短吻鳄河的沿岸，还是曼宁立达附近的利物浦河流域，或是阿德莱德河、玛丽河、布莱思河及其支流卡德尔河，鳄鱼都有充足的食物和筑巢地点，生存竞争并不激烈。于是鳄鱼的繁殖数量激增，幼崽存活率超过平均水平。第四个因素，当然是反盗猎法律执行良好，幼崽得以长成青年，青年再长成成年个体。

第五个因素最为复杂，也颇具争议，令某些鳄鱼保护的倡导者反感。相比禁止狩猎，这个行动持续时间更长。禁止狩猎在短期内至关重要，但对中长期的保护可能还不够。1985年，根据格雷厄姆·韦伯和一些同事为澳大利亚准备的提案，CITES撤销了早先的决定，将澳大利亚湾鳄从附录Ⅰ移到附录Ⅱ，从而恢复了国际贸易。澳大利亚重新开始销售鳄鱼皮。从附录Ⅰ降级是基于北领地政府的承诺，即继续监测野生种群，防范任何未来的种群下降。韦伯本人当时已与哈里·梅塞尔分道扬镳，成为主持监测的主要科学家。

格雷厄姆·韦伯刚过50，身强力壮，有一张方方正正的脸，黑发中带着灰白，以及淡褐色的眼睛。关于应不应该管理湾鳄或任何一种大型食肉动物，他有一套坚定看法。"对动物来说，最糟糕的事情是出现在 CITES 附录 I 中。"他说。如果你禁止所有贸易，你就会耗尽原本用于保护、研究和缓解冲突的资金，更不用提对栖息地的保护了。栖息地保护不仅对你关注的物种有利，还惠及许多其他物种。"只要你把它放在 CITES 附录 I 中，它就没有任何商业价值了——那么，你就可以滚蛋了。"

韦伯成年后的大部分时间都在研究鳄鱼。他写了十本关于鳄鱼的书，其包括一本小说《努姆瓦里》（*Numunwari*）。小说颂扬了一条巨大的老公鳄的威严和威胁：这条鳄鱼是原住民的圣物，为原住民所熟知，却被心怀觊觎的白人猎手所亵渎。韦伯始终以鳄鱼研究和管理为业。他曾被一条鳄鱼咬伤——一条保卫巢穴的雌性鳄鱼在他小腿肚上撕咬出一道伤口，好几个月后才痊愈。但他对此不屑一顾，认为不过是正常的领域行为。不过他认为，他的激情始终是研究过程本身，而不是湾鳄或鳄鱼这类动物。在这点上，他不同于其他一些野外生物学家，后者往往对研究对象产生深厚的情感。韦伯希望鳄鱼能存活下去，但不希望鳄鱼被浪漫化。他的想法非常清晰。"如果你和人们大谈特谈大型食肉动物，你会被揪住毛病，"他告诉我，"有些人会说'哦，鳄鱼，它们没那么坏'，但它们就是那么坏。"

这是我与韦伯的第一次面对面接触，在他命名为"鳄鱼公园"的研究与旅游中心的走廊上随意聊天。在我们身后，带着孩子的父母和外地游客付费入场，漫步走向外面用栅栏围起来的鳄鱼池塘。其他人在礼品店里闲逛，挑选商品：书籍、视频、明信片、鳄鱼幼崽标本、手绘鳄鱼蛋、鳄鱼脚痒痒挠、鳄鱼皮腰带、鳄鱼皮手袋和公文包、鳄鱼皮钥匙链、鲨鱼皮钱包、肺鱼皮钱包、海蟾蜍硬币小包，还有三种尺寸的干鳄鱼脚。这些商品不加装饰，随意摆放出售，做何用途则全凭你自己的想象。韦伯穿着印花衬衫，靠在椅背上，带着温和的教条主义谈论设置经济安排的必要性，这种经济安排给当地人以物质激励，让他们接受鳄鱼这一捕食者的存在。

"你不能通过教育做到这一点，"他的回答像是在回应比瓦什·潘达维的观点，"动物是吃人的。"在我后来和他的交谈中，我发现他要更审慎一些，更愿意承认例外情况和不确定性，但今天他火力全开地表达他的核心信念。他是个耿直的家伙，典型的澳大利亚风格，但也是忙碌的商人和科学家。也许他想通过斩钉截铁的回答让我放弃追问。"最关键的是，人们根本不会去保护那些没用的或没有价值的东西。事实上，有些东西的用途或价值是负的。那种情况不会发生。在整个世界历史上，从未有过。"

韦伯的方法与众不同，大胆而理智。他反对这种观点：濒危物种的地位、永久禁止狩猎、全面关闭贸易和公义的劝导，能为食肉动物群体带来安全，确保长期生存。特别是公义的劝导，其目标是产生对所有生物无害之美的某种令人头昏脑胀的精神觉醒？相反，韦伯信奉可持续利用的理念。野生动物是可再生资源。"利用它或失去它"是基本前提，包括许多涉及栖息地保护和人类态度的复杂细节。为此，他创办了名为野生动物管理国际（Wildlife Management International）的公司。在公司资金支持下，他为世界各地提供咨询服务。他在 IUCN 的可持续利用倡议中发挥作用。他经营的鳄鱼公园不仅是旅游和教育设施，还是服务于公共和私人客户的研究机构，其中包括一些鳄鱼皮贸易的客户。他认为，以可持续的方式开发野生动物种群，能给当地社区带来可观的回报，再加上私人土地所有者参与的基于利润的栖息地保护，这些是保护危险而麻烦的大型动物所必须的战略手段。澳大利亚湾鳄就是成功案例。

这里的商业贸易围绕着两种类型的机构，大致称为鳄鱼"农场"和鳄鱼"牧场"。鳄鱼农场采用的方式是圈养繁殖。北领地最早的鳄鱼农场建立于1979年左右，初始种群是所谓的"问题"鳄鱼。出于公共安全的考虑，问题鳄鱼被从野外抓回来圈养繁殖，而不是直接杀死。鳄鱼牧场的方式是从野外采集蛋，在圈养条件下孵化出来，饲养小鳄鱼以获取皮和肉。除了从野外收集蛋之外，牧场内部也生产一些蛋。鳄鱼牧场先从淡水鳄开始，到1983年开始短暂地牧养咸水鳄。在野外，孵化幼体的死亡率很高，巢穴被洪水淹没或者蛋被天敌取食的比例也很高。因此，取走一小部分蛋对野生种群其实不会产生明显的影响。从鳄鱼巢穴中采集蛋，确实会减少鳄鱼苗的总数，不过鳄鱼苗的成活率会提高。后来的试验证实了这种推测。1987年，澳大利亚重新出口第一批鳄鱼皮，比CITES批准的时间晚了两年。到1989年，在北领地有三个鳄鱼农场，仅昆士兰州一个农场的收入就将近100万美元，而且贸易额还在不断增长。土地所有者获得许可，对从领地内野生巢穴中收集的鳄鱼蛋收取费用，而这些蛋将被送到鳄鱼牧场。野生鳄鱼蛋的总采集量，从1984年的2320枚增加到1996年的29,000枚。剩余的蛋留在不受干扰的巢中孵化，成功孵化的幼崽更新了野生种群。根据韦伯及其同事的估计，仅在北领地目前就有大约7万条咸水鳄（不包括当年孵化的幼崽）。这可能已经接近高强度捕猎开始前的种群水平。韦伯告诉我："这是一个双赢的局面。"

来自澳大利亚的好消息可以用于其他地方和其他物种吗？"我想是的，"他说，"但你必须得大胆些。"如果你有250头老虎，可以每年拍卖两只老虎的狩猎权，从收益中拿出一部分让附近居民有一笔可观的红利。你甚至可以批准养虎，这样就可以合法圈养老虎，获得同样重要的产品，如骨骼、牙齿、内脏、皮肤、阴茎等，在亚洲黑市上出售，用于制药和壮阳。当然，老虎养殖不会对野生种群有任何帮助，可间接地通过满足对老虎器官的需求破坏非法贸易引发的偷猎。此外还有栖息地的问题，以及政治风险：民众会出于道义或情感，反对为了个人私利杀死一头老虎、狮子或熊。在澳大利亚还有很多人反对利用濒危物种。对于达尔文市提出的抗议，韦伯说，"我们只是一片小领地，天高皇帝远，所以我们有胆子说，'关你屁事。'"

大胆使他们更进一步。1997年，北领地引入一个有限的试验项目，允许商业捕猎野生成年鳄鱼。试验隐含的目标是提升保护鳄鱼栖息地的土地所有者的利益。狩猎项目从玛丽河和汤姆金森河（Tomkinson）捕获了17条鳄鱼，目的是获取皮张。头两条鳄鱼是来自北部海岸曼宁立达的巴温南加原住民公司（Bawinanga Aboriginal Corporation，BAC）的人用鱼叉捕获的。曼宁立达是哈里·梅塞尔早期野外工作的基地。这次鱼叉捕猎得到了来自韦伯公司的鳄鱼专家的帮助。

这次谈话几天后，我再次回到鳄鱼公园，付了门票钱，从游客的角度看看韦伯的大院。我从繁殖池上方的通道向下凝视那些大鳄鱼。它们雄雌搭配，成对隔开。在一个围起来的潟湖里，我看到有五十几只小鳄鱼在回应一个小伙子的声音。他提醒它们早上10点进食。小伙子名叫本（Ben），是一位导游，穿着短裤和整洁的鳄鱼公园衬衫。他站在一个类似祭台的地方，把肉扔进潟湖里。那是一大块瘦骨嶙峋的肉，看上去像是老马的肋骨。我看到鳄鱼扑腾，扭打，吞咽。本解释说，鳄鱼吞咽猎物时必须把头抬离水面，否则就有溺水的危险，因为食物和水可能进入喉咙后部的瓣膜。我听他讲述野生小鳄鱼的高死亡率，鳄鱼在陆地上奔跑的速度，猎取鳄鱼皮的最佳年龄，等等。"我们不是农场，"本说，"我们是鳄鱼农场的研究机构。"这也是一个动物园。我沿着院子走了一圈，看到鸵鸟、鹤鸵、凤头鹦鹉、绿鬣蜥、鸸鹋和几种猴子。再次回到鳄鱼那里，我看到一张纸条，上面写着："围栏里的这条公鳄鱼一周内吃掉了17只整鸡。"我溜达进礼品店，浏览公文包、痒痒挠和钥匙链。我被一条糟糕的鳄鱼领带吸引，驻足观看，但觉得它还没足够有趣。最后，我买了一本韦伯的小说。

《努姆瓦里》是一个冒险故事，包含了韦伯的个人经历和两栖爬行类知识。故事主角是一位富有同情心的白人生物学家、一位原住民向导和一条巨大的鳄鱼，三者命运相互交融。鳄鱼强大威严，不过没什么道德观念，吃过无辜的孩子，也吃过邪恶的混蛋乡巴佬。原住民向导睿智温和，对本民族的神圣历史感情浓烈，对利物浦河了如指掌。鳄鱼的名字即是书名，它是一条长达25英尺的庞然大物，潜伏在曼宁立达上游的水域中。

30

曼宁立达坐落在利物浦河口，阿拉弗拉海（Arafura Sea）岸边，达尔文市以东两百英里，有商业航班可以到达。不过，它是阿纳姆地保留区内的原住民聚居地，去那儿需要获得北部土地委员会（Northern Land Council）的入境许可。该委员会负责维护原住民的土地权利。你还需要事先与当地人取得联系。曼宁立达不是旅游地区，没有酒店可入住。陌生人独自走在曼宁立达的土路上，会觉得自己像摩门教家庭野餐会上的不速之客一样格格不入。

我通过杰尔克漫游者组织（Djelk Rangers）做好了安排。他们是一群年轻人，参加了巴温南加原住民公司的社区发展和传统文化项目。巴温南加本身不是一个部落或语族，而是一个复合体，由巴拉达（Barrada）、昆温克（Kunwinku）、伦巴朗加（Rembaranga）三个不同语族构成。这些语族散居在曼宁立达周围35个小小的社区里（通常称为"分站"，outstations）。巴温南加原住民公司支持的项目多种多样，有培训，有盈利企业，也有社区道德责任感强烈的漫游者组织。"杰尔克"这个名字，可以翻译为"关心国家"。

漫游者组织的一个项目是收集鳄鱼蛋进行孵化，然后把小鳄鱼运到达尔文市出售。他们经营自己的孵化器，一个金属工作棚里的封闭小碉堡。在刚刚过去的雨季，他们收集了900枚蛋，设法以每条30美元的价格出售了512条高质量的幼崽。每条幼崽的收益中有5美元归传统的土地所有者（鳄鱼在他那段河堤筑巢），其余用来支付各种花费和工资。组织的工作目标不是创造大额利润，而是创造就业机会，培育基于文化传统和可持续利用的技能。今年是漫游者组织交易鳄鱼幼崽的第三年。下个季节，他们将获准收集2000枚卵。

最近，他们也开始从野外收获成年鳄鱼。"收获"本是农业术语，但也常出现在野生动物利用的论述中。我这里说的收获，意思是用鱼叉捕杀：猛戳鳄鱼，把它像鱼一样拖出来。这种古老的做法已在一代人中失传，现在使用的工具是结合了古代和现代的器具。现在的鱼叉有黄铜叉尖，穿有1/8英寸（3毫米）的尼龙降落伞绳。绳索十分结实，足以拖住10英尺长的鳄鱼，就像拖住小口黑鲈一样。鱼叉柄是一根老式的去皮桉树杆。手枪在某些时候是必要的，要是不怕麻烦，步枪也行。你还需要一盏大功率的探照灯，一艘稳定的船，各种各样的绳子和带子。我问他们，我有没有可能跟他们去捕猎？"呃，这有点复杂。我们现在不捕猎。捕猎有季节性，还有一些必须在社区内谨慎处理的灵性仪式问题。即便在这里，用鱼叉捕鳄鱼也会很棘手。不过，未来合适的时候，也许有可能。"

除了杰尔克漫游者这样的年轻人组织，我还想见到带着更多记忆和经验的人。谁是他们的传承人、长者和关键信源？在没有鳄鱼的岁月里，旧的方法已大多失传，大部分如今都已变得无关紧要。如今，在达尔文市和悉尼新制定的法律背景下，要恢复这些旧传统，谁又是沟通新旧的"桥梁"呢？格雷厄姆·韦伯建议我去问问"教授"，老杰基·阿德贾拉尔（Jackie Adjarral）。

我在杰基的房子前停了下来。那是一个长方形的房子，用煤渣块堆砌而成，有着波纹屋顶。结果被告知，杰基·阿德贾拉尔已经"去丛林了"。也许明天会回来，也许不会。曼宁立达聚居区建于1957年。这类聚居区在原住民的生活中出现得较晚，往往试图通过物质诱惑来施加作用，对原住民的文化吸引力甚微。另一股与之相反的力量，是土地（或按原住民英语称之为"国家"）以及联结人和土地的数千年经验。对他们中的许多人来说，住在政府补贴的钢筋水泥村庄里，似乎不过是露营；消失在上游或森林里，才是回家。

我跟漫游者组织待了两天，看了他们的孵化器，听了各种项目介绍，了解了一点他们与这片土地的联系，还乘坐小铝艇参观利物浦河及其支流上的鳄鱼栖息地。我跟他们中的六个人打了不少交道，跟接待我的两个朋友交往最多。他们是阿利斯特·詹姆斯〔Alister James，土著名字是贾巴尔巴（Djalbalba）〕和斯图尔特·安金〔Stuart Ankin，伊拉瓦拉（Yirawara）〕。他们都穿着棕色的制服衬衫，绣着肩章，肩章上写着"杰尔克漫游者／关心我们的国度"。阿利斯特为人安静，腼腆内敛，以严肃的职业精神欣然接受小船驾驶员的角色。斯图尔特有点孩子气，长着一张柔和的圆脸，留着短须，右手残疾了。他为人诙谐，随时准备着找点或制造点乐子，咯咯地笑，用最温和的方式逗弄人，跟阿利斯特的严肃性格很是互补。有一天往上游巡航时，一位年轻的"漫游者"凯恩·雷德福（Cain Redford）加入我们。他聪明开朗，更为健谈。我们的目的地是利物浦河的主要支流汤姆金森河的上游。从河流汇合处转入左侧的分支，阿利斯特带领我们蜿蜒穿行。这片区域有洪泛平原草地，有潮汐冲沟，有悬在褐色水面上的阔叶千层树，有密集的红树林，还有退潮时露出来的柔软泥泞的河岸。

"去年我们在这里抓了四条鳄鱼。"自愿加入的凯恩说。一旦把鳄鱼拉到船上，至关重要的是迅速给它的大脑来一发子弹，否则就会有一场疯狂的搏斗。但是鳄鱼的大脑只有小灯泡那么大，还被厚实的骨板包裹着。那块骨板跟吉普车的防撞杆一样结实。你本来已经把鳄鱼踩在脚下，但如果子弹没打中大脑，鳄鱼可能会重新振作起来，那时你的小艇就会变得非常拥挤。"在晚上用鱼叉捕捉鳄鱼，"凯恩愉快地说，"相当危险。"

我们逆流而上，看到一条又一条鳄鱼。这里一条七英尺的，那里一条五英尺的，还有一条七英尺的，几条小的，一条十一英尺的，还有更多。每条鳄鱼都独自在岸边晒太阳，然后在我们经过时滑入水中，有时根本不理会我们。有一条七英尺的鳄鱼，皮肤黝黑，一副慵懒的样子，我们马达的低沉噪音也吵不醒它。它不怕我们？"也许它累了，"斯图尔特说，"又累又饱。"斯图尔特自己是个美食家，经常琢磨着吃。"也许它睡着了，"凯恩猜测道，"或者沉浸在奇迹世界里。"除了在温暖舒适的泥巴上吸收阳光的鳄鱼，我们还看到一些挺大的动物。当地称为红树林巨蜥（即红树巨蜥，*Varanus indicus*）的动物四仰八叉地躺着。"我们吃那些。"斯图亚特指着一只巨蜥告诉我。然后，他喊着"好吃"问候了另一只。他决定下星期回到这里来，射杀几只巨蜥来吃。你怎么做巨蜥？"火。"斯图尔特说。"哦，烧烤？串起来烤？""扔进火里。"他简单地说。不久之后，我们在河边吃的午餐也是同样的做法：把生香肠扔进篝火余烬里，烤好后刮干净，掸去灰尘，裹上从曼宁立达商店买来的白面包。普普通通的方法，不过没有比这更好吃的了。

"大卫，你觉得这里的鳄鱼怎么样？"凯恩问道。"挺不少的，真叫人高兴，"我说，"整个汤姆金森河和利物浦河鳄鱼都这么多吗？"

"无处不在。"凯恩说。

"到处都是。"斯图亚特附和道。

第三天，我在曼宁立达找到了"教授"杰基·阿德贾拉尔。他是一位身材矮小的中年黑人男子，穿着短裤和芥末酱黄色袜子，正在社区汽车修理站给一辆三菱卡车换轮胎。他灵动的眼神和自鸣得意让我想起查克·贝里（Chuck Berry）[①]。杰基一口洋泾浜英语，发音清脆快速，我几乎听不懂。他同意陪我们到上游去，再做一次短途旅行。有一个条件，他唐突地说，你要"充值"——事后给他一些报酬。没问题。杰基拧下三菱汽车最后一个凸耳，径直走进商店，好像厌烦或被冒犯了。几分钟后，他回来了，没有解释。出发。闲聊不是他的风格。

我们去商店给自己准备午餐食品，按杰基的要求买了一包温菲尔德红香烟。然后就出发了，轻捷地穿过河口向上游驶去。今天我们走利物浦河的主航道。这是一条淤泥质的褐色河流，蜿蜒在泥泞的河岸和红树林间，就像汤姆金森河一样，但比汤姆金森河宽好几倍，延伸范围也更广。利物浦河的源头位于南方数英里处，在阿纳姆高地的红石峡谷中——这里的人们称之为"石头国度"，那里的小溪和池塘是淡水鳄的领地。而我们感兴趣的咸水鳄，在利物浦河下游的潮汐带。我们经过另一条船，继续曲折前进，周围只有鱼和爬行动物作伴。在这里，人们不属于一个民族，也不需要将窝棚建到一处，每隔半英里

---

① 美国黑人音乐家、歌手、作曲家和吉他演奏家，是摇滚乐发展史上最有影响的艺人之一。

就可以看到简陋的钓鱼小屋和匆匆而就的度假窝棚。高高的河岸上长满了草和灌木，偶尔会被下垂的阔叶千层树遮住。这些河岸都留给了雌性鳄鱼，它们在那里筑巢，把枯枝落叶堆在一窝蛋上，然后守在附近。这是鳄鱼种群自我更新的方式。除了游泳和捕食的河水，野生鳄鱼还需要更多的环境要素：它们需要在洪水线以上的河岸上筑巢，否则鳄鱼蛋就被淹了。

杰基盘腿坐在小艇的前甲板上。他担任船长角色时，就像引擎盖标志一样端坐不动，挥手指引阿利斯特前行。河岸上，一条 10 英尺长的鳄鱼滑入河中。杰基挥手让船继续前进：别管那个，没什么大不了的。另一条鳄鱼从我们身边向深处猛冲过去，不小心撞到了船，让冷静谨慎的杰基收回摇晃的脚。当我向他提问时，他的回答很简洁，尽管有时一个回忆会引出另一个。"杰基，是谁教你鳄鱼的事？"出乎我意料，他的回答是韦伯。大约三十年前，他曾担任格雷厄姆·韦伯种群调查工作的野外助手。后来他补充说，他的父亲也给过他帮助。

杰基的父亲在独木舟上用鱼叉捕捉鳄鱼。他会在阳光下晒干皮子，然后带到欧恩佩里（Oenpelli）交换补给品。欧恩佩里是阿纳姆地边境内的一个定居点，位于通往达尔文市的路上。交换时用的不是现金，而是实物。他的父亲会得到烟草、糖、玉米粉、面粉、衣服和蚊帐。他的父亲杀死过许多鳄鱼。"杰基，你的图腾动物是什么？""鳄鱼，"他说，然后补充道，"我们称它为穆鲁尔巴（Mururrba）"。这是他的语族古尔贡尼（Gurrgoni）特有的名字。其他语族将湾鳄拟人化或神化，称之为巴茹（Bäru）、丁巴尔（Dinbal）和金加（Ginga）。如果穆鲁尔巴是杰基的图腾动物，是不是意味着他不能杀鳄鱼？回答是否定的。他父亲的图腾动物呢？也是鳄鱼。是的，他先父的灵魂可能正安住在这条河上的某条鳄鱼体内。这不是问题。只要遵守礼仪和仪式，杀死鳄鱼仍然是可以接受的。仪式是什么？杰基没说。不，他从来没有被攻击过，从来没有被鳄鱼咬过。他不会被咬到，他是受保护的，他说。除非他犯了"错误"。比如……什么样的错误？杰基沉默了。礼仪和仪式，还有需要避免的错误，这是隐私，不适合跟随便哪个刚下飞机的好奇白人讨论。

我们停下来检查泥泞河岸上的一片光滑痕迹，那是一条鳄鱼滑入水中时留下的。这些淤泥天天被潮水冲刷，对鳄鱼沉重的脚来说，柔软易抓。我刚抬起脚，又陷了进去，在吸鞋的淤泥上走了两三步，开始明白鳄鱼低矮的姿势和用腹部快速滑行的原因了。对，在这样的淤泥上就得那么移动。在滑道痕迹的两侧，相隔四英尺的地方，是浅浅的脚印，掌状，爪子像是浣熊。

"你估计有多大？"杰基问道。我盯着脚印，想象多大的鳄鱼才能留下这样的脚印。大概 10 英尺？我往小里猜，以免显得大惊小怪。杰基认为不止，大概 13 英尺或更长。阿利斯特稳住了船说："我们离开这鬼地方吧。"

我们沿着一条小水道逆流而上。随着午后时光的流逝，我们数到更多的鳄鱼，以此自娱。然后，当杰基看到合适的水域时，我们钓了一会儿鱼。他像个枪法差劲的士兵一样把诱饵扔出去，手钓丝带着鱼钩上的大诱饵，打着旋儿，漂亮地落到被河水隐没的礁石后面的缓流里。阿利斯特也钓鱼，不过只有杰基有收获。他钓到两条澳洲肺鱼，其中一条有五磅重。杰基全神贯注地钓鱼，心满意足地待在河上，远离汽车修理厂，偶尔用回忆打破寂静。他说，在过去，人们用手抓鳄鱼。就在这里抓，他在臀部周围做了个手势。他认识两个兄弟，是他父亲那边的亲戚，他们会游到潜入水下的鳄鱼旁边，在鳄鱼躺的地方套住它的嘴。"拉（那）些家胡（伙），现在瓦（完）了。"也就是说，死了。他回忆起另一个叫彼得的人，他犯了一个错误，抓住一条大鳄鱼的尾巴，结果鳄鱼转过身反击他。彼得的哥哥不得不划船到这里，找回他的尸体，杀死鳄鱼报仇。"来这里，把鳄鱼烤了。"彼得的哥哥吃了鳄鱼，但把鳄鱼皮丢了。我猜这可能是精神仪式所要求的，尽管杰基没有明说。抓啊，套啊，再也没人这样抓鳄鱼了，杰基说。这很危险。

这一段利物浦河也唤起他与格雷厄姆·韦伯合作的旧时记忆。他们会建一个陷阱，只是一个深深扎进泥里的、有门禁的小木桩栅栏。用一只新射杀的沙袋鼠做诱饵。鳄鱼进来了，咬上沙袋鼠，翻动门闩，门就关上了。下降的门触发信号发射器，告诉待在曼宁立达的韦伯，抓住鳄鱼了。他们乘船返回上游，用一根长杆套住鳄鱼的鼻子，绑住它的腿，蒙住它的眼睛，然后测量尺寸，还有其他的生物学研究。然后放开它，得赶紧跳开别挡路。那些都是大鳄鱼，杰基说，有时有十二、十四或十七英尺长。相比而言，杰基本人不比赛马骑师个子大。他的胡子是灰色的，他的头发是灰黑色的卷发。他坐在船头，抽着温菲尔德红香烟，回忆着。

杰基说，低潮期是猎杀鳄鱼的最佳时机。旱季期间的低潮。但要从野外巢穴收集鳄鱼蛋的话，雨季才合适。"你那时回来。"杰基漠然地说，没有想到我会回来。

31

但其他地方和其他鳄鱼干扰了我的行程。有人邀请我去阿纳姆地的东端，卡奔塔利亚湾（Gulf of Carpentaria）沿岸。在那里，雍古人（Yolngu）顽强斗争了一个世纪，抵制各种形式的入侵，以保持他们与圣地、生物和土地的联结，其中自然也包括鳄鱼。

雍古人虽然与世隔绝，但性格异常坚强刚毅。他们保存了一种古老而复杂的文化，这种文化使他们生活的方方面面都充满灵性，从出生到埋葬，从婚姻到捕鱼，从内陆的淡水小溪和死水潭到海湾、近海岛屿和海湾沿岸的水域。他们崇拜咸水鳄，视其为英雄或神灵的化身。他们尊敬的神灵巴茹，又称鳄鱼始祖，来自创世时代。雍古人把当下的时代称为旺加尔（Wangarr），即混沌开蒙之时。在这期间，不仅有巴茹，还有其他复合了动物和人类的角色，如加文加尔克米尔里（Gawangalkmirri，魟鱼）、玛纳（Mana，鲨鱼始祖）、马拉潘（Marrpan，海龟圣人）、瓦鲁凯（Warrukay，肺鱼始祖）和穆杜库尔（Mundukul，闪电蛇）。他们彼此争斗，时而休战，时而竞相进行史诗般的冒险。他们以其神力使阿纳姆东部的土地和大海生机勃发，并最终将这个世界交给雍古人管理。

　　一些人类学家和语言学家潜心研究几十年，出版了一些深奥难懂的著作。这些著作表明，雍古人的文化博大精深，并没有向外人完全展现出来。雍古艺术，尤其是树皮绘画，在整个澳大利亚备受推崇，并出售给国际收藏家。雍古的音乐和舞蹈气势磅礴，凶猛激烈，令人难以置信。但除了文化上的独到之处，雍古人在澳大利亚现代史上也有着特殊地位。他们对这片土地的热爱，无论是从地理、生物还是神话的角度，是推动原住民土地权利运动的关键。法律文件提到的"米利普姆诉纳巴尔科案"（Milirrpum v. Nabalco）其实是一系列事件，通常被称为"戈夫土地权利案"（Gove Land Rights case），但这两个名字其实都不太准确。"戈夫"是盎格鲁名字，指的是阿纳姆地东北部的戈夫半岛，因纪念二战中丧生的澳大利亚飞行员威廉·戈夫（William Gove）而命名。这个争端更准确合适的名称，其实应该叫作伊尔卡拉诉殖民霸权案（Yirrkala v. Colonial Hegemony）。

机票上显示的目的地叫作纽兰拜（Nhulunbuy）。这条空中航线的小细节，反映出巨大的冤屈和尚未解决的紧张局势。雍古人现今的行政中心位于伊尔卡拉，一个建立于 1934 年的教会定居点。纽兰拜是以白人为主的矿业城镇。这两个地方都位于戈夫半岛，梅尔维尔湾（Melville Bay）的东面。两地相隔十五英里，有两车道的柏油路相连接，但显而易见的文化差异造成了深深的隔阂。简易机场位于两者之间，但航空公司选择用"纽兰拜"命名机场，大概因为来自达尔文市的乘客更多是为了工业事务，而不是和原住民做生意。

对许多沿海地区的雍古人来说，即使伊尔卡拉也不过是无堪大用的人造枢纽。那个地方相对繁忙一些，他们去那里是为了获取补给、服务或节日社交。日常生活则平静地建立在丛林里的"家园"中。家园是他们对"外站"的称呼，那里有一些小院子，每个院子住着几个家庭。伊尔卡拉有一所学校、一个诊所，以及布库-拉尔纳基艺术中心。艺术中心是许多常居丛林的画家们的画廊。伊尔卡拉是自然形成的集散地，不是雍古社会生活唯一的首府，只是其中之一。相比之下，三十年前建立的纽兰拜，则是因为大型铝土矿开采和出口业务而强加给雍古族人的。

铝土矿是铝的主要矿石，在传统的雍古经济中，铝是一种毫无价值的材料。20 世纪 50 年代，地质勘探在戈夫半岛的红土下发现巨大的铝土矿矿床。雍古人发现自己可悲地住在什么铀、石油或黄金之上。1963 年，在雍古人不知情的情况下，政府颁布了铝矿的开发许可。不过这事说来话长。要想了解鳄鱼与铝在雍古土地上的碰撞，我们需要回到几个世纪以前，那时国际资源开采的压力仅波及鱼、海参和珍珠。

阿纳姆岛东北部距离苏拉威西岛（Sulawesi）只有 1200 英里。

苏拉威西是加里曼丹岛（旧称婆罗洲）东部蜘蛛状的大岛，马来群岛（现在的印度尼西亚）和阿拉弗拉海之间一连串岛屿中的一个。帆船不需要穿过几百英里的开阔水域，就可以从一座岛屿飘荡到下一座。借地利之便，从苏拉威西西南端望加锡港出发的商人，将雍古人的领土也纳入自己的航程范围。早在欧洲人殖民马来地区之前，望加锡商人已经利用季风展开探险，向东航行至新几内亚海岸附近的阿鲁群岛（Aru），寻找极乐鸟的皮和其他自然宝藏。他们还来到阿纳姆地，甚至绕过戈夫半岛，沿着卡奔塔利亚湾的西缘探索那里富饶的海床。他们在那里潜水采集海参、珍珠贝和珍珠。望加锡人每年到访，深受雍古人欢迎。他们是志趣相投的贸易伙伴，认可雍古人对沿岸海洋和土地的所有权，尊重雍古人的习俗，用烟草、大米、刀、布或其他奢侈品支付令人满意的报酬。很难说望加锡人掌握了多少雍古语言，或雍古人掌握了多少马来语，或者兼而有之，但对交流来说已经足够了。至少，这些民族间有足够的信任。当季风结束，望加锡人乘着西风回家时，偶尔会有勇敢的雍古人跟他们同去。如果幸运的话，雍古旅行家随望加锡人的帆船返回家园，讲述可作为踏脚石的群岛［塔宁巴群岛（Tanimbar）、勒蒂群岛（Leti）、帝汶岛（Timor）］、广阔的海洋［阿拉弗拉岛、弗洛勒斯海（Flores）］、望加锡港，以及一个奇特的浅肤色陌生部落——这些人当时已经在马来群岛建立了贸易机构。他们是谁？雍古旅行家可能会问。答案是，他们是荷兰人。从荷兰人衍生出巴兰达（balanda），后来变成通行于阿纳姆地的原住民术语，泛指白人。

英国船长马修·弗林德斯（Matthew Flinders）是勘测澳大利亚北海岸的第一人，比随"小猎犬"号前来的 J.L. 斯托克斯早了将近40 年。他是说英语的巴兰达。1803 年，当弗林德斯的船绕过如今伊尔卡拉附近的海角时，他发现那里停靠着半打望加锡轻帆船。不到一个世纪，澳大利亚殖民时期的白人总督开始嫉恨望加锡商人。一些望加锡商人会逃避关税，或者违反禁令向原住民供酒。当最终把望加锡商人排挤出去后，巴兰达自己在整个海岸犯下暴行——破坏商业信用，供应更多的酒，给予更低价值的商品和更少的尊重。1904年，殖民地海关部长禁止望加锡商人入境。到1908年，望加锡商人从这里消失了。取而代之的是澳大利亚白人官员、白人商人和粗野的日本捕海参人。这让雍古人颇为不满。巴兰达已经够糟了，但捕海参的日本人更甚。

新的管理体制引发了更多的冲突——争斗、指控、杀戮，以及进一步的复仇杀戮。从达尔文市官员的角度，当地人变得凶狠自大。从原住民的角度，这是一场反抗占领军暴政的游击战争。在20世纪头十年里，就有两支警察巡逻队施行"惩罚性"远征。其中一支沿着罗珀河（Roper River）从西南方向逼近，在罗珀河到蓝泥湾（Blue Mud Bay）之间的地带大肆破坏。另一支巡逻队从西北方向赶到戈夫半岛南面的卡莱顿湾（Caledon Bay），在那里骚扰民众，射杀数人。1932年9月17日，卡莱顿湾发生了阿纳姆地区最有名的谋杀案，一群雍古族男子杀死了五名日本捕海参人。

起因是一位当地族长旺古·穆农古尔（Wonggu Mununggurr）找到这些日本人，抱怨他们对待雍古妇女的行为。结果日本人抓住旺古，把他的头浸到一桶海参内脏里。当然不能这样对雍古长老！雍古人异常愤怒。双方交手，日本人也开火了，但没人被击中。第二天早上，旺古的三个儿子现身，用长矛刺死了要逃走的日本人，至少法庭最终的判决书上是这么写的。

9个月后，1933年6月，另一支警察巡逻队从达尔文市来到这里，"调查"杀戮事件。年轻警员艾伯特·S.麦科尔（Albert S.

McColl）出发前给哥哥写了一封信。信中提道："我下个月要和大家去阿纳姆地，搜查不久前杀害日本鬼子的黑鬼。"巡逻队追踪一连串的谣言和营火烟雾，到达卡莱顿湾以南五十英里处的伍德岛（Woodah）丛林，发现一群几乎是随机目标的雍古人。巡逻队抓了几名雍古族妇女，用手铐和铁链把她们绑起来，诱使她们的男人离开丛林。这些人走近看清形势后扭头逃跑，警察在后面紧追不舍。有人开枪迎击，有人投掷长矛。不知道什么牵制麦科尔警员。其他人一天后返回时，发现麦科尔已经死了——被长矛刺穿了心脏。一个名叫达基亚尔·维尔潘达（Dhakiyarr Wirrpanda）的男子被控杀人。他的年轻妻子贾皮里（Djapirri）正是人质之一。

在随后各种调查中，达基亚尔·维尔潘达并没有否认核心事件，但对当时的具体情况提出质疑。他说自己发现麦科尔在骚扰贾皮里，麦科尔开了一枪。就在那时候，达基亚尔说，是的，你猜对了，我刺穿了他。此外，达基亚尔还承认自己帮着杀死了另外两个声名狼藉的白人。那两人曾在伍德岛以几名雍古妇女取乐，其中也包括贾皮里。这下事情变得更复杂了。达基亚尔可能脾气暴躁，但他似乎有理由感到愤怒。他认为这场冲突应在两个独立群体之间进行讨论，解决争端，于是自愿前往达尔文市。但出乎他的预料，法庭判决他犯有谋杀罪，处以绞刑。判决书写的是国王诉塔克亚尔（The King V. Tuckiar）——这是达基亚尔名字的变形。但高等法院推翻了他的罪名。1934 年 11 月 9 日，他被释放出狱。第二天晚上，他失踪了，永远消失了。历史学家泰德·伊根（Ted Egan）重新检查了所有旧证据，并与幸存证人交谈。他说，"在达尔文市，人们普遍认为警察开枪打死了塔克亚尔，尸体被丢进达尔文港。"但真相究竟如何，已无人知晓。

我之所以提到达基亚尔·维尔潘达一案，因为它很有代表性，象

众神的怪兽：在历史和思想丛林里的食人动物

征着雍古人如何反抗对人民和土地的侵犯——骄傲、易怒，有时使用暴力。1963年，澳大利亚政府将伊尔卡拉附近的铝土矿开采权授予戈夫矿业和工业公司，再次引起雍古人的反抗。

32

争议地区位于阿纳姆地保留地内，保留地可以追溯到1931年——"为了北领地原住民的使用和利益"而创建。当时，该地区的原住民尚未被承认是澳大利亚公民。"北领地原住民的使用和利益"到底是什么、不是什么，都由遥远办公室里的白人来决定。1953年，保留地的土地转让条款做了小幅修改。当时，战略矿产资源（特别是铝和铀）的价值变得更难抗拒或忽视。然而，即使是新条款也规定，如果"原住民保留地内某些土地对原住民的使用和利益而言已经是非必需的，那么这块土地可从保留地中分割出来。若于分割之土地开矿，应将矿区使用费汇至用于原住民福利之专项基金。"下划线是我加的，突出澳大利亚联邦很快选择遗忘的词语。1963年3月11日，政府、公司和卫理公会海外传教理事会心满意足地达成协议，公布了铝土矿的租约。卫理会先前在伊尔卡拉持有一份租约（开采灵魂的租约，如果不是为了开采铝土矿的话）。没有人征求过雍古人的意见。两天后，一个140平方英里的地块被从阿纳姆地保留地中分割出来。

雍古人向议会请愿，提出八项抗议和要求，每一项都用英语和古帕普因古语（Gupapuyngu，雍古语之一）写就。摘录其中几条：

    2. 没有人事先向我们解释过这块土地的分割程序，以及对该分割地块上的人民的安置方式，我们对此并不知情。

以及：

4. 自古以来，这片土地一直是伊尔卡拉部落的狩猎区和食物采集地；我们都出生在这里。

以及：

6. Dhuwala yulnundja mala yurru nhämana balandawunu nha mulkurru nhämä yurru moma ga darangan yalalanumirrinha nhaltjanna dhu napurru bitjarra nhakuna Larrakeahyu momara wlalan-guwuy wänga.

这不是普通的书面投诉。文稿被装在一块红檀树皮的中心，周围饰以伊尔卡拉风格的标志性人物和花边。请愿书由十二位雍古长老签署，其中包括米利普姆·马里卡（Milirrpum Marika）。在法庭记录和历史记载中，米利普姆的名字将作为所有受害方的集体代表。1963 年 8 月，这份不同寻常的文件被送至堪培拉。它后来被称作《树皮请愿书》（Bark Petition），作为这次违约事件的重要证据，至今仍在国会大厦内公开展示。与此同时，采矿如期开始，炸药和重型设备破坏了伊尔卡拉附近的土地。

到 1968 年，铝土矿业务由纳巴尔科（Nabalco）国际财团掌控，新租约长达 42 年。此时，雍古人向北领地最高法院提起诉讼，控告纳巴尔科和联邦政府非法侵占了他们的土地。该案最终被完整地正式命名为"米利普姆和其他人诉纳巴尔科有限公司和澳大利亚联邦政府"。记录在案的原告是几位长老，代表他们自己和各自的氏族——

这一点很重要，因为氏族是雍古文化中非常重要的单元。个人通过氏族将自己与特定的土地、神话和历史联系在一起。米利普姆·马里卡为他自己和瑞拉津古氏族（Rirratjingu）提起诉讼。蒙古拉维伊·尤努平古（Mungurrawuy Yunupingu）长老为他自己和古玛特吉氏族（Gumatj）提起诉讼。古玛特吉氏族对鳄鱼始祖巴茹有着特殊感情。当案件在达尔文市审理时，一位聪明的年轻人，蒙古拉维伊的儿子加拉鲁伊·尤努平古（Galarrwuy Yunupingu），担任翻译。那时他刚从布里斯班圣经学院毕业，对雍古法律的解释赢得了首席法官的称赞。他后来成为澳大利亚最令人敬畏的原住民领袖之一。这是后话了。

回到当时，结果是个坏消息。法官布莱克本（Blackbum）判原告败诉。在布莱克本看来，"原住民土地权"是案件核心。雍古人拥有法律上可强制执行的土地权吗？要证明土地权，即使没有书面文件，至少也能通过普通法和古代占有来证明？如果这些都没有，那么在白人到来并制定先占先得的所有权制度时，原住民是不是碰巧经过的过客呢？布莱克本仔细听取了证词，但也有些刻舟求剑。在判决中，他宣称自己的印象是"原住民对土地的义务感比对土地的所有权更强烈"。他得出结论："试图用一句格言来表达如此微妙而困难的事情是危险的，但从证据来看，说氏族属于土地似乎比说土地属于氏族更容易。"雍古人输了。

前端装载机继续挖掘，矿石破碎机继续破碎，土地被翻了个底朝天。此后几年间，数百万吨铝土矿被开采了出来。一条十二英里长的传送带——世界上最长的传送带之一——将矿石从露天矿场运送到梅尔维尔湾出口码头附近的仓库。而梅尔维尔湾是雍古人的圣地之一。

但失败中孕育了胜利的种子——哪怕胜利不是整体的，也是部分的；没能为自己，也能为别人。1976 年，澳大利亚国会最终通过《原住民土地权利法案》（*Aboriginal Land Right Act*）。正是雍古人唤醒了澳大利亚人，让他们认识到原住民的土地并非空地。该法案加上后来几个法律案件（马博和其他人诉昆士兰州，以及维基人诉昆士兰州），构成了原住民土地维权进程的主要阶段。土地维权仍在继续，现代澳大利亚试图借此与四万年的人类历史达成和解。《树皮请愿书》对议会说的话，大致是《独立宣言》对乔治国王说的，只是不那么客气，也不那么恳切：我们认为这些真理是不言而喻的（Dhuwala wanga Arnhem Land yurru djaw'yunna naburrungala）……

　　加拉鲁伊·尤努平古作为父亲和其他长者的代言人开启了他的公众生活，最终成长为举足轻重的政治人物，担任北方土地委员会主席。该委员会是根据 1976 年《原住民土地权利法案》成立的监督机构之一。在土地委员会主席任上，加拉鲁伊经常在白人和原住民的法律背景下处理土地权利、土地使用、土地准入和原住民土地权等问题。同时，他也有着古玛特吉氏族的独特视角。"我们相信自己是一条鳄鱼，"他告诉一位采访者，"当我们的身体死了，走了，我们的灵魂变成鳄鱼。"土地就是古玛特吉氏族所信奉的特殊关系的凭证，因为"我们从祖先那里继承的每一寸部落土地，都是由鳄鱼创造并给予我们的"。至于他自己，加拉鲁伊补充道，这种巨大的爬行动物是他身份的一部分。他属于鳄鱼，鳄鱼属于他。

　　古玛特吉氏族的其他成员也明确强调这种联系，其中蕴含着最朴实的崇敬。但即便是最敏感的古玛特吉人可能也愿意承认，巴茹并不是绝对正确的。如果鳄鱼始祖在创造和赠予土地时能有先见之明，它可能不会用地下铝土矿脉给雍古世界增加负担。

33

我在伊尔卡拉和它周围时被各种声音环绕。其中一个声音来自长者贾拉林巴·尤努平古（Djalalingba Yunupingu）。他是《树皮请愿书》的签名者之一。他告诉我："巴茹是这片土地非常重要的部分。我们依巴茹行事。"

贾拉林巴是古玛特吉人，加拉鲁伊·尤努平古的叔叔。他大腹便便，赤裸着胸膛，留着整洁的灰色胡须和灰白的头发，圆圆的脸上是智者般斜视的眼睛。在阿纳姆地最东端的海滨别墅旁边，他盘腿坐在沙滩上，几个年轻人正用锤子打开火烤的牡蛎。他欢迎我坐到他身边，认真听取我来到这里的原因。听闻我对古玛特吉人与鳄鱼的联系很好奇，贾拉林巴轻蔑地向面前的小海湾挥手，那里正有一条鳄鱼漂浮在水面上。"我们不担心它们，"他说，"只有巴兰达担心它们。我们和它们一起生活了四万年。它们就像我们的宠物。我们不打搅它们。"他提醒我，雍古部落中有几个氏族与巴茹有着特殊的联系——除了古玛特吉，还有玛达尔帕氏族（Madarrpa）。即使在古玛特吉氏族内部，信奉的种类和程度也有所区别，每家每户都不一样。巴茹就像一条河，坐落在这片滨海土地上，巨大无比且无处不在。它的头在内陆源头，它的尾巴伸入大海，不同氏族在这片广阔的区域内都有自己的家园。贾拉林巴自己的尤努平古氏族跟巴茹的联系在头部，也就是淡水端。另一个氏族穆努古日特吉（Munungurritj）住在巴茹的尾部，咸水之地。贾拉林巴能告诉我这两个氏族信奉的有什么不同吗？不，他不能。或者说他不会。杰基·阿德贾拉德也不会。有些事情太隐私、太神圣，不能和每个跟跟跄跄走到门前的尖鼻子白人开玩笑。他说，巴兰达不理解雍古人和巴茹之间的联系。"他们只认为，那不过是动物。"

贾拉林巴注意到我在潦草地写笔记，不耐烦地耸了耸肩。"不，不，不，愚蠢的人，你不能从短暂的拜访中学到任何东西，你不能抓住这些真理，然后把它们带走。你走了很长的路过来吗？""是的，"我说，"来自美国。"他点点头。他说，要掌握雍古人的信仰，唯一的方法是花上几年时间，通过雍古人的语言来了解雍古文化。这是无可否认的事实，我也很想——但遗憾的是，在我正在努力完成的事情范围内，这是不可能的。在对付雍古语之前，我还需要学习古吉拉特语，以便通过玛尔达里人的眼睛来看狮子；然后是罗马尼亚语和棕熊，然后是乌德盖语和老虎，然后……但是我不会跟贾拉林巴扯这个蹩脚的借口，于是收好笔记本，以免引起他的恼怒。

谈话冷淡了。快结束的时候，他说，在巴茹的生活故事中，有些地点意义非凡。比如格林德尔湾附近有一个地方，叫作巴尼亚拉（Bäniyala）。那是一群玛达尔帕人（Madarrpa）的家园。当然，巴茹无处不在，但在巴尼亚拉……在那里，巴茹以一种特殊的方式出现。

巴尼亚拉？我以前听过这个名字，我注定会再听到。巴尼亚拉。是的，好吧，我不用笔记就能记住。

我遇到一位叫杜拉（Dula）的人，来自穆纽库（Munyuku）氏族，他最近和一条鳄鱼打过仗。穆纽库人跟古玛特吉人和玛达尔帕人不同，他们的图腾不是巴茹。因此，他们对鳄鱼的敬奉和义务是不一样的。杜拉还记得湾鳄受到法律保护之前的年代，那时他和他的兄弟经常猎杀鳄鱼，获取鳄鱼皮。他们在晚上干活，工具就是钩子、绳子和手电筒，然后把收获的皮张卖给白人商人，换取烟草、面粉、茶叶和糖。肉留下自己吃。他们会搭一个土灶，用树皮和沙子覆盖珍珠般的肉，然后把它弄熟。但那个时代早就过去了，那是在白人法律禁止捕杀鳄鱼之前。对于最近的事件，杜拉明确表示：那不是打猎，而是自卫。

当时他和兄弟在格林德尔湾附近的一条小溪里游泳，这条小溪是德鲁普提河（Dhuruputjpi River）的支流。鳄鱼突然出现了。对于这么浅的水来说，它算是非常大了。它用尾巴猛击杜拉，试图淹死他。杜拉的兄弟很快拿着长矛刺了过来。但是鳄鱼太强壮了，它折断了长矛（《约伯记》41：29，"它嗤笑短枪飕的响声"），爬上陆地，畏罪潜逃。杜拉拿来一把猎枪，朝它开枪，就在这里——他比画着——就在耳朵后面，开了两枪。他们在杀死鳄鱼的地方宰杀了它，然后搭建土灶。肉很油腻，杜拉回忆道，很好的脂肪，天然脂肪，跟饲养场奶牛身上的脂肪可不一样。"我们不喜欢浪费任何东西。如果我们杀了一样东西，我们就吃了它。雍古人，历来都是这样。"

尤其是鳄鱼肉，他提醒我。鳄鱼肉一直是雍古人的重要资源。他们从古代起就捕杀和食用鳄鱼。但是第二次世界大战后，装备了步枪的猎人杀了那么多鳄鱼，仅仅是为了剥皮卖钱。没人知道浪费了多少肉。鳄鱼数量减少，法律开始保护。在鳄鱼数量匮乏的多年间，雍古人即便在雍古土地上杀死一条鳄鱼都要受到惩罚。后来鳄鱼数量回升，监管制度也变松了一些。我问，现在河里的鳄鱼比你年轻时多吗？

"哦，是的，"他回答，"也更大。"

这是好是坏？

"真的很坏，"他说，"因为种群在增长，而且变得越来越危险。就像印度的老虎一样，成了食人动物。如果种群继续增长，它们会吃掉更多的人。"在他所处的环境中，这种关联不言自明。他是没有优势的麝鼠。

杜拉向我吐露了一个微妙的故事（出于灵性的缘故，我不能在此重复），在那个故事中，他失去了自己与鳄鱼灵魂的亲密联系。他知道，如果无法和平共处将付出怎样的代价。他的说法例证了阿利斯泰尔·格雷厄姆当年在鲁道夫湖的图尔卡纳人中间所形成的信念："人类有一种文化本能，要将自己与鳄鱼等野兽区分开来，并消灭它们。"但我想知道，这如何与贾拉林巴同样基于古老经验的态度协调一致。贾拉林巴的说法是我们不担心它们，它们就像宠物一样。或者与加拉鲁伊的一样吗？他说的是它们就是我们。

在一次雍古艺术节上，我和曼达乌伊·尤努平古（Mandawuy Yunupingu）谈了谈。他是加拉鲁伊的弟弟，同样闻名全国，不过是以自己的方式——原住民摇滚乐队 Yothu Yindi 的主唱和核心成员。曼达乌伊以前是一名教师，性情温和，有着深厚的男中音。在乐队不少成名曲［如《条约》（Treaty）、《主流》（Mainstream）和名实相符的《部落之声》（Tribal Voice）］中，他将雍古人的愤怒和尊严注入了流行艺术。曼达乌伊告诉我，尤其是对古玛特吉氏族来说，这种平静的残暴自有渊源，以巴茹为原型。"鳄鱼是我们源头的根基。"他说。

曼达乌伊花了几分钟的时间，想要教会我氏族、动物图腾、传说和领地之间的关系。这些晦涩难懂的东西几乎无法谈论，更不用说简单概括了。有鲨鱼人、鳄鱼人、魟鱼人，每个氏族都与这种或那种动物有着特殊的联系。在原始时代，这些生物——鲨鱼、魟鱼、巴茹本尊和其他标志性动物——以人类的样貌存在，是雍古土地和法律的创始神。一个古老的故事讲述了巴茹和魟鱼如何争夺各自的领地。魟鱼刺伤了巴茹的腿，但巴茹没有报复。争端就在那里结束了，解决了。于是，巴茹的国度在咸水河口地带结束，而魟鱼的国度从那里开始。另一个故事讲述巴茹和他的妻子蓝舌石龙子的家庭纠纷。她收集了一些蜗牛，巴茹睡觉的时候，她在火中烘烤蜗牛，放到巴茹的皮肤上，导致皮肤起泡。巴茹醒来，大叫："你对我做了什么？"他把蓝舌石龙子推进火里，把她的皮肤毁成鳞片状。从那以后，她就变成了蜥蜴的形态。曼达乌伊说，这个婚姻冲突的小故事并不像最初的创世故事那么严肃。这只是雍古母亲给孩子们讲述的传说，就像他母亲告诉他的那样。

说到孩子，我问，鳄鱼对孩子们有什么危险么？雍古母亲们担心鳄鱼吗？她们一定很担心孩子们在水里玩耍吧？不，曼达乌伊说，如果教导孩子们认识动物的本性和它们的位置，就不用担心。"只要你尊重它，它就会尊重你。就是说，当你在灌木丛中或水边时，你总是要密切注意。如果看到一个巴茹，你就离开它，顺其自然地走开，让它独自拥有那些空间——然后你走另一条路。""几千年来，"他补充说，"雍古人学会和鳄鱼在一起共同生活，而不是消灭它们。"

当我提到巴尼亚拉时——那个格林德尔湾附近的小家园，那个贾拉林巴曾经非常虔诚地谈到的地方——曼达乌伊主动说道："那是巴茹的起源地。"那里有它的巢吗？或是附近什么地方有它的巢吗？那里恰好有一条河流在海湾北面咸水湿地中消失吗？"那是加朗加利，"曼达乌伊说，"最重要的地方。"当时的感觉，就好像一无所知的我，对一位穆斯林说：你听说过一个叫麦加的地方吗？

34

早在曼达乌伊推荐之前，我已经感觉到巴尼亚拉的召唤了。我能自己去吗？可以，但不容易。探访需要北部土地委员会的许可，而且只有跟当地土地所有者协商好了才能颁发许可。多亏了我各种联系人的慷慨帮助，一切都安排好了。后勤又是个难题。有人告诉我，要去巴尼亚拉，最好的方法是小型飞机。也可以通过陆路旅行，如果你有结实的四驱汽车、又不怕费车的话，至少在旱季是可行的。但我没有。

所以我租了一架塞斯纳飞机，向南飞行一个小时，然后在上午十点左右降落到草地跑道上。从机舱爬出来后，我走过一个牌子，上面写着"欢迎来到巴尼亚拉"，字迹工整，装饰着长矛图案。

这是一个保存完好的小定居点，由十座金属建筑和一片香蕉林组成。油桶里闷烧着火。一根漆成白色的高竿，随时准备在青春期男孩的成人礼上使用。两位刚步入中年的壮汉，贾姆巴瓦·马拉维利（Djambawa Marawili）和他的兄弟努旺贾利（Nuwandjali），热情地迎接了我。他们都是艺术家，他们的树皮画在伊尔卡拉艺术中心展出，在澳大利亚广受赞赏。在1996年的全国竞赛中，贾姆巴瓦有一幅作品被评为最佳树皮画。他们年迈的父亲瓦库蒂·马拉维利（Wakuthi Marawili）是受人尊敬的氏族领袖，也是一位画家。在雍古艺术的正式传统中，家庭和氏族对装饰图案拥有所有权，就像对土地中的特定区域一样。贾姆巴瓦和努旺贾利的部分树皮画呼应了瓦库蒂几十年前的作品。对马拉维利家族来说，永恒的主题就是巴茹，鳄鱼始祖。巴茹是火的使者，是咸水水域和淡水水域的纽带。巴茹神圣的筑巢地，加朗加利，正是玛达尔帕氏族的发源地。

碰巧，贾姆巴瓦今天正在创作一幅巴茹的画。他刚勾勒出底稿的轮廓，但已经能看出巴茹和蓝舌石龙子的形象，它们在火边上演传奇中的扭打大戏。这正是我苦苦寻觅的那种表现形式。（当时我完全不知道它会出售，不过这幅画后来被送到伊尔卡拉画廊，最终挂到我家里。）现在，随和好客的贾姆巴瓦把刷子放在一边，我们开始聊天。

我们坐在防水布上，我拿出我的伴手礼，一盒温菲尔德红香烟——虽然很不健康，令人惭愧，但符合当地的礼仪。我向他解释了我对鳄鱼的兴趣。努旺贾利说："如果它们饿了，它们就会去杀人。有点像狮子。它们很危险。"但对戏弄鳄鱼的人来说才是危险的，他补充道。

与此同时，贾姆巴瓦一言不发地走开了，回来时给我带了一件礼物：一本小纪念册。它用雍古语和英语写就，还有照片和地图，都是雍古孩子们在巴茹工作坊的作品。几年前，在巴尼亚拉这里，面向整个阿纳姆地东南部的青少年举行过一系列类似活动，巴茹工作坊是其中之一。所有活动都有双重目的，向年轻一代传播雍古文化，促进他们的多语言教育。巴尼亚拉的工作坊以著名的鳄鱼筑巢地加朗加利为核心。

我翻阅这本小册子，看到加朗加利的照片和神秘的图表，看到加朗加利在雍古信仰宇宙中的地位。"那是天然的鳄鱼农场，"努旺贾利说，"但不是我们的成果。我们的祖父从未做到。我们的父亲也没有。不过鳄鱼做到了，它始终在那里。"

在现实中，加朗加利是一片圆丘状的沼泽，红树林植物、露兜树和阔叶千层树掩映在低矮的丛生芦苇上。它位于巴尼亚拉以北 10 英里处，靠近德鲁普提河的秘境——在距离格林德尔湾一步之遥的地方，河水在那里消失在地下，就像一条蛇掉进洞里。那里的条件非常适合湾鳄筑巢。仅此一点，就让这里很重要。不过，除了集中的巢穴和隐没的河流，让加朗加利与众不同的，还有密集的狭窄通道网络。流动的河水和无数代的鳄鱼，让通道网络保持畅通。每条通道仅比大鳄鱼的肩部稍宽，蜿蜒穿过土壤和植物根系。在工作坊小册子粗糙的黑白照片上，它们看上去就像是灌溉干草地的沟渠。努旺贾利告诉我，这些隧道可以让鳄鱼在河堤底下通行。

隧道？他说的是隧道？那么，不仅仅是露天沟渠，还有地下管道？鳄鱼穿梭其间，就像纽约下水道里传说中的鳄鱼一样？我花了一些时间来理解这一点。加朗加利的隧道，尽管我认为它们确实是现实存在的，但又似乎是超现实的，具有不可抗拒的象征意义，虽然我不能确定它们象征着什么。

小册子收集了参加工作坊的孩子们尽职的小报告。报告描述了他们游览这个神秘地点的情况："昨天我们去加朗加利找鳄鱼，还去了丛林。这是一个大丛林，有各种树和大隧道。加朗加利很美。""我们看到三个巴茹，还看到了巴茹的隧道。"除了看到鳄鱼、窥视隧道外，孩子们还体验了味觉：从紧邻的水源中品尝两种不同味道的水。"我们尝了盐水和淡水。"在这边，它是淡的、甘甜的；就在那边，是咸的。在加朗加利附近的某个地方，在植被、沟渠、地下渗透和隧道的隐蔽下，德鲁普提河与潮汐交汇。具体在哪儿？好吧，从不同的水坑里蘸一下，尝一尝，你就知道了。淡的，嗯。咸的，呃。毫无疑问，对任何文化背景的孩子来说，这都是很好的经验——世界的关键边界，并不总是肉眼可见的。

我还在沉思这些难以言喻的味觉体验时，贾姆巴瓦把我带回现实。他解释说，在过去几年间，巴尼亚拉的居民到加朗加利收集鳄鱼蛋。他们把蛋运到伊尔卡拉附近的雍古鳄鱼农场孵化。收获过程受到严格限制，留下一些巢穴不碰。古玛特吉人经营农场；玛达尔帕人，他的族人，掌管筑巢地，并贡献鳄鱼蛋。这给这两个血缘关系密切的家族带来了微薄的收入。但是玛达尔帕人不干了。反正是，暂停了。他们已经下令暂停采集鳄鱼蛋。加朗加利显然发生了一些事情，一些丑陋无礼的事情，尽管贾姆巴瓦没说是什么。后来我了解到，在那里发现了偷猎者的捕鱼营地，到处都是油桶、被褥和垃圾。最糟糕的是，还有一个粗麻布袋，装满了砍下来的鳄鱼头。虽然杀死鳄鱼在玛达尔帕国度并不陌生，但手段和方式至关重要。那个布袋里的头颅，代表着令人发指的亵渎。所以现在不允许任何人碰野生鳄鱼的蛋。加朗加利现在是不受干扰的保护区。它可能是澳大利亚最高产的天然鳄

　　　　　　　　　众神的怪兽：在历史和思想丛林里的食人动物

鱼孵化场之一。

禁止采集鳄鱼蛋只是暂时的，贾姆巴瓦说。这会让精神创伤愈合，让鳄鱼种群繁殖起来。之后，玛达尔帕人可能会选择建立自己的鳄鱼农场。他们可以持续收获一部分野生蛋，自己饲养孵化出来的幼崽。他们甚至可能尝试小的旅游项目，允许外来者参观这个鳄鱼避难所。当他提到旅游时，我甚是尴尬。虽然不该由我来说，不过这很容易想象，一小群肺鱼偷猎者已经对玛达尔帕文化造成了巨大的破坏，在达尔文市登记预定的"生态游客"造成的破坏可能会大得多。当然，加朗加利不允许打猎，努旺贾利说。他还用四个字概括加朗加利的管理状况："太疯狂了"。

然后，我们爬上他的陆地巡洋舰汽车，沿着一条土路向北行驶，在沙棕榈树、桉树和橙色的白蚁土丘之间蜿蜒前行，直到加朗加利。我们不会靠得很近。当时并非合适的时令，或者也许因为我是不合时宜的游客，因此我们不能在圣地闲逛，只能远远观望。我的视线穿过河漫滩。我看见它的轮廓，像短草草地上的草丛一样立着。看不见隧道。鳄鱼一定是想象出来的。但是即使隔着这么远，圣地对贾姆巴瓦和努旺贾利的影响也不容置疑。他们把我护送到这里，分享他们精神世界的一角。嗯，我不确定他们这样做的原因到底是什么。除了亲切好客的性格，他们也很有见识。或许他们认识到，尽管他们的传统文化自成体系、浑然一体（即使它包含了外部社会的温菲尔德红烟、艺术画廊和"陆地巡洋舰"），但仍无法逃避与广阔的外部世界日益增多的互动，而我刚好是新来的中间人。

回到机场，我的塞斯纳在等待。努旺贾利跟我握手，在温柔聪明的眼睛下面，他的脸颊圆润突出。"谢谢你来巴尼亚拉。"他说。而贾姆巴瓦最后一句话不那么个人化，更加字斟句酌，像是资深氏族领袖对基本原则的声明："玛达尔帕意味着鳄鱼。"

35

但是飞回伊尔卡拉之前，我还有一个小任务。经过一次抛物线式的跳跃，飞机把我送到一个叫作德鲁普提的定居地。这地方位于德鲁普提河边，下游几英里就是河水在加朗加利下面消失的地方。我希望找到曼曼·威尔潘达（MänMan Wirrpanda），一个贾普（Djapu）氏族的人，他向当局抱怨鳄鱼正在威胁他的社区。

塞斯纳飞机不可能在这样的地方悄无声息地降落。等我走出机舱时，外面已经挤满了人。说明来由后，我被送到曼曼面前。他是一位六十多岁的小个子男人，脑袋和胸部都涂了白泥。他拿着一根装饰得像权杖的挖掘棍。他的装扮和装备说明我打断了一件重要的事情，男孩们的割礼仪式，其中包括他儿子。这也许是跟巴尼亚拉同样的成年仪式，也用到神秘的白杖。好在德鲁普仪式才开始做准备工作，还没有真正上刀，曼曼可以容忍暂停。他欢迎我的来访，因为，哎，这个可怜的人，他误以为这是向某位官员寻求帮助的机会。我们坐在地上，坐在遮阳篷下，他开始解释。

他担心的是三条非常大的鳄鱼，十五英尺长，一直潜伏在附近的水域，困扰着社区。他想把它们抓起来，送走，或至少用围栏把它们关起来。他告诉我，他的族人不敢靠近水。他们不敢去猎杀大雁。他自己丢了一只狗。孩子们也不安全。"不仅是孩子，成年人也是。"曼曼说。没有人感到安全，因为没人知道这些鳄鱼会在什么时间出现在哪里。有人会被杀的。

他自己氏族贾普的图腾是莫纳，鲨鱼始祖，不是巴茹。他告诉我，是鲨鱼统治着他们，鲨鱼创造了这个区域。我注意到，社区手绘的欢迎标志上有一只淡紫色鲨鱼的欢快形象。但是，正如曼曼所熟知的那样，控制鳄鱼的问题变得很棘手，因为他的邻居玛达尔帕氏族虔诚地隶属于巴茹。他说："我们必须通过一些渠道，走正确的路。"当然，他指的是政治渠道，不是充满水和鳄鱼的地下隧道。他不敢射杀鳄鱼，也不敢刺杀鳄鱼，害怕引起严重的氏族冲突。所以他希望公园和野生动物委员会的巡护员能在灾难来临前，监控这些危险的动物。或者用围栏把它们围起来？还是关到笼子里？一个笼子，是的——曼曼的人可以答应喂养它们。他需要某种形式的隔离，拜托了，把他的人和那些鳄鱼分开！

我对曼曼的请求印象深刻，不仅是因为请求本身的迫切，还因为他急迫的态度与贾拉林巴的漫不经心、曼达乌伊引以为傲的亲和力、贾姆巴瓦和努旺贾利对鳄鱼的虔诚保护，形成了鲜明的对比。图腾归属为野兽与人类之间的休战提供了超验的形式，鲜明地体现在古玛特吉和玛达尔帕的关系中。但如果你不属于这些部落，一旦你有孩子掉进水里，那么鳄鱼看起来就完全不同了。雍古人如何看待湾鳄，这个问题没有单一的答案。一个人的怪物，也是另一个人的上帝。

"这只是为了安全。"曼曼说。不，他不是谋求肉或皮。他对鳄鱼没有恶意，对巴茹没有不敬。"孩子的安全。社区的安全。否则，如果发生了什么事——那太晚了，你知道吧？只是为了安全，大卫。"

尽管他的焦虑可以理解，但他对外界援助的呼吁却有些讽刺的意味。他要求外来统治者的代理人来调解一场原始的冲突，而同一个统治者抹去了雍古人的主权，否定了雍古人对这片土地的所有权。他对我的误解——误认为我在这件事上有一定影响力——实在令人尴尬，但不容易纠正。毕竟，他用无线电向纽兰拜表达了他的担忧，然后这个巴兰达就从天而降，前来询问鳄鱼的情况，还做了笔记。"这就靠你了。"他说道。他对此深信不疑，然而错得离谱。

好吧，我说，我会告诉他们。只是为了安全。明白了。

我合上笔记本。当他带我回到塞斯纳时，访谈就要完成了，曼曼却说出一个令人惊讶的事实。很久以前的那个达基亚尔：那个刺死警察、被带到达尔文受审的人，那个无影无踪、再也没有回家、再也没有消息的人？那个看起来像是被达尔文市警察杀死抛尸的人？"那个达基亚尔，"曼曼说，"是我的父亲。"

巧合吗？是的，却是奇怪的令人困惑的巧合。我在阿纳姆地东部记录了大量证言，大部分似乎都被强烈的矛盾所吸引——雍古方式对巴兰达方式，本土自治对帝国主义，本土捕食者对殖民力量（殖民力量不仅能安抚人民，还能安抚土地本身），对鳄鱼的崇拜与对鳄鱼的恐惧、厌恶和开发。不过，曼曼刚刚提醒我，纠缠的命运不能边界清晰地分成两堆。他与达基亚尔·威尔潘达的密切关系，似乎把整个雍古故事绕成不太可能的圆圈，就像鳄鱼噬咬自己的尾巴。巴茹，神圣的怪物，不是简单的动物，也不是简单的想法。从来都不是。

36

距离我第一次到阿纳姆地八个月后，我再次回到了北部海岸边的曼宁立达，正好赶上收获鳄鱼蛋的季节。整个下午，我都在帮助杰尔克漫游者组织和他们的导师"教授"杰基·阿德贾拉尔采集鳄鱼蛋，他们在利物浦河岸上打开四个鳄鱼巢穴。我们背靠背，互相保护对方免受愤怒的母鳄鱼伤害。我们用手挖开巢丘，将几十枚蛋装入乐柏美冷藏箱。

这是一项精细的工作——要把蛋擦干净，用毡尖记号笔标记采集位置的代码，还要注意每枚蛋朝上的方向（以免扯动里面的胚胎），然后成排堆叠起来。雌鳄产卵后，在卵上面堆积腐烂的植物，形成巢丘，通过植物腐烂释放的能量提供热量。爬行动物用这种方法替代亲体孵卵的体温。这些舒适地埋藏着的蛋，已经成熟。如果不动它们，几天内就孵化出来了。那时小鳄鱼将挣扎着穿过堆肥，进入河里，或者被妈妈带到河里，然后接受自然淘汰的考验。自然死亡率相当高，大多数小鳄鱼会在一年内死去。不过现在，我们先发制人。

我们摸的每个蛋，都像是滴答作响的定时生物炸弹，随时可能爆炸。事实上，第四窝蛋已经迫不及待了。当我们处理它们的时候，蛋开始吱吱作响。一小块壳碎片从一端冲出，后面是一个橄榄绿色的小鼻子，再后面是一只急切想要出生的微型鳄鱼。我们迅速而小心地把未孵出的蛋装好，向下游驶去，与暴风雨赛跑。小艇的引擎和新生手足的推搡交织在一起，创造了一种能传染的兴奋感，从一个蛋传到另一个蛋。在我们回到曼宁立达之前，整个冷藏箱就像爆米花一样炸开了。一堆整齐的蛋变成了一群蠕动的小鳄鱼。几条小鳄鱼纠缠不清，动弹不得，急需帮助。我下手帮忙，亲身证实：刚孵化的鳄鱼，第一本能是咬帮助它从壳中挣脱出来的手指。不过这些小怪物的牙齿就像牙刷的刷毛，它们的下颌还几乎无力咬合。

这些刚孵出的绿色身体还沾着蛋白，蠕动着，像蝾螈一样滑溜而脆弱。

在杰尔克的工棚，我们把它们卸到托盘里。未孵化的蛋放入不同的托盘中。我们从四个巢中（分别编码为 L-9、L-10、L-11 和 L-12，数字代表它们在利物浦河沿岸的顺序，每个蛋都标有巢的编码）收集了 99 个活蛋和 45 条小鳄鱼。当我们把蛋都藏进温暖潮湿的孵化器并盖上盖子时，我体会到了助产士温柔的自豪。小鳄鱼很可爱。

但是，为它们或者它们在原住民文化中的地位而多愁善感是不公平的。还好，第二天晚上我就吃到强有力的补药，足以抵制这种敏感脆弱的诱惑。

这次外出，我们要抓的是成年鳄鱼。我们带了一盏探照灯、两节十二伏的电池、几根绳子、一卷粗大的胶带、一支旧步枪、各种钝刀、两卷降落伞索和一支鱼叉。我们还带了一盒黄铜制的鱼叉尖，每个叉尖上都有可以拴绳索的孔眼。晚餐是热狗。我们在下游一处安静的地方落锚，一边吃着冷热狗，一边等待天黑。月亮在一层浓云后面朦胧升起，离满月还差一天。在下一步行动之前，我们将探照灯连接到电池上测试。杰基指挥我们把所有的装备都放好。煤气罐放在后面，备用电池放在后面，绳索箱放在前面，步枪放在后面，其他东西也都整齐码好，这样小艇的甲板就清空了。待会儿可能会变得忙乱，甲板上要先收拾利落。然后，我们驾船向上游驶去，来到利物浦河与汤姆金森河交汇的地方。

年轻"漫游者"兰迪·伊巴布克（Randy Yibarbuk）盘腿坐在船头甲板上。阿利斯特在掌舵。杰基在前部站着，双脚放得很宽。他威风凛凛，虽然个头比孩子大不了多少，却像魁魁格 [1] 一样随时准备与猎物交战。兰迪用探照灯扫过前方的河岸，扫描鳄鱼的眼睛。在绿色的红树林和褐色河水的映衬下，长长的光柱呈现出烟蓝色。探照灯这边闪闪，那边照照，一会刺探海岸线，一会在海湾中短暂逗留，照亮圆木后面，那些淹没的障碍上面，任何鳄鱼可能在夜间觅食的地方。杰基在看着。我们都在看着。我们看到许多成对的橙色圆点。但大多数情况下，当我们放低发动机油门滑行靠近时，发现都是小鳄鱼，只有三四英尺长。"小家伙！"杰基说着挥手示意阿利斯特继续前进。

---

① 魁魁格，Queequeg，麦尔维尔《白鲸》中的人物，有着"质朴灵魂"和"圣人智慧"。

河流两岸亮起一双双眼睛，就像公路两侧的反射带。我们逐一检查它们：一条小鳄鱼，另一条小鳄鱼，还是小的。但现在杰基已经把鱼叉装好，在插孔里装上黄铜尖头，用绳子把它紧紧地绑在鱼叉杆上。我们用聚光灯照到几条大家伙，我们一靠近它们就下沉。这么大的动物能如此安静而毫不费力地消失，停在船底下的某个地方，这真让人毛骨悚然。但是能活到成年的鳄鱼，肯定不会愚蠢——至少，不会是它们暗淡危险的世界中的那种愚蠢。我开始想象自己要度过一个漫长而徒劳无功的夜晚，这时杰基把鱼叉扔进了水中。

　　什么都没发生。他收回鱼叉杆。黄铜尖不见了。绳索拉出了几码远，似乎缠住了红树林的树根。我感觉他什么都没扎中。

　　然而杰基更清楚发生了什么。他拿叉杆探了探水面明显翻动的地方，像是试图找回一个被缠住的鱼饵。当阿利斯特稳住船时，他改变了绳索的受力角度，然后稳稳当当、毫不费力地将绳子一拉再拉，直到冒出一条愤怒的大鳄鱼的脑袋，让我大吃一惊。鱼叉尖就扎在它脑后的颈部肌肉里。

　　足足有20分钟，杰基遛着那条鳄鱼，就像遛一条500磅的鲶鱼。鳄鱼激烈挣扎，他就主动让它跑远点。鳄鱼歇下来，杰基就收回主动权，缓缓回收鱼线。与此同时，我们沿着汤姆金森河静静地漂流。夜晚很温暖。蚊子知道我们的存在。杰基低声说话，也许出于尊敬，当然更可能是避免加剧鳄鱼的恐惧。鳄鱼放弃了吗？它是在养精蓄锐吗？信号不是很明显。杰基在等待适当的时机。他让我再递给他一个鱼叉尖。兰迪操纵着绳子，杰基让鳄鱼抬起头部，结结实实地扎了第二下。鳄鱼现在拴了两根绳，几乎没有希望了。几分钟之内，我们就把它弄到了船边。

　　我脑中有一个清醒的声音在问：现在怎么办？

杰基用一根末端带环的绳子套住鳄鱼的上颌。绳环在球鼻后特有的窄点处收紧。鳄鱼上颌被固定住了，下颌依然张开，露出一排排尖利的牙齿和咕噜作响的血盆大口。起初，我误以为这样做是为了同时捆住上下颌，那杰基肯定是绑错了。不过，这显然正是杰基想要的结果。拴住上颌，绳子卡在牙齿之间；要是同时拴住上下颌，绳子会从鼻子上滑落。当然，这样鳄鱼的嘴巴还可自由开合，猛地咬住任何够得着的东西。鳄鱼发出嘶嘶声，一种可怕而又可怜的声音，表达着愤怒和疲惫。阿利斯特拿起了步枪，一把老式的 0.22 口径栓式步枪，产自菲律宾军火公司。我从口袋里掏出一颗子弹递给他——不知何故，我被指派携带这颗子弹。杰基和兰迪拉住套索，把鳄鱼的头吊在枪口上。船已经变成了拥挤的地方。阿利斯特把枪口对着鳄鱼的大脑。枪卡住了。

阿利斯特拔出枪栓，清理一下，再试。那一声小小的"啪"听起来几乎微不足道，不过是寂静深夜中的一声轻拍，但对这条鳄鱼来说，却重如泰山。这只动物畏缩了一下，喉部发出另一种嘶嘶声，就像从爆胎的卡车轮胎里出来的空气。此时，直到此时，杰基才说了第一句话，"七英尺。"

他的估算很接近，但仍然保守了。最终测量结果是 238 厘米，7英尺 10 英寸。它是一只雌性。腹部皮肤看起来不错，虽然不是最好的——可能会定为二级。它的肉将送给曼宁立达的人们。

37

事实证明，那是一个漫长艰苦而富有教益的夜晚。我们还叉住了两条差不多大小的鳄鱼。一条被放生了——相信我，这个任务并不简单——因为杰基注意到它尾巴上有个瑕疵。脖子处轻微的鱼叉伤并不会危及生命。杰基认为，不能因为没有足够商业价值的皮肤，就杀死一只健康的好动物。另一条鳄鱼八英尺长，强壮而坚韧。为了制服它，我们用了两根鱼叉绳、一个鼻套、一段绑住嘴的降落伞绳、两颗步枪子弹，然后用我的莱泽曼匕首刺入它的大脑，再刺入一把更长的刀。在整个过程中，我尽最大努力提供帮助，也尽最大努力远离鳄鱼的下颌，远离生锈且未必靠谱的步枪。我尽我最大的努力，调和对沦为猎物的鳄鱼的同情与对受到传统和需求驱使而捕猎鳄鱼的人们的同情。

我回来得很晚，筋疲力尽地回到曼宁立达郊外的住处，脱掉肮脏的衣服扔在地板上，然后睡觉。这一切似乎是一场可怕的梦。不过，当我第二天早上醒来时，发现眼镜镜片内侧有几滴干涸的鳄鱼血。

九趾棕熊的阴影

38

图腾崇拜有多种形式，但并非都出于宗教信仰。不同民族通过把自己跟特定的动物（尤其是顶级食肉动物）联系到一起，以寻找力量、确认价值，当然有时也是为了美化自己、满足虚荣。除了阿纳姆地东部的古玛特吉人和玛达尔帕人，还有一群澳大利亚人将集体认同与湾鳄挂钩：地狱天使摩托车俱乐部达尔文分会。这一点人类学消息来自标本制作人安德鲁·卡波（Andrew Cappo），达尔文博物馆的前员工。卡波精力充沛，业余时间腌制巨大的鳄鱼头，用作地狱天使俱乐部的装饰。

卡波独自住在达尔文市几英里外的郊区，靠近汉普蒂杜（Humpty Doo）十字路口的一片灌木中。他的工作室也是他的家，一个金属屋顶、混凝土结构的建筑，四周没有遮拦，向周遭的热带环境开放。一张床、一袭蚊帐、一个电磁炉和一台冰箱，就是温馨家居的全部家当了。除此之外，还有一把带锯、一台钻床、一个装满动物尸体和动物器官的大冰箱、几张桌子、一个还没上漆的鳄鱼头模型以及一台金属车床。搬到达尔文市学习动物标本制作的前几年，卡波在阿德莱德的通用汽车公司做机械师。他蔑称之前的工作为"拆拆拧拧"，没有一丝怀旧之情。有一天，他和其他3500名工人一起遭到解雇。不久后，他便搭上飞往北领地的飞机。那都是十六年前的事了。他花了五年时间参加博物馆的培训，学习制作动物标本，但跟老板意见不同，最终分道扬镳。卡波开始独立工作，最终在这个行业里找到一席之地。七年前他搬到汉普蒂杜。安德鲁说："如果你不在城市待着，而是孤零零地住在某个小隔间里，你就已经出局了。"然而，无论是哪里的赛局，似乎都不适合他。即使在这片十年前还是原始丛林的地方，他也在为城郊的扩张而烦恼。"地球上的人太多了。"对他来说，人太多而野生动物不够。

卡波身材高大，皮肤黝黑，性情随和，有一头金黄的卷发，笑容灿烂，对野生动物、户外运动、开放空间、自由、竹艺、枪支和配枪权有着狂热的激情。最重要的是，他还喜欢澳洲北部最美味的本土鱼类——澳洲肺鱼。他承认，他以捕鱼为生。这就是他北上的原因。他几乎每天都吃肺鱼，年复一年。想钓鱼的时候就去钓鱼，想工作的时候就去工作。他结过婚，但都是很久以前的事了。"标本制作师没有老婆，伙计。"他告诉我，"玩不到一块，我老婆多年前就跑了。"想来点肺鱼吗？他大方地问道，然后开始用烤盘给我们做午餐。事实证明，这是我在澳大利亚吃过的最好吃的饭菜之一——考虑到澳大利亚食物的状况，这是一句冷冰冰的恭维，却也算是热情的。

卡波的工作台上立着一个跳跃的澳洲肺鱼模型——这是他制作标本和日常饮食的主角。他制作了很多死鱼标本，还根据渔民选择释放的大鱼制作惟妙惟肖的模型——他根据精确的测量和专业的外推法，使用玻璃纤维模具制作。"是肺鱼让我活下来的，那是我的工作。"他说，"至于鳄鱼，我不依赖它们。"

但如果有需求，他也会做鳄鱼标本。他管那些穿皮衣、骑哈雷－戴维森（Harley-Davidson）摩托车的绅士骑手叫"飞车党"。飞车党似乎对他博物馆级别的作品非常满意，已经不止一次问过他。除了酸洗鳄鱼头，他还鞣制皮革，漂白头骨。选择什么保存方法要具体情况具体分析，既取决于客户的偏好，也要看卡波拿到的尸体的情况。鞣制的鳄鱼皮，如果不作为皮革制品批发出售，还可以平装成平面装饰品，就像青铜拓片或织锦。简单漂白的鳄鱼头骨是漂亮、干净、没有气味的艺术品，适合在休息室露天展示；虽然没有腌制过的头部那么栩栩如生，但腌制过的保质期更长。非常大的鳄鱼头更适合煮漂而不是酸洗。湾鳄是北领地的标志性动物，达尔文市本身是鳄鱼国度的首府。达尔文市的天使们①选择鳄鱼图腾工艺品，既表现出强烈的本土自豪感，也有某种残忍的热情。他们不仅仅是用鳄鱼装饰自己的俱乐部，还将之作为礼物送给澳大利亚其他地方分会。阿德莱德分会拥有两个卡波制作的头骨。骑手们在全国各地都有分会，在每个大城市都有俱乐部，能让卡波忙碌好久。卡波觉得天使们是不错的顾客，不错的家伙。接着又叮嘱我："你在书里小心别提他们的名字。"说完他紧张地笑了。我们一起神经质地笑起来。"这是一种奉承吗？"他问道。当然，我说。谁会因为一群喧闹的摩托车手对腌制鳄鱼头兴致勃勃，就贬低他们呢？

鞣制鳄鱼皮并不容易，尽管这是比腌制鱼头更古老、更精致的工艺。事实上，用卡波的话说，这是"艰苦肮脏的工作"。因为用到有毒化学品，它对从业者的健康也是有害的。在过去，标准配方里有砷和氰化物，标本剥制师往往英年早逝。如今，配方改进了，使用甲醛、

---

① 指地狱天使摩托车俱乐部的"飞车党"。

甲酸、煤油、碳酸氢钠、盐、卢坦－F 鞣制剂和石炭酸（也称为苯酚）。不过，苯酚和以前的毒药一样危险。卡波说起苯酚，"我不喜欢它们。瓶子里的致癌物，会杀死一切。"苯酚不会降解，会一直残留。卡波对杰尔克漫游者组织收获野生鳄鱼的事很熟悉（我们共同的熟人介绍他去给当地的小伙子们帮忙），他说，当曼宁立达的小伙子们开始自己鞣制皮张，毒性问题需要重视。卡波愿意去传授技能，帮助他们建立制革厂。据他所知，他们已经准备好了 20 张皮（其中两张来自我用鱼叉捕获的鳄鱼），用盐腌好，卷好，随时可以鞣制。但是如何处置有毒废物呢？这些小伙子能够谨慎小心、尽可能避免暴露在有毒物质中吗？皮肤接触已经很糟糕了，吸入苯酚气体可能会更糟。安德鲁很担心。他不介意自己干鞣制的活儿，但草率的新手确实不适合干。不过他似乎很理解曼宁立达社区想在皮张交易方面做点垂直整合的愿望，也决心尽其所能，把良好的防护习惯灌输给小伙子们。

给我讲讲技术细节吧。你是怎么鞣制鳄鱼皮的？

嗯，这个过程有七步：盐渍、浸泡、洗刷、酸洗、剃刮、鞣制和涂油。哦，是的，还有染色，如果你想让皮革呈现丰富的棕色或黑色，这比那种暗淡的橄榄灰色鳄鱼皮更受欢迎。好吧，比如你弄到一条死鳄鱼。你剥下它的皮，把生皮面朝上，用电动喷嘴喷水冲刷，去除最后的肉渣，然后加盐。

腌它，我附和着说，撒上盐。

撒盐？不。他纠正我，你得把盐巴倒上去，塞进皮肤的褶皱和缝隙里，把盐抠进去，盖住每一丁点皮肤。别吝啬，你吃不了多少盐。盐必须渗透进去才行。然后卷起皮张，储存在冷藏箱里，直到你准备好第二步。第二步是石灰浴，将皮子泡到石灰里去除鳞片，鳞片会像半透明的薄壳一样剥落。接着在搅拌盆装满水和清洁剂，清洗皮子，把所有污垢、血液和污渍冲刷干净。然后取出来，冲洗干净，用蚁酸溶液酸洗。但是要注意你的酸液，浓度要高，但也不能太浓。如果酸太浓（比如 pH 值低于 2.5），会出现一种很难看的现象，叫作酸胀。皮子变得又黏又软。"酸胀是鞣皮工的噩梦。"

"酸胀，"我重复道，"酸太多了，皮肤会膨胀？"

"是的。"

"鞣皮工的噩梦？"

"是的。"

"蚁酸。你是从蚂蚁那里搞到的吗？"

"我不确定从哪里搞到的。闻起来像蚂蚁。"

"听起来也像蚂蚁。"

但在适当的浓度下，蚁酸会使胶原纤维松弛，提高皮张的柔韧度，甚至会从骨质的内部盾片中带走一些钙。这是软化骨骼的魔法材料。卡波听说，要是把人的股骨浸泡在蚁酸中，甚至可以把它提起来打结，因为几乎没有钙了。鳄鱼皮中含有钙质的盾片（膜质骨板），你不会想让它错过一个不错的蚁酸澡的。

酸洗后是剃刮。鳄鱼皮薄而不规则，不像水牛皮那样均匀厚实。鳄鱼皮更脆弱，剃刮的时候得更精细。不能用剃须刀，安德鲁警告说，得用电动研磨机上的圆形钢丝刷。那才够精细。

"你是研磨皮肤内侧吗？"我问道。这个问题可笑又无知，但我想弄清楚。我自己从来没有剥过比烤火鸡更大的动物，标本制作经验仅限于蝴蝶。

"是的，带肉的一面，"安德鲁说，"当然，你这个笨蛋。只能是带肉的那面。你不能碰另一面。"

"那是美观的一面。"

"是的。手提包或者鞋子都用那一面。"

然后是鞣制。把盐、甲醛、蚁酸、碳酸氢钠、卢坦－F和一种名叫"毛皮液"的合成油混合在一起。合成油可以取代皮革中已流失的天然油。苯酚解决的是细菌滋长的问题，但注意不要吸入那些气雾，也不要把你的手浸泡在这种药水里。要控制好药水的酸碱度，不要让它变得很酸，那就变成酸洗了。可以用碳酸氢钠提高酸碱度，pH值控制在3.0到4.0之间。让皮张在30℃的温度下至少鞣制24小时。鞣制完了，你必须再给它涂油。接下来要加热。可以把它浸泡在加热到38℃的毛皮液中，也可以用棉签蘸着加热的毛皮液涂抹到皮张上，让它渗透进去。另外，顺便说一下，这也是染色的时机。最后，在鞣制、涂油和染色之后，你必须铲皮。你可以手工完成——比如用铲子的刃部来回刮擦，就像加工水牛皮那样。但是，不，这可能不是你想要的，因为鳄鱼的皮肤太粗糙了。最好是把它和锯屑一起扔进大滚筒里。在那里翻滚扑腾会使纤维变松。就让它翻滚得越久越好。

"滚筒，"我说，"不是铲子。"

"你也可以用橡皮锤敲打，"他建议道，"但是得很使劲。"

槌棒重击。那是劳动密集型的，对吗？把它扔进机器里……什么，劳动密集型？滚筒密集型？我在努力跟上对话。我对事实和细节更感兴趣。到目前为止，我听到如下简单的阶段：清洗、腌制、浸泡、擦洗、酸洗、剃刮、鞣制、涂油、染色和铲皮。

"是的，基本上就是这样，"卡波说，"你的皮子这样就弄完了。"但是处理一个脑袋是另一回事。处理一个大动物的脑袋，就更加棘手了。特别是那种皮肤与头骨贴合在一起的脑袋（鳄鱼就是其中的代表，跟兽类不同），任何非破坏性的方式都弄不下来。不同的解剖部位有不同的处理过程。你不能把鳄鱼脑袋浸到鞣制溶液里，因为蚁酸会破坏牙齿，让牙齿变形甚至剥落。那是酸性溶液，能从牙质中带走钙。这可不行，没有人会要牙齿弯曲变形的酸洗鳄鱼脑袋。所以你必须好好保护牙齿。你可以只将脑袋的一部分浸进去——这样或那样，下颌、上颌，永远不要让牙齿接触到溶液。这是个烦琐的事，只能慢慢来，没什么技巧可言。同时，你还可以用装满甲醛的大注射器来对付脑袋。因为在这种气候里，用不了多少时间鳄鱼头就会变质，所以你得尽快处理。腐烂很快就开始了，短短几个小时的事。"因为它们本来就是肮脏的动物，"卡波说，"布满细菌。你知道，它们不刷牙。令人讨厌的微生物潜伏在口腔中。实际上，标本剥制师的感染事故发生率挺高。"上次他处理脑袋时，手指就被一颗牙齿刮伤了。当时他正从塑料包裹中打开鳄鱼头，结果不小心把自己划了个口子——只是个小口子，就像纸割的一样。但是，感染一旦开始就不可阻挡。疼痛不断加剧，脓肿也越来越严重。"他妈的差点手指都没了。细菌在指关节周围造成了大溃烂。"卡波的建议是，一定要戴手套，勤洗手，使用大量洗涤剂，把整个脑袋都用盐浸起来。如果不小心让细菌进入你体内，你就惨了。

如果是一个中等大小的脑袋，比如说一个九英尺长的家伙，你可以从鼻孔、眼睛，或者从下颌，用注射器打一管甲醛。但是那些又大又老的鳄鱼，它们的脑袋你用注射器可扎不透。它们太坚实，太坚韧了。所以要对付这些脑袋，就不得不用手工凿。"我把整个上颌凿开。而在下颌内部，就在你看不见的地方凿。"他取出大量的肉和骨头，只留下基本结构。但不可避免地，仍然留有相当一部分容易腐烂的物质。他把甲醛、盐、明矾、硼砂或者其他任何他能想到的可能阻止细菌生长的东西，一股脑打入凿出的空腔。然后用丙烯酸漆把所有这些千疮百孔密封起来。如果他喷入足够多的甲醛，或者泼上足够多的丙烯酸，也许被锁起来的那丁点活细菌就找不到合适的环境，无法复制和繁盛，也不会扩展成火热的脓肿——至少一段时间内不会。"做这事并不会让我真的开心，"卡波坦白道，"标本制作是一件非常困难的事情。"

它的保质期有多长？我问。

在严密监控的玻璃柜里，可以达到十年以上，卡波说。但是暴露在空气中的酸洗鳄鱼脑袋可没法保证。

典型的顾客是哪些人？

很难说是哪类人，他说。博物馆、野生动物展商、政府机构、私人收藏家、摩托车俱乐部，等等。一个大脑袋值好几千英镑，不可能把这样的东西卖给街上随便哪个普通的爬行动物爱好者。

巨大的尺寸、腐烂的影响，更不用说高昂的成本了，这些问题让卡波对刚从地狱天使那儿接的活感到不安。这条鳄鱼长十七英尺，长着巨大多肉的脑袋。它是被一位商业捕猎者抓获的，卡波说。那位捕猎者是管制放松后少数几个敢于踏入这个行当的白人之一。他不被允许用鱼叉捕猎——这仍然是原住民群体的专属权利，因此只能设陷阱。在这种情况下，他的猎物留在陷阱里的时间太长了。这条鳄鱼奋力挣扎，发疯般地挣扎，蹭掉了鼻尖，还咬碎了几颗大牙。后来情况进一步恶化。因为要剥掉一条 17 英尺鳄鱼的皮需要整整一队人，他们都忙着剥皮，没人注意到脑袋的情况，没人用注射器打甲醛来防止腐烂。于是死鳄鱼躺在大热天里，任由温度飙升。尽管如此，那个家伙还是把这玩意卖给了天使们。当卡波拿到它的时候，那条鳄鱼……呃，不太理想。"臭死了！"他悲伤地告诉天使们。臭气熏天但冻得梆硬，虽然冷冻让臭味降到最低，但没有改变事实。卡波看到因为鳄鱼体内气体的压力，眼睛都鼓了出来。既然我们已经吃完了肺鱼午餐，他提出拿给我看看。

他打开冰箱，取出北梭鱼、梭鱼、肺鱼和其他准备用来制作标本的冻得硬邦邦的死鱼，以及一张折叠后塞进纸板啤酒箱的水牛皮。他从冰箱底部拿出一个鳄鱼脑袋——相当大，抱着沉甸甸的，有大行李袋那么大。它的左眼像一杯覆盆子冰沙一样突出。在最后疯狂的搏斗中，鼻子前端被磨得露出骨头。一只威严而危险的动物死于非命，现在，人们希望用这一大坨冷冻腐烂的肉制作一件作品，重现、展示、拥有和支配它的威严——当然要除去危险。安德鲁·卡波，一个坚定的专业人士，会尽其所能。

但是现在没什么可做的，什么都没有。它的皮被剥得乱七八糟，根本没考虑到要制作脑袋模型，他告诉我。抓鳄鱼那家伙把肚子上能弄下来的皮子都拿走了，包括下颌下面一块重要的皮瓣。舌头也不见了，丢了好多零件。鼻子蹭掉了，牙齿也碎了。"我不得不做一些假的，我不希望它看起来是二流货，"他说，"我会给它解冻，凿掉一些肉，同时观察腐烂的速度。"但是一旦开始凿，他说，就没有回头路了。明智的做法是别想把它做成脑袋了，直接退而求其次，把脑袋煮了、漂白、做个头骨。一件不错的、有尊严的头骨，总比一堆半腐烂的骨头和肉要好，不是吗？这是安德鲁深思熟虑的结论。他对这个项目有疑虑。

说到动物标本制作，这是一门神秘的手艺，也是一门生意，顾客并不总是对的。然后，他又暗示，他会试着把这个想法告诉地狱天使们。

39

在半个地球之外的罗马尼亚高地，喀尔巴阡狩猎博物馆（Muzeul Cinegetic al Carpat ilor）里展示着动物标本的另一套成果。喀尔巴阡山脉没有鳄鱼，但是有熊，很多很多熊。原始的人类冲动总想着把可怕的野兽变成一动不动的装饰性战利品，在部族文化中证明自己的男子气概和至高权威。这种冲动在罗马尼亚的北方森林中再次上演。取代摩托车俱乐部的是罗马尼亚共产党，以及一位从共产党内部崛起的奇怪的小个子男人。

该博物馆坐落在波萨达（Posada）小镇，位于向北蜿蜒通向布拉索夫市（Braşov）的双车道高速公路旁。罗马尼亚的高速公路非常吓人，就像是一场闯关挑战，里面有喷着煤烟的卡车、因为维修而关闭的车道、阻碍车流的马车，还有急转弯时盲目驶过的烦躁司机。对他们来说，迎面相撞的可能性仿佛只是相对论那样深奥抽象又虚无缥缈的概念，从来不值得费心考虑。当然从另一个角度说，这不过是一条普通的罗马尼亚道路。如果全神贯注、小心谨慎地开车，你很可能会错过博物馆的标志。一边保持警惕，避开车流，一边注意路标，把车停在路边。终于到了，可以松口气了。

在罗马尼亚，"cinegetic"是一个重要术语，尤其是对负责管理野生动物的人来说。"vână toare"的意思就是狩猎，直截了当。而"cinegetic"可能来自法语形容词cynégétique，含义有点细微差别，带着一丝郑重其事的科学味道，表示狩猎是一种复杂的猎物管理工具。在这个国家，与狩猎相关的传统和礼仪源远流长。这些传统和礼仪为欧洲所特有，流传到罗马尼亚时变得更为奇特。罗马尼亚林业部（Regia Naţională at Pădurilor，简称RNP）为自己狩猎管理的高度专业性而骄傲。树林里到处都是被视为猎物的生物。除了熊，还有数量惊人的野猪、马鹿、狍子、猞猁和狼。罗马尼亚本地的熊是棕熊（*Ursus arctos*），与北美的灰熊还有斯堪的纳维亚、亚洲北部和北海道的棕熊属于同一个物种。在这里它被非正式地称为 *ursul brun*。出于各种或顺理成章或颇为奇怪的原因，罗马尼亚的棕熊比俄罗斯以西的任何欧洲国家都多。这种不寻常的丰富也体现在狩猎博物馆中。

博物馆是一座方方正正的钢铁玻璃建筑。这样一座现代建筑，矗立在比贝斯科家族（Bibescos）古老的山地庄园的地面上，显得有些异样。比贝斯科家族是罗马尼亚君主制末期的显赫家族，在二战的动荡中烟消云散。比贝斯科宫被大火烧毁，但仆人们的住所——一座笨重的石头庄园——得以幸存，还能体现出它的风格。在博物馆内部，有一个展厅专门展示旧时代华丽的狩猎装备和奢华的乡村装饰。挂毯，古董枪械，信号喇叭，火药筒，一把珍珠柄的剑，一套鹿掌柄的猎刀，一张厚重的胡桃木桌子和几把椅子。这些桌椅曾为王室御用山宫增添过光彩。（山宫就在锡纳亚的公路边，如今被银光闪闪的滑雪场所环绕。）此外，还有一个鸵鸟形状的银质首饰盒，一尊圣乔治屠龙的青铜雕像，那条龙与科莫多岛的巨蜥非常相似。在博物馆的其他地方，挂满了动物的头部、头骨、填充制作的标本、鹿角、兽角、野猪的獠牙，还有摊开的毛茸茸的大毛皮。这些纪念品无声无息，没有罗马尼亚语或其他任何语言的解说。在我参观那天，一位身穿米色毛衣、系着围巾的年轻女子给我当导游，用单调的课堂式英语滔滔不绝地擅自（但很受欢迎）发表评论。

对博物馆工作人员来说，她的服装似乎很随意，举止却很正式。她说，博物馆建于 1996 年。（她并没有提到，在 20 世纪 30 年代截然不同的政治环境下，还有过一处更早的国家狩猎博物馆。）这是一只黑山羊，她指着岩羚羊说。这些是喀尔巴阡山的雄鹿，她指向一面墙——墙上挂着四十来头马鹿的头骨——介绍道，它们全都是金牌得主。要获得金牌，CIC 得分需要超过 220。她没有解释 CIC 得分，但我已经很熟悉了。CIC 是保护动物国际理事会（Conseil International de la Chasse et de la Conservation du Gibier）的首字母缩写，总部设在巴黎。这家机构大致相当于北美的布恩和克罗克特俱乐部（Boone and Crockett Club），保存着一份战利品动物的评分记录簿。CIC 的计分系统基于对战利品头部和皮肤的一系列测量结果和判断标准，彼此竞争的欧洲猎人使用这个系统来评判和计分。她说，这头雄鹿的 CIC 得分是 261，创下了 1980 年的世界纪录。我们从地板上的猞猁毛皮上走过。我们欣赏一排黇鹿的鹿角。我们从摩弗伦羊（*Ovis musimon*，一种奇异的大角绵羊），走到小巧的狍子（*Capreolus capreolus*），再到健壮好斗的野猪（*Sus scrofa*）。野猪的展示形式多种多样：一个野猪头，一具完整的躯体，挂在墙上的三张毛皮，还有钉在木板上的二十多副獠牙。一头大野猪重达 250 公斤。这里大多数破纪录的动物，她带着矛盾而自豪的口吻说，都是尼古拉·齐奥塞斯库（Nicolae Ceaușescu）射杀的。

显然，她不需要告诉我这个人是谁。然而，在这座展示血腥运动的国家殿堂里，却明显找不到齐奥塞斯库的名字。许多战利品的旁边都贴着 CIC 得分，但没有说明是谁杀了什么动物。那部分信息是口头的，仅来自这位穿着毛衣和围巾制服的年轻女士。是的，齐奥塞斯库。是的，又是齐奥塞斯库。这个也是。仓库里齐奥塞斯库的战利品还多得是，她夸耀或承认道，很难说哪种成分更多一点。我不断听到他的名字，让我几乎能感觉到他的存在。但没有照片，也没有印刷出来的姓名。齐奥塞斯库，他无处不在，却又无处可寻。这座博物馆充满令人不安的证据。一方面，它们证明这个国家拥有丰富的野生动物宝藏；另一方面，也证明这些宝藏被自封伟大猎手的独裁者掠夺了几十年。难怪这位年轻女子的口吻听起来很矛盾。整个地方在记忆和遗忘之间难以平衡。

当然，尼古拉·齐奥塞斯库是个无足轻重的独裁者。他统治罗马尼亚长达 25 年，越来越苛刻，越来越狂妄自大，最终把国家当成私人王国。齐奥塞斯库矮小、乏味，最主要的才能不过是阴谋诡计。他的人生故事，只有通过可悲的后果和令人难以想象的邪恶才能上升为戏剧。他出身贫寒（父亲是醉醺醺的农民），11 岁时在布加勒斯特当鞋匠学徒，早年没有前途，也没有天分。在共产党人遭到迫害的那些年里，他在监狱里建立起自己的政治关系。他最终设法掌握了权力，然后不断加强控制，因为他对操弄人事驾轻就熟。一位叛逃到西方的罗马尼亚情报主管认为他"天生聪明、记忆力惊人、意志坚定"，尽管还有一些不那么讨人喜欢的人格特点。

在担任国家元首的早期，齐奥塞斯库看起来很开明——至少与当时大多数领导人相比更开明。他比通常的马克思主义者更具民族主义色彩，是一位具有罗马尼亚本土风格的领袖。他疏远苏联，削弱对华约组织的参与，批评 1968 年苏联占领捷克斯洛伐克。这些举动让他一度成为最受西方国家欢迎的当权者。理查德·尼克松于 1969 年来访——这是他作为总统第一次访问共产主义国家——并亲切地将手臂搭在齐奥塞斯库的肩膀上。1978 年，乔治·麦戈文将齐奥塞斯库评为"全球军备控制的主要支持者之一"。老布什在 20 世纪 80 年代担任美国副总统期间，曾称齐奥塞斯库为"欧洲的好共产党人之一"，尽管当时他残暴的一面已经表露无遗。齐奥塞斯库从来不是民主派人士。

从充满希望的开始到残暴的终局，齐奥塞斯库的政权变得越来越个人化，越来越具破坏性，越来越绝望，越来越邪恶。20 世纪 70 年代，他不满罗马尼亚被视为东欧集团的农业粮仓，于是推出工业化速成计划，主要结果有：重型设备工厂制造出品质堪忧的罗马尼亚牌卡车和拖拉机；罗马尼亚的石化工厂依赖进口石油；强行发展城市化，导致空气被污染，河流被污染，也浪费了巨额国际贷款。生产的产品大多过于简陋，无法出口。由于渴望增加全国劳动力，他不仅立法禁止堕胎，还要求每月强制体检，禁止任何子女少于四个的四十岁以下已婚妇女堕胎。严厉禁止合法堕胎，罗马尼亚妇女若想避免更多子女，唯一的办法是非法堕胎。因此，当时罗马尼亚妇女死于堕胎并发症的比率冠绝欧洲。婴儿死亡率也很高，因此婴儿活到第四周才会被登记。尽管许多山里的小农设法保持独立性，但全国广泛建立了工厂化的集体农场。另一个国家项目"系统化"（Sistematizare）蓄意破坏村庄，迫使人们进入城镇，并夷平城镇中的旧街区，代之以高层混凝土公寓楼。一旦农民变成产业工人，被装进政府控制的城市蜂房，他们就会受到政府的支配，而控制方式是他们在土地上生活时不曾有过的。例如，暖气和电随时可能被切断。他们的行动，甚至他们的想法，更容易被监控。所有这些丑陋的措施，以及齐奥塞斯库对权力本身的控制，都有大型安全警察机构（Departmentul Securității Statului，俗称"安全局"）及其有偿或无偿的庞大眼线网络的支持。根据了解内情的人士估计，全国2300万人口中有300万人为安全局工作。法律规定，打字机必须注册备案。电话被窃听，邮件被仔细检查。少数民族，特别是在罗马尼亚西部生活了许多代的匈牙利裔和德国裔公民，失去了一些权利。逮捕和酷刑迫使人们顺从和保持沉默。齐奥塞斯库操纵的安全局，加上民众坚韧的民族传统，罗马尼亚没有出现任何类似苏联、捷克斯洛伐克和其他东欧集团的异见人士运动。

然后，在20世纪80年代，当"系统化"项目和其他成本高昂的项目进展缓慢时，齐奥塞斯库走火入魔，决定偿还外债以保持脸面和独立性。他成功地做到了这一点——以出口民生物资换取经济稳定，不管自己的人民已经失血过多、脸色苍白。食物被运往国外，而罗马尼亚人只有定量配给，不得不忍饥挨饿。能源源源不断地流向国外，而居住在寒冷公寓里的罗马尼亚人只能靠40瓦的灯泡生活。汽油越来越少，原本只在农村使用的马车变成了全国性的交通工具。全国唯一的电视频道长篇累牍地报道齐奥塞斯库和他的妻子，以及他们所谓的成就。他的妻子是埃琳娜，丈夫的首席顾问，糟糕的政府治理中的全面合伙人。但在电视屏幕另一侧的冷冷蓝光中，人们既讨厌又害怕这对夫妻。当1989年席卷东欧的革命浪潮爆发时，尼古拉·齐奥塞斯库是唯一遭到废黜、并被迅速处决的领导人。和他一起被处决的，还有埃琳娜。

处决发生在1989年12月25日，地点是特尔戈维什泰市的军营。当时，齐奥塞斯库一家正准备乘坐直升机逃出布加勒斯特，却被出乎意料地带到了军营。就在四天前，他在布加勒斯特的群众集会上发表演讲时，他的政治控制突然出现了致命的失控，多年的压制和顺从后，这次集会上出现了不同寻常的叛逆。令包括他们自己在内的所有人倍感惊讶的是，齐奥塞斯库夫妇开始逃亡。最后还是被抓了。他们在特尔戈维什泰被关押了几天。而在首都，仓促组建的军政府"救国阵线"（National Salvation Front）正在考虑一项危险的决定。随后便有了一个"袋鼠法庭"①的审判，审判持续了55分钟，并有录像记录。在审判中，齐奥塞斯库愤怒地否认军政府的合法性——军政府中有一些他的重要下属，现在已经变节。这些人组建了形式上的特别法庭，然后杀了他。罗马尼亚的权力关系突变，就像烧杯中的液体发生相变，而这种变化并不是正义战胜邪恶。军队已经失去耐心，宣称自己忠诚于人民和民意。精明的官员投机取巧，迅速改头换面，装扮成民粹主义者。这些机会主义者为了达到自己的目的，保证自己的安全，防止

---

① 指私设的不公正的非正式法庭。这里为比喻义，以袋鼠的蹦跳讽刺法庭审判的随意性。

　　　　　　　　　　众神的怪兽：在历史和思想丛林里的食人动物

复辟的可能性，齐奥塞斯库必须离开——不仅仅是下台，还必须彻底滚蛋。然而，并没有更有价值的人能替代他。

经过五分钟的商议，法庭宣读了死刑判决，这对夫妇被带到外面。齐奥塞斯库可能仍然认为自己会被直升机送回布加勒斯特，但是并没有什么直升机，只有一堵空白的墙和四个拿着步枪的士兵。"别唱了，尼古，"埃琳娜厉声说道，"听着，他们会像杀狗一样杀掉我们。"过了一会儿，她说出了最后的遗言："我真不敢相信，罗马尼亚还有死刑吗？"对她和他来说，有的。后来，后面那堵墙上留下了一百多颗子弹的弹痕。

在他的全盛时期，齐奥塞斯库自称 Conducător。这是个非常响亮的罗马尼亚词，表示最高领袖、老板、主人。二战期间领导罗马尼亚的军事强人杨·安东内斯库元帅（Ion Antonescu，希特勒大屠杀的罗马尼亚帮凶），也自称 Conducător。1989 年之后，市民给齐奥塞斯库起了一个嘲讽性的名字：Împuşcatul，意思是"吃枪子的"。

但在此之前，全盛时期持续了很多年。就像这座建筑所反映的那样，所有那些被剥下的皮毛和填充的标本都在见证："吃枪子的"是罗马尼亚最杰出的、最有特权的射手。经过展示的野猪后，博物馆导游领着我继续向前走。我跟着她走进最里面的房间，游客体验的辉煌顶峰，她称之为食肉动物室。有一只野猫被固定在树上，在它下面，三只狼合力发出无声的嚎叫。房间里的其他地方有十几只熊摆出栩栩如生的姿势，大部分是幼崽和一岁左右的熊。墙上装饰着另外十几头熊，每具标本都是带有脑袋和脚掌的毛皮。西墙上只有一件藏品，这件藏品也是整个房间的焦点：一张巨大的扁平熊皮。熊皮像是人们所能想象的最大的飞翔松鼠。它的大脑袋向下耷拉着，鼻子贴在地板上，眼窝空洞无物。它的前爪几乎有三英寸长。它的皮毛是棕色的，肩部和前腿上有金色的高光，优美地反射出午后的阳光。标本背衬着绿色的毛毡，中间点缀着四朵绿色的小花，臀部和肩部还各有一朵，好像被特意打扮起来，准备参加圣帕特里克节①（Saint Patrick's Day）游行。旁边是一个简短的说明牌，牌上除了 CIC 得分 640.46，其他什么也没有。年轻女导游介绍说，这是世界上最大的熊皮。当然，还是尼古拉·齐奥塞斯库射杀的。

我不愿与她争论这头体型非凡的熊究竟是不是世界之最。如果较真的话，它真的比美国本土 48 州的任何灰熊、任何阿拉斯加棕熊、任何科迪亚克棕熊都大吗？毫无疑问，它肯定是一头巨大的熊。这头熊死亡时有 650 公斤，她补充道。狩猎时间是 1984 年，在喀尔巴阡山脉西坡的穆列什县（Mureş）。一年后，CIC 莱比锡会议认定这件战利品破了世界纪录。皮张的尺寸、毛发的密度、色泽等因素，让它得了高分。

然后，这位女士的语气突然从吹嘘变为忏悔，就像 1989 年 12 月齐奥塞斯库那些下属转变的那样突然。"我必须真诚地告诉你，"她说，"这只熊是人为喂养，专供齐奥塞斯库射杀的。"我并没有追问过她这些。显然只是她需要说出来，而且是自愿说出来。带着这条值得深究的线索，我穿过圣乔治雕像和科莫多巨蜥，重新回到阳光下。

40

在罗马尼亚中部，喀尔巴阡山脉形成巨大的 L 形分界线。字母 L 向后倾斜，其开放的一边朝向西边的匈牙利和塞尔维亚，垂直的主干向北延伸至乌克兰和波兰。在罗马尼亚境内，喀尔巴阡山脉也是几个

---

① 圣帕特里克节是为了纪念爱尔兰的圣者帕特里克而设，于 5 世纪末期源于爱尔兰，节日的传说颜色为绿色。

省份的边界：特兰西瓦尼亚省（Transylvania）位于山脉西部；摩尔达维亚省（Moldavia）位于东部；瓦拉几亚省（Wallachia）位于南部和东南部，与保加利亚接壤。山脉东西向的主干（L 形的基部）又称特兰西瓦尼亚阿尔卑斯山脉。喀尔巴阡山脉的两条主脉都是陡峭的高大山脉。几个世纪以来，这条山脉划定并强化了地区内的政治分歧。罗马尼亚以一国之力，似乎不可能融合喀尔巴阡山脉造成的分裂，并将之纳入政治框架。不过话又说回来，在罗马尼亚似乎很多事情都是不可能的。

特兰西瓦尼亚省历史上是匈牙利版图的一部分，由匈牙利人统治。不过从 17 世纪晚期到第一次世界大战期间，它是哈布斯堡王朝（Hapsburg empire）的一部分。而现在的摩尔达维亚省和瓦拉几亚省，虽然更靠近哈布斯堡统治的维也纳，历史上被定都于君士坦丁堡的奥斯曼帝国统治了数个世纪。到 19 世纪中叶，奥斯曼帝国逐渐衰落，它们又受到沙皇俄国可疑的保护。罗马尼亚语既是一种古老的语言，也是一种民族身份，但在那些年里，并没有罗马尼亚这个国家。外国军队在这片土地上来来去去，就像沙洲上冲来刷去的浪花，而且还将继续如此。1859 年，摩尔达维亚和瓦拉几亚伺机结盟，选举共同的领导人，建立起联合公国。1862 年，联合公国定名罗马尼亚。1877 年，罗马尼亚抓住第二次俄土战争的机会，宣布独立。作为对罗马尼亚在一战中参战的奖励，特兰西瓦尼亚在 1920 年并入，尽管轴心国崩溃时，摩尔达维亚和瓦拉几亚均已被德国和保加利亚军队占领。《凡尔赛条约》的制定者选择认可友好的意图而非结果，于是罗马尼亚成为东南欧最大的国家之一。

罗马尼亚的低地是平坦肥沃的平原。河流在平原上缓缓流淌，向南注入多瑙河，或者（在摩尔达维亚）向东注入普鲁特河（Prut

River）。平原养活了这个国家的大部分人口。人们在平原上定居，划分并耕种土地，从事老式的农业生产，像中世纪一样。群山覆盖着栎树和山毛榉的硬木林，随着海拔升高，树木变成云杉和冷杉，再往上则是岩石尖顶。硬木林是棕熊的绝佳栖息地，这里有橡子、山毛榉果、蘑菇和浆果，也有丰富的狍子和其他有蹄类动物，都是棕熊的潜在猎物。

记录显示，在1940年，这个国家大约有1000只熊。到1950年，经历战争的破坏和战后早期的严酷生活，熊的数量下降到860只左右。那段时间人们陷入绝望，偷猎几乎没有受到任何管制。当然，在当时那种情况下，种群估计不大可能非常精确，但数量的总体范围和轻微下降的趋势是可信的。在此后几年里，种群数量的数字和精确度都将增加。

在喀尔巴阡山脉，智人和棕熊共存了数千年之久，彼此间的互动足以让双方互相警惕，但猎熊习俗并不普遍，也不根深蒂固。猎人大多是农民，他们对以更低的风险获得肉质更好的狩猎动物更感兴趣，比如马鹿、狍子和野猪。1891年颁布的狩猎法认定熊为害兽，消灭它们不需要许可，也没有限制。皇室家族猎杀过一些熊，也许还有些次等贵族。毫无疑问，贵族的猎杀行为是源于高尚的贵族义务和土生土长的冒险精神。但对那些在山里谋生的人来说，对那些贫穷的山村农夫、牧羊人、伐木工来说，熊更多是可怕的滋扰，而不是人们渴望的猎物。一位权威人士在20世纪20年代说道："一般认为，熊是非常危险的坏动物，所有被人发现的熊都被射杀了。"

1927年，政府引入保护性限制：禁止无证射杀熊，禁止射杀带幼崽的母熊，禁止在熊的巢穴里捕杀熊。这些限制隐含着两个前提：第一，猎熊是一种运动形式，应有序进行，并受伦理原则的约束；第二，熊是一种有价值且有限的资源。尽管认识到价值和有限性并不等于开始对熊进行可持续管理，但无疑是一种进步。后来的事实证明，真正对罗马尼亚熊种群有帮助的，与其说是可持续管理的崇高理想，不如说是专制统治的现实。战后，山里的情况变了。普通人不再被允许持枪，他们畏惧政府及其规章制度和强制手段。狩猎成了一种带有荣誉光环的特权，只留给政府精英。

1947 年，罗马尼亚末代国王被迫退位，此后国家成为人民共和国。接下来的几年里，国家政权在巩固权力的同时，也经历了两个派系的内部斗争。其中一派在莫斯科待过，另一派则蹲过罗马尼亚监狱。最后经过监狱洗礼的集团成功压制和清洗了其他派系。尼古拉·齐奥塞斯库当时是这个集团的低级官员。1952 年，前铁路工人组织者格奥尔基·乔治乌－德治（Gheorghe Gheorghiu-Dej）领导监狱派系，成为国家总理和党的总书记。其实在施政风格和意识形态上，他比大多数莫斯科派更像斯大林主义者。根据罗马尼亚森林研究和管理所（Institutul de Cercetărişi Amenajări Silvice, 简称 ICAS）的记录，当时熊的数量已经增加到 1500 只。1953 年，棕熊成为受保护的物种，意在精心管理用于狩猎。

两年后，种群数量达到 2400 头。这一迅速增长是良好的栖息地、种群减少后自然反弹和新的保护性惩罚制度综合作用的结果。熊的数量持续上升，1960 年 3300 头，1965 年 4014 头。1965 年，乔治乌－德治去世，齐奥塞斯库继任。历史书中没有提到乔治乌－德治本人是否喜欢猎熊。不过有记录显示，他曾在哈尔吉塔县（Harghita）举行猎熊宴饮，招待尼基塔·赫鲁晓夫。同样，尼古拉·齐奥塞斯库早年对林地射击运动也不感兴趣。但在 20 世纪 60 年代末，当齐奥塞斯库巩固党和国家最高领导人的地位时，他确实燃起了某种狩猎的热情，或者更准确地说，一种只有暴君才会经历、只有虚妄的利己主义者才会享受的狩猎纵欲。

要理解齐奥塞斯库与熊的关系，有必要先看看罗马尼亚的棕熊管理机构是如何设置的。在该国40来个行政区（judeţi，大致相当于县，下文均以县相称）中，有2226个猎物管理单位，被称为"fonduri de vânătoare"，也就是猎场。不少猎场位于喀尔巴阡山脉，其中超过四百个有熊。猎场的平均面积不到一万公顷（约39平方英里），一个精力充沛的人一天就可以沿边界走一圈。每个猎场都设有一位专职的猎场看守，也就是吃苦耐劳又熟悉地形和动物的外勤人员。一些猎场，尤其是在低地，只有野鸡、狍子、水禽和其他小动物。如果猎场有熊的栖息地，比如在最适合熊生活的山区，那么管理员的重要工作之一就是喂养并熟悉这些熊。如何喂养熊？通过分发补充食物。按蒲式耳分发苹果、梨和李子，按车分发玉米棒子或者颗粒状的特制熊饲料，偶尔还有老马的尸体。春天、夏天和秋天，猎场看守及其助手们为了让熊开心，要运送大量食物投放到精心设计的遍及森林的喂食站。典型的喂食站包括一个喂食槽，一个用来挂大块肉的高大铁架，除了到处都是熊粪和老玉米棒子，跟你在普通谷仓院子里看到的没什么两样。猎场看守是怎么熟悉当地的熊的？他们在森林里漫步，研究熊的痕迹，在喂食站长时间观察它们。

有高架观察口是典型喂食站的另一个要素。猎场看守可以在那里清晰地看到食槽。有的观察口是离地面大约10英尺的简易木板平台；有的是由坚固基桩支撑的封闭结构，像是孩子的树屋。如果观察口同时兼做拍摄和猎杀的观察哨，则被称为"高座"。高座可以做得很简朴，也可以很舒适。最舒适的高座是一座两居室的小木屋，配备有可

　　　　　　　　众神的怪兽：在历史和思想丛林里的食人动物

以俯瞰 50 码外目标区域的窗户，以及帆布床、柴炉、柴火箱、卫生间，或许还有一两瓶伏特加酒。在这种情况下，猎熊人根本不会遇到什么不便或挑战，更不用说危险了。尽管最近法规有变化，开始禁止在封闭的高座上射杀熊，但据说禁令执行得并不严格。无论如何，真正了解猎物的工作已经由猎场看守完成了。通过把熊"拴"在食槽里，省掉了追踪的必要性。

老派猎场看守勤奋而投入，他们会在日记中记录棕熊观察的数据，他们给熊取名字，记录它们的活动，一分一秒也不放过，就像野外生物学家研究动物行为一样。有了这样的日记，猎场看守可以在几个月或几年后报告说：10 月 4 日傍晚，有一头成年的母熊来到喂食站，一小时后被一头脾气极坏的公熊赶走；或者是，同一天晚上，一头年轻母熊带着一头幼崽来到喂食站，另一头幼崽在哪呢？猎场看守的另一个职责是提前预估每头熊作为战利品的 CIC 得分。看守人有时会在铁架上固定一些马的尸块，这样熊就会直立起来去够肉。有铁架作为参照物，可以估算出熊的完整尺寸。对于定居猎场的棕熊来说，猎场看守的服务和态度，相当于保姆、饲养员、野外博物学家、狙击手的观察员和捐客。这种关系复杂又密切，简单地说它有好有坏，就过于轻描淡写了。

在一个温和的夏日傍晚，我拜访了一位猎场看守杨·莫斯乌（Ion Moşu）。他住在特兰西瓦尼亚—瓦拉几亚边境附近山区的家中。莫斯乌在一个占地约 1.3 万公顷的猎场担任狩猎技术员（maistru de vână toare）。他身材修长，较为年轻，淡褐色的眼睛，留着短胡茬，穿着一件时髦的暖身夹克，夹克下面是一件橄榄色的制服衬衫，戴着一顶橄榄色的软呢帽。他刚锄完土豆回来，邀请我去家里做客，随后又建议我们在屋外感受一下更令人愉悦的黄昏。于是我们坐在室外的塑料椅子上，聊了两个小时熊的管理和熊的行为。他的妻子和岳母一言不发，给我们端来咖啡和切片蛋糕。

莫斯乌告诉我，他的地盘上目前有 25 只熊，包括今年刚出生的小熊。在狩猎季节，他每天给每只熊喂五公斤特制的颗粒饲料，夏天（更容易获得野生食物的时节）喂得少一点。他偶尔也从屠宰场弄具马的尸体，或者拉一车烂苹果上去。在秋季和春季，他把诱饵集中在猎场的三个高座那里。森林中还有几个更远的喂食站，任何人都不允许在那里打猎。夏天的时候，他会把食物放过去，引诱他的熊离开山区牧场，以免它们给牧羊人的羊群添麻烦。

莫斯乌能根据皮毛颜色、脚印和行为，认出每头他的熊。反过来，通过他的气味，熊也认识他。莫斯乌告诉我，它们已经习惯他、信任他了。它们在他面前保持镇静，但一闻到陌生人的气味就惊慌失措。有时他还会和熊一起玩，侧身靠近，再靠近，看看在熊要求他离远点之前能走多近。莫斯乌自己总是在听，在看，感知气味。他已经适应森林的动态，适应生物与生物之间的相互作用，适应平衡和干扰，但他林业部的老板们却没有。他是位外勤人员，受教育不多，却有丰富的野外经验。他能从鸟的反应中察觉熊的存在。他知道熊看到人时是什么反应，熊看到狼的反应不一样，看到狐狸或猞猁的反应也不一样。莫斯乌说，从他还是个小男孩的时候起，打猎一直是他的爱好。这似乎可以解释他丰富的野外经验从何而来。

在我问起他现在这批熊的情况时，他冲进屋里，骄傲地拿回来一本小笔记本。这是他的野外观察日记，一页又一页的日期、时间和简短的动物行为记录。他像养宠物一般，给每头熊起了名字。弗里科索（Fricosu，"害羞的那个"）是个大家伙，截至 4 月份，它的 CIC 得分是 430。这是弗里奥索（Furiosu，"愤怒的那个"），一头有个性的野兽。弗鲁姆索（Frumosu，"美丽的那个"）几个月前被猎人射杀，林业部赚了一大笔钱。是的，他当然参加了那次狩猎，莫斯乌说。猎场看守必须一直在场，以防动物受伤逃走（那样的话，他还得继续跟踪并杀死它）或其他事情出错。

我问，看到你的熊被射杀，你会难过吗？在等待我的翻译传话的时候，我意识到我并不真的期望会得到莫斯乌的回应。为一头死去的熊悲伤？或许这是一种陌生而不相关的情感。但是我错了。"当然，这让我很难过，"他说，"我和它们一起玩耍，我认识它们。"将饲养熊供他人捕杀作为一项工作，从来都不容易，也并不总是令人愉快。但这是他的职业。

至于莫斯乌自己，他已经不再喜欢打猎了。他发现，自己宁愿观察动物，也不愿射杀它们。

41

有杨·莫斯乌这样的猎场看守密切照看各自的区域，每个猎场都有几十只熊，这使得罗马尼亚林业部能够逐年精确（甚至可能是完全准确）统计棕熊总数。森林研究所（ICAS）的生物学家根据外勤人员提供的数据进行计算。只要看一眼森林研究所的表格和地图，任何人都能知道哪些县熊最多——哈尔吉塔、比斯特里察（Bistriţa）、阿尔杰什（Argeş）和科瓦斯纳（Covasna）等——以及每个县中哪些猎场的棕熊更为集中。当然，尼古拉·齐奥塞斯库不需要亲自查阅表格和地图，早有谄媚的官僚在他耳边不断低语。

从 20 世纪 60 年代末开始，齐奥塞斯库不仅是罗马尼亚军队的总司令，还是罗马尼亚森林的首席猎人。他霸占数百个猎场——都是最好的大型猎物猎场——供他个人享用。县级林业管理者、猎场管理人以及向管理人汇报的猎场看守们开始意识到，他们管辖范围内任何有价值的动物，都可能是齐奥塞斯库的目标。他们认识到，迎合他的嗜血欲望，迎合他对战利品的贪婪，迎合他在狩猎上的懒惰，会带来很好的职业前景。于是各县竞相邀请他来访，为他昂贵的进口步枪提供更容易射杀的目标，比如体型巨大的熊和双角沉重的公鹿。在一次典型的狩猎安排中，齐奥塞斯库会乘直升机飞过来，降落到猎场内的空地上。从那里，他坐上胜任崎岖地形的车辆——早年他喜欢吉普，然后是俄罗斯造的嘎斯牌汽车，再后来是嘎嘎响的罗马尼亚阿罗牌仿制车——沿林间道路开到非常靠近可能出现饥饿的棕熊或发情的马鹿的地方。他会走上一小段路，到布置得当的高座上。高座设置在动物来回走动的狭窄通道上，或在小溪旁边，潺潺流水可以掩盖猎人发出的响动。通常，陪同他的至少有一名携带武器和弹药的安保人员，以及一名来自县政府的林业官员。参与准备工作的还有林业部门的许多人员。但是在实际狩猎的过程中，他们得保持在一定的距离之外。齐奥塞斯库在高座上几乎没有耐心等待和观察。据一位经常陪同他狩猎的目击者称，他的注意力只能保持五分钟。不过，这种狩猎也用不着什么耐心。熊自己来到喂食槽，公鹿受荷尔蒙的驱动和母鹿的吸引，自然聚集到一起。或者再安排几十位打手，有组织地将熊和野猪驱赶到高座附近。齐奥塞斯库只需要开枪射击，欣赏他的猎物，摆好姿势拍照，然后离开。

关于他注意力短暂的说法来自林业官员瓦西里·克里斯安（Vasile Crişan）。他后来出版了一本德语回忆录，书名翻译过来是《齐奥塞斯库：猎人还是屠夫》（Ceauşescu: Hunter or Butcher）。显然，这本书认为他的老板是后者，一名屠夫（schlächter），而不是猎人（jäger）。例如，齐奥塞斯库会持续向一只动物开火，直到它倒下或逃跑。如果他打伤了一头牡鹿，他会命令克里斯安和其他工作人员找到它，把战利品带给他。如果他根本没打中，他们也会告诉他鹿受伤了，然后找到并杀死那只牡鹿或类似的鹿带回去。"有时候'发现'的鹿比射杀的鹿还多，"克里斯安说，"有一次，打猎结束的第二天，一名党委书记打电话告诉他所有六只鹿都找到了。'见鬼，'齐奥塞斯库说，'如果我只射了四只，你是怎么找到六只的？'"

克里斯安还揭示了一种狡猾的处理方法，可以增加齐奥塞斯库的熊皮的尺寸，提高 CIC 得分。把肉和脂肪清理干净后，将熊的毛皮钉在特别设计的桌子上。桌子的活动面板可以向外弯曲，就像中世纪用来拉伸的刑具。用某些油处理熊皮以防撕裂，然后将皮肤一直拉伸，直到"阻力的极限"。在这种拉伸中展示出高超技巧的标本制作师，将成为齐奥塞斯库的宠儿。"这对他们来说是一种荣誉，但对我们林业人员并不是。"克里斯安写道，"通过这种拉伸，许多毛皮完全变形了。每个专家都知道这不是熊的自然比例，这让我们很尴尬。"况且，熊皮不需要这样的虐待，他补充道，"它们已经够大了。"

根据克里斯安的记录，尼古拉·齐奥塞斯库在位 25 年间，共射杀了大约 400 只熊。早年间，他有时会举办狩猎聚会，邀请客人猎杀像鹿、野猪甚至是珍贵的熊。在 1974 年的某次狩猎中，齐奥塞斯库自己射杀了 22 只熊，他的客人射杀 11 只。后来那些年里，他更加小心翼翼地将这些熊留给自己。克里斯安说，从 1983 年到 1989 年去世，齐奥塞斯库一共打死了 130 只熊。其中最引人注目的放纵行为发生在 1983 年秋天。一天之内，猎场驱赶了四次猎物，齐奥塞斯库亲自射杀了 24 只熊。

这场屠杀发生在比斯特里察县的库斯马猎场（Cuşma），距离豪华狩猎木屋 Dealul Negru（意为黑山）不远。这座木屋是专门为齐奥塞斯库夫妇建造的。得知库斯马1983年的熊数量颇丰，齐奥塞斯库宣布他打算去参观。这引发了一场溜须拍马的准备争夺战。高座被修葺一新。森林道路大为改善。熊被喂得很饱。在六周的时间里，每天都有两吨水果和两百公斤熊粮涌入这个猎场。"黑山"狩猎屋被修饰得光彩耀眼。当地党部办事处招募了400名居民充当助猎者，又从当地警察和安全局中招募了100多人。计划是将助猎者分成三组，分别驱赶三次猎物，然后将这些人集合到一起，横扫一片广阔的森林，进行第四次最重要的驱赶。10月15日上午，齐奥塞斯库乘坐直升机抵达。克里斯安描述了这一天是如何展开的，当棕熊络绎不绝地向高座方向逃跑时，齐奥塞斯库向熊开枪，杀死熊、杀伤熊。在第一次驱赶中，他打死了三只中等大小的熊，打伤了两只，但是另外两只没打中，它们跑回了森林里。齐奥塞斯库暴躁地抱怨狩猎安排。上帝怎么能让那两只熊逃脱？要是上帝不禁止，齐奥塞斯库也会禁止。明年，他命令道，这里要有一道围栏，该死的，要把动物无情地引向高座。是，是，县主官承诺，明年会有一道围栏。

　　在第二次和第三次驱赶中，齐奥塞斯库又杀死了七只熊，但他仍然不满意。第四次驱赶开始了。这是一场声势浩大的驱赶，数百名助猎者沿着灌木丛生的山坡走向山谷。安保人员携带半自动步枪，林业工人有小口径猎枪，他们大喊大叫，向空中开枪，制造一片混乱。瓦西里·克里斯安躲在一个高座上观察，不用担心被齐奥塞斯库误认为是熊。推进到距离射击线不到几百码的距离时，助猎者们可以肩并肩地驱赶猎物了。"熊向各个方向逃窜，试图逃跑，但没用，不可能逃出去。"不断有熊倒下死亡，不断有熊被打伤。在一片持续的混乱中，克里斯安搞不清到底有多少只熊，但似乎很少能逃脱。齐奥塞斯库用两把点375口径的Holland & Holland猎枪连续射击。他用一把射击时，

　　　　　　　　众神的怪兽：在历史和思想丛林里的食人动物

仆从就在他身边给另一把装填子弹。当枪声和叫喊声停止，林业工人开始把棕熊尸体拖进来。一共有 24 只熊被拖回狩猎小屋，埃琳娜可以在那里欣赏它们。熊尸排成两排，摆在用新砍的树枝做成的架子上，就像大平盘上装点着欧芹的鳟鱼。齐奥塞斯库摆好姿势拍照。"我们，还有林业工人们，远远地聚在一起。"克里斯安回忆道，又加上轻描淡写的不满，"对比鲜明的感觉支配着我们。"克里斯安将大半辈子都奉献给了狩猎，但他把这段令人遗憾的经历称为比斯特里察大屠杀。

瓦西里·克里斯安只是众多辅助者之一。在罗马尼亚各地，林业部的外勤人员也在讲述自己如何协助安排齐奥塞斯库的狩猎，有些人为此自豪，有些人却充满憎恶。维丘·布切洛尤（Viciu Buceloiu）是阿尔杰什县的一名狩猎技术员，也是三个猎场的监管人。在他的记忆中，齐奥塞斯库脾气专横，但经常对布切洛尤的小女儿佩特拉（Petra）表现出祖父般的慈祥。猎场看守格奥尔基·布姆布（Gheorghe Bumbu）住在距离布拉索夫市不远的财富山谷（Valea Bogaţii）中。布姆布身材瘦削，穿着橄榄色的林业部制服，头戴提洛尔式的毡帽，露着耳朵，像斯坦·劳瑞尔（Stan Laurel）[1]那样露出一丝悲伤、羞怯的微笑。1989 年春，布姆布在他的猎场协助安排了一次狩猎。齐奥塞斯库在那次狩猎中打死了一头熊，CIC 得分 616。这是"吃枪子的"杀死的最大的熊之一，也是最后的熊之一。在穆列什河的源头附近、名为 Lzvorul Mureşului（穆什列河源头）的村子里，拉兹洛·凯德维斯（Laszlo Kedves）就在村里办公室工作。凯德维斯肩膀宽阔，身体呈方形，就像一品脱威士忌的瓶盖，他也是猎场的管理人。刚认识的时候，他说话很简短，但慢慢地，他一边喝咖啡，一边回忆起齐

---

[1] 英国戏剧演员。

奥塞斯库到他猎场打猎的情景。1989 年 4 月，齐奥塞斯库乘坐直升机从一个高座直飞到另一个高座，以便能在一天内杀死 10 只熊。还有一次，齐奥塞斯库招待穆阿迈尔·卡扎菲（Muammar Khadafy），他们两个射杀了所有能看见的动物。都铎·托凡（Tudor Tofan）以前在以熊著称的比斯特里察县担任猎场管理人。托凡高大魁梧，谈吐直率。他步步高升，退休前已经管理着三个猎场，包括库斯马和"黑山"木屋。在 1983 年秋天，齐奥塞斯库屠杀 24 头熊时，托凡还只是一名猎场看守。那些死去的动物中也许还有他亲自起过名字的。

都铎·托凡同意跟我见面聊聊，于是我们在县总部临时借用了一间办公室。他简洁而直接地回答我的问题，有时把粗壮的棕色前臂猛地放到办公桌上，就像是空手道劈掌。他很像演员爱德华·阿斯纳（Ed Asner）[①]，或者更确切地说，如果阿斯纳大部分时间待在户外，给熊喂烂苹果，就会是他这副模样。托凡说，就像我了解的那样，库斯马和另外两个猎场是他负责的。这几个猎场总面积四万公顷，都是熊的优质栖息地，由四名猎场看守看管。在这三个猎场内，每年都住着大约 40 只熊。按照现在的管理方法，每年可以猎捕（他的意思是杀死）12 到 15 只。每个猎场的"收获"配额是灵活的，由林业部门的上级官员根据管理人的建议逐年调整。

等等，12 到 15 只，从一个只有 40 只熊的定居种群里？对我来说，这比例听起来太高了，完全不可持续。不过，都铎只负责提供数字和记忆，不负责是否合理。是的，在齐奥塞斯库时代配额更高，可能是 25 只，他说，都是齐奥塞斯库自己杀死的，没有其他人。下一个问题？

我不确定是什么促使都铎·托凡接受这次采访。某种挥之不去的

[①] 美国演员，生于 1929 年，为美国影视演员工会前主席，曾获 7 次艾美奖。2009 年给《飞屋环游记》的老爷爷配过音。

责任感？还是县长仍以某种方式控制着他的养老金？不管怎样，单纯向好打听的外国作家追忆往事，他不感兴趣。当然，他也没有肚子痛或情绪激动。我们讨论他职业生涯的各个阶段，讨论他在三个猎场内补充喂食的时间安排和饲料数量，讨论特制饲料的成分。是燕麦、玉米、骨粉吗？他似乎不知道，也不在乎，他说不出饲料是哪里制造的。我们谈到秋天果实成熟时熊造访果园的问题，以及熊和牧羊人之间的冲突。他提到几起熊攻击人的案件，每一起都是受伤的熊猛烈回击猎人或猎场看守。他描述了外国猎人为获得射杀熊的特权而向林业部门支付大笔金钱的举动。通常是现金交易，他说，钱在布加勒斯特的部委和县政府之间分配。给到县里的钱，还得用来支付食物和其他费用，好支持棕熊种群。一只又大又漂亮的熊标价 1.5 万美元（通常用德国马克支付，最近是欧元），还不包括客户向外国狩猎旅游公司支付的旅行费用。在罗马尼亚这样一个经济衰退的国家，猎熊是一项大生意。棕熊是一种出口产品，带来大量硬通货。尽管我很想知道，相比而言，都铎退休时的收入是多少——每月六十美元？一百？两百？当然，我没有残忍到去问这个问题。

我确实问过他是否是猎人。"是。"他回答。主要猎取野猪、马鹿和狍子。熊呢？不，不是熊，都铎说，熊，它们太贵了，那是富人的游戏。林业部喜欢外国人申请许可，因为法律要求他们支付更高的费用。德国人、奥地利人、西班牙人、墨西哥人、比利时人、法国人——他们都是杀害罗马尼亚熊的人。当然，外国人来猎熊都是现在的事。1990 年之前只有齐奥塞斯库自己猎熊。没人能，也没人敢。托凡·都铎记得这事。

他还记得 1983 年 10 月 15 日，大老板，小个子，坐直升机来到"黑山"狩猎屋。"我们已经为他做好了准备，关闭其他猎场，额外给熊投喂食物。我们猎场看守组织了那些驱赶。齐奥塞斯库和两名随从站在高座上，其中一位一直在给第二把枪装填子弹。他拿起递到手里的枪，然后开火。那天他杀死了二十多只熊。"他枪法好吗？我问。"非常好。"都铎承认。不管怎样，就那种情况而言足够好了。"但一个真正的运动员，除了枪法高明，还应该有更多的东西。"我没有再问他什么。咽下一大口怒火后，这位冷漠而专注的前职业志愿者自己吐露："他猎杀了太多的熊。对一名猎人来说，射杀这么多熊，太多了。他不允许别人射杀熊，只有他可以。"

毛皮呢？它们被送到布加勒斯特加工。大多数毛皮，都铎猜测，现在可能在波萨达的博物馆里。

42

"对独裁者的崇拜，"罗马尼亚著名的棕熊生物学家、《棕熊》（*Ursul Brun*）一书的作者扬·米库（Ion Micu）说，"不仅仅是一种人格，而是整个体制。"在齐奥塞斯库当权期间，米库博士供职于罗马尼亚林业部，对特权和败坏的制度有所了解。

米库解释说，腐败不仅源于当权者的个人性格，还源于他周围激励和恐惧的力场。在这个力场中，人们会为了取悦领导者而走向极端——丑陋的或愚蠢的极端。这种效应鲜明地体现在被误导的劳索尔（Râuşor）棕熊管理项目中。劳索尔位于喀尔巴阡山南部的阿尔杰什县。这是一个圈养场，或者更直白地说，是棕熊幼崽的集中营。米库认为，这个想法并非来自齐奥塞斯库本人，而是想拍他马屁的阿尔杰什政客。按照这些政客的设想，可以从罗马尼亚其他地方"绑架"幼熊，放到劳索尔抚养，然后放归到阿尔杰什的森林中，以此创造超乎寻常的大量棕熊，吸引齐奥塞斯库来打猎。他们想讨他的欢心。当然，每个县都想。这个人控制着所有工厂、发电厂和许多国家项目的选址，甚至是食品的流通。他已经拥有了很多钱，不会被金钱所动摇；而且他太老了，也不会被女人所诱惑。所以，这些政客便去迎合他杀熊的欲望。

米库说话时带着一种半独立的科学观察者标准的超然态度。他研究了几十年罗马尼亚的熊，尽管不总是像他希望的那样自由。齐奥塞斯库当政期间，米库领导着喀尔巴阡北部的哈尔吉塔县林业局。担任行政角色让他几乎没有时间搞研究。他还在布加勒斯特待了两年，担任狩猎部门的负责人。现在作为哈尔吉塔县的野生动物主管，他很高兴又能够回到山里，靠近熊。他大部分工作是生物测定，只要专心致志地测量活熊（在可能的范围内）和被猎人捕杀的死熊就行了。齐奥塞斯库的访问为他的研究提供了数据。米库带着自得的微笑说，齐奥塞斯库来到哈尔吉塔狩猎时，米库自己设法说服他去射杀小熊，而不仅仅是那些能破纪录的大家伙。米库隔了好几层，通过齐奥塞斯库随行人员里的高官们向上面递话：要有小的死熊来测量，而不仅是大的。标本的多样性有助于更好地描述种群，这对科学研究很重要。齐奥塞斯库接受了这个建议，并乐于帮忙。

米库五十多岁，身体健壮，头发漆黑，棕色的眼睛发亮，山羊胡子已经从灰白变成全白。他穿着熨烫妥帖的林业部橄榄色制服，戴了一条迷彩绿表带。除了生物测定，他第二个研究兴趣是动物行为学，这也是他熊书的副标题，"Aspecte Eco-Etologice"（生态伦理方面的研究）。大部分行为观察来自俯瞰喂食站的高座，但也有些是从劳索尔圈养场收集的，还从已发表的文献中获得了一些数据——那些能在罗马尼亚拿到手的精选片段。他知道马塞尔·库特里尔（Marcel Couturier）1954年出版的《棕熊的故事》（*L'Ours Brun*），也知道弗兰克·克雷黑德（Frank Craighead）1979年出版的《追踪灰熊》（*Track of the Grizzly*）。米库的办公室位于梅尔库里亚丘克市林业部门总部二楼。办公室里混合了动物战利品和研究资料，书架上摆满了书籍和杂志，主要是关于大型猎物，尤其是熊的。还有一些视频资料，包括一份名为《熊的攻击》（*Bear Attacks*）的视频。办公室里有一张哈尔吉塔县的地图，显示提供优良夏季栖息地和冬季巢穴的高山地形。地图的英文标题是"哈尔吉塔——熊的国度（country）"。国度（country）或许是"县（county）"的印刷错误，尽管哈尔吉塔确实算得上是熊国。办公室的墙壁上装饰着马鹿和熊的头骨，牌匾上挂着野猪的獠牙，桌子上方挂着两幅装裱好的肖像：钉在十字架上的基督和奥地利动物行为学家康拉德·洛伦茨（Konrad Lorenz）。一个透明的罐子放在角落里的架子上，就像意大利熟食店里最大的泡菜坛子，里面装着一只泡在酒精里的新生小熊。那只幼崽脸色苍白得像婴儿，嘴巴张得大大的，似乎感觉自己要淹死了，使劲用爪子抓挠玻璃。

当米库的注意力转移到别处时，我盯着这只幼崽沉思。如果你在写一本小说，讲述研究罗马尼亚熊的生物学家，那么肯定会为发现这样的东西而感到尴尬。它的象征和隐喻实在太多了，虽然在现实世界中，它只是一只泡制的熊。

隔离在劳索尔的幼崽本来可以长得更大，大到无法装进熟食罐里。它们被捕获时只有六七个月大，通常是用狗跟踪并追赶到树上，然后抓下来。必须赶走或杀死幼崽的母亲，才能活捉幼崽。抓捕幼崽的人可以获得赏金，他们大多是上进的农民或猎人。管理饲养场的是米提卡·杰奥尔杰斯库（Mitica Georgescu），从 1974 年到 1981 年，七年时间里收养了 227 只被绑架来的幼崽。其中 3 只死于囚禁，8 只交给了马戏团，余下 216 只养成又大又重的年轻个体，释放到已经充满本地棕熊的阿尔杰什森林里。在劳索尔，幼崽的伙食包括面包、玉米粥、土豆、胡萝卜和水果。饲养场平均每年圈养 32 只幼崽。它们都被关在两个有着高高围栏的兽圈里，每个兽圈比网球场大不了多少，里面有流动的水和人工洞穴。饲养场还会按照流程，给幼崽打上永久性的标记，以标识为劳索尔的熊。标记的方法是切掉脚趾。

米库介绍了这个编号系统，听起来跟研究人员给鳄鱼打标记没什么两样。研究人员沿着鳄鱼的下背部和尾部从四个不同的区域切下背部的鳞片。由于背部的鳞片不再生长，只要从相应区域移除一片鳞片，就能形成一个四位数的数字，以此对某条鳄鱼进行编号，这足以将其同其他数百条鳄鱼区分开来。鳞片几乎没有血管和神经，标记过程（我也曾协助过）似乎不会给鳄鱼带来太多不适。熊的脚趾跟鳄鱼鳞片一样，也不会长回来，但是它们对疼痛很敏感。劳索尔的编号系统要求切除脚趾。熊是跖行动物，不像猫或狗那样仅有四个指头落地，而是将五个脚趾全部放到地上，所以它们的脚印中会出现全部二十个脚趾。因此，从某只脚上切除一个脚趾，就能给前二十只劳索尔小熊编号。比如说，从第一只幼崽的左前脚切除小脚趾，从二号幼崽的左前脚切除第四个脚趾，三号幼崽切去中间的脚趾，如此等等，直到这二十只小熊每只都变成九趾动物（前脚或后脚）。然后，又以各种组合切除几十只小熊的两根脚趾，直到编号系统达到数学极限，再重新开始编号。没有麻醉，就这么简单地把这些幼崽扔到一边，任其在疼痛和愤怒中嗷嗷嚎叫。据米库说，这大约要花两天时间。一旦脚趾伤口愈合，长大的幼崽便被释放，每组脚印都代表着一个编号。这个编号将这只熊与其他数百只其他熊区别开来，并向任何猎人——其实也只有齐奥塞斯库，他是那些年里唯一重要的猎人——宣告：这只熊是在阿尔杰什党政机关的支持下，通过劳索尔管理人慷慨勤勉的努力提供的。

但是劳索尔圈养项目失败了。这些幼崽过早离开母亲，在拥挤肮脏的畜圈中长大，完全没有掌握野生熊的技能和习惯。行为习得是熊生态学特征的重要组成部分，而这种学习主要来自母熊头两年的示范。这些幼崽几乎完全错过了学习的机会。为期一年的监禁结束后，它们被直升机带到释放地点，既害怕又困惑。一些熊立即爬上树，重复被捕前最后的本能防御行为。别的熊则四处游荡，寻找可以辨认的食物。随着时间的推移，它们倾向于结成小群体，与熟悉的狱友结伴，彼此安慰。在回到野外的第一个冬天，它们没有冬眠，因为它们从来没有学会冬眠的方法，也不知道冬眠有什么好处。它们理所当然地将人类的出现与食物联系在一起。即使是深藏在森林中的喂食站——管理员在这里装满苹果和熊食，意在让熊远离果园和羊群——也没能阻止这些动物误入歧途。一些劳索尔的小熊甚至出现在火车站，天知道它们在想些什么。其他小熊袭击牲畜，或者袭击果园和庄稼，然后遭到杀害。有十五只小熊结成帮派，成了一座山中军营的拾荒者，以垃圾为食。当士兵们离开营地、开上卡车离开时，熊竟然绝望地追了他们几百码。另一只来自劳索尔的熊成为特兰西法加拉西高速公路的常客。这条公路是蜿蜒穿过特兰西瓦尼亚阿尔卑斯山脉的陡峭道路。小熊在路边向过往的汽车乞讨食物，因此获得"乞丐（Milogul）"的绰号。这只动物一度表现还不错，在被卡车撞死之前已经长到将近400磅。

这些熊的命运千差万别，一个个体遭遇的不幸很容易被忽略。根据独立于米库的另一个信息来源，这些被切掉脚趾的劳索尔小熊，没有一只长大成年并最终被齐奥塞斯库射杀。它们大多被全然遗忘，少数在幸运和智慧的庇护下最终找到了生存的方法。

1981年，这个项目停止了，释放了最后几只幼崽。空荡荡的饲养场被改造成繁育设施，养着两只进口的科迪亚克棕熊，鼓励它们为喀尔巴阡山棕熊种群贡献基因。目的也许是为了获得更大的体型，更加凶猛或者更高的 CIC 得分？我不得而知。但是科迪亚克棕熊夫妇在罗马尼亚的牢笼里找不到一丝浪漫的气氛。当劳索尔关门大吉时，它们被送进了动物园。

为什么饲养幼崽的行动停止了？为什么阿尔杰什的政客们和忙碌的杰奥尔杰斯库先生，放弃了用温室里的熊来诱惑齐奥塞斯库的梦想？"因为他们意识到这很愚蠢，"扬·米库告诉我，"他们意识到，从生态学角度来看，做出这样的东西是愚蠢的。"蠢上加蠢，纯属浪费，毫无必要，还损害了本地的棕熊种群。任何见多识广的鱼类生物学家都可以警告他们这一点。学界早有定论，将圈养动物释放到已经被野生种群占据的栖息地中，徒劳无益。徒劳都算是好的，更有可能适得其反。但在 1981 年的罗马尼亚，政治仍然高于一切，齐奥塞斯库还在掌权。米库没有解释"生态学观点"是如何碰巧进入体系又被接受的。

43

森林研究所绘制了过去 60 年罗马尼亚棕熊种群的增长曲线。曲线显示，棕熊数量和专制统治之间表现出明显的正相关。对人而言糟糕又特殊的治理，对喀尔巴阡山脉的棕熊反而是好事。

1945 年，在经历数十年议会动荡和无序的君主立宪制后，罗马尼亚进入新的时代，当时棕熊数量不足一千。1952 年，当乔治乌-德治确立国家元首地位时，由于栖息地品质优良、战后生计所迫的盗猎行为减少，棕熊种群增加了 50%。1965 年，乔治乌-德治之死为尼古拉·齐奥塞斯库开辟出上升道路，熊的数量刚刚超过 4000。接下来的十年，也是齐奥塞斯库开始狂热杀熊的早期阶段。他与精心挑选的外国政要和罗马尼亚侍臣分享他的狩猎。在此期间，棕熊种群略有下降，然后又回升了。到 1978 年，数量达到 5204 只。林业部当时一直在给棕熊投喂饲料，这可能有助于提高单个动物的生长速度和幼崽存活率。与此同时，林业部门有意识地管理森林，要求木材开采实行长期轮伐，这起到了保护大片优良栖息地的作用。这是一个幸运的奇迹。齐奥塞斯库要推动国家走向笨拙的工业化，然后还要压缩经济来偿还外债，在整个过程中他从未启动过砍伐森林、出口木材的项目。熊的数量因此激增，而林业部保留棕熊，供齐奥塞斯库个人娱乐。

到 1984 年，统计总数是 6713 只，尽管一年前还发生了比斯特里察大屠杀。这个数字和其他数字一样，精确得不可思议，或许名不副实，实际数量有可能低了或高了数百。不过不可否认的是，罗马尼亚有很多很多的熊。精确的数字虽然可疑，但变化趋势是可信的，因为计数方法每年并没有太大变化。

数量还在继续上升。1988 年，齐奥塞斯库独裁统治的最后一个整年，林业部计算出有 7780 只熊。考虑到罗马尼亚棕熊栖息地的面积，这个数字高得惊人。罗马尼亚棕熊栖息地总面积在 310 万到 770 万公顷之间，到底是多少取决于你相信哪种信源。相较而言，全球最著名的熊保护区之一，美国大黄石生态系统，其总面积（560 万公顷）与罗马尼亚棕熊栖息地大致相同，但只有大约 500 只灰熊。换句话说，罗马尼亚喀尔巴阡山脉棕熊密度的最高点，是黄石国家公园及其毗邻森林中灰熊密度的 15 倍。这种差异既说明了橡子、熊饲料、马肉和腐烂水果的营养价值，也说明了政治安排和社会容忍的限度。

但是它到底说明了什么？专制对熊有利吗？对食肉动物种群来说，自我纵容的政治小圈子内的运动狩猎要比更民主的资源分配体系好得多吗？与土地私有产权、公开狩猎和重视牲畜胜过本土食肉动物的文化相比，独裁统治的保护效果更优吗？这些问题把我们重新带回

　　　　　　　　　　众神的怪兽：在历史和思想丛林里的食人动物

到朱纳加德，那里有纳瓦卜和他珍贵的最后的亚洲狮。

20世纪初，纳瓦卜在英属印度总督寇松勋爵的鼓动下颁布禁令，禁止在吉尔森林内射杀狮子。他做到了用民主的方法不可能完成的事情。至少在那个历史时期，民主体制没有做到。他挽救这个亚种免于灭绝。通过保护狮子，他还保护了栖息地，使其得以保留。只要栖息地里有那些危险的大猫，就不会受到农民和定居者的入侵。只有玛尔达里人能真正舒适地生活在吉尔的土地上。他们的经济依靠行走的水牛蹄子，生活根植于他们发现的森林，他们对世界的期望并不包括摈除危险。几十年过去了，几代纳瓦卜和英国人销声匿迹，玛尔达里人依然存在，他们成为那份最早从上而下颁布的保护法令的在地担保人。为了能够保留自己的文化和生活喜好，他们和狮子一样需要那座森林小岛。他们没有政治力量可以保卫它，不过仅仅通过占据栖息地，就赋予并巩固了栖息地的边界和地位。由专制法令开启的保护，后来因为关乎部落的完整性而得以延续。直到后来，上层保护法令的余波卷土重来，却把玛尔达里人从森林的最深处赶了出来。

在地球另一边的澳大利亚北部，发生的是凌驾于部落自治之上的殖民入侵。1770年，詹姆斯·库克首次到达澳大利亚；1803年，马修·弗林德斯探索了它的北部海岸；随后是J.L.斯托克斯，还有其他人。此后，一个由英国行政官员所代表的外来中央集权政府在达尔文、墨尔本，最终在堪培拉站稳了脚跟。虽然澳大利亚从来没有一个独裁者能与纳瓦卜、总督或领导人相提并论，不过这种差异没有什么意义，只是盎格鲁－撒克逊宗教的表层而已。因为在殖民时期，澳大利亚对原住民群体的政策和做法通常是残酷、伪善和投机的，算得上是全面的种族灭绝，与殖民时期的美国对待莫希干人、佩科特人、塞米诺尔人如出一辙。澳大利亚的严峻问题并非出自某个独裁者之手，也很难想象哪位乖戾的专制统治者还能让事情变得更糟。殖民当局不知姓名的行政人员发布法令，取代古老的部落协议。在全面保护咸水鳄的年代，他们用法令告诫雍古人，禁止他们用传统的方式猎杀湾鳄，迫使他们接受在神圣的土地上开采铝矿的现实。这样的法令破坏了人与土地之间的平衡。但这还远远不是问题的全部，甚至不是最糟糕的部分。

殖民占领的另一种破坏，来自一波又一波敢于冒险的白人。矿工、兽皮猎人、饲养牛羊的牧民，还有定居者，他们来到边远地区，威力比遥远的法令更大。这些人带来许多影响，产生许多后果。其中一个后果体现在咸水鳄身上。经历数百万年的成功适应，在与原住民矛盾共存四万年之后，它们突然走到了灭绝的边缘。而这一切，就发生在库克登陆后的几个世纪里，发生在这个物种第一次被摩托艇、聚光灯和步枪攻击后的几十年里。鳄鱼几乎被白人猎手赶尽杀绝，虽然他们有时也花钱请原住民帮助打猎。好在最后关头，咸水鳄终于得到法律保护，禁止没有许可的猎人捕杀鳄鱼，至少在一段时间内如此。对雍古人和其他原住民群体来说，打猎造成的种群损失远远超出了饮食所需。

不考虑罗马尼亚的棕熊，其实我有一个小理论可以解释这些事情。我的理论既能解释英属印度狮子和老虎的遭遇，也能解释殖民时期澳大利亚鳄鱼的经历。我认为，无论在哪里，消灭顶级捕食者都是殖民事业的基础，是殖民过程中至关重要的环节。在这个过程中，入侵民族凭借他们远胜原住民的武器和有效组织的力量，凭借他们对已经远离的家园和正在攫取的土地的疏远，凭借他们的超然、无知和恐惧以及为补偿心底焦虑而形成的文化优越感，紧紧拽住每一块被自己占领的土地，并理所当然地假定土地属于自己。他们在马背上或在猎人向导的辅助下捕杀狮子，在小艇上射杀鳄鱼获取皮张用于贸易，但这不仅仅是竞技运动，也不仅仅是商业行为。血腥的冒险只不过是这场运

　　　　　　　　众神的怪兽：在历史和思想丛林里的食人动物

动的一个侧面。更重要的是，这些外来的闯入者，这些土地的偷窃者，试图通过一场捕杀运动，好让自己在陌生的环境中感到舒适、安全和至高无上。

如果将这种理论应用到美国，人们可以多少理解蒙大拿、怀俄明和爱达荷的牧场主（他们往往有欧洲血统）为何极度憎恶灰熊。在某种潜意识层面上，灰熊被视为游击战士，它们在争夺领土的战争中进行最后的小规模战斗。这场土地战争始于刘易斯和克拉克，接着是博兹曼小径（Bozeman Trail）上的大量牛群，当约瑟夫酋长（Chief Joseoh）率饱受折磨的内兹佩尔塞（Nez Perce）残部在熊掌山投降时，战争达到暂时的高潮。但是，这场战争没有结束，也不会完全结束。战争会继续，直到从落基山脉北部铲除最后一只曾被称为恐怖棕熊（*Ursus arctos horribilis*）的动物，直到白人和他们的牛群在公共和私人土地的全部森林里安然无恙。

相比而言，取得对原住民部落的军事胜利，不管面对什么部落，其实是整个殖民过程中最容易的部分。如果入侵者坚持认为，土地本身以及土地承载的生态系统也必须被打败，那么他们就会追求彻底驯服外国的荒野，即使不能完全征服或改变，至少也要变得容易驾驭。这就迫使殖民者同时在体型最大和最小的两端作战。体型较小一端的敌人是当地的有害微生物和寄生虫，它们有时会表现出惊人的抵抗力。众所周知，疟疾肯定减缓了白人对非洲的征服速度。而在体型较大的一端，殖民意味着铲除那些统治森林、河流和沼泽的大型食肉动物。对粗心大意的人来说它们意味着致命的危险，而在当地人的信仰体系中它们具有举足轻重的意义。杀死神圣的熊！杀死鳄鱼始祖！杀死披着神话外衣的老虎！杀死狮子！只有消灭这些怪物，你才算征服了他们，才算征服了他们的土地。

44

但尼古拉·齐奥塞斯库与众不同，他的所做所为是民族主义的，而不是殖民主义的。他的出现是对一种古老观念的讽刺。这种观念认为，强有力的领导者必须同时是伟大的猎人，伟大的危险动物杀手。自吹杀死十五头狮子的亚述国王亚述纳西巴二世如此，传说中捕杀102只狮子的埃及法老阿蒙诺菲斯三世也是如此。这些自吹自擂的记录和齐奥塞斯库在波萨达收藏的熊皮一样，有着同样的隐喻：国王服务人民，如同牧羊人（《圣经》中的大卫，在歌利亚之前他默默无闻的岁月里）服务羊群，都要让后者摆脱食肉动物的威胁。然而，这种古老传统与保护家畜的单纯行为不同，要求先发制人的屠杀，而不是被动的防御。好的统治者，要像勇敢的牧羊人一样，随时随地致力于消灭捕食者。这种英勇领袖的典范，可以追溯到最早的文学经典和经久不衰的神话。这些经典和神话总以这样或那样的借口杀死怪物，从而让英雄显得更英勇。比如史诗《吉尔伽美什》，其核心就是一位国王和一头怪物之间的战斗。

巴比伦史诗《吉尔伽美什》闻名世界。它用美索不达米亚早期帝国语言阿卡德语（Akkadian）创作，起初口耳相传，大约公元前1100年左右，用楔形文字刻在一系列泥板上。既有更古老的苏美尔语版本，也有见习抄写员为练习楔形文字而抄写的多个古巴比伦语副本。1850年，刻写着《吉尔伽美什》的泥板第一次重见天日。此后，考古挖掘陆续发现了许多泥板。但无论是早期还是晚期版本，都没有一套完整的。所谓的"标准版本"来自于73份泥板手稿，其中35份保存在尼尼微的亚述巴尼拔图书馆废墟中。这个版本的传统标题是 *Sha naqba imuru*，可以译作《看见深渊的人》，意思是探索生命根本意义的人。这 73 块泥板中缺失的部分，只有一部分可以用早期苏美尔语或古巴比伦语版本的碎片暂时填补。因此，对《吉尔伽美什》的学术研究必然是一种拼凑和推断的活动。而把这些研究结果当成一首活生生的诗来读，令人兴奋又沮丧，就像在高速公路上一边开车、一边用手机进行一次重要对话。

蒙尘三千多年，泥板大部分仍然清晰可辨。在幼发拉底河下游的城邦乌鲁克（Uruk），国王吉尔伽美什身材高大，气宇轩昂。吉尔伽美什在历史上确有其人，公元前 2800 年左右统治着乌鲁克。但真实的历史样貌已然模糊，吟游诗人不过借了他的名头。在史诗中，他可怕的对手是洪巴巴，一个守卫雪松森林的巨大怪物。在史诗的开头，吉尔伽美什并不讨人喜欢。这也是套路：他要经受考验，吸取教训，然后才能追寻崇高的目标，最终成为卓越的人物。作为凡人和女神之子，他是力量的典范，但不是美德的楷模。他专横好色，欺压人民，骚扰年轻男子，猥亵年轻女人，对新婚之夜的新娘施行初夜权。事实上，吉尔伽美什如此残暴野蛮，诸神觉得有义务用一个相反的人物来抵消他的影响。于是，诸神创造了森林野人恩奇都（Enkidu）。恩奇都身体多毛，野性十足，而毫不傲慢，喜欢在瞪羚群中吃草，仿佛他也是其中一员。诸神希望这个凶暴的乡巴佬能以某种方式抑制或阻止吉尔伽美什的不当行为。两个男人相遇，打了一架，打得不省人事。然而，不打不相识，他们最终成为朋友，成了一对合得来的、爱打闹的家伙。众神的计划适得其反。找到理想搭档恩奇都后，吉尔伽美什鲁莽的冒险主义上升到了新高度。

他急切想要获得声名和荣耀，这是半人在尘世中唯一的永生形式。吉尔伽美什提议，如果我们去雪松森林踢老洪巴巴的屁股，那岂不是很荣耀、很好玩吗？恩奇都在森林里待过很长时间，了解洪巴巴，他认为这不是一个好主意：

> 我在高地认识他，我的朋友，
> 当我和羊群四处游荡的时候。
> 他在六十里远就可听到树林的沙沙声响，
> 是谁，会冒险进入他的森林？

> 洪巴巴，声如洪水，
> 他所言为烈火，他的呼吸即死亡！
> 你为什么想做这件事？
> 洪巴巴的伏击不可战胜！

恩奇都的警示出自古巴比伦时期的一块泥板。在学者安德鲁·乔治
（Andrew George）精心编辑的新译本中，这些声明被拼接进一个原
本是空白的地方。早期的苏美尔语片段，为同样的警告提供了更生动
的版本：

> 大人，你没有看到那家伙，你的心没有被震裂，
> 我却看见他，我的心战栗。
> 他是勇士，牙齿如龙牙，眼睛如狮眼。
> 他的胸口起伏像洪水一样汹涌，
> 他的额吞吃藤蔓，无人能亲近他，
> 像吃人的狮子，他舌上的血永不断绝。
> 大人，你上山吧，但让我回家，回到城市。

恩奇都不是傻瓜。然而龙牙和狮眼，对热血澎湃的吉尔伽美什来说毫无意义。"你是哪种懦夫？"他回应道，"你虚弱的话语让我沮丧。"但他实际上并没有沮丧，他太热衷于行动。恩奇都似乎很快，甚至突然就振作起来——要么是某些过渡文字丢失了，要么是被吉尔伽美什称为懦夫刺激恩奇都改变了主意。他们带着新锻造的战斧和匕首出发，去拔雪松森林中的洪巴巴的胡子。

阅读《吉尔伽美什》的各种译本时，我产生了一个疑问，洪巴巴到底是一个巨大的类人敌手，还是某种野兽或幻想的形貌？安德鲁·乔治称他为"可怕的食人魔"，披着"七个魔法光环，光芒四射，致命无比"。另一位翻译家斯蒂芬妮·达利（Stephanie Dalley）将他描述为一个"怪物"，脸像卷曲的肠子，预示着后来美杜莎之类的希腊蛇发尖爪女妖。N.K. 桑德尔斯（N. K. Sandars）称他为巨人，但也说他是"邪恶"的象征。诗中第一次提到洪巴巴是："因为那地的恶，我们要往树林里去，除灭那恶。"所以吉尔伽美什扮演的是屠龙骑士的角色，而洪巴巴就是龙，不管其样貌如何。

美索不达米亚艺术学者威尔弗雷德·G. 兰伯特（Wilfred G. Lambert）根据一块陶土牌匾，提出了自己谨慎的假设。那块牌匾现存于柏林博物馆，可以追溯到公元前 1600 年的古巴比伦王国，上面刻画的怪物有着"一张奇怪的脸和长长的头发，以及猫爪和鹰爪一样的脚"。这只长着鹰爪的生物被两个人按住，其中一位正准备用剑刺穿它的脖子。兰伯特怀疑这个画面（和后来发现的圆柱印章上的类似画面）描绘的是吉尔伽美什和恩奇都杀死洪巴巴的场景。兰伯特的猜测尚无法确证，但洪巴巴确实可能是牌匾中刻画的模样。很明显，他不仅像歌利亚那样蠢笨巨大，还像凶残的恶霸一般令人生畏。因为洪巴巴一度自夸道：

我会咬穿你的气管和脖子，吉尔伽美什，

把你的身体留给森林中的鸟、咆哮的狮子、猛禽和食腐动物。

在德古拉和汉尼拔之前的时代，这代表着来自非人类的威胁。不过，致命的咬伤并未发生，吉尔伽美什一刀就扎中洪巴巴的脖子（就像兰伯特的古巴比伦牌匾画的一样）。然后恩奇都加入打斗，挖出洪巴巴的肺。怪物死后，吉尔伽美什砍下它的头，拿走它的"獠牙"作为战利品。獠牙一词也表明洪巴巴的一些牙齿明显不同于人类。

开始下雨了。七个光环已经消散，洪巴巴被征服，山坡变得安静。所有这一切发生在短短几行诗中，对比前面冗长繁复的铺垫，让人感觉虎头蛇尾。战斗摧枯拉朽，瞬间决出胜负。最有趣的是紧接着发生的事情：吉尔伽美什下山，去"践踏森林"。消灭了洪巴巴这个神指定的"雪松保护者"，他和恩奇都开始砍伐神圣的雪松。吉尔伽美什砍树，恩奇都不停猛拉树桩。如此看来，这首古老而复杂的诗歌似乎只是人类强行消灭捕食者、摧毁栖息地的故事。

吉尔伽美什和恩奇都造了一只木筏。他们带着洪巴巴的头，得意洋洋地顺流而下。他们还伐倒了那棵最大的雪松，带回巨大的雪松原木，雕成恩利尔（Enlil）神庙的门。恩利尔是"风之王"，统治地球的神。同谋、前野人恩奇都将会为和这棵树扯上关系而感到后悔。后来，恩奇都死于恩利尔发出的致命诅咒。临死前他哀叹道，当初应该把那扇"林地之门"交给另一位知恩图报的神。杀害洪巴巴的真正凶手，吉尔伽美什本人，逃脱了神的惩罚，但依然没有逃脱死亡的最终命运。在史诗的结尾，英雄走了，怪物走了，森林走了。只有乌鲁克城依然矗立，文明的征程已经开始。

45

吉尔伽美什和洪巴巴的竞争并不反常，英雄和怪物的传奇战斗不胜枚举。马杜克对提亚马特，忒修斯对牛头怪，珀尔修斯对海怪，尼努尔塔对安祖，齐格鲁德对法夫纳，罗摩对罗波那，圣乔治对龙，奥德修斯对波吕斐摩斯，内恩兹加尼对蒂尔吉特，柏勒洛丰对奇美拉，俄狄浦斯对斯芬克斯，源赖政对鵺，提施帕克对拉布，赫拉克勒斯对涅墨亚狮子，当然还有贝奥武夫对格伦戴尔和它母亲以及另一条龙。这些故事甚至也不过挂一漏万。这些故事部分可以追溯到生态现实，以及它们暗示的心理真实性，但在此之前我们有必要回顾一些细节。

蒂尔吉特（Teelget）是头顶鹿角的巨大食人兽。在纳瓦霍人（Navajo）的传说中，它是被英雄内恩兹加尼（Nayenezgani）杀死的危险生物之一。在印度伟大的梵文史诗《罗摩衍那》中，长着十个头的罗波那（Ravana）是丑陋奇异的恶魔种族罗刹魔（Rakshasas）的国王，最终被蓝皮肤的罗摩神（Rama）征服。屠龙者齐格鲁德（Sigurd）对付的是"最邪恶的蛇"法夫纳（Fafnir）。齐格鲁德躲在沟里，待法夫纳从他身上滑过时将剑插进怪物的左肩，直没至剑柄，双臂浸满鲜血。没错，这条被称为"蛇"或者"虫子"的怪物也有肩膀。齐格鲁德挖出龙的心脏，穿在烤叉上炙烤，用手指戳了戳，检查肉的情况，然后把手指放进嘴里。滚烫的血液一碰到舌头，他便渐渐形成一种新的意识，一种前所未有的与自然的亲密关系，就像涂了淤血的杜立德医生 ① 能听懂鸟类的语言。《沃尔松格萨迦》也描述过这种现象。这部史诗是 13 世纪冰岛的散文作品，以北欧早期诗歌为基础。这个故事后来有了德语变体《尼伯龙根之歌》（*Nibelungenlied*），

---

① 电影《怪医杜立德》中的主角能听懂动物的话的天赋。

理查德·瓦格纳以之为原型创作了歌剧《尼伯龙根的指环》。在《尼伯龙根之歌》中，齐格鲁德被称为齐格弗里德（Siegfried）。吃下龙的心脏后，齐格弗里德不仅变得睿智，而且刀枪不入，但还有一处没有被神奇的保护层覆盖到，犹如阿喀琉斯之踵。齐格弗里德的敌手恰好用匕首刺进他致命的弱点。这再次证明，杀死猛兽不足以让人类赢得永生。在传说中的远古时代不行，如今依然不行，尼古拉·齐奥塞斯库就是活生生的例子。

圣乔治是另一位受人尊敬的屠龙者。他的故事其实是欧洲民间传说的基督教版本，其原型可能是一位黑暗时代出身于叙利亚的真实人物。有些记载说，圣乔治是在利比亚打败他的龙的。那条龙潜伏在湖泊或沼泽中，就像真正的鳄鱼那样偷偷溜出来捕食绵羊。牛头怪（Minotaur）一半是公牛，一半是人类，但它可不像正常的公牛，它是吃人肉的。牛头怪被囚禁在克里特的迷宫里，每九年享用一次血祭，吃掉七位童女和七位童男，直到被忒修斯（Theseus）杀死。鵺（Nue）是猴子头的怪物，它还有虎足、蛇尾和獾体，会发出尖厉的声音，它地狱般的叫声打搅了日本天皇，于是被源赖政杀死。涅墨亚的狮子拥有难以穿透的兽皮坚盾，"没有武器可以伤害它"。赫拉克勒斯解决了这个问题，他勒死了这只没有任何武器可以伤害的狮子。为惩罚和补赎精神错乱时谋杀家人的罪孽，赫拉克勒斯受命完成十二件苦差。勒死狮子是第一件。早些时候，他已经在西塞隆（Cithaeron）的森林里杀死了另一头狮子。在整个职业生涯中，赫拉克勒斯一直忙于对付怪物：消灭九头蛇怪海德拉（Hydra）；偷走三头六臂的革律翁（Geryon）的牛群；从哈迪斯那里绑架地狱三头犬（Cerberus），没被咬到，也没染上排泄物；赶走狄俄墨得斯王（King Diomedes）的吃人母马。完成这些壮举之后，他竟然死于一件有毒的衬衫，想来简直是种耻辱。

巴比伦诗歌中的安祖（Anzu）是一只愤怒的狮头鹰。海神波塞冬的儿子波吕斐摩斯（Polyphemus）是独眼巨人，他吃掉了奥德修斯的几个手下，就像吃掉剥了壳的小龙虾。足智多谋的奥德修斯还以颜色，用尖利的棍子戳瞎了他的眼睛。奇美拉（Chimera）是一只狮头、羊身、蛇尾的吐火怪物。斯芬克斯是虐待狂狮身人面女妖，先用愚蠢的谜语逗弄人们，然后把他们吃掉。另一个令人生畏的巴比伦怪物拉布（Labbu）长达630英里，有着巨大的眼睑。它的高蛋白食物包括鱼、野驴、鸟和人，直到提施帕克（Tishpak）或其他英雄（说法不一）征服了它。顺便说一下，"拉布"的原意就是狮子。

所有这些故事都是在当时顶级捕食者的栖息地内形成的。它们不仅源于人类的想象，也源于现成的素材——来自对土地上真实生物的关注。巴比伦人与健康的狮子种群共享肥沃的河谷，一遍又一遍地演绎着英雄对抗怪物的故事。创世史诗《埃努马·埃利什》描写了马杜克（Marduk）与提亚马特的战斗。这部史诗有时被称为《巴比伦创世记》。提亚马特，原意为"闪闪发光的那个"，她不仅是个怪物，更是怪物的女王。她产下十一只附属的"怪物蛇"，每只都有锋利的牙齿和无情的毒牙：

> 她用毒药，而不是血，填满了它们的身体。
> 她给凶猛的怪物蛇披上恐怖的外衣，
> 她把它们装饰得富丽堂皇，使它们具有崇高的地位。
> 无论谁看到它们，都将感到恐惧，
> 它们的身体直立起来，没有人能抵挡它们的攻击。

对提亚马特及其爪牙的征服置于鸿蒙之时，提亚马特代表着混沌。

最终成为巴比伦城守护神的马杜克，乃是"众神中最聪明的"，他承担了杀死提亚马特的苦差事，用一张网、一股邪恶的风和一根矛完成了任务。马杜克刺穿了提亚马特的腹部和心脏，然后把她的尸体"像一条扁平的鱼一般分成两半"，一半伸向头顶遮住天空，另一半留在下面构成地面。征服混沌、清浊两分之后，马杜克创造了人类。一切都变了。

46

这些英雄故事都很生动，但数《贝奥武夫》最为神秘复杂，引人入胜。《贝奥武夫》是一首古老的英国诗歌，讲述一位勇敢的斯堪的纳维亚人征服一对怪物，然后与龙搏斗而死的故事。

为什么《贝奥武夫》更吸引人？原因有三。首先，它是一部完整的作品，而不是残破的片段。这部大约公元1000年的手稿幸存至今，存放于大英博物馆。第二，至少对西方读者来说，中世纪早期日耳曼部落世界中的庄园、刀剑、政治婚姻和筵席酒会，比古巴比伦、古印度，甚至比荷马时代以前的希腊都更亲切。第三，英雄是人类，令人心酸。他渐渐变老，智慧益增，但还没有聪明到愿意承认身体机能在衰退，也没有聪明到抵制最后一场竞赛的诱惑。贝奥武夫年轻时游历海外，参加了一场公共服务性质的冒险活动——杀死格伦德尔，又不可避免地杀死了格伦德尔的母亲。之后，他回到自己的祖国，统治了五十年，最后再次拿起剑与当地的龙作战。在出版于1973年的译本的引言中，学者迈克尔·亚历山大（Michael Alexander）借用体育赛事概括了贝奥武夫的人生轨迹："贝奥武夫一生充满客场胜利，却以主场失败告终。"我们甚至可以将贝奥武夫视为怪物灭绝任务中的迈克尔·乔丹：他带着无与伦比的荣耀退休，但是，唉，他不能忍受退休生活。

已故小说家约翰·加德纳（John Gardner）说，格伦德尔是最引人入胜的史诗巨兽。他不仅认识到了这点，还以之为主角创作短篇小说《格伦德尔》。格伦德尔生活在丹麦国王赫洛斯伽宫殿周围的沼泽地中。它是"一个强大的恶魔，一个黑暗中的潜行者"。因其出身，格伦德尔属于"被放逐的怪物，该隐的后裔，造物主已宣布它为非法，谴责它为弃儿"。它是一个悲伤又脾气暴躁的角色，被赫洛斯伽宴会上的音乐和喧闹的笑声激怒，变成吃人的掠夺者，不断地袭击大殿，捕食人类。在袭击过程中，格伦德尔就像吉姆·科贝特笔下的豹子，有着不可思议的隐匿性。丹麦勇士们总是麻痹大意，防备不足。每晚结束庆祝，他们就醉醺醺地睡在大殿的长凳上。熄灯后，格伦德尔偷偷溜进来，杀死三十来人，把他们的尸体拖回巢穴，在那里悠闲地吃掉。喝得烂醉的丹麦人一次又一次赌咒发誓，枕戈待旦，对付这个可怕的来客，但屡屡落空。谢默斯·希尼（Seamus Heaney）在充满活力的《贝奥武夫》新译本中写道：

> ……当黎明破晓，白昼悄悄掠过，
> 每一张空荡荡的、溅满鲜血的长椅，
> 掠过他们宴饮过的蜂蜜酒大殿。
> 地板因屠杀而变得光滑。他们已经死了。

贝奥武夫的到来改变了一切。他是彪悍的年轻战士，杀死过九只海怪，算作这次任务的试炼。他坐在长椅上，坐在醉醺醺的丹麦人中间，等待格伦德尔迈出第一步。

> 这个生物没有让他久等，

突然发动袭击，闯入大殿；

他从长凳上抓住并打伤一个人，

咬进他的骨头里，吸干他的血，

狼吞虎咽地吃下去，

留下手脚残缺、毫无生气的尸体……

这段话显示，格伦德尔不仅凶残，而且饥肠辘辘，是一种对人类有着旺盛食欲的食肉动物。他是波吕斐摩斯那样的人形怪物，还是另一种长着獠牙的笨重野兽？如果我们认为格伦德尔是该隐的后裔，那就认可他是人形动物，虽然诗中没有描述他的外貌。但有一些细节令人不寒而栗，暗示了他不同于人类的外形特征：

……他冒险靠近，

举起魔爪攻击躺在床上的贝奥武夫；

当他张开爪子朝前冲去，

这时机警的英雄动了起来，

用手臂完全挡住了怪物的去路。

接下来的诗行提供了吉尔伽美什对洪巴巴的战斗中所没有的打斗场景：击倒、拖拽。他们扭打在一起，因用力而变形的手指压进怪物的肉里，格伦德尔跌跌撞撞后退。他们在大殿里猛烈搏斗，如同跳着凶险的华尔兹舞。他们砸坏了长凳，打碎了金器，弄坏了接头，连地板都震颤不已、吱吱作响。丹麦人齐声惊呼，贝奥武夫的随从勇士上前帮忙。他们用剑疯狂砍杀，但毫无效果，因为普通刀剑伤不了格伦德尔分毫。贝奥武夫天生神力，将怪物的双臂扭到背后。他用力过猛，

　　　　　　　　　众神的怪兽：在历史和思想丛林里的食人动物

扯下了格伦德尔的右臂。格伦德尔乘机逃脱,冲回沼泽深处的巢穴,在那里憔悴至死。赫洛斯伽的蜂蜜酒大殿摆脱了侵扰,至少暂时如此。贝奥武夫把格伦德尔的肩膀连同末端带爪的手臂悬挂在屋顶横梁,作为胜利的证据。

但是格伦德尔只是贝奥武夫三次考验的第一关。一轮为时过早的庆祝结束后,丹麦人再次昏昏沉沉地上床睡觉,格伦德尔"悲痛欲绝、饥肠辘辘、渴望复仇"的母亲闯进大厅。士兵们措手不及。她抓了一名受害者,碰巧这位年长的战士艾斯切尔(Asschere)是赫洛斯伽的高级顾问。被国王召回的贝奥武夫沿着痕迹追踪到沼泽边缘的湖泊,潜了下去,与这位湖底的"深渊之狼"展开可怕的水下搏斗,差点失去生命。她用"野蛮的爪子"抓住他,把他拖入她的巢穴,在那里她召唤出后援:

> ……一群令人眼花缭乱的海兽从深处向他扑来,
> 成群结队地用獠牙攻击他,
> 在可怕的猛攻中撕咬他的锁子甲。
> 这位勇敢的人看出
> 他已经进入地狱般的洞穴。

贝奥武夫奋力搏斗,但是他的剑毫无用处,即使砍到格伦德尔母亲的脑袋,也毫发无伤。他扔掉自己的宝剑,从她的武器库中抓起一把巨大的古代利刃,一刀砍断了她的脖子。随后,他看到她儿子湿漉漉的尸体躺在附近,于是砍下格伦德尔的头当作战利品,游回水面。

这一次,在蜂蜜酒大殿举行的庆祝、封赏和演讲,再不是为时过早了。赫洛斯伽的王国内不再有怪物,能让王国的未来不复辉煌的只剩下耳熟能详的家族世仇、背信弃义和部落倾轧了。除了丹麦人热忱的感谢，贝奥武夫还收到七匹马、一把宝剑和各式战斗装备，以及一条赫洛斯伽之女赠送的精美项链。每个人都很快乐，但快乐并未持久，因为这只是史诗的中点。当晚最重要的时刻到来，老国王赫洛斯伽亲自给年轻的英雄贝奥武夫作临别赠言：

> ……不要让骄傲冲昏头脑。
> 你的力量在短暂的瞬间绽放，
> 但是它很快就会消失。
> 很快就会有疾病或重剑将你击倒，
> 还有突发的火灾，汹涌的水流，刺来的利刃，飞来的流矢，
> 或是令人厌恶的衰老。
> 你锐利的眼睛会变得黯淡无光；
> 亲爱的勇士，死亡会到来，将你卷走。

对致谢和祝酒辞来说，这相当悲观。但不管听起来有多失礼，赫洛斯伽的忠告却正确无误。他悲观的警告是《贝奥武夫》的中心，不仅因为它在诗中的位置，更因为它阐述了诗歌的主题，也预言了后半部的走向。

贝奥武夫回到家乡基特兰（Geatland，今瑞典南部），辅佐过两任国王，而后黄袍加身。他贤明地统治了五十年，然后发现自己的王国被"突然爆发的大火"的恐惧所笼罩，就像赫洛斯伽预言的那样。一条巨龙横冲直撞，它的气息喷出烈焰，将基特人的家园烧成灰烬。这条龙跟传说中的许多龙一样，痴迷于守护黄金。但一名劫匪闯入它的巢穴，偷走一个镶满宝石的高脚杯，激怒了龙。上了年纪的贝奥武

　　　　　众神的怪兽：在历史和思想丛林里的食人动物

夫不愿像老国王赫洛斯伽那样，把问题委托给年轻的勇士，而是步履蹒跚地亲自去和龙作战。他的同伴都弃他而去，只剩下年轻勇敢的维格拉夫（Wiglaf）还跟在身边。他的古剑在巨龙的头骨上断裂，但幸好有维格拉夫的帮助，贝奥武夫成功杀死巨龙。只是没有像过去那样赢得干净利落，巨龙在屈服之前给贝奥武夫造成了致命的伤害。他们懦弱的同伴回来时，发现两人都躺在地上：

> ……曾经的伟人已经奄奄一息。
> 贝奥武夫国王死状悲惨。

> 但他们第一眼看到的情景更摄人心魂：
> 地上的龙躺在他对面，阴森可怖。
> 火龙遭到了可怕的焚烧。
> 所有颜色黯然尽失，从头至尾五十英尺，焦黄一片。
> 它曾在夜空中飞翔，闪闪发光，
> 巡游之后就飞回巢穴。
> 但是现在，死亡控制了它。
> 它再也不能进入自己的地下走廊。

　　龙可能是阴森可怖的，但死去的龙同样可悲。巨龙被征服之后，落得烤鸡一样，得到诗人的同情，就像格伦德尔及其母亲。

　　格伦德尔是被"放逐"的怪物，它遭到唾弃，"被上帝诅咒"，无法享受欢悦和喜乐，最终陷入一场"孤独的战争"。他的母亲因与该隐私通，遭到责罚，在冰冷的深水中"沉思她的错误"，最终白发人送黑发人，痛苦哀悼她的儿子。最后那只巨龙，一直守着填满财宝的山洞，与世无争，心满意足，直到那个高脚杯窃贼、"打扰它睡眠的闯入者"激怒它，"愤怒地扭动着"，复仇心切。它们都是令人惊叹的生物，样貌丑陋，令人生畏。它们注定要被杀死，注定要死去，注定在最后的失败中惹人怜悯。诗人的文学手法令人眼花缭乱，我们始终难以忘怀这样一个事实：贝奥武夫的这些怪物对手，一旦被杀死，就会真正死去，不再复生。这不是神话，这是生物学。

47

这是怎么回事？在早期的文学和传说中，英雄和怪物相遇的故事原型反复出现。它们的来源和意义是什么？当然，没有人真正知道，但为了回答这个问题，一些思想家做过有趣的思考。

著名神话学者约瑟夫·坎贝尔（Joseph Campbell）将这种冲突视为潜意识的寓言。"从心理学的角度，龙是一个人本我与自我的结合。"他告诉采访者，"终极的龙就在你的内心，是你的自我压制了你。"坎贝尔发现，英雄与怪物的冒险故事有两种模式。第一种模式是英雄遭到吞噬，就像《旧约》中的约拿被鲸鱼所吞噬。实际上，吞噬也是一种考验，而被吞噬者后来复活了。第二种模式是英雄与怪物战斗并击败它，比如《尼伯龙根之歌》中齐格弗里德击败龙。杀死龙只是第一步，要推翻龙的黑暗力量，齐格弗里德还需要摄取这种生物的一部分，将其力量纳入自己体内——就像约拿要先被吞噬，然后才能逆转命运。坎贝尔说："当齐格弗里德杀死龙，尝了血，他便听到了自然之歌。他已经超越了人性，重新将自身与自然的力量联系在一起。自然是我们生命的力量，而思想却将我们从自然中抽离。"坎贝尔补充道："我们的头脑想象怪物控制着我们的命运，但这只是位于人体顶部的次要器官的幻觉。在某种意义上，啜饮龙血更深刻地激活

　　　　　　　　　　　众神的怪兽：在历史和思想丛林里的食人动物

了这种幻觉。"

另一种观点来自中世纪研究者 J. R. R. 托尔金（J. R. R. Tolkien）。在成为著名奇幻小说作家之前，他是研究早期盎格鲁－撒克逊文献的饱学之士。托尔金仔细研究了《贝奥武夫》，不同于大多数当代学者，他把《贝奥武夫》真正当作一部文学作品来欣赏。在 20 世纪最初几十年里，这部内容最为灰暗、也被分析得最多的古英语史诗，一直被当作考古文物看待。因为它的创作年代，学者们将全诗语句作为八世纪古代英国的语言和文化证据；也因其故事背景，它被作为六世纪斯堪的纳维亚半岛南部的语言和文化证据。除此之外，它还被用于学术训练，挑战文学专业学生的阅读能力。这些年轻学生在阅读莎士比亚、塞缪尔·约翰逊和奥斯卡·王尔德等人淋漓畅快的作品之前，必须像吞鱼肝油一样吞下这剂古英语。1936 年，托尔金在英国科学院发表演讲，演讲稿后来以《贝奥武夫：怪物和批评家》（Beowulf: The Monsters and the Critics）为题发表。在那次演讲中，托尔金提出让人眼前一亮的新观点。他不再把这首伟大的诗视作一堆语言学的碎片，也不再视作教科书上的练习题，而是看作一首伟大的诗。直至今日，他的演讲仍是对《贝奥武夫》文学价值最具影响力的评论。

托尔金的重大贡献在于，他认识到这首诗里的两个怪物和一条龙，正是全诗的核心意义，而不是早期评论家认为的那样，将它们作为对更重要本质的庸俗干扰。这几个角色，来自某些地方，又去了某些地方。"龙不是漫无目的的幻想，"托尔金写道，"不管它的起源是什么，是真实的还是虚构的，传说里的龙都是人类想象力的有力创造。它的丰富意义更甚于龙穴里的累累财宝。"贝奥武夫的龙象征着邪恶、贪婪、毁灭，最重要的是，它象征着"命运的残酷无情"，将死亡视为所有凡人不可避免的命运，不因其美德或功绩而豁免。

格伦德尔和它的母亲不是创作者漫无目的的幻想。尽管贝奥武夫打败了他们，并且胜利凯旋，欢庆成功，但他们支撑了这首诗的主题，托尔金将之概括为"人类与充满敌意的世界交战，最终在岁月的流逝中不可避免地被打倒"。它们给年轻人提供挑战，成就其英雄之名，也让诗歌充满悬念；直到五十年后，即使是他，伟大的贝奥武夫，英明的统治者和怪物杀手，也不得不屈服。他屈服于每个人都面临的可怕命运，也是吉尔伽美什徒劳地寻求豁免的命运：死亡。托尔金用一句古英语概括了这个主题："*lif is læne: eal scæced—leoht and lif somod.*"这便是："浩浩阴阳移，年命如朝露。"

　　托尔金的另一个观点是，这首诗中的可怕生物是由八世纪不知名的英国基督徒，根据六世纪斯堪的纳维亚的日耳曼异教文化创作的。因此，它们不是神创造和认可的怪物（譬如波塞冬创造波吕斐摩斯，伊利尔创造洪巴巴，耶和华创造利维坦），而是与基督教信仰中唯一仁慈的上帝相对立的怪物。尽管诗人对格伦德尔有一些同情的描述，但他其实是"地狱的奴隶"（希尼丰富而认真的译本中的译法），表明他是该隐的后裔。托尔金指出，格伦德尔在原著中承受了"上帝的愤怒"（Godes yrre bær）。格伦德尔的母亲先是"可怕的地狱新娘"，后来又成为"地狱母亲"，以其"邪恶的力量"来为她的儿子复仇。而被称为"邪恶之物"的龙，同样处于黑暗与光明对立的基督教二元论的黑暗面。因此，当可怕的敌人冒出地面，贝奥武夫便向它们发起战斗，这是一场向上帝的敌人发起的圣战。托尔金写道，基督教重构了这些古老的异教故事，"古老的怪物变成了邪灵或邪灵的代表，或者更确切地说，邪灵进入怪物，在丑陋的身体中形成可见的形状"，比如格伦德尔的形象。

　　这跟其他战斗截然不同：希腊和美索不达米亚的凡人也会对抗由

这个或那个任性的神明创造的怪物，他们的战斗同样英勇，但没有贝奥武夫那样有鲜明的道德色彩。与此同时，它跟前基督教时代的北欧传说《沃尔松格萨迦》中齐格鲁德与蛇怪法夫纳的斗争也不一样，那是异教徒与异教怪物之间的斗争。贝奥武夫是一名异教徒英雄，他的对手是基督教中被魔化的可怕敌人，他在齐格鲁德和圣乔治之间的未被明示的道德地带艰难探索。这是很现代的典型困境，也许增强了我们对他的同情。

《贝奥武夫》的结尾也有一种诡异的张力。尽管诗人带有明显的基督教腔调，比如对"该隐家族"的刻画和对"生命之主"的虔诚赞颂，但全诗没有基督教式的结局。主角并没有获得永恒的救赎，只有英雄主义、名誉和死亡永存。古老传奇素材中的瑰丽和粗犷，还没有被新的教条完全消解。"如果不是因为临近异教时代"，托尔金认为，这首诗不可能写成这样。诗歌的结尾笼罩着一种"绝望的阴影，哪怕只是一种情绪，一种强烈的悔恨情绪"。贝奥武夫死得正直坦荡，却没有得到升天的奖赏。相反，在他死后，死敌瑞典人对他的王国发起新一轮的攻击，并最终占领基特兰。他的尸体被放在柴堆上焚烧，肉体烧成灰烬，黑烟滚滚。一位基特女人悲伤地歌唱：

……疯狂的长篇大论，充斥交替着梦魇与哀悼：
她的国家遭到入侵，敌人横冲直撞，
尸体成堆，被奴役，被屈辱。
烟尘直上天堂。

烟雾冉冉升起，就像贝奥武夫一样接近天堂。

与此同时，巨龙的尸体被推下悬崖，抛入大海，这种处理方式并不比火葬更可怕。我想说的是，这位英雄和这些怪物，都在同一个现实世界中出生入死。他们都令人难忘，也都是肉体凡胎。他们的肉身分解，重新进入土地。他们是食物链的一部分。

1996 年，生态学家和哲学家保罗·谢泼德（Paul Shepard）去世前出版了最后一本书《他者》（*The Others*）。这本书全面调查了文化的生态学依据，谈到了英雄与怪物的对抗。书的副标题"动物如何使我们成为人类"（*How Animals Made Us Human*）来自约瑟夫·坎贝尔的警句，而讨论的内容来自谢泼德自己的毕生研究和大胆推测。书中关于幻想怪兽的一章，开宗明义地写道：

> 人类文化中充斥着跟自然中不尽相同的动物。这是一个巨大的虚构动物群，包括怪物、神童（prodigies）和精灵（wonders）。它们在缤纷多彩的艺术形式中游走、聚集和闪现，仿佛是自然界的缺失。有必要问一下：这些生物出于何种目的被想象出来？它们是普通动物的替代品，还是自有用途？它们是什么，它们从哪里来，它们在这里做什么？

拿龙来说，谢泼德注意到，它们在欧洲虽有细微差别却大体不差、自成一体，而在东方则大不相同，东西方的区别远大于欧洲内部的基督教一异教对立。在欧洲，龙始终是可怕的怪物，区别仅在于是否虔诚皈依于本宗教派。而在东方，龙通常是仁慈、优雅的生物，与复兴、智慧、启迪、诞生降福和节气联系在一起。相比之下，西方中世纪典型的龙，比如贝奥武夫的龙，是"一只在山洞里守着金子的会喷火的老家伙"。"黄金是父权制度下贞操的象征，"谢泼德继续写道，"因此，龙与男性对女性的暴力控制紧密关联。这种控制支配欧洲三千年之久。龙对男性挑战者的顽强和残暴，以及它对地球洞穴的霸占，都暗示了这种联系。"

那么，是不是所有这些龙都代表着严酷的性别歧视？不好说。无论如何，这种断言没有证据或论证支持。对我来说，谢泼德书中另一个观点更有说服力。那个观点谈到野生捕食者和它们在人类心理中的变形。他写道，张牙舞爪、大快朵颐的狮子和狼，帮助我们塑造了对地狱之口或者其他超自然威胁的媒介或途径的令人焦虑的想象。"我们对夜间怪物的恐惧，可能源于灵长类祖先的进化历程。原始人类的成员被恐怖的动物捕食，后者的阴影继续在黑暗的影院里让我们失声惊呼。"谢泼德认为，这种恐惧源于记忆、口头传统、古代诗歌和洞穴艺术之外的信号：它写入了人类的 DNA。"就像我们能听到耳朵里的血液流动一样，我们的神经系统也有猴子午夜尖叫的回声，那些猴子最后看到的世界正是黑豹的眼睛。"进化不会很快抹去重要的遗传记忆，而人类作为东非草原上的赤脚类人猿，其记忆相对较近。猴子的尖叫和黑豹的眼睛在我们的史诗文学中不是也有它们的痕迹吗？

你可以将前述种种称之为怪物和龙的神话生态学解读。还有另一种古生物学角度的解读，奥地利南部的克拉根福（Klagenfurt）就是个著名案例。克拉根福是一个河畔小镇，它的名字翻译过来是"悲叹的福特"。在古代传说里，附近沼泽里的龙造成了洪水和溺亡。后来，一位仁慈的公爵派勇敢的骑士去捕龙。骑士们将一头公牛拴在带刺的铁链上作为诱饵——就像把面团球挂在三锚钩上。龙咬住公牛，骑士们把龙拖出来，屠杀了它。谁说你不能用钩子把利维坦拖出来？从恐怖中解救出来的克拉根福，最终在城市的纹章上刻上了龙的形象。

14 世纪，当地的砾石坑中出土了一块巨大又怪异的化石。实物证据与古老传说紧密关联。这具化石很明显是某种生物的头颅碎片，当地人认为是被征服的龙的残骸，于是放在市政厅里陈列。1590年，乌尔里希·沃格尔桑（Ulrich Vogelsang）以它为原型，雕刻了一个漂亮的市政雕像：龙形喷泉。喷泉如今仍然矗立在当地，龙头上长着小耳朵，龇牙咧嘴，还有翅膀和一条长长的尾巴。化石一直保存在克拉根福大厅，直到1840年，来访的古生物学家弗朗茨·昂格尔（Franz Unger）认出它是披毛犀的头盖骨。不久之后，化石转移到自然历史博物馆。一些学者认为，克拉根福的雕像是再现灭绝物种的最早尝试，尽管结果并不准确。不管是否配得上这份荣誉，它反映出一种心理需求，即将狂热幻想中的怪物与真正的野兽联系在一起，后者正在或曾经潜行于我们熟悉的土地。

最近，古典民俗学者艾德丽安·马约尔（Adrienne Mayor）出版了《第一批化石猎人：希腊和罗马时代的古生物学》（*The First Fossil Hunters: Paleontology in Greek and Roman Times*）。这本书对狮鹫格里芬（griffins）的起源做了更详尽的论述。马约尔追踪守护黄金的格里芬的传说，查明已知的最早记录来自希腊旅行家普洛孔涅索斯岛的阿里斯蒂亚斯（Aristeas of Proconnesus）的史诗。阿里斯蒂亚斯在诗中讲述了他在公元前七世纪穿越塞西亚（Scythia）的旅程。在地理学、古生物学的研究以及文本考证的基础上，马约尔对阿里斯蒂亚斯之前的情况提出了一个巧妙而有说服力的假设。

塞西亚地区从黑海向北延伸，向东延伸越过里海，相当于现在的乌克兰和俄罗斯南部，以盛产金矿而闻名。埃斯库罗斯（Aeschylus）在其剧作《被缚的普罗米修斯》（*Prometheus Bound*）中，就把普罗米修斯放在塞西亚的悬崖上。他从阿里斯蒂亚斯的叙述中想象出塞西亚的风景，并装饰以蛇发女怪和狮鹫，后者被描述为"长着残忍利喙的无声猎犬"。公元3世纪，罗马学者伊利安（Aelian）汇编了一些

　　　　　　　众神的怪兽：在历史和思想丛林里的食人动物

传闻，说狮鹫是"狮子一样的四足动物，利爪力大无穷"，还有白色的翅膀，背上长着黑色的羽毛，脖子上覆盖着蓝色斑纹的羽毛，以及有"像鹰一样的利喙"。伊利安把狮鹫放在比塞西亚更靠东南的地方，大致相当于中亚和南亚次大陆的大夏古国（Bactria）和印度，但重复了守护黄金的谣传。根据这些线索以及更多的证据，马约尔推断，格里芬传说可能起源于角龙。塞西亚的金矿出土过角龙头骨和其他部位的骨骼化石，既有岩石风化后发现的，也有人工挖掘的。尤其是原角龙（*protoceratops*），其嘴形似鸟喙，骨质颈盾的褶边像翅膀一样后掠，而且没有像三角龙和其他晚期角龙那样引人注目的尖角。原角龙可能与现实中的鹰、闻名希腊和波斯的狮子、塞西亚幸存的里海虎一起，被人们用一点点紧张的幻想结合，就产生了狮鹫。

从塞西亚向西，再向北，就进入齐格鲁德和贝奥武夫的土地。在人类历史的最初几个世纪里，那里并没有本土狮子。当时，半虚构的英雄们在人类想象中的森林和沼泽中与怪物作战，而伟大的北欧和日耳曼史诗则被写成诗歌。在那么高的纬度上，没有鳄鱼或巨蛇，也没有值得注意的角龙化石。但是有熊，既有活着的也有已经灭绝的。欧洲一些洞穴出土过已灭绝熊类的巨大头骨和其他骨骼残迹。古生物学家将那些现已灭绝的熊称为洞熊（*Ursus spelaeus*）。从牙齿证据来看，它们似乎以素食为主。但是人类在发掘那些巨大的头骨时，难免心神摇动，恐怕不会因为食草性的齿列而安心。大量洞熊的遗骸，可能比任何迷路的犀牛或角龙的化石更能启发噩梦般的神话。早在1914年，奥地利古生物学家奥塞尼奥·阿贝尔（Othenio Abel）就论证过洞熊和穴居龙传说的联系。

与此同时，比洞熊更嗜肉、更危险的棕熊，晚至公元1200年还存活于不列颠群岛。棕熊彪悍的光环还借给了贝奥武夫本人，他的名字本意是"蜜蜂狼"（Bee-Wolf），也就是熊。整个中世纪，棕熊遍及北欧和斯堪的纳维亚地区。在几块地势较高而野性未驯的飞地上，它们坚持了更久。在所有这些飞地中，出于或好或坏的理由，最适合棕熊的正是罗马尼亚境内的喀尔巴阡山脉。

没有人能证明，法夫纳、格伦德尔和它暴跳如雷、怒不可遏的母亲，在多大程度上可以归功于真实的棕熊，我也不打算去尝试。但值得注意的是，古老的黑暗森林并非没有灵感。但令人沮丧的是，到了20世纪，贝奥武夫这个形象——首领、杀死怪物的英雄、英明神武的国王——最臭名昭著的化身是狂妄自大的小独裁者，他要求下属给他的步枪上膛，并拉伸他战利品的毛皮。

48

考虑到人类和棕熊在喀尔巴阡山脉已经共处了数千年，你可能会期待在罗马尼亚发现围绕棕熊形成的深厚神话传统。然而什么都没有。罗马尼亚没有《贝奥武夫》，也没有金发姑娘[1]。

故事书中的几个民间故事，有的讲熊如何失去尾巴，有的讲熊如何与魔鬼摔跤，这些故事无不暗示着对棕熊的喜爱之情，人们对熊的存在感觉舒适，欣赏它们的伟岸身躯和心灵。与魔鬼摔跤的故事是这样的：一个人遇到撒旦（魔鬼），害怕和他纠缠，于是建议撒旦先和他住在山洞里的老叔叔较量一下；他把撒旦带到一个熊窝，建议撒旦用棍子把"老叔叔"从睡梦中唤醒；撒旦上当受骗，上前与熊摔跤，结果被棕熊狠狠揍了一顿，好不容易才逃脱。"如果你的老叔叔都那么强壮和凶猛，那我确实打不过你。"撒旦最终认了怂。在这类故事

---

① 童话故事《金发姑娘和三只小熊》中的人物。

中，熊可敬而粗暴，但也是仁慈的，不像狼的形象那样狡猾险恶。据说在特兰西瓦尼亚西北部有一种古老的信仰，当地人认为用熊的脂肪给新生婴儿涂油，会赋予孩子神奇的防护，就像齐格弗里德那样。还有一种常见的说法是用熊的脂肪擦头皮可以治疗秃顶。我想，大概头发浓密是不受中年悲惨现实影响的一种表现吧。

曾担任 ICAS 高级职位的棕熊生物学家奥维迪乌·伊奥内斯库（Ovidiu Ionescu）说，在罗马尼亚的民间传说中，棕熊是"森林里的伙伴"，强壮而可爱。如果有其他国家的史诗或神话认为棕熊黑暗可怕，那么无论是伊奥内斯库还是和我交谈过的罗马尼亚人，都会认为不值一提。

不过，这并不意味着罗马尼亚的熊不危险，它们可以变得很危险。伊奥内斯库及其同事收集了反映人熊冲突范围和性质的统计数据。从 1990 年至 1997 年，有 119 起熊患（或者从熊的角度来说，也可称为人患）严重到足以被记录在案，导致 18 人身亡。大多数冲突（57%）与牲畜有关，一小部分（12%）与狩猎或偷猎相关。其余冲突则是各种各样的原因，要么是人们为采集蘑菇、捡拾野果或砍伐柴火进到森林中，要么是熊走出森林（例如袭击果园）。在与牲畜相关的事件中，牛、马、驴、猪和山羊受到的影响较小，大部分是绵羊（71%）。

罗马尼亚有数百万只绵羊，粗略估计有 900 万只。许多羊整个夏季都会在高山草甸的湿润草地上吃草，四周就是熊出没的森林，只有牧羊人和牧羊犬看护着。牧羊犬是一支混血种群，不属于纯种犬，尖牙利齿且好斗。最典型的模样是体型庞大，肩膀宽阔，毛发中等长度，短吻，还有一张毛茸茸的脸，就像艾尔谷犬（Airedale）长着电影《狼人》中朗·钱尼（Lon Chaney）那样的脑袋。有些狗会戴上长钉项圈，防止与狼搏斗时被咬伤颈部。所有的狗都要求在项圈下挂一根 T 形的约束棍，一种被称作"jujee"的短木条，它的晃动足以防止狗冲出去追逐狍子或其他猎物；它还可以向猎人说明，这是牧羊犬，不是野生害兽。幼犬跟随成年犬一起奔跑，学习牧羊习惯。没人送罗马尼亚狗去宠物训练学校。一般来说，每三四百只绵羊，配至少六只脾气暴躁的杂种狗看管。牧羊人平日沉默寡言、泰然自若，必要时可以很强悍。除了结实的手杖，他们从不携带任何武器。如果你闯入罗马尼亚山地，漫步到牧羊人的营地，你会需要一根结实的打狗棒。

枪支是不可想象的，或者说，即使能想到人们也认为拿不到或没必要。所以，罗马尼亚的熊、羊和羊的守护者之间的互动方式，可能在过去一千年里都没有太大变化。这也许可以解释，为什么人熊冲突似乎是长期的，而不是突发的，以及为什么解决方法通常是非致命的，除了羊会遭殃。在第一支步枪出现之前很久，喀尔巴阡山脉的熊、人和狗，就已经彼此非常熟悉了。

在许多情况下，羊群中的绵羊分属几个不同的主人。这些人与"营地组织者（organizator de stîna）"签订协议，后者负责夏季进山放牧他们的绵羊。组织者获得某一地区的放牧权，在简陋的木屋里维护营地。他会雇佣一位牧长（罗马尼亚语称为"baci"），或者干脆自己担任这个角色，再召集一组牧羊人，提供牧羊犬，外加几十头奶牛，也许还有几匹拉车用的马或驴。他在木屋里用鲜奶（通常是牛奶和羊奶混在一起）制作奶酪，以此收回成本和获得利润（如果有的话）。到初秋时，他再把羊还给它们的主人。牧长本人通常也是制作奶酪的行家。主人得到一定份额的奶酪，剩下的留给组织者在当地市场销售。如果一只母羊或公羊被熊或狼杀害，组织者如果能拿出证据，证明羊不是在无人看管的情况下跑掉和失踪的，就可以免除责任。证据一般是羊的耳朵，耳朵上有文身记号，就像牛身上的标记。如果组织者不能给出有文身的耳朵，他可能得自己赔偿丢失的羊（尽管和解条款也是灵活的）。没有有效的政府补偿制度，对小经营者来说保险不切实际。所以组织者有强烈的动机保卫每只羊的生命，至少是耳朵。他把这条命令传达给牧羊人，牧羊人知道自己的职责，珍惜自己的工作，并对因为疏忽而被熊夺走的任何动物承担经济责任。但这就带来一个后果：在保护羊群不受攻击或者试图从熊嘴里抢回尸体的过程中，牧羊人有时会受伤。抢回尸体往往更危险。"绝大多数的冲突，"奥维迪奥·伊奥内斯库说，"就发生在这种情形下。"

伊奥内斯库的同事、瑞士裔意大利科学家安妮特·默顿斯（Annette Mertens）研究了这个系统的经济学。她花了两个夏天，走访了二十个不同的牧羊人营地，抽查了 17,449 只羊，结果发现，平均每年有 2% 的绵羊遭到食肉动物的捕食，其中大部分是狼造成的。狼对羊的危害比棕熊更大，虽然对人类的危害要小一些。熊造成的损失占 36.5%。考虑到成年母羊的市场价，加上损失奶酪的价值，默顿斯计算出每个营地的平均损失相当于 169 美元。营地组织者每个月才挣 100 美元，这笔损失可是不小的数目。

我向默顿斯了解了一些信息，也陪同做过几次访问，然后决定自己做一次非正式的调查。我和一位年轻翻译一起在高海拔地区展开一系列徒步旅行。这位翻译名叫西普里安·帕维尔（Ciprian Pavel），也称"奇普"，富于冒险精神。我们爬到山路上方树木繁茂的陡峭斜坡，沿着脚印和羊粪走向牧羊人度过夏季的高山牧场。我们有时会带上简单的食物（马鹿香肠、花生、葡萄干、巧克力）以及睡袋和帐篷，有时给牧羊人带些礼物（新鲜的橙子、香烟、几瓶一品脱装的罗马尼亚李子白兰地"帕林卡"）。通常会带着手杖来防狗。我们看到了一些美丽的风景，高山湖泊，石质山脊和山峰，一望无际的青翠草地，雾气笼罩的大片高山矮曲林和石南丛。即便是在夏季最干旱的时候，这片低地依然阴冷潮湿。我们和几十位顽固、温和的男人交谈，我们经常受到热情的款待，坐在炉火边的原木椅子上听牧民们的坦率评论，一边吃着新鲜的奶酪和热乎乎的"马马利加"（mamaliga）。马马利加是一种罗马尼亚玉米粥，热气腾腾的黄色糊糊。罗马尼亚传统上有三种奶酪，分别是甜而脆的干酪乌尔达（urdă），易于切片、像羊乳酪一样的咸酪特拉米（telemea），以及又甜又滑、用冷杉树皮缝制的圆筒包装上市的布伦扎（brânză）。我们很少遇到冷酷蛮横的营地主人，他们都热情好客，热衷谈话。我发现许多事情，其中之一是：这种充满运动、寒冷的山区空气和奶酪的研究养生法，可能对我的胆固醇指标有害，却非常适合我的性格。

我还了解到一些罗马尼亚牧羊人对熊的态度。在布拉索夫东面的塔尔隆山谷（Târlung），我遇到一位名叫扬的牧长。他大腹便便，穿着淡紫色法兰绒衬衫，脑袋大得像个南瓜。他告诉我，他今年很幸运，还没有遇到熊的麻烦，尽管最近有一只狼跑过营地。而去年，就在我们身后的山脊上，一头很大的熊咬死了两只羊。那头熊在光天化日之下跳进羊群，就连他看起来凶猛彪悍的狗也无法阻止。那头熊有一只残缺的脚掌，可能是陷阱留下的，扬回忆道。它吃掉了两只羊，没有留下任何能找到的东西，没有耳朵，算是彻底损失掉了。

在我们聊天的时候，扬拿出新鲜的乌尔达干酪切片放进一个锡碗里。奶酪香甜滑腻，就像一道罪恶的甜点。我问起早年的事，然后趁着翻译的时间继续大饱口福。嗯，扬以前把营地设在布塞吉山脉（Bucegi Mountains）——喀尔巴阡山里一条小而雄伟的山脉——西南方向三十英里处。那里有许多熊。他一个季节就损失十只羊和一两头牛。所以，我猜，他搬到这里是为了逃避棕熊？逃跑，不，他并不这样想。"哪里没有熊？"扬说，"你到哪里能看不到熊？"但是他拒绝抱怨山里熊太多了。"不，太多不是问题。"他说，问题是林业部没有给它们足够的食物。喂食槽空了，熊就会来找他的羊。我一边思考着这种奇特的假设和期望，一边狼吞虎咽地吃下一大块干酪。

越过几片草地和一条小河，奇普和我在下一条山脊处走进另一个营地，又遇到愤怒的狗和和蔼可亲的牧长。牧长尼库（Nicu）身材矮小，穿着一件棕色的毛绒背心，戴着一顶绿色的毡帽。"熊带来的麻烦吗？不，不多。"有一头熊前几天晚上来过，但是尼库的狗把它赶走了。他有13条狗，他认为都是好狗。尼库的营地简单而整洁，中间是两间板房，一间用来制作奶酪，另一间用来储存奶酪。牧羊人裹着羊皮长袍睡在外面，靠近羊群。尼库带我参观他如何制作奶酪。一桶盐水里漂浮着大块大块的特拉米和一个生鸡蛋。当鸡蛋下沉，就得加盐了，他解释说。在这个房间里，就在这些容器里，煮过的牛奶被菌群激活，发生神奇的变化。奶酪开始凝固时，尼库就用木耙或者奶酪布将水压出来。根据不同用途，奶酪布有不同的规格。一种专门用于制作特拉米，另一种制作卡斯（caş），也就是制作布伦扎的中间半成品，淡而无味。在第二间小屋里，毛巾覆盖着许多又重又矮的大块圆形卡斯。卡斯在这里保存一周，然后用研磨机制成布伦扎，装入猪膀胱里长期保存，或者装入冷杉树皮管中出售。尼库给我们尝了许多样品，特拉米、布伦扎和乌尔达，还有一堆盐，用来衬托乌尔达的甜味，外加几块像肉块一样切成片的冷冻马马利加。

和我们一起来的还有另一位男人，一位晒得黝黑的漂亮女人，她好像是周六从山谷里来作客。看到我对尼库的产品感兴趣，男人用罗马尼亚语跟我开玩笑：那东西对男人有好处。他抬起种马阴茎一样硕大僵硬的前臂敲了敲门：让你变硬。女人翻着白眼，打了他一巴掌。

"和伟哥一样好？"我用英语问道。

作为世界公民，他认识这个词。"伟哥？不是。布伦扎！忘了你那些花哨的美国毒品吧，罗马尼亚奶酪很棒。"

我们表示感谢并继续前进。下午晚些时候，我们在另一段山脊上遇到尼库和他的三位牧羊人。他们刚赶走偷马的吉普赛人，情绪尚未平复。"你徒步穿过树林的时候，要当心那些混蛋，"一位牧羊人警告说，"他们也会抢劫你的。"吉普赛人在罗马尼亚饱受挥之不去的偏见之苦，但如尼库所述，今天的事件更是助长了偏见。他给我的临别赠言：别管熊和狼了，吉普赛人的"捕食"对牧羊人来说更麻烦。

在阿尔杰什县偏远的 Valea Rea（意为"卑鄙山谷"），我们穿过道路的尽头，又花半天时间爬到点缀着小湖泊的高山草甸，遇到了内卢（Nelu）。内卢年轻强壮，黑色刘海在白色羊皮帽子下晃来晃去。他在一小队牧羊人和狗中似乎颇有权威，或者至少说了能算。内卢斜靠着手杖，肩膀上搭着一条羊毛毯，听我讲述为何闯入他的山坡。他告诉我，熊平均每年会吃掉他两三只羊。他曾经离一头熊这么近，是的，只有四米，但没有受伤。之后几年，他在这里每天都能看到一头熊。好的牧羊犬可以保护绵羊，尽管也不是绝对可靠。当我问到最模糊也是最基本的问题"你对熊有什么看法"时，内卢冷冷一笑，直截了当地回答道："让它们见鬼去吧。杀了它们。"

那天晚上，一场冷雨过后，我坐在火炉边取暖。一位老牧长，另一位扬，给我讲了些故事，他认为现在的熊不像它们的父母那么凶猛。他回忆起十五年前，就在这间小屋里，他亲自照料一位腿被熊撕破的年轻牧羊人。一周后，牧羊人的伤口开始恶化。他被送到医院，因为没有钱，得不到任何治疗，只好截肢，不过幸运地活了下来。牧长还记得一位摩尔多瓦（Moldavian）牧羊人。他娶了一位附近的女人，自然是瓦拉几亚女人。他是个放纵的家伙，喜欢用脚套捕熊，然后用长长的钢矛将熊扎死。没有枪。没有。尽管那会带来严重的麻烦，但他从来没有被抓住过。"没人告密，尽管他是摩尔多瓦人。"老牧长说。

在几英里外卑鄙山谷上方的高坡上，我们把另一位老牧长从午睡中唤醒。他几乎失聪，棕色眼睛和金色门牙让他的笑容更加灿烂。他的名字叫扬·彼得里察（Ion Petrică），在这里有四百只羊，由四个牧羊人看管。他亲切地大喊着问道："你从哪里来?！""布拉索夫。"奇普说。我说："美国。"对这个男人来说，这两个词都是不可思议的遥远地标。我在邮局工作时失聪了！他解释道，因为老是在震耳欲聋的喧闹声中大声叫喊。驾驶卡车！透风的！穿过寒冷的冬天！绵羊损失?！也许一年两三只！那是熊吃的！狼还吃掉十只！去年有一只大熊！吃了几只羊！三年前，我们这里有六只熊！他回忆道，但是狗尽到责任！五年前，一个牧羊人受伤了！去了医院，因为他试图阻止一头熊！正如这位主人所言，这件事告诫我们：不要惹熊生气！如果你的狗阻止不了它，就让它得逞吧！喂，下面面包现在什么价格?！七年前，他从邮政部门退休，养老金少得可怜，随后几个夏天他都在牧羊人的帐篷里度过。显然，他对新闻如饥似渴。谁会赢得选举?！如果他们将所有工厂私有化，罗马尼亚还能剩下什么?！这让我想起齐奥塞斯库，便问了个问题。失聪的牧长对他丝毫没有后共产主义时代的怀旧之情。"齐奥塞斯库?！！他杀了很多人，"奇普以正常音量翻译道，"人家杀了他。善有善报，恶有恶报！"想来点奶酪吗?！

他搅拌了一锅新鲜的马马利加，然后砰的一声把它倒出来，一堆软软的玉米糊摊在光秃秃的木桌上。他在旁边放了一碗布伦扎。每个人从里面拿了一些奶酪块，把它们压进温热的马马利加里，然后把它们做成像包裹石头的雪球那样的东西。我们把金球放入火的余烬里，缓慢烘烤十分钟。罗马尼亚牧羊人把这种简单的美食叫作布尔兹（bulz）。等外面烤得半脆，从煤里扒出来敲开，每个球就是一个玉米三明治，里面填满融化的奶酪。如果你没从牧羊人的火上吃过布尔兹，没品过酪乳就一小口廉价的帕林卡，你就还没尝到喀尔巴阡的气味，也无法了解是什么把人吸引到这些又高又冷的地方。

扬是"约翰"的变体，是罗马尼亚的常用名字。在上了年纪的牧羊人中似乎更为普遍。在高地行走的两星期里，我遇到的扬多到我记不住。扬·丁察（Ion Dincǎ）令人难忘，他67岁，不是牧长，不是老板，也不是奶酪制作人，只是一位牧羊人。他每天都和羊群一起从营地出来。我在特兰西法兰加拉西高速公路附近的草地上遇见他，就在特兰西瓦尼亚山口以南一个弯道上方的数百码处。扬戴着一顶小羊皮帽子，里面穿着一件羊毛夹克，外面再套一件夹克，脚上穿着一双胶靴。他随身带着一根手杖，一个小背包和一只银色怀表。尽管少了几颗牙，但他看着比实际年龄还年轻几岁。"牧羊，就像一种病毒。"他愉快地告诉我。他在这里，是因为他喜欢，无法抗拒诱惑，而不是因为需要赚钱。他九年前从林业部退休后，就重新做回孩提时代的工作。现在是季末，他说，"羊的产奶量减少了，我们一天只挤两次奶。我们会一直待到九月中旬，然后回到下面的村子，相距两天的脚程。"

我问到熊造成的麻烦。"哦，是的，"他说，"村子里有时会有一头熊来势凶猛，闯进畜栏叼走猪或鸡。"会闯到羊群里头去吗？偶尔会来这里，是的。但是今天，扬·丁察并不担心附近有没有熊或狼。他自信地宣称，他对自己的小山坡了如指掌。哪种捕食者更麻烦，是狼还是熊？我问。"熊！"他毫不含糊地回答。当然，狼更聪明，它们会潜伏，像小偷一样移动。但是熊会带来更多的危险和伤害。有一头熊，皮肤黑红、脖子有白斑，一晚上就叼走了一只羊和三头驴。如果根本没有熊，我问他，情况会更好吗？对他自己来说，确实会更好。但是熊，它是森林之宝（podoaba pădurii）。"如果你失去了熊，你就失去了宝藏。"他说，"没有熊的森林，是空的。"

我告诉他，并不是所有的牧羊人都这样认为。他表示同意，大多数声称喜欢熊的人都是上流人士。他们住得很远，他说，他们自己没有遇上熊带来的麻烦，因此对他们来说喜欢熊很容易。牧羊人，是真正在山里工作的普通人，并不喜欢这样的距离。他们的态度往往是"让熊见鬼去吧"（la naiba cu urşii）。

我们又回到了麝鼠难题。当然，扬·丁察并没有这么说。他也没有将罗马尼亚牧羊人的捕食者问题，与其他地方易受伤害、边缘化的乡村人口面临的掠食者问题相提并论。他甚至没有解释为什么，尽管他自己过的是没有庇护的麝鼠的生活，但他对扮演水貂角色的动物持有更加欣赏的看法。他只是一个具有超然和慷慨精神的人。当我们坐着谈话时，他的头羊脖子上挂着铃铛，随着羊群摇摇摆摆地穿过斜坡，铃铛发出节奏舒缓的声音，叮当叮当叮当。生活是艰难的，生活是美好的，生活因复杂而丰富。他似乎意识到了这一点，生活本该如此。没有熊的森林是空的。

49

但是，即使森林里到处都是熊，也不一定能看到。你可能像我一样，在喀尔巴阡山脉的林地和高草地走上很多天，一头熊也没碰到。

这很正常，我们在统计学概率上相遇的概率很低。这既是大型食肉动物的本性，也是它们在自然景观中栖息的方式。甚至当它们相对普遍时，也是很难见到的。它们小心翼翼、鬼鬼祟祟的习性，又使它们变得更加罕见。你在晚上去寻找咸水鳄，在优质栖息地中用聚光灯照射，你可能会找到一些。这要归功于鳄鱼视网膜绒毡层的反光，以及它们大体上线性分布的事实——鳄鱼倾向于沿着河岸排列。狮子就不那么乐于助人，豹子则和终极真理一样难以捉摸。你可能在蒙大拿或怀俄明州度过半辈子，徒步爬山，穿越美洲狮的栖息地，却从未见过美洲狮。在俄罗斯远东，多年来日复一日追踪东北虎的生物学家，也很少有机会能得一见。至于棕熊，它们也是躲躲闪闪的，尽管没到老虎或美洲狮那样令人难以察觉的地步。如果你和一位罗马尼亚猎场看守在高座上安静地度过漫长的夜晚，俯瞰喂食站，那么，是的，你可能会看到一些黑暗的、熊样的东西，它们正走向喂食槽，大吃特吃。虽然模糊，但在透过树冠的昏暗月光下也能辨认出来。或者，你可以去一个叫拉察达乌（Răcădău）的地方。

拉察达乌是布拉索夫郊区的一片住宅区。它建于 20 世纪 80 年代中期，正逢齐奥塞斯库强制推行城镇化的鼎盛时期。拉察达乌是一个楔形的高层公寓区，坐落在城市南部边界的狭窄山谷中。山谷坐南朝北，两边是森林覆盖的山脉。2.5 万人生活在那里。低收入的工人和他们的家人挤在被绿色海洋环绕的混凝土半岛上，形成密集的工业区。错落有致的建筑一般六七层楼高，中间散布着人行道、狭窄的十字路口、几个商店、偶尔被遗弃的汽车、碎玻璃、几块儿童可以踢足球的露天小广场，以及大约二十个垃圾箱。垃圾箱的大小和形状大致相当于一辆矿车。垃圾箱集中摆放，六个在这，六个在那，散布在一条将拉察达乌和森林分开的外围道路上。

就在垃圾箱后面，陡峭的斜坡上长满栎树和山毛榉，那里就是熊的栖息地。垃圾箱会被散发气味的有机垃圾不断填满，于是成了当地熊的食物来源，每天晚上它们从树木繁茂的山坡下来吃垃圾。

棕熊是杂食性动物，喜欢在垃圾堆中寻找食物，包括发霉的香肠、腐烂的番茄、橘子皮、变质的牛奶、土豆皮、废弃的奶酪和吃剩的马马利加。这些食物散落在纸板、破鞋、蛋壳、旧 T 恤、咖啡渣、碎油灯和塑料垃圾等不太可口的东西中间。这种情况让人想起过去的黄石公园，当时游客和员工产生的垃圾被送往露天垃圾填埋场，吸引了大量灰熊。

几十年来，黄石公园允许熊在垃圾场自由进食，直到 20 世纪 60 年代末国家公园管理署改变政策。在宁静的夏夜，人们聚集在一起，观看灰熊进食，这堪称一场精彩的表演。峡谷垃圾场附近有一个专门为熊准备的喂食区，喂食区上方有一片天然的碗状平台，有点像舞台。碗里安装了露天看台的座位。国家公园的一位历史学家说，在 1937 年时，峡谷垃圾场"没有足够的停车位容纳每天晚上开来的 500 到 600 辆汽车"。观众的好奇心得到充分满足，有时晚上会出现多达 70 头熊。1966 年的一个晚上，就有 88 头灰熊造访鳟鱼溪垃圾场（Trout Creek dump）。在那时候，人类垃圾已经成为黄石公园灰熊重要的营养资源，因此产生了令人拍案叫绝的术语"垃圾熊"（garbage bears）。这个术语的预设令人生疑，并非所有生物学家都会赞同。这个预设是：黄石国家公园生活有两群截然不同的灰熊，一群经常到垃圾场里吃垃圾，另一群生活在偏远的山区。甚至像弗兰克和约翰·克雷格黑德（Frank and John Craighead）那样的独立生物学家，也认识到垃圾场的重要作用。从 1959 年到 1971 年，兄弟俩研究了黄石的灰熊，质疑过区分两个群体的假设。事实上，克雷格黑德兄弟把垃圾场作为灰熊普查的重点地点。弗兰克·克雷格黑德在《灰熊追踪》（Track of the Grizzly）一书中写道，在 1965 年的调查期间，仅鳟鱼溪垃圾场就吸引了 132 头不同个体。

此后不久，在 20 世纪 60 年代末，一些戏剧性的事件提醒人们（尤其是公园管理者），灰熊可能是危险的。1967 年 8 月的一个晚上，在冰川国家公园中，两名年轻女子分别在两起不同的事件中被灰熊杀死。冰川公园已经多年没有发生灰熊的致命袭击。这个不幸的巧合预示了某种因果关系和危机。冰川公园距离黄石公园数百英里，分属不同的生态系统，面临不同的管理问题。尽管如此，死亡事件的后续影响继续蔓延。此外，黄石也发生灰熊伤害事件。两年后的夏天，一名五岁小女孩在黄石公园钓鱼桥附近被灰熊咬伤。一个月后，又有两名游客在钓鱼桥附近被熊咬伤。新上任的黄石公园主管，连同他的生物学家顾问，都开始反思是不是对吃垃圾的熊和人类观众太过宽容了。大约在 1970 年，公园关闭了垃圾场。这种鲁莽做法有欠考虑，克雷格黑德曾对此提出过警告。结果，关闭垃圾场非但没有解决人熊矛盾，反而加剧了冲突。饥肠辘辘的灰熊无法从熟悉的地方找到垃圾，就转到其他地方觅食。它们有时会莽撞行事，不顾一切，给公园管理处制造更多的麻烦，也给自己招来灭顶之灾。1971 年，大黄石生态系统至少死了 43 头灰熊。

在拉察达乌，熊的数量要少一些，这里也不是举世闻名的国家公园，不会因为相关法规和期望压力而让境况变得复杂。尽管如此，还是有一定程度的危险。有多危险？很难估量。罗马尼亚棕熊有着自己古老的经验历史，通常不像落基山脉北部的灰熊那样凶猛冲动，富于攻击性。棕熊肆无忌惮地来到拉察达乌，享用垃圾盛宴。人们的行为固然愚蠢，但好在到目前为止，还没有人受伤，也没有熊被杀。安妮特·默顿斯将拉察达乌的调查当作她访问牧羊人营地的插曲。据她统计，最近一年有 20 只不同的熊拜访过垃圾箱。她担心有人会受伤。而且，更大的隐忧是，一旦拉察达乌发生人身伤亡，罗马尼亚公众可能会憎恶棕熊。市政官员也很紧张。布拉索夫的卫生部门设计了三种

众神的怪兽：在历史和思想丛林里的食人动物

不同的垃圾箱，试图阻止熊到垃圾箱觅食，但都不尽如人意。最新的设计采用矿车模型，带有防熊盖子。人们把垃圾扔进车里后，可以很容易滑动关闭盖子。

但是拉察达乌那些善良的人们，总是半开着垃圾箱的盖子！为什么？显然是因为他们喜欢看熊。在混凝土丛林中，在"系统化"项目推行的死寂中和艰难的生活里，这里就是自然。在罗马尼亚语中，"垃圾熊"会被翻译成 ursii gunoieri，不再带有轻蔑色彩。拉察达乌的许多居民欣赏自己城市中的反常景象，而不是报以轻视。圆脸女郎丹妮拉在我住的酒店当客房服务员，当她碰巧听说是熊吸引我来到罗马尼亚时，她感到非常自豪。"Ursii（熊）？"她很高兴地告诉这位美国先生，熊是她的邻居。别开玩笑，我说，那不会是拉察达乌吧？难道真的是？是的，拉察达乌！"我们住在……森林穿过，"她琢磨着寻找合适的英语单词，她指的是旁边，"每天晚上它们都来。有这么多。它们真好。"

不幸的是，她补充道，政客们想把这些可爱的动物送给其他国家和动物园。对政客来说，拉察达乌的熊是一种讨厌的东西，或者是对公共安全的威胁，或者是其他类似的东西。丹妮拉并不这么认为："它们是无辜的。它们不对你做任何事。"她这种想法似乎不是特例。对那些不知道棕熊有多危险，或者即使知道了也不会有太大改变的人们来说，翻垃圾箱的熊已经成了社区的吉祥物。它们每夜如约而至，给这个急需帮助的地方带来一丝魔力。"每个孩子，在十一二岁的时候，"丹妮拉说，"都会待在垃圾旁边看熊。他们非常兴奋。"

六月的一个深夜，我和安妮特·默顿斯待在垃圾堆附近，等着熊的到来。在两个小时的时间里，安妮特一直在拍照，而我负责拿着连接到她汽车电瓶上的强光探照灯。我们看到六只不同的熊开心地大吃大喝。三只一岁大的幼崽结成一组，两只亚成体，还有一只高大的成年个体——它很可能是母的，跟大多数在拉察达乌取食的熊一样。大熊漂亮的棕色皮毛上闪耀着银色的光。周围还有其他几只熊，这些熊在垃圾箱中爬进爬出，必要时会把盖子打得更开，用爪子在垃圾里刨来刨去，挑选美味的食物。它们在人行道上蹦蹦跳跳，没精打采地互相追逐，盯着我的聚光灯，然后兴味索然地退回到山坡上，接着又重新回来吃垃圾。与此同时，安妮特和我并不孤单。出租车来了，车上坐着几个看熊的人。年轻的男男女女在街上随意停放的汽车旁闲逛，收音机响个不停，距离觅食的棕熊不到三十英尺。有人向一只熊扔了一团纸，熊好奇地转过身来查看。狗吠声响起。一只狐狸从黑暗的森林中钻进来，向自助餐走去，直到一只小心眼的熊发现了它。一个眼神，一声细微的低吼就足够了，狐狸退缩了。

我特别注意那只毛尖泛着银光的母熊。她的头很宽，脸颊肌肉很大，像灰熊的脸一样凹下去。她的毛皮在探照灯下闪闪发光。眼睛闪着橙色的光芒，一种浓郁的橙色，不知何故，比鳄鱼的看上去要温暖些。我有些悲伤地钦佩她。拉察达乌的 ursii gunoieri 是人与熊和谐相处的古怪而矛盾的版本。这是未来，还是过去？我看着她拽了几拽，然后咽下去——那是一个塑料袋。

50

随着齐奥塞斯库在 1989 年 12 月倒台，罗马尼亚的棕熊管理变得不那么政治化了，但更为商业化了。不久之后，一名年轻的匈牙利裔林业工程师阿尔帕德·萨卡尼（Arpad Sarkany）成为罗马尼亚林业部和外国猎人的中间人。这些猎人被吸引到喀尔巴阡山区。萨卡尼并不是唯一涉足该领域的新企业家，但他似乎最内行、人脉最广的。他的公司位于圣格奥尔基镇（Sfântu Gheorghe），座落在布拉索夫以北的群山中，据说目前拥有相当大的市场份额。他与外国狩猎包销商合作。包销商负责找顾客，他负责找到动物（当然不是他自己找，而是通过林业部），以及申领许可。野猪和马鹿在萨卡尼的客户中很受欢迎。客户大多来自西欧，希望到罗马尼亚获得一次具适度异国情调，但又不太艰苦的狩猎体验，并有机会把一份令人印象深刻的战利品带回家。棕熊的数量比野猪和鹿少，可以狩猎的也少，但是费用更高。

"我们是罗马尼亚猎熊的组织者。"在装饰着头骨和獠牙的办公室里，萨卡尼坐在精致的木桌后，直截了当地用英语说道，尽管语法上不太准确。他身材矮胖，穿着一件明亮的运动衫，兼具热情和距离，就像是奥斯曼帝国的苏丹。他为我叫了咖啡，但他自己一口也没喝。"80% 的猎熊都是通过我们来安排的。"他的英语相当好，是一种夹杂着匈牙利口音的特兰西瓦尼亚变体。

我想知道，80% 的数量，等于多少只熊？和其他商人一样，萨卡尼同样不愿向爱打听的陌生人公开自己的账簿，但他确实提到一些数字，这些数字可以与其他地方的信息联系起来看。每年春天，林业部根据对整个熊种群的逐县摸底，提出总的狩猎配额。按照 ICAS 的估计结果，去年的总体数字是 5616 头。虽然比齐奥塞斯库任期最后几年的峰值有所下降，但这个水平已经稳定了五年。去年的狩猎配额（根据萨卡尼随意的回忆）是 70 头，或者也可能是 72 头。不管怎样，这仅仅是总数的 1%。我在 ICAS 看到的数据显示，最近几年的"年收获量"约为 300 头。我听说熊密度的"最佳水平"，据称是人类社会可以接受的水平，应该比目前的种群数量至少低 10%。这就意味着要减少熊的数量。一种方法当然是减少补充喂养。另一种更快、更有利可图的方法就是提高狩猎配额。如果萨卡尼的数字是正确的（我们暂且这么认为），从5616头熊中挑选70头，那么每年的狩猎应该是可持续的，只要有额外的措施保护带崽母熊就行。

但是可持续性只是一个问题。另一个问题是，商业化狩猎是不是保护大型食肉动物种群的最佳方式？阿尔帕德·萨卡尼认为，这的确是最好的方法。他的逻辑呼应了格雷厄姆·韦伯对咸水鳄和其他各种野兽的看法。如果禁止狩猎，如果没有熊被射杀，那么熊的数量反而会减少，将很快从罗马尼亚消失。为什么？"因为没有利益，没有经济利益。"如果没有流向林业部的狩猎费，以及付给当地商家的报酬（包括饮食、住宿、旅行和标本制作），封闭管理的动机将会消失，补充喂养将会停止。栖息地将被木材的过度采伐或者罗马尼亚绝望的经济催生的其他土地利用方式所取代。为了拥有熊，我们必须杀死熊，用收银机的电子信息来纪念每一次死亡。论证就是这么说的。对我来说，这种悖论乏味之极，并非开创性的洞见。不管听过多少次，不管它应用于全球哪个角落，应用于哪个伟大的物种，我都觉得它很乏味，每一次都很乏味。但是，除了在逻辑关系和执行细节上吹毛求疵，我无法理性地表示反对。

在萨卡尼办公桌后的墙上，挂着一张相当大的熊皮。是的，他告诉我，那个得分是320。他自己射杀的动物吗？不，他回答说，被一位牧长毒死的，在山上，几年前。齐奥塞斯库的时代，没有猎人，没有费用，没有旅游——对任何人都没有经济利益，真是浪费。

浪费？我不确定是不是这么简单。据我所知，与你站在高座上、透过点375口径Holland & Holland猎枪的瞄准镜向下射击相比，牧羊人与棕熊的关系更加亲密和紧密。他们和棕熊共享着栖息地。他们有理由害怕它们、厌恶它们。他们有时会像赫洛斯伽国王看待格伦德尔那样看待熊，把熊当作一种痛苦的折磨，不断提醒人们在这个残酷无情的世界中无法避免的死亡。他们有自己传统的应对方式，衡量熊的维度比德国马克和 CIC 得分更为深刻。也许这种关系本身，而不仅是罗马尼亚的棕熊种群，是不可遗失的无价之宝。

51

维丘·布切洛尤高大英俊，皮肤黝黑，像是职业生涯暮年的肥皂剧演员。为了自我享乐，他抽了太多的烟。作为阿尔杰什县多姆内什蒂镇（Domneşti）附近三个猎场的管理人，他有着工作上的压力，尽管可能没有过去几年那么强烈。自 1972 年以来，他一直在林业部工作。他的小女儿佩特拉现在已经长大成人。正是佩特拉让尼古拉·齐奥塞斯库在来到多明斯提打猎的紧张时刻，流露出某种溺爱的温柔。18 年来，维丘每年都要协助几次捕猎，他有相当多混杂在一起的记忆。他是一位幸存者，一位尽职尽责的工作人员，在职业谨慎与慷慨本性之间找到平衡。事实证明，他是我接触过的最热情好客的罗马尼亚人之一。

他把我和他的猎场看守送进森林。他在他的高座上招待我，一起度过看熊的漫长夜晚。他打开家门欢迎我，打开自制的图卡（ţuica，一种地方白兰地）酒瓶款待我，打开家庭相册给我看。他给我提供了《奖杯目录》（Catalogul Trofeelor）的摘录复印件，那是一本全国狩猎战利品的记录簿，干巴巴地讲述了一个复杂的故事：在罗马尼亚有史以来得分最高的五十张熊皮中，有四十五张来自"尼古拉·齐奥塞斯库"。我向维丘提出我的具体要求，还有我贪婪而散漫的好奇心。他和他的妻子亲切地回应了我的要求，向我供应咖啡、新鲜草莓、巧克力蛋糕、玉米棒、一种叫作戈果斯（gogos）的油炸罗马尼亚糕点，当然还有各种信息。一天下午，我们坐在他的起居室里——那里面铺着半打熊皮，就像很多小地毯一样——维丘往播放器里放了一盘录像带。他没做开场白，也没做解释。开场音乐之后是演职员表。原来是一部关于棕熊的小纪录片。

影片是罗马尼亚语旁白，制作质量很差。有一些熊攻击绵羊的镜头。另一只熊在偷鸡的时候，被一位拿扫帚的女人和一只凶猛的小狗打断。她们一起赶走了熊，熊惊慌失措，自然也没抓到鸡。影片中有对棕熊解剖结构和饮食习惯的评论，还有交配习惯和繁殖时间表。下一个场景是一只一岁大的幼崽被装进铁丝笼，然后抬上直升机，从劳索尔的饲养场运送出去。在镜头前，头戴提洛尔帽的林业部工作人员在释放地点微笑着打开笼子，11只幼崽同时出现在镜头中，看起来满脸困惑。即便它们缺了脚趾，纪录片里也看不出来，镜头没有显示它们缺了哪些脚趾，缺了几个。维丘尖刻地说，释放后没几天，那些熊就有一只跟人发生致命接触。"劳索尔的实验，是徒劳的。"视频结束，他插进另一盘录像带。这个比较政治化。

这部纪录片就像一部充满激情的传记，充满齐奥塞斯库在公共场合的各种片段。亲吻婴儿，参加宴会，进行海外国事访问。居家男人齐奥塞斯库，运动家齐奥塞斯库。在一次狩猎旅行中，他乘直升机到达，然后欣赏自己一天的收获——几十只岩羚羊尸体并排放在一起。在一段视频的背景中，维丘·布切洛尤本人也短暂出镜，看上去要年轻十几岁。然后场景变了，情绪也变了。我看到齐奥塞斯库站在阳台上的一堆麦克风前，在一个城市广场上对成千上万的罗马尼亚人讲话。突然，摄像机捕捉到一些不礼貌的、意料之外的东西——人群打断了他。人们开始嘲笑。齐奥塞斯库挥手，好像要让他们安静下来。人群拒绝保持沉默。他看起来很慌张。接着出现了更多的嘲笑。在阳台上，他的身后，惊慌的僚属们开始行动起来。他又挥了挥手——不过这只是一个困惑的、无效的手势。这就是 1989 年 12 月 21 日早晨的布加勒斯特。齐奥塞斯库站在一群如此厌恶、厌倦和愤怒的民众面前，他们不再顺从。这就是他失去控制的时刻。人群爆发出反抗的呼喊。"你们好，"齐奥塞斯库说，"你们好，你们好。"醒醒，他似乎在试图告诉他们，记住你的举止，记住你的恐惧：这是我。但群众是清醒的，而且比以往任何时候都更加清醒。埃琳娜在后面开始对着某人大喊大叫。她似乎比她的丈夫更快地意识到，以前那种全国性的恍惚状态终止了，而这可能对夫妇俩都是灾难性的。

镜头突然打断，切换。下一个场景是齐奥塞斯库郁郁寡欢地从一辆装甲车上走下来。他穿着一件皱巴巴的衬衫，打着领带，外面一件深色的大衣。维丘告诉我，那件外套是用熊皮做的衬里。不过是一句观影的闲言碎语，却反映出他自己跟这出戏剧的密切联系。

那是一个单调的房间。齐奥塞斯库坐在桌子旁，埃琳娜在他身边。房间似乎很冷，反正他们没有脱外套。他脖子上围着一条棕色围巾。他正跟一个镜头外的人争辩。镜头没有平移，始终对着齐奥塞斯库夫妻两人，一刻也不间断，同时似乎也在小心翼翼地屏蔽镜头背后的人。这时我意识到，我们是在观看那场"袋鼠审判"。

屏幕后的检察官说："你的生活很奢侈，与此同时，人民在挨饿。他们只得到可怜的配给，每天两百克香肠。你有军队来行使你的权力。但现在连军队都背叛了你。你听到我们在说什么了吗？站起来。回答。你是个懦夫。军队撤离后，你让你的狙击手向市民开火。那些狙击手到底是谁？有的孩子死了，也有老人。谁下的命令？"那声音继续说"你犯了种族灭绝罪，你知道你不再是罗马尼亚总统了吗？瑞士银行账户里的钱呢？"

在一连串的指控中，齐奥塞斯库时不时盯着天花板。他伸出手，安慰地放在埃琳娜的手上，埃琳娜没有任何反应。她陷入某种寒冷的阴郁之中，看起来几乎像是厌倦了。偶尔她会"惊醒"过来，激动地争论。"人民爱我们，知识分子爱我们，"她说，"当他们听说你逮捕了我们时，他们不会容忍的。""人民将与这一叛国行为作斗争！"齐奥塞斯库摇着手指补充道。似乎是为了反驳这一观点，断绝这种缥缈的可能，视频猛地一转到不可逆转的终结点（就像救国阵线所做的那样）：齐奥塞斯库新鲜尸体的定格图像。领带仍然系着，头旁有一摊血。一切都安静下来。磁带结束。维丘关了机器。

早些时候，我问过他对齐奥塞斯库的看法。是过度重判，还是罪有应得？当时维丘告诉我："那是谋杀。"现在，看了这出蹩脚的法庭哑剧，加上我读到的和听到的有关 1989 年 12 月事件的材料，我更加真切地体会到了他的意思。他的意思是，那是革命军政府的主要推动者出于自身考虑的迫切的权宜之计。他们不仅要尼古拉·齐奥塞斯库下台，还要斩尽杀绝。杀死他的不是人民的愤怒，而是一个更加冷漠和狭隘的决定。如果他还活着，对那些政治观点倾向于民主但政治履历绝非无可挑剔的人来说，永远是个威胁。他总是能够唤起令人不安的回忆。就像扬·米库所说，对独裁者的崇拜需要一群崇拜者和制度化的同谋，而不仅仅是独裁者本身。更直接的是，如果他还活着，仍在布加勒斯特街头杀害和平示威者的保皇派狙击手就会心怀希望，不断坚守。但他死了，这些事情立刻变得无关紧要——有一些人可能希望，他们自己的充满灵巧的机会主义和其他尴尬的过去，也变得无关紧要。

你可以称之为谋杀，或是齐奥塞斯库自己长期践行的那种致命政治（mortal politics）。如果说他的死刑是权宜之计，那么将战争作为国家目的的工具，将注射死刑作为刑事威慑的手段，将狩猎作为保护的方法，也不过如此。

牙齿与肉

52

"食肉动物"一词，外延广泛，内涵却非常特殊，有必要加以解释和强调。作为动物学分类的术语，它指的是哺乳动物纲食肉目中的任何一个物种。该目包括猫科、犬科、浣熊科、猫鼬科、鼬科（黄鼠狼、水獭和臭鼬）、灵猫科、鬣狗科和熊科。不过，这并不意味着所有的熊在所有时间都是食肉的，只是表明它们属于跟食肉相关的物种类群。虽然它们后来分化成各种形貌和习性，却是同一种食肉祖先的后代。

熊科现存八个物种，均已相对远离食肉传统。大多数熊是杂食动物，食性很广，它们视机会或需要从多种来源获得营养。大熊猫（*Ailuropoda melanoleuca*）是个例外，几乎完全以竹子为食。懒熊（*Melursus ursinus*）专门舔食蚂蚁和白蚁（这是食虫，与食肉不同），偶尔辅以蜂蜜和水果。北极熊（*Ursus maritimus*），比其他任何熊都更爱吃肉，强烈偏好环斑海豹，但也会被鸟蛋或浆果诱惑。棕熊可能是食性最广泛的熊类，愿意吃下并且能够消化各种各样的食物。新鲜食物诸如草、块茎、橡子、松子、水果、昆虫（幼体或成体）、囊地鼠、鱼（尤其是产卵的鲑鱼和鳟鱼）、马鹿的内脏（猎人留下的）、驼鹿的幼崽（美味，但在母驼鹿面前有风险）、各种腐肉（如死于冬季的野牛已经解冻的腐烂尸体）、花生酱（来自野餐盒）、有机垃圾（无论是拉察达乌风味、黄石风味或任何其他风味），甚至人肉，都不在话下。

棕熊吃人事件既罕见又反常，但需要提出来仔细审视。关于这个问题，美国的记录比罗马尼亚的奇闻轶事更详尽。一个知名的案例是：1984 年 7 月，瑞士年轻女子布里吉塔·弗雷登哈根（Brigitta Fredenhagen）独自进入黄石公园的荒野徒步。两天后，人们发现她被灰熊从帐篷里拖出杀死并吃掉。除了根据现场物证做出的基本推断，没人知道到底发生了什么，更不用说原因何在。按照进入灰熊活动区的规定，弗雷登哈根把食物挂在两棵树之间。不过她挂得不够高，一只熊爬上去取走了食物。她的帐篷被撕开了，睡袋扔在外面。一份冷静的报告写道：帐篷附近有"一片嘴唇和连着头发的头皮"。弗雷登哈根尸体的其余部分，或者说剩余的部分，都在八十码以外。"很多软组织都被吃掉了。"同一份报告中写道。该为此负责的那只熊从未被捕获，甚至没有确认其身份。不过人们倾向于认为它是一只亚成年的熊，可能是雄性，已经习惯弗雷登哈根扎营的小径上来来往往的人流。除了把食物挂得过低，以及在明知灰熊经常出没的地区（鹈鹕谷附近）独自旅行，她没有犯明显的错误，也没有违背公园推荐的做法。她冒了一次险，但非常不幸地出事了。

还是在黄石公园，威廉·特辛斯基（William Tesinsky）在试图近距离地拍摄一只灰熊时，同样运气不佳。这是布里吉塔·弗雷登哈根去世两年后的事了。依然没有目击者，只能根据证据推断事件经过。事件发生在 10 月初，为准备冬眠，熊正狼吞虎咽，增加体重。特辛斯基是蒙大拿州北部的一名汽车修理工，业余爱好是野生动物摄影。

他把车匆忙停在峡谷村附近的停车场，然后向一只年轻的母灰熊走去。他显然是在来的路上发现了它。根据后来检查的挖掘痕迹来看，这只熊似乎一直在平静地取食"扬帕"①的根和其他植物。特辛斯基一定是靠得太近，激怒了母熊。母熊放弃了扬帕，转而攻击他。接下来发生的事情不为人知，但摄影机拍摄到一两个残忍地伤害肢体的镜头。相机沾满了鲜血和头发，三脚架也被打弯了，特辛斯基的最后一张照片模糊不清。三天后，一队巡山员前来寻找遗弃汽车的主人，发现那只熊还在啃特辛斯基的一条腿。他的躯干从未被发现，身体的其余部分被肢解、拆散、吃掉，或是藏了起来。

蒙大拿记者斯科特·麦克米伦（Scott McMillion）写过一本颇有见地的讨论灰熊袭击的书《灰熊的标记》（*Mark of the Grizzly*），他认为，特辛斯基留下的证据不足以确定死亡的原因或方式。尸检报告简单地陈述为"熊造成的伤害"。灰熊最初发动攻击，似乎更多是由于惊讶和愤怒。这是它感知到威胁或竞争对手时的本能反击，而不是因为饥饿。"然后，一旦人死了，"一位参与搜寻的巡山员推测说，"熊意识到他是肉。"而肉是一种珍贵的资源。这只熊对待特辛斯基，"就像对待一头驼鹿或野牛——当作有价值的卡路里来埋藏、保存和守护，以免被其他食腐动物吃掉。"麦克米伦补充道。

六年后，约翰·佩特拉尼（John Petranyi）在冰川国家公园（Glacier National Park）遇害。这次又是仲秋，灰熊冬眠前的暴食期。跟弗雷登哈根和特辛斯基一样，他也是独自旅行。当另一个徒步者在离花岗岩公园（Granite Park）一条小路不远的地方发现他时，他的身体状况很糟糕，有可能已经死了。他身上都是齿痕和爪印，血溅满地。一

---

① 禾羽芹属（*Perideridia*）植物，其名字 Yampah 为印第安语。

条胳膊和一边屁股被吃了一部分。但是他的身体还是温的。这名徒步者返回到之前发现佩特拉尼掉落外套的地方，想拿来给他盖上，以免受惊扰或受凉。他五分钟后回来时，佩特拉尼的身体不见了。不管最初是什么触发了攻击，不过现在，那只熊显然对尸体颇感兴趣，认定是一顿丰盛的肉食。这名徒步者离开现场，直到在路上遇到其他人。他请求那些人去寻求帮助，自己留在事发区域。下午晚些时候，两名巡山员带着 12 号霰弹枪和粗弹头弹药，乘坐直升机抵达。在徒步者的指引下，他们在第一次发现尸体的地方大约 500 英尺外找到了佩特拉尼的遗体。尸体已经冷了。夜幕降临，巡山员和徒步者撤退了，直到第二天下午三点左右才重返现场。佩特拉尼的尸体又被移动了。这次人们看见了熊，一头母熊和两只幼崽，它们吃掉了更多的尸体。熊现在执拗地守护着猎物，巡山员必须用直升机把它们逼开才将遗体取回。首席巡山员具备长时间的灰熊管理经验，但他也很是诧异。

"一只灰熊杀死并吃掉一个人，"麦克米伦写道，"这是非常罕见的情况。在冰川公园 90 年的历史中，每年都有成千上万的人走过灰熊的分布区，而佩特拉尼是第 9 个被灰熊杀死的人。大多数情况下，熊会在攻击后离开尸体。横向比较，同一时期公园里有 48 人淹死，从悬崖上摔死 23 人，还有 26 人死于车祸。"但是交通死亡是平淡乏味的不幸，不像杀人吃肉的灰熊那样强烈冲击公众的意识。还是那句话，死亡是一回事，被吃是另一回事。

53

吃肉显然有它的优点。显而易见，肉食提供了丰富的蛋白质和脂肪。当然，吃肉也意味着特殊的需求和风险。比如必须捕获猎物，杀死捕获的猎物，而捕猎很可能以失败告终，捕食者还可能在紧张而狂热的捕食过程中受伤。爪子对吃肉有帮助，但对大多数食肉动物来说，最重要的工具是牙齿。需要用牙齿抓住猎物并紧紧咬住，用牙齿切断脊髓和动脉，用牙齿剔骨，用牙齿咬断肌肉、嚼碎骨头。为适应这些不同的功能，形成了各种各样的牙齿——不仅不同动物的牙齿不一样，同一种动物口腔里不同部位的牙齿也不一样。

某种程度上，我们甚至可以说，动物的命运取决于它的齿列。你可以从动物牙齿的形态推断出它们的饮食、生态和行为。演化给每个物种准备了一整套牙齿。牙齿不仅能反映出过去的影响，还决定了当下和未来。懒熊只有 40 颗牙齿，比其他熊少 2 颗。少的是一对门牙，从而留出缝隙，便于长长的舌头和灵巧的嘴唇噏吸白蚁。大熊猫长有巨大的臼齿和扩大的前臼齿，便于磨碎竹子的茎、叶以及笋。北极熊的犬齿变长，杀伤力因此大涨；其臼齿也很锋利，足以剪掉软组织。棕熊的牙齿介于两者之间：它的臼齿和前臼齿比大熊猫的小，但大到足以磨碎球茎和草；它的犬齿足以作为武器，但没有大到可以像北极熊那样纯食肉。棕熊的牙齿让它成为杂食动物，不管嘴边来了什么东西都能狼吞虎咽。

除了哺乳动物，食肉的爬行类和鱼类同样依赖它们的牙齿。在所有种类的食肉动物中，爬行类和鱼类的牙列和进食行为最为契合。大白鲨（*Carcharodon carcharias*）的上颌有 26 颗牙齿，下颌有 24 颗。每颗牙齿都如同锯齿状三角形刀片，适合刺穿并切开海狮或海豹的坚硬毛皮。牙齿是由嵌在凝胶蛋白基质中的磷灰石（磷酸钙）晶体构成的。磷灰石晶体以纤维结构相互连接，保证强度，而蛋白质基质则提供少许弹性。在前排牙齿的后面，上下颌都有一排排闪闪发光的替换牙齿。当那些活跃的牙齿由于咀嚼海洋哺乳动物的皮肤和骨头而变钝或丢失时，替换牙随时向前补位。任何时候都有大约三分之一的牙槽处于过渡状态，反映出牙齿剧烈的高频率更替。所以大白鲨能够肆无忌惮地发动攻击，无需担忧牙齿，因为终生供应的牙齿取之不尽。

鲨鱼的头骨是软骨性的，上颌和下颌都可以移动，能让它在撞击前的一瞬间张大嘴巴，抬起吻部，像龅牙般突出牙齿。然后上牙向下猛击，并向后以深深的弧形与下牙交错。当下牙固定住猎物时，上牙就能切下一大块肉。鱼类学家约翰·麦考斯基（John McCosker）专门研究过这种大咬一口的战术。但这种战术往往伴随着令人困惑的现象：鲨鱼常常毫无缘由地停下攻击，受伤的猎物因此得以逃脱。麦考斯基把这种"在发动第一次惩罚性的攻击之后，通常又会后退一步"的现象，称为"咬—吐悖论"。他的看法是，大白鲨在等待猎物流血而死。鲨鱼始而凶猛、继而谨慎耐心的战术，可以减少受伤风险，避免被疯狂的海狮抓伤没有瞬膜保护的眼睛。

科莫多巨蜥（*Varanus komodoensis*）的进食方式与其他大多数蜥蜴都不同，却跟大白鲨有类似之处。它不会整个吞下猎物，而是从受害者身上咬下大块的肉，肉块甚至大到一口吞不下。它的牙齿是油毡刀一般的钩状刀片，左右窄、前后结实，沿着曲线内缘呈锯齿状排列。每颗牙齿后面都潜藏着多颗替换牙。某些体型较小的巨蜥属（*Varanus*）物种每颗牙齿只有一两颗备份牙，而科莫多巨蜥却多达五颗。这又是一个跟鲨鱼类似的特征，说明在粗心大意、剧烈的咀嚼活动下，巨蜥的牙齿会快速更替。牙齿的形状相似，但是大小和排列方式有两种细微的变化，便于切掉大块的肉。首先，上颌的齿廓是凸形的，后面是较短的齿，中间是稍长的齿，从前到后的长度逐渐变短，形成一个柔和的变化曲线。当科莫多巨蜥转动头部时，牙齿会自动切得更深。第二，如果俯看科莫多巨蜥的齿列，可以看到每颗牙齿都有一个轻微的角度：切削刃向外突出，后缘向内收缩。因此牙齿可以轻易地穿过组织，并在移动过程中扩展切口。有了这样的独门武器，难怪科莫多巨蜥一口就能从猎物身上挖出几磅肉来。

在《科莫多巨蜥的行为生态学》（*Behavioral Ecology of the Komodo Monitor*）一书中，爬行动物学家沃尔特·奥芬伯格（Walter Auffenberg）总结了上述适应性特征。奥芬伯格还提到，当地科莫多方言把巨蜥称为奥拉（ora），奥拉有时会吃人。有一名受害者是一位 14 岁男孩，他在森林里砍柴时不幸遇到了巨蜥。当奥拉冲过来时，男孩立刻就跑开了，却被一根低垂的藤蔓阻拦。"藤蔓让小家伙停了一会儿，"奥芬伯格写道，"奥拉狠狠地咬了他的屁股，撕掉很多肉。年轻人流血不止，不到一个半小时就失血过多而死。"十年前我访问该岛时，遇到一位女士，她的母亲曾被巨蜥咬住手臂，虽然幸运挣脱，但是手臂上的肉被撕了下来，直到六年后手臂功能才恢复。"骨头没问题，"翻译给我转述这位女士害羞拘谨的叙述，"关键是肉。"

奥芬伯格补充说，科莫多巨蜥的牙齿"与任何现存爬行动物或哺乳动物的不同，更像是食肉的真鲨和食肉类恐龙的牙齿"。这也间接提醒我们，尽管科莫多巨蜥和鳄鱼有着共同的爬行动物血统，外表也很相似，但两者非常不同。它们的捕杀策略迥异，这既是牙齿显著差异的结果，也反映在这些牙齿中。

比如，鳄鱼缺乏能切割的锋利牙齿。它们的牙齿呈圆锥形，适合穿刺和控制。每颗牙齿都固定在单独的牙槽里。当旧牙脱落，就会出现替换牙（就像科莫多巨蜥和鲨鱼一样）。后齿短而钝，在下颌肌肉的强力推动下，可以压碎猎物。口腔中前部的牙长而坚固，齿尖较尖，排列整齐，上下互锁。鳄鱼下颌上的第四颗牙齿长若匕首，上颌的一个缺口就是这把匕首的鞘。鳄鱼闭上嘴巴时，匕首便嵌入鞘中。事实上，醒目的第四齿是区分鳄和短吻鳄的标志性特征之一。所有这些圆锥形的、彼此重叠的牙齿，让鳄鱼可以刺伤猎物，无情地控制住猎物，但不能把猎物大卸八块。

如果猎物体型不大，比如澳洲肺鱼，鳄鱼就整个吞下去。鳄鱼抬起头，打开食道，借助重力直接把猎物吞进喉咙。如果受害者体型庞大，比如鹿或人，鳄鱼则将之拖进深水里淹死，或者使出所谓的"死亡翻滚"，即用尾巴带动的疯狂旋转。弄死猎物之后，鳄鱼还要想方设法把猎物弄脱臼，因为它没法直接咬下一块。这种猛烈地摇晃、扭动和撕扯猎物的方式虽然不优美，但是很有效。

"遭遇鳄鱼的死亡翻滚，九死一生。"澳大利亚女士瓦尔·普卢姆伍德（Val Plumwood）说。关于这个话题，她有着不值得我们羡慕的话语权。普拉姆伍德是一位学院派哲学家，文章涉猎极广，从柏拉图到生态女性主义再到鳄鱼攻击都有。她说，被鳄鱼用死亡翻滚杀死是一种"难以言表"的创伤。尽管如此，她还是尽量提供了一些描述："完全的恐惧；完全的无助；整个身心全部陷入，没有一丝一毫能够逃脱；在旋涡深处的可怕死亡。"普拉姆伍德对这个话题的讨论，碰巧既是私人的，也是哲学的。

54

1985 年初，澳大利亚北部的雨季刚刚到来，瓦尔·普卢姆伍德正在卡卡杜国家公园（Kakadu National Park），距离阿纳姆地保留地的西部边界不远。卡卡杜全球驰名，堪比塞伦盖蒂或黄石公园。它坐拥约 7000 平方英里的沼泽低地、温暖河流、雨林、热带草原、沙岩断崖、石质峡谷和野生动物，还有反映四万年悠久文化传统的土著岩画。在雨季，这里聚集大量的苍鹭、琵鹭、朱鹭、黑颈鹳、鹊雁和其他迁徙水鸟，还有凤头鹦鹉（五种）、鹦鹉、吸蜜鹦鹉、虎皮鹦鹉、翠鸟和其他数百种鸟类，大量的本土哺乳动物（包括三种沙袋鼠、三种大袋鼠、三种负鼠和一种袋狸），无数的鱼、蛇、蜥蜴、青蛙和大量咸水鳄种群。卡卡杜国家公园对公众开放，澳大利亚人和外国游客可以一窥蕴藏于阿纳姆地边界的生态财富和文化奥秘。瓦尔·普卢姆伍德住在东鳄鱼河潟湖附近的拖车房里。2月19日上午，她乘坐借来的独木舟独自出发，想在河边找找以前听说过的岩画遗址。

虽然不是熟练的独本舟划手，普卢姆伍德也是丛林经验丰富的户外女性，至少在徒步和露营方面不遑多让。借她独木舟的护林员向她保证，如果她待在死水区、避开主要河流，就不会遇到急流或鳄鱼的麻烦。于是她小心翼翼地划船穿过潟湖，在迷宫般的河流支叉里探索。几个小时后，她仍然找不到岩画的位置，于是停下来冒雨吃了快捷午餐。从那时起，她开始感觉周围的环境不太对劲，隐隐有一种威胁的气氛，似乎有人在监视她。尽管天上断断续续下着雨，她还是继续探索，直到一个奇怪的地质构造引起她的注意：稳定在一个小基座上的大石头。看到那块石头，她更加不安：它似乎是某种无声的暗示，提醒人们生活的不稳定性。普拉姆伍德烦躁不安，掉头往回划，希望能回家。转过一个弯后，她看到一个东西，像是根漂浮的木棍。木棍奇异地丝毫不受水流影响，径直向她的独木舟漂来。

这根棍子是一条鳄鱼！不是她撞上了鳄鱼，就是鳄鱼攻击了她。不管怎样，鳄鱼粗暴地撞击她的独木舟，然后是第二次撞击。这一次，她确定不是意外的碰撞。"它又来了，一次又一次。现在是从后面，撞得脆弱的小舟颤抖不已，"她在11年后发表的文章中回忆道，"我拼命划桨，但撞击仍在继续。"独木舟遭到了攻击，她总结道："我第一次彻底地意识到，自己是猎物。"

《成为猎物》（Being Prey）这篇文章很有价值，补充了有关食肉动物受害者的文献。文章谈到她在卡卡杜的经历，还谈到她后来对人类和自然之间恰当的生态和伦理关系的思考。它首先发表在名不见经传的杂志《新土地》（Terra Nova）上，此后被转载了几次。不过，在深思熟虑地把自己的经历融入更宏大的思想和文学形式之前，普卢姆伍德首先必须摆脱困境。

她不相信独木舟的稳定性，于是冲动行事——这种冲动显然是不智之举，几乎害她丧命。她站起来，抓住阔叶千层树从河岸边伸到河面上的最低的树枝，试图把自己拉起来。有那么一会儿，她就像一大块鱼饵般摇摆不定。鳄鱼从水里冲出来，用她自己的话说，"用滚烫的钳子夹住我的双腿"。她沉入黑暗的水中。

接着是死亡翻滚——事实上，是多次死亡翻滚的第一次。哪怕十一年以后，普卢姆伍德也还记得：那次翻滚像是"旋转的离心机，滚沸的黑暗，似乎要把四肢从我身上撕裂下来，将水推进我快要爆炸的肺里。翻滚持续了很长时间，超出了我的承受能力。但在我快要毙命时，滚动突然停止了。"鳄鱼的新陈代谢只允许短暂的剧烈运动，之后它就会筋疲力尽，必须休息。水很浅。普卢姆伍德脚朝下，头露出水面，大口喘气。但是，在水下，鳄鱼并没有放开她。过了一会儿，它又来了一次死亡翻滚。然后它又停了下来，这次放松了嘴。她挣脱了，可以动了。往哪边去？河流的堤岸看起来太光滑、太泥泞了，于是她伸手去够千层树的树枝。她试图爬起来，这时鳄鱼又一次咬住了她，咬在左腿上部。它带着她走向第三次死亡翻滚——一个典型的数字，就像《旧约全书》中的某些场景。约拿或约伯，你挑吧。

普拉姆伍德后来估计，那条鳄鱼大约有 8 到 12 英尺长。鳄鱼的个体足够大，如果它能把她困在深水里、淹没她的斗志的话，那么用这些手段对付一名强壮的人类已绰绰有余。但是普拉姆伍德不止强壮，还很顽强，而且很幸运。她有运转良好的双肺和顽强的求生意志。当鳄鱼再次停下来时，她的头脑仍然清醒。"我意识到，用这种方式，鳄鱼要花很长时间才能杀死我。它似乎想把我慢慢撕碎，像一只猫吼叫着逗弄一只被撕碎的老鼠。"也许它确实是想把她撕成碎片，但不是慢慢地，也不是为了玩耍，而是因为要吞下猎物鳄鱼别无他法。换作是鲨鱼或科莫多巨蜥，她早就被咬掉下半身，失血过多休克而死了，就像那位遭藤蔓阻拦、被科莫多巨蜥吃掉的男孩一样。但是鳄鱼无法肢解她，无法用自己的力量或者借助水流杀死她，于是再次张开了嘴。

　　普拉姆伍德这次试图向河岸走去。她爬上泥泞的斜坡，滑了一跤，又溜向河中，她拼命抓着一切，最后终于上了岸。她气喘吁吁，喘息不已，机警地侦察四周。她逃脱了鳄鱼，但还没有脱离危险——她身上带着穿刺伤，浑身是血。她花了几个小时徒步到船码头，瘫倒在岸边，躺在潮湿的黑暗中。凭借幸运和毅力，她终于挺到救援到来。13个小时后，她住进了达尔文医院。

　　瓦尔·普拉姆伍德的叙述，以及在她哲学和政治信念框架内对这一切的分析，时而引人入胜，时而令人自喜，时而言辞犀利。她的苦难经历没有目击者，我们无从得知这些精确的、令人痛心的、英雄般的细节有多准确，但基本事实无可辩驳。是的，她被鳄鱼袭击并受了重伤。是的，她成功逃脱了，很大程度上归功于她的勇气。这些经历在她反驳她所称的"男权主义怪物神话"，批判西方文化传统中的"自然与人类是分离的，自然有害于人类文明"时，给她带来巨大的个人力量。她认为，"男权主义怪物神话"充满了对顶级捕食者的妖魔化，出于渲染英雄事迹的需要胡编乱造。这些英雄，诸如贝奥武夫、齐格鲁德、亚述巴尼拔、J.H.帕特森和尼古拉·齐奥塞斯库，都是男性角色，几乎见不到女英雄。相反，普拉姆伍德自己的鳄鱼，似乎并不是"不可饶恕的怪物"，只是一头愤怒的动物。她不知怎么得罪了它，也许是侵入了它的领地。自然并非全然渎神，人性也并非全然神圣，她写道，自然与人性界限分明的想法完全是人类中心主义的傲慢幻觉，其实二者之间存在模糊且相互渗透交错的边缘地带。普拉姆伍德的《成为猎物》是一份重要文献，是从权威性的经验中提出的睿智观点。哪怕她的叙述掺杂了神秘的直觉和些许情有可原的吹嘘，单是作为死亡翻滚的幸存者，就值得关注和重视。

"如果通常的死亡是一种恐怖，死于鳄鱼口中则是终极的恐怖。"普拉姆伍德证实道。更深层次的恐怖，来自那些"被禁止的界限崩溃"了。

不仅仅是受害者的身体被分解，而且也颠覆了人类的至高地位——基督教中死亡所代表的是能够战胜自然和超越物质的存在。鳄鱼对人类的捕食，威胁着人类控制这个星球的二元论视角——在这个星球上，我们只是捕食者，永远不可能成为猎物。我们每天吃掉数十亿只其他动物，但我们自己不能成为蠕虫的食物，也不能成为鳄鱼嘴里的肉。

她的想法是对的，但最后那句话颇有争议。她把两种本应分开的丑陋命运捆绑到一起，似乎引申得有些远了。墓地里的虫子可不会像东鳄鱼河里的鳄鱼那样吓倒我们。我们不会因为沦为蝼蚁之食而感到原始的恐惧。在死后数月或数年之内，把早已冰冷的尸首交付各式寄生虫分解者，这只是一种抽象的侮辱，而非活生生的恐惧。与普拉姆伍德才有资格谈论的"成为猎物"的经历相比，实在是相形见绌，不值一提。

55

咸水鳄在牙齿形态上跟科莫多巨蜥和大白鲨还有一个共同点。它们的齿列是同齿性的，意思是"所有的牙齿都一样"。鳄鱼的每颗牙齿都是圆锥形，科莫多巨蜥和鲨鱼的每颗牙齿都是切肉的刀片。在同齿动物的口腔内，牙齿几乎没有变化，不会为不同的功能精心改变牙齿形状。同齿性，是一种简单而有效的安排。

但这并非臻于完美。在漫长的演化过程中，哺乳动物从爬行动物祖先演化而来，齿列和其他相关的东西均趋于复杂。现代哺乳动物明显是异齿动物，也就是说，"具有不同的牙齿"。食肉目动物口中不同牙齿的区别就特别明显。在熊、狼或鬣狗的上下颌，不同形状和大小的牙齿安排巧妙，执行不同的任务。

门牙通常有六颗，位于上下颌前部，用于夹持、切割和拖拽。门牙两侧各有一颗长而尖的犬齿，用于穿刺和撕扯。前臼齿和臼齿适合切割、压碎或研磨。所有食肉目动物的第四上前臼齿和第一下臼齿，或多或少都有些改变，能够像剪刀一样滑动。这种样式称为裂齿，高度改良的裂齿是切肉的绝佳工具。每种牙齿或多或少适合一种功能，而牙齿的不同排列方式则显示了该物种的狩猎风格、进食习惯和食物偏好。有些物种显示出广食性（generalized）的特征，比如棕熊；有些则表现为专食性（specialized）。

在食肉动物中，没有比猫科动物更专食性的了。猫是食肉动物，毫无疑问。它们不会找植物吃，不会把植物当成沙拉和冷盘自助。它们狩猎，它们杀戮，它们吃肉。猫科动物是纯粹的食肉动物，这鲜明地体现在牙齿的形状和排列上。

首先，猫科动物的牙齿数量较少。许多食肉动物（如犬科、熊科和灵猫科动物）有38到42颗牙，而猫科动物只有30颗，一些物种（狲猁、金猫、狞猫）甚至只有28颗。由于少了十几颗牙，猫的脸部比猫鼬或狼更扁平，下巴也更短。短下巴上长着结实的肌肉（尤其是咬肌和颞肌），为嘴部咬合提供了机械能优势，因此咬合力非同一般。它们缺失的是前臼齿和臼齿，大多数猫科动物只有14颗（上颌8颗、下颌6颗），而典型的犬科动物有26颗。前臼齿缺失，犬齿后便留有缺口，便于犬齿深深扎入猎物体内，就像没柄的匕首。缺少其他臼齿和前臼齿的阻挡，裂齿的扩展空间变大，前后加长，并长有高脊，因此切割功能比其他食肉动物更为高效。在裂齿边缘的中点附近，有一个V形缺口，便于在来回撕咬时卡住光滑的组织。猫科动物的犬齿（上颌2颗、下颌2颗）甚至比犬科动物的犬齿还长，其横截面更圆，不太适合撕裂肉食，但不易断裂。牙齿断裂是所有食肉动物的噩梦。骨折可以愈合，但牙齿一旦断裂，就是永久性的。

其实"犬齿"这一术语的命名特别不合适。相比犬科动物，猫科动物更依赖犬齿，其犬齿的演化史也更长。与狗、狼、郊狼及其亲属的犬齿相比，猫科动物（包括现存的和已灭绝的）的犬齿往往更大更醒目，能够更有针对性地捕杀猎物。猫科动物典型的猎杀行为是在猎物的脖子上咬上一口，体型较小的猫对付更小的猎物（如兔子）就是这么干的。这种猎杀方式将犬齿像楔子一样插进两块颈椎骨之间，迫使椎骨分开，导致脊髓断裂，从而杀死猎物。然而，如果大型猫科动物要捕杀跟自己体型相似甚至更大的猎物，咬住颈部背面就很危险。因此，狮子、老虎、美洲狮和豹的策略，通常是紧紧咬住猎物的喉咙或口鼻，令其窒息。即便是猎豹，虽然比其他大型猫科动物更纤弱，犬齿也不那么可怕，通常也会通过咬住喉咙来杀死猎物。猎豹犬齿较小，牙根也小。动物学家R.F.尤尔（R. F. Ewer）在她的经典著作《食肉动物》（*The Carnivores*）中提到一个有趣的假设：猎豹的小犬齿是为了给大鼻孔留出空间，方便在冲刺中最大限度地吸入空气。"猎豹的犬齿小是为了跑得快。虽然听起来很奇怪，但很可能是真的。"

其他猫科动物使用跟踪和突袭战术，不需要吸入那么多空气，犬齿可以长得更长。一些已经灭绝的猫科动物的犬齿更为引人注目，其中最著名的是剑齿虎。

56

剑齿虎是神秘的生物。尽管名声显赫，人们对它们的认识却很少，甚至连研究它们的科学家对很多细节也并不清楚。剑齿虎如何使用超大的犬齿，科学家仍然众说纷纭，而且它们的系统发育也异常复杂。我们需要首先分清楚，剑齿猫科动物（sabertooth cats）和剑齿哺乳动物（sabertooth mammals）是有区别的，前者是后者的一部分。在哺乳动物的演化过程中，出现过剑齿有袋类（sabertooth marsupials）、剑齿肉齿类（sabertooth creodonts）和剑齿猫类（sabertooth felids）。事实上，剑齿状齿列现象出现过四次，每次都形成一群长着獠牙的物种，其中只有一群属于猫科动物。

四个演化阶段都出现了同样的牙齿样式，这简直是教科书般的趋同演化——或者更精确地说，是迭代演化，因为剑齿动物群并非同时出现，而是相继涌现。大约 5000 万年前，早期哺乳动物纲古食肉目（Creodonta）物种首先出现剑形犬齿。古食肉目分布广泛，占据了当时的食肉生态位。很久以后，剑齿出现于有袋目物种中，代表性物种为体形如豹的长犬齿有袋动物，如袋剑齿虎（*Thylacosmilus atrox*）。袋剑齿虎的化石出土于阿根廷，拥有巨大的上犬齿。袋剑齿虎上犬齿与身体体型的比例，比任何一种剑齿虎都要高。当它闭着嘴时，犬齿就像安放于开放的剑鞘，紧贴下颌发达的颏叶外侧。大约3500万年前，又出现一群剑齿动物，这次是猎猫科（Nimravidae），跟猫科动物外表相似。近2000万年来，猎猫科动物遍布欧洲、亚洲和北美，种类繁多，成绩斐然。代表性物种是弗氏巴博剑齿虎（*Barbourofelis fricki*）[①]，它体型大如狮子，长着巨大的上犬齿，与之对应的下颌则长着巨大的凸缘。弗氏巴博剑齿虎在北美洲至少存活到大约600万年前，也是那个年代最后的猎猫科动物。与此同时，猫科动物的支系已经从其他食肉动物中分离出来，其中一个分支形成了剑齿形态。

真剑齿虎的伟大时代约始于1500万年前的中新世中期。其时猫科动物的一个属被称为剑齿虎属（*Machairodus*）。500万年后，破坏剑齿虎（*Machairodus aphanistus*）已然常见于欧洲，还可能已经扩散到亚洲并进入北美，在那里出现了亲缘关系很近的物种，其中包括分布于希腊至中国的巨剑齿虎（*M. giganteus*）和分布于美国的科罗拉多剑齿虎（*M. coloradensis*）[②]。后两者剑齿的改良程度都略高于破坏剑齿虎，剑齿更窄，裂齿更像刀刃。猫科中的剑齿虎亚科包括所有带剑齿的猫科动物。这个亚科有一个剑齿虎属，从该属又分化出另一个剑齿类属，锯齿虎属（Homotherium）。锯齿虎属出现于约450万年前，包括欧洲和亚洲的阔齿锯齿虎（*H. latidens*），非洲的埃塞俄比亚锯齿虎（*H. ethiopicum*），以及北美的晚锯齿虎（*H. serum*）。这几种锯齿虎属动物身体结构独特，前腿特别长，剑齿也特别长。得克萨斯州的一个山洞出土过完整骨骼，可以看到这些显著的特征。这个洞穴中的其他化石表明，大量的晚剑齿虎曾经生活在那

---

① 根据新的研究，巴博剑齿虎不再是猎猫科的一个属，而是被分出猎猫科，单成巴博剑齿虎科。

② 现归于半剑齿虎属（*Amphimachairodus*）。

里，以小猛犸象为食。

与锯齿虎属大致同时代出现的，还有一个有趣的属，恐猫属（Dinofelis）。该属包括一些牙齿和骨骼特征介于现代猫科动物和剑齿虎之间的物种。有时被贴上"假剑齿虎"的标签，不过它们的剑齿已经足够锋利，可以归入剑齿虎亚科。恐猫属的犬齿并非圆锥形，而是刀状的，但不是很长。在南非克罗姆德拉伊（Kromdraai）洞遗址中，发现了恐猫属一个物种皮氏恐猫（*Dinofelis piveteaui*）的头骨，其头骨可以追溯到 150 万年前，与早期的原始人类生活在同一片土地上。那只犬齿似刀的猫会捕猎大脑袋的灵长类动物吗？剑齿虎和原始人之间的生态关系令人费解，很值得思考，不过我们暂且搁置。

人们最熟悉的剑齿虎，是一种美洲的剑齿虎——致命刃齿虎（*Smilodon fatalis*）。从洛杉矶拉布雷亚牧场（Rancho La Brea）的沥青坑中提取的数千块骨头中，致命刃齿虎的身影比比皆是。刃齿虎属的物种体型各异，广泛分布于美洲各地，致命刃齿虎只是其中一种。纤细刃齿虎（*S. gracilis*）是它的表亲，体型较小，在更早的时期出现于北美东部。毁灭刃齿虎（*S. populator*）体型如同狮子，上犬齿从上颌突出近七英寸。毁灭刃齿虎在南美洲演化而来，祖先可能是从北方游荡过去的纤细刃齿虎种群。不过在科学记忆中，致命刃齿虎比其他剑齿虎更为生动，大概因为它们的残骸大量出土，它们的消逝也为时不远。直到大约一万年前，致命刃齿虎至少仍幸存于南加州，而此时，人类的迁徙足迹亦扩展到此。仅在拉布雷亚的沉积物中，发掘人员就取出了 16 万块刃齿虎骨和 1775 颗牙齿，至少代表着 1200 只个体。致命刃齿虎的数量如此之大，令人震惊。科学家们推测当时是这种情形：刃齿虎偏好的猎物——体型巨大的骆驼、野牛、马和其他大型食草动物——陷入黏糊糊的沥青沼泽中，变得容易捕食；于是，这些大猫兴冲冲地扑向受害者，接着陷入同样的致命困境。

剑齿虎犬齿尺寸的过度增大，提出了两个简单的问题，而每个问题又可以继续分解为更多的问题和谜团。第一个问题是：它们为什么会演化出这些结构？与此相关的，这种独特的结构提供了什么适应价值（如果有的话）？犬齿有什么好处，能弥补如此长而后弯的犬齿的代谢成本及其带来的生活不便？剑齿虎是如何捕杀和进食的？

第二个简单的问题与第一个相反：为什么现在没有剑齿虎？在经历数百万年的成功后，是什么导致了它们的灭绝？为什么许多其他大型猫科动物（狮、豹和美洲狮等等）能存活至今，而致命刃齿虎及其近亲却在同一个时期消失？为什么没有剑齿虎活到现代？

150 年来，专家们提出过种种揣测，但关于适应性价值和杀戮技巧的问题尚无定论。早在 1853 年，J.C.沃伦（J. C. Warren）就在《波士顿博物学会会报》上发表论文，提出 "剑齿虎用大牙刺伤猎物"的假设。在 20 世纪初，另一位古生物学家在此基础上继续补充说，剑齿虎主要捕食像猛犸象之类的厚皮食草动物，第一口咬得很深，然后撕裂或挖出一个大伤口，让受害者失血致死。这些猜测的证据是，剑齿虎的颈部肌肉（尤其是将牙齿向下压的肌肉）非常强壮。后来，深度刺伤场景又产生了一个具象的变体：剑齿虎将犬齿插入猎物的颈部背后或头骨底部，换言之，这是小型猫科动物颈背咬刺技术的剑齿虎版本。

这种假设有一个问题。大多数剑齿虎的犬齿不仅长而弯曲，而且侧面扁平。也就是说，剑齿虎的犬齿形状如刀，与恐猫属的类似，尽管要大得多。犬齿侧面扁平有利于撕裂肉食，但如果撞到骨头或在疯狂的杀戮中突然受到侧向压力，也更容易断裂。袋剑齿虎（*Thylacosmilus atrox*）的鞘状下颌给同样的问题提供了证据：牙

众神的怪兽：在历史和思想丛林里的食人动物

齿越长或越薄，就越脆弱。当牙齿深深嵌入挣扎的猎物体内时，会变得非常脆弱。即使在嘴巴紧闭时有下颌鞘状颏叶的保护，也没有任何帮助。

布莱尔·范·瓦尔肯伯格（Blaire Van Valkenburgh）在《科学美国人》杂志上发表过一篇研究论文，统计食肉动物牙齿断裂的情况。论文指出，牙齿断裂既是常见现象，也可能是严重的问题，对于鬣狗这样的啃食骨头的动物和狮、豹、美洲狮来说尤其如此。狮、豹和美洲狮这三种猫科动物最常断裂的是犬齿。范·瓦尔肯伯格与他人合作的研究发现，埋葬于拉布雷亚的大型食肉动物，牙齿断裂的几率更大。然而，这项研究发现一个小小的惊喜：致命刃齿虎，最著名的美洲剑齿虎，设法将对其巨大而脆弱的剑齿的伤害降到了最低。其门牙和前臼齿折断的频率几乎和犬齿一样高。这表明刃齿虎的杀戮技巧不同于现代猫科动物那种野蛮而危险的颈部咬刺。

早期替代深度刺伤假说的是腐肉切食假说。这种假说认为，与其说刃齿虎是食肉动物，不如说是食腐动物。这就解决了牙齿断裂的问题。也许它们生活在食肉动物舞台的边缘，用巨大而尖锐的犬齿撕扯半腐烂的尸体。这种想法在一段时期内颇受拥护，但到20世纪四五十年代，科学家对头骨和牙齿的进一步分析证实剑齿虎是食肉动物后，上述想法就站不住脚了。如今，人们普遍认为剑齿虎是捕食者而不是乞食者，但对于剑齿虎如何捕食，仍然有研究人员提出假设和反驳。他们普遍认为，巨大的上犬齿肯定是用来咬出长而浅的弧形伤口，而不是深深扎入猎物体内。

但是，这种咬伤如何达到杀死猎物的目的呢？1985年，科学家威廉·阿克斯滕（William Akersten）提出，剑齿虎用前爪按住猎物之后，会对受害者腹部来一下"剪切咬"，造成大量失血——可能还会导致休克——使受害者失去知觉。在阿克斯滕构想的场景中，一群剑齿虎尾随着一群猛犸象，一只剑齿虎注意到一只小象未受保护，于是冲过去将小象扑倒，然后在小象腹部咬出一个切口，不等母象把它踩扁，赶紧后撤缩回去。阿克尔斯滕推测道："剑齿虎群在远处重新集结，等着身受重伤的幼象死去，等着其他猛犸象离开。"他接着补充道，如果想看这种捕食策略的现代版本，那就看看科莫多巨蜥吧。此外，他可能还提到了麦克科斯克的大白鲨"咬—吐假说"。

最近，艾伦·特纳（Alan Turner）和毛里西奥·安东（Mauricio Antón）修正了阿克尔斯滕的假想。他们认为，剪切的不是腹部，而是喉咙。咽喉咬伤会对"气管和主要血管造成更严重也更迅速的巨大损害"。相比阿克尔斯滕的说法，这种假设更加认定剑齿虎能有效地控制猎物，能够将之翻转过来并充分约束住，把它的脖子下部露出来。骨骼证据显示，致命刃齿虎和其他剑齿虎确实有这种手段，它们有异常强壮的前腿和伸缩自如的爪子。

可伸缩的爪子，是猫科动物的另一个大杀器。在食肉目的所有物种中，只有猫和少数灵猫拥有这种武器。这种特有的收缩功能，可以让爪子在需要时伸出来，不用时就缩回柔软的掌垫中保护起来保持锋利。在第二和第三趾骨之间有一组收缩韧带，负责将爪子拉回到休息姿势。附着在第三趾骨（爪子就长在这个趾骨上）下侧的牵引肌则提供抵消的拉力。当猫收缩该肌肉时，爪尖就向外伸出。肌肉收缩是自发的，而韧带牵拉是自动的。正如 R.F. 尤尔解释的那样，更准确地说，猫可以将爪尖伸出，但不能主动缩回。不过，最终的效果才是最重要的：前爪可以瞬间从奔跑的足垫变成抓钩，就像弹簧刀那样。

狗、熊和鬣狗没有这种巧妙的结构，这些动物的爪子不断在地上磨，因而相对较钝。在剑齿类哺乳动物中，猎猫科有伸缩自如的利爪，致命刃齿虎和其他剑齿虎也有。伸缩爪和极端齿列的组合，从一组物种复现到另一组物种，似乎进一步暗示了剑齿的优势和风险之间的关联。犬齿长而锋利的掠食者，可以咬穿到很深的位置，但犬齿容易碎裂，就更需要捕食者能够抓住、约束和稳定扭动不已的猎物。匕首般的利爪可能为剑齿提供了关键的补充。

强壮的前腿、灵巧的脚掌、可伸缩的爪子、弯刀般的犬齿、肌肉发达的脖子，有了这么多装备，它们怎么还是消亡了？

人们普遍认为，剑齿虎最终死于牙齿过度增大。这种观点认为，它们的剑齿过于特化，最终怎么咬都不合适，吃不了东西。这种看法是错误的。数百万代的时间里，奇特的齿列给它们带来不少好处。为整类动物的灭绝之谜寻找同一个答案，为一个个物种的消失寻找同一种原因，这种想法会误入歧途。剑齿类猫科动物，不像恐龙，并没有被致命的小行星击中脑袋。在长达 1500 万年的时间里，它们在五大洲之间穿越来往。只要一个地区气候好，土地宜居，猎物丰富并且容易接近，它们就会千姿百态地繁荣起来。当有利的环境变糟，它们就越来越稀少，直到最终灭绝。它们的消失，跟生命历史上的许多物种一样，不是因为命运的突然打击，而是时间流逝带来的缓慢变化，导致不可避免的消磨。

大约 500 万年前，中新世末期的气候变化极大改变了欧洲的植被结构。大约在同一时期，超过一百多个属的欧洲陆生哺乳动物消失了，其中就有包括剑齿虎属在内的三种大型剑齿虎。我们可以猜测，这些猫遭受到了次生影响，比如猎物尽失导致的饥饿，但是缺乏证据，无法确认。

让我们将目光转向东非。大约从 300 万年前开始，非洲东部发生了另一波气候和植被变化。这种变化似乎把哺乳动物的食物（食草动物群）转变成了更多快速奔跑的羚羊。彼时，该地区共存着四组猫科动物：真正的剑齿虎，如巨颏虎属的 *Megatereon eurynodon*；剑齿虎属的一些残余物种；恐猫属的中间形态；以及牙齿较小的猫科动物，也就是我们今天所知的狮子、豹子和猎豹。然后非洲所有剑齿虎种群都灭绝了，恐猫属的物种也消失了，只有牙齿较小、行动较快的物种幸存下来，它们后来成了现代摄影旅行的明星。

与速度更快的猫科动物之间的竞争，植物结构和猎物可获得性的变化，都可能是非洲剑齿虎灭绝的原因。南非古人类学家 C.K. 布雷恩（C. K. Brain）说："我几乎可以肯定，人类智能和技术的崛起是另一个因素。"布雷恩的想法来自他对克罗姆德拉伊等古人类化石遗址的研究。"像所有大型食肉动物一样，剑齿虎肯定对早期人类构成了威胁。"他写道，"同样可以肯定的是，猎人会采取措施来减少这种威胁。"但是我们到底有多少证据呢？他认为，人类的团队狩猎，还有部分自卫行为，可能在某种程度上消灭了剑齿虎。但这只是逻辑上的推测，而非证据确凿的假设。1981 年，布雷恩在他煞费苦心的经验性著作《猎手还是猎物？》（*The Hunters or The hunted?*）一书中，总结了这种假说。

欧洲的情况大体相同。狮子和豹子与剑齿虎共享这片土地，直至最后一只阔齿锯齿虎消失。在美洲，剑齿虎和小齿猫科动物的重叠期比其他任何地方都要长，一直延续到大约 1.1 万年前的更新世末期。彼时，不走运的不仅是致命刃齿虎，还有美洲狮（*Puma concolor*）和古生物学家所称的美洲拟狮（*Panthera leo atrox*）。美洲拟狮与今日的狮子（*Panthera leo*）别无二致。这些动物统统陷进了拉布雷亚的沥青里。世界上最后一只幸存的剑齿虎，可能就生活在洛杉矶。这看上去似乎有些奇怪，不过考虑到该地区颇有传奇色彩，也就可以理解了。

57

1.1 万年前，徘徊游荡的美洲剑齿虎可能与最早的美洲人类有过一些接触，不过在拉布雷亚坑中却没有发现任何此类事件的证据。早在 150 万年前，非洲出现了剑齿虎和原始人类共存的情况，这一点由克罗姆德拉伊洞穴的化石可以证实。但剑齿虎与人类的互动并没有确凿证据，只有一些研究人员的大胆推测。人类学家柯蒂斯·W. 马里恩（Curtis W. Marean）认为，剑齿虎实际上给我们的更新世亲戚（如能人）带来了好处。勇于冒险但也胆小谨慎的原始人可以偶尔从剑齿虎没完全吃掉的食草动物尸体中获得免费食物。

这种想法认为，剑齿虎杀死体型较大的猎物，但没有完全吃掉它们——不像现代狮子那样完全吃掉猎物——因为它们的牙齿不适合拆散骨架或嚼碎骨头。这样就会留下皮肉碎片和丰富的骨髓，为鬣狗、秃鹰、豺狼和杂食性灵长类提供宝贵的营养资源。马里恩进一步说，当栖息地发生变化、剑齿虎灭绝之后，原始人类可能被迫进行风险更大、更具攻击性的觅食活动，比如从不愿放弃尸体的狮子和豹子那里偷取食物。反过来，这种转变可能带来新的生存需求，推动原始人类演化出更大的体型——比如从能人演化到直立人（*Homo erectus*）——形成更有效的社会合作。根据这一假说，当环境迫使史前人类像鬣狗一样觅食时，他们变得更接近现代人类。

C.K. 布雷恩提出了另一种可能性。他研究了克罗姆德拉伊洞穴遗址和其他几个南非洞穴，发现原始人类南方古猿粗壮种（*Australopithecus robustus*，他称之为 *Paranthropus robustus*）经常遭到几种猫科动物的捕食。洞穴里发掘出大量灵长类化石碎片，既有来自南方古猿粗壮种的，也有来自狒狒的。这些碎片似乎都是被食肉动物嚼碎的残骸。猫科动物将整具尸体拖回安全的地方吃掉。布雷恩的关键证据之一是一个南方古猿头骨，样本代码 SK54。这是个孩子的头盖骨，顶部有两个神秘的刺孔。刺孔的间隔和大小几乎与豹的下犬齿完全吻合。布雷恩推测，豹子通常以南方古猿原始人为食，杀死后拖到树上吃掉——豹子现在仍然这样做——以免遭到鬣狗骚扰。有些豹子栖息在洞口上方的树上，大部分尸体的残骸掉进克罗姆德拉伊和其他一些岩洞，堆成骨头堆。这个观点首先发表在一篇论文中，然后又出现在他的书《猎手还是猎物？》里。

他补充说，"不止一种猫科动物捕食原始人类。除了豹子，恐猫很可能也有份。"恐猫属于猫科动物，它们是长有中等长度犬齿的"假剑齿虎"，当时生活在那个地区，可以杀死陆生灵长类动物。布雷恩进一步大胆推论，说不定它们（也许还包括其他动物）开始专门捕食灵长类动物。除了假剑齿虎皮氏恐猫外，真正的剑齿虎巨颏虎属的 *Megantereon eurynodon* 也在克罗姆德拉伊留下了化石证据。

因此，在早期人类逐渐觉醒的意识中，剑齿虎可能是一种具有特殊威胁的怪物。不过，坦率地说，能证明这一点的证据是贫乏和间接的，C.K. 布雷恩的论证链并不充分。而我们一百多万年前的遥远亲属，也没有留下任何有说服力的暗示。我们永远不会知道，对于有着大犬齿的猫科动物，他们的恐惧是强烈的，还是逆来顺受的，抑或跟其他一大堆危险一样平淡无奇。在这片土地上生存是困难的。其时史诗尚未发明，洞穴艺术尚未出现。被捕食而死，一定看起来非常普通。那时候没有人不会意识到自己是肉，是别的动物的食物。

新思维

58

　　我来到俄罗斯远东地区锡霍特－阿林（Sikhote-Alin）山脉的比金河（Bikin）谷，想跟当地人聊一聊。他们是最后一群能和大型捕食动物建立密切关系的人，而这些动物也是全球最大的捕食动物中仅存的硕果了。这些人是乌德盖人，属于通古斯—满语族族群的原住民部落。他们月牙形的眼睛下方是宽厚而结实的脸颊，有点像是满族人或蒙古族人。一千多年来，他们的祖先一直在比金河沿岸狩猎、诱捕和捕鱼。对这些人来说，俄罗斯是遥远的殖民宗主国的抽象概念，而苏维埃社会主义共和国联盟不过是涉及国营毛皮收购前哨的记忆。这里的捕食动物是 *Panthera tigris altaica*，东北虎，又称西伯利亚虎。

　　更严谨一点，这种猫科动物应该叫阿穆尔虎①。这个名称更准确。因为按照俄罗斯地理学家的严格解释，西伯利亚是一个没有老虎的内陆地区，实际上不包括俄罗斯远东地区——当然，按照更宽松和常见的说法，西伯利亚确实一直延伸到太平洋。阿穆尔虎得名于阿穆尔河，

---

① 阿穆尔河是俄语的称呼，在中国就是黑龙江，因此阿穆尔虎并非准确的叫法。中国以东北虎为中文正名。

其流域几乎涵盖了阿穆尔虎的全部历史分布区。乌德盖人传统上把老虎称为安巴。安巴是对近乎神化的角色的尊称，而他们对安巴的态度是复杂、矛盾且多变的。

乌德盖的传统文化得以延续，虎也能够与之共存，只有一个原因：比金河谷非常偏远。比金河本身比普通的鳟鱼溪流大不了多少。它向西和西南流出锡霍特－阿林山脉，在俄罗斯最东南边缘滨海边疆区形成一道拱形。比金河全长约 350 英里，从山中流出后，经过一片开阔的平原，最后注入乌苏里江，乌苏里江再汇入黑龙江。黑龙江绕过群山，向东北流入鄂霍次克海附近的海峡。乌苏里盆地的农业、工业和城镇（如达达利涅列琴斯克）较为发达，而比金河谷坐拥锡霍特－阿林山脉西麓面积最大的原始森林。那里有大约 120 万公顷的冷杉、云杉、白桦、红松和其他树种。最近的大城市是哈巴罗夫斯克（Khabarovsk），一个臭名昭著的省会城市，位于乌苏里江—阿穆尔河交汇处的下游。如果这些名字听起来都不熟悉，那是因为我们中很少有人会瞥一眼亚洲地图，然后把目光投向北海道西北那片沉重而神秘的大陆。

要从美国出发去到那里，你得飞越整个太平洋。在韩国首尔机场短暂停留，然后再次降落到符拉迪沃斯托克（Vladivostok，即海参崴）。沿着符拉迪沃斯托克的奥肯斯基大街走到头，有一个俯瞰海湾的小广场。在那里，你可以看到一只巨大的青铜老虎雕像。雕像是在当地轮船修理厂铸造的，作为后共产主义时代公民自豪感的象征屹立至今。那些曾经在这座城市的街区中逡巡徘徊着吃狗的真正的老虎，不断提醒着符拉迪沃斯托克人：他们生活在荒野边疆。然而真正的老虎早已被杀死或赶走。也因为这些老虎，还产生了类似老虎街和老虎山这样的市政标牌。这座大都市周边已经不再有老虎的栖息地。1986 年，一头老虎不知何故游荡进符拉迪沃斯托克市的电车站，而后被射杀。如今，东北虎的主要种群局限在锡霍特－阿林山脉的山坡沟谷中。比金河谷是其中最靠北，也是最为偏远和原始的栖息地。

从符拉迪沃斯托克出发，你需要沿着乌苏里江东侧一条结冰的高速公路向北行驶，公路西侧就是中国东北。在双车道公路上痛苦地开上 10 到 12 个小时，偶尔停下来在卡车休息点吃点香肠卷喝点可乐，再向东拐进通往比金的石子路。短短几英里之内，道路变成了积雪覆盖的小路。来往的车流把积雪碾碎压实，把路面打造得跟列宁像上的石膏一样光滑。你沿着这条白色的丝带进入黑暗之中，不断蜿蜒向上，到达一个叫克拉斯尼雅（Krasniy Yar）的村庄。它是比金河谷中部主要的乌德盖定居点。如果你的轮胎不错而且早早从符拉迪沃斯托克出发的话，你可能会及时赶到克拉斯尼雅村，享用一顿有伏特加、鱼汤和土豆的晚餐。如果你的轮胎光滑得像冰壶——就跟俄罗斯生物学家德米特里·皮库诺夫（Dmitri Pikunov）那辆老丰田的轮胎一样——那么一旦车轮开始空转打滑，乘客就不得不在山里下车，用肩膀抵在后挡泥板上推车。当轮胎吃得上劲时，你得立刻切换到二挡赶紧向前冲，把帮你推车的人甩在后面，让他们独自享受在寒冷的夜间徒步穿越老虎栖息地的乐趣。到了平地上，你再停下来等他们赶上。运气好的话，你能顺利把丰田车开上最后一个山坡，而不是滑入沟里。在这种情况下，你仍然可以到达村庄，就像皮库诺夫那样。我和他一起及时赶上了一顿迟到的庆功晚餐，有伏特加、鱼汤，以及伏特加。

迪马·皮库诺夫身材魁梧，性情直爽，魅力十足。虽然已经 60 出头，但仍然足够健壮，足够执着，能在雪山中追踪老虎。他有着淡蓝色的眼睛，日渐稀疏的花白头发，挺着大肚子，胸部肌肉饱满。他容易激动，且固执、粗鲁，但也慷慨大方，充满热情。他是个独一无二的闹哄哄的家伙，时而逗弄你，时而欺负你，像是梅尔·布鲁克斯（Mel Brooks）[①] 和尼基塔·赫鲁晓夫（Nikita Khrushchev）的混合体。皮库诺夫出生于乌拉尔（Ural），年轻时在伊尔库茨克（蒙古北边的苏联城市）的一个研究所接受野生动物管理的训练，然后继续向东迁移到远东地区，最终在1961年来到这里。他在这里的早期工作主要集中在狩猎动物上，以便给部队提供狩猎机会。1969年，他第一次到访比金河谷，当时苏联科学院的一个分支机构指派他来评估大型兽类的种群数量，因为其中一些物种的肉和皮毛具有重要的经济价值。他的博士论文写的是豹子，然后于1977年获得资助，得以开展东北虎的长期野外研究，这也成为他一生中主要的工作内容。那项研究有讲求实用的一面：老虎捕食对具有商业价值的野生动物的数量有什么影响？同时，这项研究也出于他的个人兴趣。作为一名科学家和动物爱好者，皮库诺夫对这种神奇的猫科动物非常着迷。在过去25年里，他几乎每年冬天都来到比金，花时间了解这片土地，了解老虎是如何生活的。他的工作方法是传统老派的——跟踪痕迹，从脚印、抓痕和猎物尸体中读取线索。在几十年的野外工作里，他很少有机会看到活生生的老虎。

在最初的十几年里，他既没有麻醉或者诱捕老虎，也没有用无线电颈圈跟踪它们。他仅仅依赖非侵入式的观察和推断，这并非因为他是浪漫主义者或勒德分子[②]，而是因为苏联野生动物学者没有其他方法或工具可用。在他发表的科学著作中，有一篇讨论了老虎的食性。为了这篇文章，皮库诺夫检查了720只猎物的残骸。他曾经脚踩滑雪板，带着沉重的背包，追踪一只老虎超过45天。有时会有直升机断

---

① 美国影视剧坛的喜剧大师，曾获托尼奖、艾美奖、格莱美奖和奥斯卡奖。

② 指19世纪初期英国工业革命时期，因机器代替人力导致失业而捣毁机器的工人。

断续续地给他投放补给。食物储备不足时，他就吃老虎的残羹剩饭。他带着一顶小帐篷、一个炉子、一部有两块面包那么大的收音机，但没有睡袋，因为背包空间不够。他总是耐心地行动。为了跟老虎保持距离，避免正面接触，他不断对照着新鲜的足迹调整自己的步伐，以免打扰老虎正常的移动节奏。他看到老虎种群数量从历史低点逐渐恢复。他看到老虎重新占据空着的栖息地。到了俄罗斯时代，他继续研究，试图收集一套延续一致的长期数据。他仍然没有麻醉、诱捕任何老虎，没给它们佩戴无线电颈圈。他仍然是个追踪者。如今，他享受着伯兰雪地车带来的便利，但大部分真正的工作仍然是靠滑雪板和双腿完成的。我选择和他一起来到比金河，因为很少有其他俄罗斯研究人员的研究能够跟他对东北虎的实地了解相提并论，也因为没有其他老虎生物学家跟乌德盖人有如此密切的长期联系。我来到这里，还因为他不顾一切的魄力，他勇于轻信他人，敢于邀请我前往。

在前往克拉斯尼雅村漫长而又湿滑的上坡路上，那辆老丰田车里挤满了人，还有一袋袋杂货和野外装备，一把柄坏了的铁锹以及皮库诺夫那条有气无力的黑狗。除了皮库诺夫和我，车上还载着另一位旅行者，美国侨民米夏·琼斯（Misha Jones）。米夏留着长发，蓄着胡子，肌肉发达得像橄榄球中后卫。他是思想开明的俄勒冈人，已经在俄罗斯生活了 20 年——这让他有足够的时间学会说一口流利的俄语，给各种短期和长期客户担任翻译。我就是他最新的客户。他本来的名字是迈克尔，时间一长，他也接受了名字的永久变形。米夏曾和他的乌德盖女友一起在克拉斯尼雅村生活过几年，并试图从国际组织获得一些支持，帮助当地社区发展。除了承担我的翻译，这也是米夏第一次故地重游。苏联解体后，就跟其他地方一样，比金中部涌现出大量新的经济压力和无数诱人的赚钱机会。但米夏的想法不同，他希望通过某种精心设计的巧妙援助，完整地保留当地的文化和生态系统。他试图实现自己的想法。然而，由于一些不可控因素，他的努力以痛苦的失败而告终。几年之后，出于我的要求而不是他自己的原因重新回到这里，这多少减轻了他的忧虑。帮助一个无知的美国作家向猎人们询问老虎的情况，远比直面一场民间的误会或一段心酸的罗曼史更容易。

乌德盖人的现存人口总数——在这里的和其他地方的都加起来——几乎和东北虎一样少。这个部落大约有八百人，也许更少。传统上，乌德盖人猎杀鹿和野猪来获取肉食，捕捉貂、松鼠、水獭和艾鼬来获取毛皮。每年冬天的大部分时间，他们都住在比金河及其上游支流沿线孤单的小木屋里。按照传统方式生活的乌德盖人也越来越少了。在克拉斯尼雅村中，有一些木头平房和棚屋对着笔直的车道。以前，这里是居住在森林里的人们的聚集地，反映了苏联计划经济的力量（尽管类似的影响也可能来自边境市场），包括强制收取毛皮。苏联在远东建立起狩猎公社体系"戈斯普罗姆霍斯"（Gospromkhoz），税收和再分配都通过公社进行。"我们把乌德盖人变成了职业的工业猎人。"皮库诺夫谈到这种安排时说道。正是对森林技能的商业化，让乌德盖人逐渐远离了森林。有太多乌德盖人整天聚在克拉斯尼雅村里喝伏特加。但还有几位老人，冬季也居住在村里，他们都是退休的和半退休的猎人，让他们衰弱的是时间，而不是酒精。他们能带着深深扎根于过去的归属感谈论安巴，也就是老虎。

在我们离开符拉迪沃斯托克之前，皮库诺夫警告过我，不要把乌德盖人理想化地想象成一个森林部落。当时我们在他的公寓里初次见面，通过米夏·琼斯的翻译进行了一次熟悉彼此的谈话。皮库诺夫穿着一件牛仔衬衫，左胸印有达拉斯牛仔队的标志，用有力的握手和微微皱起的多疑眼睛欢迎我。我们坐在他的办公室里。他很热情，但很

　　　　　　　众神的怪兽：在历史和思想丛林里的食人动物

明显，他也没有时间和耐心跟我海阔天空地闲聊。我是什么样的作家，我想从他那里得到什么？当米夏翻译我的解释时，我花几秒钟迅速扫了一眼他的书架，上面堆满了与老虎、熊相关的书和俄罗斯科学杂志。我注意到有一本道格·皮科克（Doug Peacock）写的平装本《灰熊岁月》（*Grizzly Years*）。这是个好迹象，我想。《灰熊岁月》是一部关于越战前后独特记忆的回忆录。作者曾是美国陆军特种部队的绿色贝雷帽中士。他与落基山脉北部的灰熊为伍的经历，疗愈了自己的战争创伤。皮科克不是生物学家，他也不假装是。他只是一个勇猛、固执、正直的人。他喜欢危险的野兽，就像他讨厌后现代文明的颓废派一样。他用最简单的行为方式去理解那些野兽。看到他的书放在皮库诺夫的书架上，像老朋友似的向我眨眼，启发我用一种可能适合俄罗斯人敏感的使命感的方式来表达我的意图。

我想从他那里得到什么？我提到我对原住民和大型食肉动物之间的传统关系感兴趣，两者共用栖息地。"传统关系？哼，让我给你的想法泼点冷水。"皮库诺夫直言不讳地说。

即使在乌德盖人中，情况也在发生变化。传统不断流失，环境也正在变化。就拿给紫貂设置陷阱来说。这是一项极其重要的赚钱活动，由于需要参与人在简陋的小木屋里过冬，以前只有自制滑雪板的男人才能参加，各自在指定的区域内下陷阱，互不侵犯。设陷区由父亲传给儿子，代代相传。因为参与这项活动的人很少，所以每个人都有自己的设陷区。但是最近，乌德盖人发现雪地摩托让设陷变得容易多了。通货膨胀来袭——价格和欲望都不断膨胀。就在几年前，12 张貂皮就可以买一辆雪地摩托。现在的费用是以前的十倍。想象一下，以前用一副滑雪板就能办到的事，现在要 120 张貂皮！有了这样的诱惑，一些乌德盖人开始想：如果我杀了一头老虎……

皮库诺夫不需要告诉我死老虎的皮毛、器官和骨头都很值钱，自然会有神秘的中间商来收购，再设法走私到中国、韩国和日本。这些盗猎问题，特别是针对东北虎的盗猎，早已在保护文献中披露了。用虎骨制成的所谓的药用酊剂和药丸，在市面上交易火爆。一磅一包的骨头能卖出很高的价格。一张虎皮能卖四千美金。虽然现在老虎已经受到俄罗斯法律的保护，法律至少部分已交由反偷猎团队执行；但是反偷猎团队人数有限，无法覆盖每一条森林道路和每一个村庄。在整个滨海边疆区，每个偏僻之处都可能有老虎尸体易手。乌德盖人也是人，在这种情况下，对待安巴的古老看法难免会被现金、技术便利和遥远城市里那些瓶装蒸馏酒所玷污。我们第一次聊天时，皮库诺夫并没有提到所有这些因素，但他抓住了要点——120张貂皮！

另一方面，正在流失的文化并不是已经失落的文化。至少在比金河畔的一小部分乌德盖人中，设陷、狩猎、与安巴共存的旧方式仍然存在。对他们来说，这些不仅是记忆，还是活生生的现实。他们大多是老人。皮库诺夫解释说，自己在那儿做了几十年的野外考察，对他们非常了解。"是的，他们的看法值得一听。如果我想见他们……"，皮库诺夫说，"那好吧，我带你去。"显然，我的推销令他满意，或者我给他的第一印象不是太令人讨厌，也许我和皮科克的友谊给我带来了好运。不管怎样，他愿意投入一点努力带我。

但有一些实际问题需要考虑。迪马说：比金的冬季非常恶劣，即使对他来说也很艰难。从克拉斯尼雅村往里，他习惯乘雪地摩托和滑雪板溯河而上。没有便捷的交通工具能提供给游客，他需要做些安排。当然会很冷，很冷，非常冷。

没问题，我愉快地想。滑雪板？当然没问题。我们走吧。雪地摩托？如有必要的话。冷？嘿，我来自蒙大拿。我想象不出还能有多冷。

59

伯格曼法则（Bergmann's Rule）是古老的生态学原理。严格来说，它不是一个真正的法则，只是描述了一些科学家们所认定的经验和模式。伯格曼法则认为，生活在寒冷地区的动物比温暖地区的体型更大。

更确切地说，伯格曼法则比较的并非不同物种的差异，而是相同物种不同个体之间的差异。它最早可以追溯到一份出版于1847年的晦涩的德国论著。那本书的要点是："对温血脊椎动物而言，来自较冷气候地带的物种往往比来自较暖气候地带的同类大。"例如，加拿大的家麻雀通常比中美洲的大。这种模式的逻辑是，动物体型越大，相对体表面积越小，更容易保存热量。内脏产生热量，皮肤散热。相同面积的皮肤内，内脏越多，热量保留得也就越多。但一些生物学家持不同意见，反驳了伯格曼法则。实际上，他们不仅质疑伯格曼法则推断的适应机制，还从根本上否定存在这种模式。但不管这种模式是否存在，也不管在寒冷气候中保存热量的必要性能否解释它，伯格曼法则经常被用来解释东北虎的体型。生活在俄罗斯东南部雪山上的老虎，可能比热带同类需要更大的身体。这样单位体积暴露在外的表面积更小，更易于保暖。——这合乎逻辑，虽然尚未得到证实。

虎（*Panthera tigris*）大约在200万年前起源于东亚，从东亚散布到整个亚洲大陆。最终，老虎从区域性集中的种群变成分布广泛而彼此隔离的种群。很难知道，这种隔离多大程度上能追溯到更新世，多大程度上能反映自然屏障（如塔克拉玛干沙漠）带来的影响；也很难知道，在最近几个世纪里，种群之间的隔离到了什么程度——这是人类活动造成的栖息地破碎化带来的。科学家们已经识别出八个亚种，每个亚种都有独特的生境，从亚洲的一端散布到另一端。也就是说，从里海的南部海岸，南下穿过印度和马来西亚，到达印度尼西亚群岛（最近一次冰河期海平面较低，这些岛屿通过陆桥与马来西亚相连，允许老虎进入现在的苏门答腊岛、爪哇岛和巴厘岛定居），再北上穿过中南半岛和中国，继续向北抵达黑龙江河流域和俄罗斯东南部的海岸线。最近，研究人员从遗传学和形态学的角度，质疑了亚种划分的有效性。基因分析表明，老虎直到近期才被隔离于八个地方，年代太晚，不足以形成不同的亚种。形态学分析比较了老虎的体型大小、头骨特征、颜色和条纹图案，发现这些参数的变化是渐进的，并非离散。这项研究的作者是猫科动物专家安德鲁·基奇纳（Andrew Kitchner）。他认为"目前公认的八个老虎亚种，科学基础非常薄弱"。他补充说，无论怎么分析，老虎都是极度濒危的物种。不真实的分类学区分可能会产生不良影响，导致资源有限的保护规划者误入歧途。

但是这个物种近期的历史，仍然是以划分成八个亚种或小种（race）之类的术语来书写的。20 世纪已经有三个亚种灭绝：里海虎（*P. tigris virgata*）、巴厘虎（*P. tigris balica*）和爪哇虎（*P. tigris sondaica*）。爪哇虎于 20 世纪 80 年代初，消失在它们最后的避难所，爪哇岛的梅鲁·贝蒂里国家公园（Meru Betiri National Park）。华南虎（*P. tigris amoyensis*）即便没有彻底野外灭绝，也快了。三个亚种灭绝，一个疑似灭绝。老虎的命运取决于另外四个亚种：孟加拉虎（*P. tigris tigris*）、印支虎（*P. tigris corbetti*，以吉姆·科贝特的名字命名，不过他猎杀食人虎的地点是印度，而不是又称印度支那的中南半岛）、苏门答腊虎（*P. tigris sumatrae*，最后的岛屿种群）和东北虎。这四个亚种的虎，加上中国南方稀稀拉拉的几只个体，共约 5000 到 7000 只，这就是所有野生虎的总数了。

从留下的标本证据看，巴厘虎比多数其他亚种小得多，爪哇虎也很小。这就是众所周知的岛屿侏儒症。体型较大的哺乳动物一旦被孤立在岛屿上，往往会演化成小型动物。马达加斯加岛上的侏儒河马，英国海峡群岛上的侏儒猛犸象，更新世时期西西里岛上的侏儒象，爪哇和巴厘岛上的小老虎，不一而足。另一个极端是孟加拉虎，几乎和东北虎一样大，但原因不尽相同。

印度虎不需要特意保存热量，影响它们体型的可能不是伯格曼法则，而是盖斯特法则（Geist's Rule）。盖斯特法则认为，导致动物体型变大的因素是食物丰度的季节性峰值（不是一成不变的全年供应）。安德鲁·基奇纳在分析老虎形态变化的文章中援引了该法则。不过话说回来，盖斯特法则源于从食草动物而不是食肉动物中观察到的模式。对食肉动物而言，食物供应的季节性波动远没有食草动物那么剧烈。随着季节推移，植物发芽，猛长，然后死亡。以植物为食的动物可能对这种循环适应良好。依靠庞大的身躯，它们可以暴饮暴食，然后扛过饥饿，从而得以生存。但是，猎物数量不会突然上升和下降，所以将盖斯特法则应用于捕食者略显牵强。

要比较老虎亚种的尺寸，最可靠的方法是测量头骨和牙齿。基奇纳做了测量，发现老虎的体型"似乎随着纬度的增加而逐渐变化，在印度次大陆北部和俄罗斯远东地区达到峰值"。简而言之，他的意思是，从一处到另一处，老虎平均体型是渐变而不是突变。基奇纳的论文中有一些漂亮的坐标图，展示了几十个牙齿和头骨样本的测量结果，还标识了样本的纬度。

当然，你我都不关心这样的细节：这只娇小的巴厘岛动物上颌第四前臼齿冠长 34 毫米，那只西伯利亚巨兽的冠长高达 38 毫米。我们喜欢听更生动全面的介绍。老虎有多大？好吧，报道多种多样。这也不奇怪，刚被杀死的老虎或暂时被麻醉的老虎，不像头骨那样好测量。权威消息说，雄性孟加拉虎体重可达560磅（约254千克），而雄性东北虎可能超过670磅（约304千克）。但即便是"权威"出版物，也少不了道听途说和夸大其词。俄罗斯科学家伊戈尔·尼古拉耶夫（Igor Nikolaev）提供的数字要保守些。伊戈尔的野外资历极其出色，尽管民族自豪感可能促使他夸大其词，但他证实从未见过或听说过超过650磅（约295千克）的野生东北虎。其他有着多年捕获和称量老虎经验的研究人员也都报告称，他们经手的雄虎均远低于500磅（约227千克）。

尼古拉耶夫的证词来自彼得·马西森（Peter Matthiessen）的《雪中之虎》（*Tigers in the snow*）。这本书非常优雅地描写了东北虎及其原生生境。马西森也对体型问题补充了一些有用的观点："的确，身披冬毛的东北虎——它们一度被称为长毛虎（*P. t. longipilis*）——看起来比次大陆北部喜马拉雅山脚下雄壮的孟加拉虎更大。但它的肩高，仅比孟加拉虎高两到四英寸。"尽管如此，四英寸（约10厘米）的肩高并非微不足道。对于重达四分之一吨的猫科动物，肩高相差四英寸，体重差异可能相当大。但没关系。保守一点，可以认为东北虎的最大体重略高于600磅（约272千克），成年雄虎平均体重400到500磅（约181到227千克）。毫无疑问，仍然是非常大的大猫。

不同的老虎种群，毛皮颜色也有所不同，这些差异依然与地理环境有关。东南亚老虎的底色从暗红色到浅黄色都有，带有标志性的深色阴影。东北虎更典型的底色是浅橙色或黄色，尤其是在冬天。这些毛皮颜色的差异，反映了栖息地的差异和伪装的需要吗？可能吧。这些差异能跟可测量的参数关联吗？比如湿度。从潮湿的中南半岛雨林到干燥的俄罗斯温带森林，湿度差异非常明显。也许吧。关于湿度的作用，还有一个更花哨的标签：格洛格尔法则（Gloger's Rule）①。

条纹颜色也各不相同。不过跟体型一样，不同亚种的条纹颜色和底色并没有显著差异。像测量头骨尺寸那样，基奇纳也仔细观察了颜色差异。他发现，同一个区域种群中的个体差异，甚至要比来自不同区域种群的个体差异还大。他还研究了条纹的样式。粗条纹还是细条纹？条纹密还是疏？是否以斑点结束？他从中发现了大量繁复的变化，即使是伯格曼、盖斯特和格洛格尔加在一起也无法解释。

基奇纳对体型、颜色和其他形态差异的分析表明，几千年来老虎曾广泛分布于亚洲大陆。它们似乎曾经畅通无阻地杂交，逐渐适应当地条件，但没有形成因长期局部隔离而产生的明显进化特性。

关于颜色还要多说一点。曾经有一个漫不经心的说法认为东北虎是白色的。一些不大了解老虎和本应了解老虎的人，接受了这种说法。以讹传讹，有人说白虎是东北虎。实际上，东北虎不是白虎，白虎也不是东北虎。把东北虎想象成白色，大概是想当然地认为白色在雪地中更易伪装。这种传闻只会让老虎的演化和保护问题变得更加混乱。北极熊是白色的，没错，苔原狼（*Canis lupus albus*）是白色的，北极狐（*Alopex lagopus*）在冬季会变成白色的——它们都是有着白色伪装，并借此掩护发动突袭的食肉动物。但是东北虎，不管叫什么名字，都不是白色的——除非是在特别罕见和稀有的情况下（而据我所知，没有相关的记录）。

白虎是突变体，而不是某个白色亚种或小种。它们是异常的个体，表现出罕见的遗传缺陷。白虎是某个隐性等位基因的纯合子，这些基因剥夺了它们的色素沉着，也往往带来痛苦的斜视。更简单地说，它

---

① 专就鸟类、哺乳类而言的一种现象，相同或亲缘关系相近的种，在干燥寒冷气候下生活的，比在湿润温暖气候下生活的黑色素要少，而呈现鲜明的色彩。

们脸色苍白，有时还会斗鸡眼。作为部分白化病患者，它们有着蓝色的虹膜和粉红色的鼻子，以及带有烟熏条纹的乳白色皮毛。如果西伯利亚没有白虎，它们是从哪里来的？1951年，人们在印度中部一个叫瑞瓦（Rewa）的地方捕获了一只白虎，把它关到一座宫殿内，取名为"莫汉"（Mohan）。莫汉与一只圈养雌虎交配，后来又与自己的女儿交配，生下一窝四只白色幼崽。它因此成为大多数圈养白虎的祖先。携带同样等位基因突变的老虎进一步乱伦杂交，延续了莫汉标志性的白色血统。后来几年中，辛辛那提动物园将白虎作为噱头，又繁殖了许多。当你看到白虎时，注意看看它是否有斗鸡眼。请记住：白虎不同寻常的毛皮颜色和令人悲伤的困惑眼神，也许能告诉你印度的宫廷生活或辛辛那提动物园的管理情况，却不能告诉你任何俄罗斯东部山区的适应性条件。

东北虎冬装的颜色通常比夏装要浅一点，但远不如北极熊或貂的皮毛那样白。它能很好地与棕色树干和落叶灌丛融为一体。这种伪装似乎足够了，毕竟冬天森林中膝盖以下才是皑皑白雪。老虎的皮毛蓬松柔软，正如马西森所说，为适应寒冷气候提供了便利，不过如果在热带会很糟糕。皮毛让老虎可以在锡霍特－阿林山脉中生活——但生存不易，从来都不容易。

60

来到克拉斯尼雅村的第二天，皮库诺夫、米夏和我在晴朗的二月天里，穿过水晶般的寒冷空气，从一所房子到另一所房子，去拜访四位老人。他们每个人年轻时都是出色的猎人。我从他们身上获知人与老虎之间复杂的记忆、信念和态度。这些想法如此丰富，又充满了各种矛盾，甚至在比金这种偏远闭塞的内陆地区也是如此。我还听到，四位老人以各种悲哀的形式表达和重复谈及我所期待听到的同一个主题：他们熟悉的世界被神秘、有害、不断加速的变化所腐蚀。地球上任何原住民文化——不，是任何时期、任何文化——中的老人，都会有类似的哀怨。我们首先去拜访苏-桑·提夫维奇·乔卡（Su-San Tyfuivich Geonka）。他和漂亮的孙女一起，住在一间铺着单调木板、装有炫眼黄色百叶窗的房子里，此外还有一只黑色猎犬和一只杂色猫。"你妻子怎么样？"皮库诺夫跟他闲聊，以缓和我们的突然打扰。"她十一月去世了。"

这位老乌德盖人穿着一件绿色毛衣，抿着嘴唇的悲伤表情有点像微笑。他在一张小餐桌前坐下，准备迎接我们，左耳插着一个挂着小天线的助听器。门框上挂着一块小地毯，以起到额外的隔热效果。一个全俄罗斯远东地区标准风格的陶火炉，时不时将一些温暖带入房间。我们谈话时，他的孙女在刷盘子。

苏-桑·提夫维奇告诉我，他从1934年开始做职业猎人。1934年，集体化风潮从斯大林的莫斯科吹到远东，席卷并掌控了比金地区。那一年，苏联共产党召开第十七届代表大会，宣布要实现农业集体化。紫貂皮是这里的高档商品，当然你也可以猎杀马鹿、林麝、野猪、松鼠、花鼠和其他动物。一张花鼠皮抵得上二十张松鼠皮。他说，一张花鼠皮值二十戈比，松鼠皮只值一戈比。他没有解释花鼠皮为什么会比松鼠皮更有价值。也许是因为人们觉得条纹图案更好看？后来，变成每张花鼠皮值四十戈比。打花鼠只要一把小步枪。打大动物，就得用猎枪。他把毛皮和肉交给集体，换取购买其他物品的供应券。夏天，他撑平底船到上游去。没有路能过去。他养蜜蜂、奶牛和马。他还种一点荞麦和燕麦。冬天他住在一顶帐篷里，配有柴炉，地上铺着毛皮。"交通非常方便。"苏-桑回忆道。他用雪橇把皮和肉带出去。

在那几年里，中国商人有时也会逆流而上，来寻找毛皮、人参、麝香、马鹿的阴茎、鹿尾、鹿茸以及各种林产品。"还有虎骨，或者虎皮？""不，不是老虎。"苏－桑·提夫维奇不了解，他也不关心。

他自己对那些大猫敬而远之。"我看到过它们。但我从来没对它们开过枪。我们不允许打老虎。"除了苏联的规定，乌德盖人的信仰也禁止打老虎。他说："如果你射杀了一只老虎，那么命运会还回来。"命运会用死去老虎的灵魂，不断地折磨你，报复你。"杀死老虎一点好处都没有。"像其他乌德盖人一样，苏－桑·提夫维奇偶尔会带着狗去打猎，但不同的是，他的狗从来没有被老虎咬死过。他尽可能远地离开老虎，甚至小心翼翼，不去碰老虎的猎物。"如果你抓了老虎的猎物，那只老虎会包围你，不会给你任何安宁。""你尊重老虎，老虎也会尊重你。"这就是他的信条。"否则，你会遭受可怕的后果。"他能举出一些例子，甚至说出具体的名字。"杀老虎的人都不长寿。"他说。作为理性的科学家，皮库诺夫并不认同这种观点——尽管皮库诺夫也不得不承认，老虎似乎有一种不可思议的复仇天赋。"老虎总有办法报仇的，"苏－桑·提夫维奇坚持说，"因为老虎是巫师。它会对你做法。"

尼古拉·亚历克桑德罗维奇·塞蒙丘克（Nikolai Alexsandrovich Semonchuk）讲述的故事不一样。他满头白发，眯着眼睛，患上白内障之后几乎失明，因此无法查看儿子和儿媳妇们允许他在小房子的门厅里堆了一堆的伏特加酒瓶是否是空的，也看不到其他垃圾。皮库诺夫和我坐在松松垮垮的床上，尼古拉·亚历克桑德罗维奇坐在凳子上，思绪随意飘荡，回忆着过去一年又一年发生的事。有一年，他射杀了1500只松鼠；有一年，狼杀死了他的狗；有一年，一只狗被老虎追赶，吓得双目失明。他在森林里住了几十年，跟老虎却几乎没有直接接触。

他甚至从来没有听过老虎咆哮，除了一次，远远地。尽管如此，老虎杀了那么多野猪和马鹿，他很不满意，尤其是现在野猪已经严重减少了。现在，缺少野猪已经成了整个克拉斯尼雅村关心的问题。这究竟是老虎捕食、过度捕杀的结果，还是某种微妙生态因素引发的自然波动？这是皮库诺夫感兴趣的复杂问题，尼古拉·亚历克桑德罗维奇对此毫无兴趣。从 1957 年开始，他就在戈斯普罗姆霍斯公社做职业猎人。这份职业结束于 1993 年。苏联解体后的权力真空被新的权威和投机分子所填补，也带来老虎偷猎的激增。是不是因为白内障，让尼古拉·阿列克桑德罗维奇看不到这些变化？我当然不会白痴到问出这种问题。

"老虎把我从森林里赶了出来，"他说。他觉得，老虎变得太多了，吃光了野猪，让猎人的生活变得艰难。"我一直在外面吓唬老虎。后来老虎回来吓唬我，我就离开了。"这种失败主义者的抱怨，似乎与他很少见到或听到老虎的说法矛盾。不过说回来，尼古拉·亚历山德罗维奇没有义务非要保持一致。他是失明的老人，有着丰富的记忆和多样的态度。他并没有主动要求我的关注，当然可以说任何想说的话。

伊万·甘波维奇·库林兹加（Ivan Gambovich Kulindziga）更不愿意将东北虎视为森林中的神秘精灵。他现年 73 岁，相貌英俊，穿着一件黑色毡制马甲，一件玫瑰色和蓝色相间的佩斯利衬衫，衣冠楚楚。伊万·甘波维奇一边抽着管状小烟嘴，一边自豪地宣称，他是血统纯正的乌德盖人。他小时候在下游的一个村庄上学，那里住满了乌克兰移民。乌克兰孩子管他叫"斜眼"，所以他不得不自卫，痛打他们。1962 年，他开始给公社当猎人，后来改做行政工作。"我有 36 年的党龄。"他说，这是他另一项骄傲。20 世纪 80 年代末，他饱受心脏病困扰，于是放弃党政人员的角色，回归更平静的职业。他重新回到森林中，回到老虎中，又开始打猎。现在，他看起来健康强壮，像是一位气度不凡的乌德盖老政治家。

伊万·甘波维奇和皮库诺夫的友谊既充满温暖又常常针锋相对，他似乎很喜欢贬低皮库诺夫最喜欢的动物，以此磨砺自己的锋芒。"老虎给了我们什么？有什么好处？""呃，它是本土动物。"皮库诺夫说。"野猪也是！"伊万·甘波维奇毫不示弱地宣称。这种交流又回到一个重要问题上，那就是：老虎是否应该对消耗那些本可用于消费和商业化的野生动物负责。"它们不能吃。它们不生产任何东西。它们偷了我们的猎物。"伊万·甘波维奇能言善辩又通晓森林技能，是一位令人生畏的狡猾辩手。有一刻，他提倡开放老虎狩猎。过了一会，又否认了，说他只是在开玩笑。又过了一会儿，他又开始施压。"你的老虎没问题，"他居高临下地拍着皮库诺夫的膝盖说，"但是我们需要这么多老虎吗？应该做点什么。"

我问伊万·甘波维奇有没有打过老虎。哦，起先他拒绝在皮库诺夫面前谈论这个，但是……他改变主意，还是说了。"那该死的东西咬死了我四条狗。我最好的四条猎貂犬。"还有一次，也是碰到类似挑衅，他杀死并埋了一只老虎。"埋了？连肉一起？""尤其是肉。"伊万·甘波维奇说。"你剥过老虎的皮吗？"他问我。"真臭。得一星期才能把手洗干净。"他有点得意忘形，承认自己杀了四头老虎。"我第一次杀老虎是因为它妨碍我射击马鹿。第二次，那只老虎在我儿子下夹子的路线上跟踪他。第三次就是我杀死并埋起来那只。第四次，就是咬死我狗的那只老虎。"

皮库诺夫并不震惊。他很可能已经听过这些消息了，不是伊万·甘波维奇自己说的，就是村里的流言蜚语。不管怎样，他的策略（非常明智的策略）是跟他的乌德盖朋友保持接触，不管他们是否和他一样喜欢东北虎，也不管他们是否遵守俄罗斯对盗猎的限制。他知道，当这种本土文化消亡，本土猎人也随之消亡时，无论是什么替代者——木材商人、挖泥船工人、筑路工人、从首尔或明尼阿波利斯过来度假的雪地摩托车手——都可能对森林、河流和碍手碍脚的安巴造成更大的损害。

至于我，我也不感到震惊。是的，伊万·甘波维奇的证词令人沮丧。这是一盆泼过来的冷水——这正是皮库诺夫在符拉迪沃斯托克对我说的，以纠正我对乌德盖人和老虎关系的天真看法。但我对此并不感到惊讶。我觉得它值得注意。它很真实，同时很复杂，似曾相识。这个世界充满了冷水。自从我开始旅行，开始调查那些跟人类共享土地的食肉动物的种群状况以来，我一直感到阴冷。

我们在克拉斯尼雅村拜访的第四位老者是弗拉基米尔·阿列克谢耶维奇·坎楚加（Vladimir Alekseevich Kanchuga）。坎楚加绰号安巴，表明了他和老虎之间有某种特殊的亲密关系。我听说过这个家伙，他是人们记忆中最伟大的乌德盖猎人之一，一年能捕获一百多只紫貂。他的房子就在苏－桑·提夫维奇家附近的巷子里，有蓝色镶边的棕色框架，顶上是个干草棚。伟大的安巴原来是个圆脸窄肩的男人，大约80岁，体格健壮，个子矮小，灰白头发长而直立，发型像是爱因斯坦或唐·金（Don King）[①]。我们到他家时，他正在补渔网。

安巴告诉我，他的族人过去把老虎视为神。但是要清楚，在乌德盖人的信仰体系中，没有哪个大神占据中心位置。相反，他们认为有很多……神灵（spirite），这种称呼更恰当。老虎是这些重要神灵中的一员。它与狩猎有着象征性的关联。猎人可能会在森林中的某些地方停下来祈祷，虔诚地承认它的存在。还有其他形式的仪式，比如他

---

① 美国著名的拳击经纪人，推广过包括阿里、福尔曼、泰森和霍利菲尔德等著名拳王的比赛。

母亲教他用布条的方式。"你带着这个以防万一，在森林里遇到老虎时，你就把布条绑在树上，鞠躬，然后离开。这表示尊敬，它也能带来好运。"安巴自己用布条礼敬老虎。他说，这是他诱捕紫貂很成功的部分原因。至于杀死老虎，只有在非常特殊的罕见情况下才有理由这样做——比如，这只老虎年老体弱，或者有其他残疾——即便如此，猎人也会祈祷，请求宽恕。

关于他的绰号？哦，18岁时候，弗拉基米尔·阿列克谢耶维奇病得很重——他没有说是什么病，但病得很重，折磨了他一年。但是他最终挺了过来，不再害怕任何事情。所以就得到了这个绰号，指的是老虎般的无畏。

在安巴狩猎生涯的黄金时期，老虎的数量相当多。每年冬天，他都会看到老虎的足迹。几乎每年冬天，他都会遇到一只活着的老虎。他自己的猎场曾被七只领域重叠的老虎占据。一只大公虎，一只带幼崽的母虎，还有几只年轻的老虎。公虎很聪明，有时会沿着安巴打猎的路线，跟随雪地摩托的车辙，随时准备享用一顿不费劲的美餐。但并没有造成什么伤害。安巴本人偶尔会被老虎吓到，但从未受到攻击。他母亲的布条方法一定有帮助。但是他的狗没有给予老虎同样的敬意，就没那么幸运了。"我可能有六七只狗被老虎吃掉了。有一次我和六条狗出去，回来时只剩下两条。"让他难过的，不仅是损失的狗，还有猎物——它们是老虎和猎人彼此竞争的对象。是的，安巴赞同有蹄动物数量变少是老虎数量过多造成的。"现在老虎太多了。"他认为。

他记得老虎稀少的时代。在20世纪30年代或者更早，那时还没有法律禁止射杀老虎。中国商人来到比金，渴望购买每一块能找到的虎骨，出价很高。"如果你杀了一只老虎，然后把骨头卖了，"安巴说，"你就可以安稳过一辈子了。"

随后，中国人在一波混合着妄想症、仇外心理、巩固帝国根基、相互责难、公开谴责、背叛和清洗的浪潮中被驱逐。一位历史学家自嘲地称之为"意识形态改革"。当然，这一切都源于约瑟夫·斯大林发热的头脑，被他的党羽带到极端，并于 1937 年年底波及远东。安巴没有涉及政治细节，但历史记录显示，斯大林亲自派遣国家安全委员卢什科夫前往东方，铲除外国势力和不忠倾向。到 1938 年 5 月，大约有 1.9 万名中国人被驱逐出境，或以其他方式重新安置。一部分中国人与同样不受欢迎的朝鲜人一起，被送上邮车，遣往西伯利亚内陆地区。三年前，在锡霍特 – 阿林山脉的中心划定了一个面积巨大、受到严格限制的自然保护区。建立锡霍特 – 阿林保护区是为了保护180 万公顷（1.8 万平方千米）的野生动物栖息地，虽然初衷不是保护老虎，但注定会让老虎受益。

就像尼古拉·齐奥塞斯库贪婪地霸占罗马尼亚棕熊的故事，一种奇怪的矛盾心理体现在斯大林远东政权所产生的各种影响中。"如果苏联当局没有成为该地区的强权，"安巴告诉我，"那可能就是老虎的末日。"

61

安巴对 20 世纪 30 年代老虎稀少的记忆，与其他信息源的报道相符。在朝鲜半岛和中国东北的大部分地区，在黑龙江流域主要河流（包括乌苏里和比金支流）沿岸，在直面大海的锡霍特 – 阿林山脉东麓，东北虎都曾繁盛一时。而 20 世纪 30 年代是东北虎的低点。根据苏联时代一位生物学家的粗略估计，在苏联经济发展站稳脚跟之前，俄罗斯远东地区大约有 600 到 800 只老虎。根据另一项估计，到 1940 年时，老虎数量已经下降到不足 30 只。

几十年来，这些数量估计及种群研究都是以俄语写就的，不懂俄语的人看不懂这些资料。不过最近有些资料，至少是摘要和部分段落，被翻译成了英文。最早一篇论文是尼古拉·阿波罗诺维奇·贝科夫（Nikolai Apollonovich Baikov）写的。他是一名前沙皇军官，到东部来担任横穿满洲（中国东北）的铁路线警卫——那条铁路是从伊尔库茨克到符拉迪沃斯托克（海参崴）的捷径。成为博物学家、探险家和人种学家之后，他在满洲东部的荒野大范围旅行。贝科夫对苏联政权有着强烈的反感。他定居在满洲的哈尔滨市，1925年出版了《满洲虎》（*Felis tigris mandchurica*）一书，汇编了有关满洲的博物和文化知识。尽管他的命名法未被现代分类学家承认，不过他写的确实是东北虎。

在1925年的书中，贝科夫没有推测老虎的现存数量，但是他估计满洲每年有50到60只老虎遭到杀害，俄国大约是25只，所有老虎尸体都流入了市场。老虎冬季沿着山脊的小路行走，在雪地上留下足迹。职业猎人就在这些小路上安装绊线枪。猎人们后来也开始用马钱子碱下毒，还在用作诱饵的尸体上安放雷管，炸掉老虎的脑袋（身体和皮肤完好无损）。一张身披冬毛的老虎皮能值数百美元。其他身体部位的价值各不相同。"成年雄虎的胡须、心脏、血液、骨骼、眼睛和肝脏以及性器官，价格都特别高。"贝科夫写道。除了用器官和骨头制成粉末和药丸，中国顾客还吃肉。"它相当鲜嫩可口，没有骚味。用油一炸，颜色像是羊肉，尝起来像牛肉或猪肉。"不知道是听来的传闻还是他的个人经验。

除了美食，他还写到泰加林（北方针叶林）中的"半野蛮人"，包括乌德盖人等通古斯部族和满洲的土著部落。他们对老虎的态度普遍更虔诚。"他们清醒地认识到，在这种强大的捕食者面前，人类不堪一击，毫无胜算。"贝科夫写道，"于是这些天真的自然之子创造出一种对老虎的特殊崇拜。"这种崇拜在营火边口耳相传，在偏远森林的帐篷和小屋中得以延续。外来闯入者，对这种尊重不以为然或视而不见。只有他们才会无礼到攻击老虎。当地猎人"在'泰加沙皇'的威慑下，不仅避免猎杀老虎，而且尽己所能保护它免受外来者的伤害。在外来中国人和俄罗斯人看来，老虎不过是有利可图的狩猎战利品"。不过在这些"半野蛮人"的圈子里，"泰加沙皇"比罗曼诺夫沙皇更受尊敬。虔诚的满洲老者避免直呼其名，以免显得不敬，激起它的愤怒。

"如果老虎吃了人，"贝科夫还写道，设陷猎人就会宣称"那人前世可能是头猪，老虎嗅到他的气味认出来了。如果他前世不是猪，那么估计也是条狗，否则老虎不会打扰他"。这听起来像是鲁道夫湖图尔卡纳人冷酷的宿命论的变体：被害与其说是因为不幸，不如归结为神圣的正义。贝科夫继续补充道，传统满洲森林民族几乎把老虎当作神来崇拜，会向它供奉祭品以感谢它为狩猎带来好收成，或者安抚某只杀过人的特别大胆的老虎。这种祭祀有时甚至是人祭，比如把一个裹着尿布的婴儿绑在树上。顺便说一句，如果贝科夫说的是事实，他们真的向流氓虎提供人肉的话，恐怕只会让老虎的食人问题变得更糟。

按照贝科夫的描述，原住民对老虎的崇拜也被拜物所调和了。人们把虎爪当作护身符，对付邪恶的眼睛；他们相信在危险的情况下，老虎前爪的骨头能起到保护作用；变干的虎眼能赋予人第二视觉——但是到底是内服还是外用，他并没有具体说明；躺在虎皮上面，人可以平静下来。但是，如果通古斯人和其他原住民严格遵守禁止捕杀老虎的禁忌，这些老虎部件从哪儿来的呢？言外之意是，每年杀死50到60只老虎的，也许不仅仅是亵渎神灵的外来者——带着绊线枪和马钱子碱的中国和俄国猎人。

这样的狩猎压力，加上人口增长和土地利用方式的转变，中国东北的老虎数量稳步下降。到20世纪90年代中期，超过5500万人居住在中国最北部的黑龙江省和吉林省。在这两个省里，幸存的老虎不超过12只。

在中俄边境的俄罗斯一侧，东北虎的状况似乎一样糟糕。有一项估计认为，19世纪末每年有120到150只老虎遭到捕杀。到20世纪20年代，随着布尔什维克政权巩固，大量移民涌进远东地区，基础建设不断扩张。在列宁本人的支持下，苏联跟外国特许经营者签订长期合同，开发铅矿和金矿。1929年成立远东特别集团军，由强力指挥官瓦西里·康斯坦丁诺维奇·布吕歇尔（Vasily Konstantinovich Blücher）领导。此后，远东的军事存在成了一个关键因素。20世纪30年代，莫斯科对日本占领中国东北越来越紧张，布吕歇尔接收了更多军队，也有更大的自由裁量权促进定居和经济发展。集体农庄建立起来了。为了促进当地经济发展，有时甚至会从中部省份强行拖走一群又一群的农民。"1931年到1939年间，一百万人（不包括劳改犯）来到远东。"约翰·J. 斯蒂芬在《俄罗斯远东》（*The Russian Far East*）一书中写道。该书出版于1994年，全面讲述了远东的政治和社会历史。大量人口涌向东方，"三分之一越过乌拉尔山脉的人"留在远东。鼓励复员士兵留在远东；给予军队公社牲畜和伐木权，免于征税。斯蒂芬说：布吕歇尔认为远东"应该发展独立的经济基础"，认为"农民士兵"可以帮助实现自给自足的粮食生产。"为了使远东特别军与这片土地的联系制度化，他向政治局提出一项计划，建立一种特殊的集体农庄，让士兵们可以拖家带口到远东去。"1926年至1939年间，该地区人口翻了一番。低地农业不断扩张，高处山坡上的木材遭到砍伐，城市在发展，交通网络不断扩大，老虎从它们的故

　　　　众神的怪兽：在历史和思想丛林里的食人动物

土上被赶走。

此外，猎虎仍然是合法的。彼得·马西森提到，这些猫"被执政党的打猎迷狠狠地揍了一顿"。这也许跟尼古拉·齐奥塞斯库利用特权屠杀罗马尼亚棕熊如出一辙。另一个破坏性因素是活捕老虎幼崽和亚成体出售给世界各地的动物园。东北虎非常罕见，令收购者垂涎欲滴。在大乌苏尔卡河（Bolshaya Ussurka River）沿岸的几个村庄里，活捕贸易很活跃。这条河是乌苏里江的支流，从比金以南不远处向西流出锡霍特－阿林山脉。在这些村庄里，专业捕虎人出身于特定的猎人家族中——特罗菲莫夫、卡鲁金、伊瓦申科、切列帕诺夫。他们用狗追踪幼虎，把它逼入死角，用叉形长杆固定住，再用坚韧的绳子绑住脚。据说他们很有一套，能确保幼虎不咬碎牙齿。但是不管用什么技术，绑架幼虎都是疯狂的行动，有时意味着要杀死保护幼虎的母亲。早在1925年，贝科夫就警告说："雌虎在保护幼崽时非常勇敢，在抚养幼崽时很谨慎、狡猾而精明。绝望和母爱会让她疯狂地攻击猎人，失去一贯的谨慎。"从野外抓捕幼虎，势必对成体种群造成严重伤害。

到1940年，率先系统调查东北虎的研究人员L.G.卡普拉诺夫（L.G.Kaplanov）称，只有少数孤立的栖息地斑块中还有老虎。面积最大的栖息地位于大乌苏尔卡流域上游，跟最近建立的锡霍特－阿林自然保护区部分重叠。1939年至1940年冬季，卡普拉诺夫通过雪地追踪调查老虎，调查距离超过750英里（约1207千米，大概是滑雪）。他只找到12到14只老虎存在的证据。1940年，有三只老虎遭到射杀。卡普拉诺夫警告说，俄罗斯远东地区的老虎不超过30只，可能只有20只。近20年来，锡霍特－阿林中央山脉东麓几乎没有看到老虎。比金河谷似乎也是空的。卡普拉诺夫的研究直到1948年才发表，他本人在此期间被偷猎者杀害，时年32岁。他在遇害前写的"五年内禁止射杀成年老虎和诱捕幼虎"提案，直到去世后才公布。

1947 年，苏联终于禁止猎虎，但活捕幼虎仍在继续。掠走幼虎不仅不利于种群更新，对偶尔出现的母虎也是致命的。这还是一种浪费。1955 年至 1956 年间，15 只捕获的幼虎中有 13 只很快就在囚禁中死去。后来禁止设陷捕虎，但那只是暂时的。保护政策摇摆不定，保护措施颁布又撤销。根据 1951 年颁布的一项新法令，锡克霍特－阿林自然保护区缩小到原来的二十分之一，但后来又扩大了四倍，达到现在的 40 万公顷（4000 平方千米）。老虎的数量也随之波动。自 1940 年卡普拉诺夫记录的低点以来，老虎种群主要呈上升趋势。1961 年发表的一份报告提到，整个远东地区有 90 到 100 只老虎，其中 35 只分布在哈巴罗夫斯克边疆区（Khabarovskiy Krai）。这个省份更靠北，包含锡霍特－阿林山脉的北部。其余大部分种群分布于滨海边疆区（Primorskiy Krai），这里是锡霍特－阿林山脉腹地，建有更多严格保护区。K.G. 阿布拉莫夫（K.G.Abramov）撰写的这份报告，还证明了使用统一方法开展全面普查的必要性。在 1969 年至 1970 年的冬天，滨海边疆区开展了一次全面普查，发现了大约 130 只老虎的证据。从 20 世纪 80 年代中期开始的另一次种群普查，估计苏联远东地区有 240 到 250 只老虎。这项工作的主要调查人员就是皮库诺夫。

数字在上升，但皮库诺夫并不乐观。他知道东北虎数量远没达到安全线。尽管它们已经通过了严重的种群瓶颈（亚洲狮也是如此），从几十只个体反弹到几百只（这一点也跟亚洲狮类似），但它们的数量仍然不够多，基因不够多样，或者分布范围不够广，不足以抵御各种可能使它走向灭绝的威胁。第一类威胁本质上是随机和不可控的，比如流行病、恶劣天气、森林火灾、自然生态循环导致的食物供应波动、近亲繁殖导致的衰退以及性别比例的意外失衡。第二类威胁是人类的有意活动，可以预测，也可以控制。这些威胁包括栖息地破坏和破碎化、野味猎人对老虎猎物的消耗、商业盗猎以及老虎与人类之间的冲突——这类冲突往往以老虎的死亡告终。保护生物学者将这两类因素称为随机性因素和确定性因素，我们可以简单理解为坏运气和坏做法。每种因素都有可能被其他因素放大——比如随着栖息地的缩小，更易发生人虎冲突。这些因素共同组成消极影响的旋涡。在这种灭绝旋涡中，专家认为，250 只不同年龄的个体可能还不足组成可存活种群——也就是说，数量太少，不能保证长期生存。

在这种情况下，人虎关系的持续紧张以及伐木造成的栖息地持续丧失，似乎特别令皮库诺夫担忧。他在一份简短的论文中报告了自己的种群普查数据。他警告说，每年有 30 到 40 只老虎遇害，老虎种群将再次出现下降趋势。

必须采取行动。皮库诺夫提出了一系列建议。首先，扩大锡霍特－阿林自然保护区和拉佐夫斯基（Lazovskiy）自然保护区。其次，在锡霍特－阿林山脉的南北两端各建立一个大面积的保护带，弥补现有保护区的不足。新设立的保护带需要额外纳入包括 240 万公顷（2.4 万平方千米）的老虎栖息地。在此范围内，永久性禁止木材开采、野味狩猎、工业发展和老虎盗猎。限制人类定居者进入那些区域。如果老虎数量增加，部分个体在保护区域外定居，可以捕捉溢出的幼虎送到动物园。最后，为了监测种群变化趋势，至少每五年对苏联境内的老虎开展一次全面普查。

皮库诺夫供职于苏联科学院远东分院的太平洋地理研究所，就在符拉迪沃斯托克。1988 年，他去了辛辛那提，但不是去欣赏变异白虎，而是参加第五届世界圈养濒危物种会议。他本人不是圈养动物繁育者，因此他把这个问题留给别人，同时向与会者详细阐述了他对野生东北虎种群现状和未来前景的看法。选择这样一个时机提出上述建议，想必不仅是为了吸引家乡的听众，还想唤起他面前南俄亥俄州听众的关注。

"没有国际合作，就不可能保护东北虎，"他总结道，"东北虎最大最完整的分布区位于苏联远东地区。"皮库诺夫像是黑暗中的孤独垂钓者。那时候，他和其他苏联老虎生物学家都没有国际合作伙伴。

62

大约与皮库诺夫的辛辛那提演讲同时，他在太平洋地理研究所的同事兼合作者阿纳托利·布拉金（Anatoly P. Bragin）从另一个角度讨论了东北虎的问题。在一篇发表于 1989 年的论文中，布拉金和合著者维克多·加波诺夫（Victor V. Gaponov）宣称："对待老虎的过时态度和对老虎的保护，与改革的要求不一致。改革的实施正在该地区创造一种新的生态经济形势。"老虎保护与改革的要求不一致？对老虎的过时态度和远东"新生态经济形势"？这是科学论文，还是赶时髦的政治闹剧？嗯，两者都有一点。最后那句话的晦涩难懂不应该完全归咎于翻译。它到底是什么意思？

各种复杂的力量彼此博弈，风起云涌，很快就导致剧变。不仅仅是老虎保护，苏联的资源管理、社会治理和日常生活的方方面面都将受到影响。这些力量可以追溯到更深层的现实基础，比如工业停滞、政治破产、军事扩张，以及全球联系日益增强对社会预期的影响。而与全球的联系曾被长达 80 年的残酷铁幕所阻隔。不过变革还没有到来，这些力量还没有释放，暂时还被米哈伊尔·戈尔巴乔夫所编织的乐观昂扬的语义大旗所掩盖，即"公开性"和"新思维"这两个术语。"和国民经济所有其他领域一样，泰加林的管理也需要进行激进的改革。"布拉金和加波诺夫写道："目的是将泰加林从主管部门剥离出来，还给人民。"还给人民？除了如何在泰加林里生活，他们还知道什么？

改革当然意味着"重组"。这篇论文提议的重组保护策略跟作者们声称的一样激进，尽管他们小心翼翼地用戈尔巴乔夫的时髦口号来包装它。保护策略基于简单而鲜明的认识：要确保东北虎的长期生存，需要比俄罗斯保护区体系面积更大的栖息地。

根据布拉金和加波诺夫的说法，苏联远东的老虎分布区覆盖大约2200万公顷（22万平方千米）的森林。分布区包括严格保护区和其他保护区（仅有几百万公顷），以及范围面积更大的不受保护的森林。随着时间的推移，整个地区人口增加，商业发展，许多未受保护的森林将会消失，或至少会严重退化。老虎栖息地会不断缩小。布拉金和加波诺夫断言，即便栖息地缩小四分之三，如果能用"特殊的自然管理制度"保护剩下的四分之一，以当时的种群水平（大约250只），东北虎也能够生存。他们相信（尽管一些保护生物学者不会同意），这个种群水平应该足够大，具备维持长期生存并抵御随机性因素的能力。关键栖息地的阈值，也就是支持250只成年老虎所需的适宜栖息地的面积，他们估计大约是570万公顷（5.7万平方千米）。"不能保留这么多栖息地，"两位作者警告说，"就不可能维持东北虎的可存活种群。"但是他们所说的"特殊的自然管理制度"是什么意思呢？这就是症结所在。

他们不是指更多的严格保护区。政治和经济现实使人们无法指望建立大面积的严格保护区。因此，老虎不仅需要严格保护区内的栖息地，还需要严格保护区之外人类也在使用的栖息地。这是一个非常重要且影响深远的问题，不仅关乎东北虎，也关乎所有顶级捕食动物。除非允许它们在人类占据和开发的地方生存，否则它们无法存活到遥远的未来。全球国家公园和野生动物庇护所都不够大，不足以让这些物种在其边界内长期生存。布拉金和加波诺夫认为，老虎的活动和人类的活动必须重叠。但是要怎么做呢？

他们提出几条建议。第一条涉及行政机制。布拉金和加波诺夫提出，应该建立"特殊经济制度区"，面积比严格保护区大得多，但具有互补性。在此基础上允许甚至鼓励有限的商业开发（包括猎取鹿和野猪的肉），让人们容忍在这些区域内定居的老虎。如何安排？什么样的土地管理改革能协调老虎保护的各种要求（如监测、预防偷猎、栖息地保护、维持猎物数量和减少人虎冲突）和人类社会的经济需求呢？一种方法是将这些区域的长期租约授予有创业精神的个人或会员制的狩猎协会，由他们负责大部分治安、监测和资源开采工作，获取自己的经济和娱乐休闲收益。保留森林长青，但将保护它的职能私有化。

这是新举措，也有一定风险。不过，布拉金和加波诺夫的另一条提议风险更大：将老虎的生命私有化。对承租人来说，完全禁止捕杀东北虎，似乎不切实际也没有必要。"在这些地区开展老虎商业狩猎将是最合理的。"也就是说，让承租人出售在其租赁区域内射杀老虎的权利，就像罗马尼亚林业部门出售射杀熊的权利一样。

谁会购买这样的权利？布拉金和加波诺夫很现实。"要最大限度发掘这些老虎的价值，有必要走出国门，"他们承认道，"由于特定环境的影响，国内市场的购买力有限。"换句话说：让我们从美国、德国、瑞士和其他地方邀请富有的战利品猎人，让他们为杀死一只大猫并将毛皮带回家的机会付一大笔钱吧。

将东北虎私有化？在国际市场上出售它的生命？这一建议本身就是异端邪说——对今日的大猫保护人士来说是异端邪说，更何况当年那些管理苏联资源的教条主义者。但是在1989年的气候下，结构变革和权力转移之风从东欧蔓延至苏联，让布拉金和加波诺夫变得更加大胆。他们甚至点评了这种"唯物"主义（当然不是辩证唯物主义）的优点："在目前的条件下，如果狩猎承租人能从生活在自己土地上的老虎获得物质激励，他不仅会保护它们，甚至还会像一位野生动物管理员说的那样'情愿用自己的手喂它们'。到那时，老虎可能会更多。"当然，承租人不会真的"用手"喂老虎——除非他准备换假肢。不过我们理解了这个想法：富足的老虎牧场主是快乐的老虎牧场主。澳大利亚鳄鱼群中的格雷厄姆·韦伯会同意的。

尽管如此，布拉金和加波诺夫煽动性的头脑风暴是一件事，落实执行又是另外一回事。在任何政治条件下，要建立一套新的自然保护区体系，制定一套私有化激励和执法权下放的新规则，都是异常困难的，而当时的条件尤其棘手。不到两年，米哈伊尔·戈尔巴乔夫的激进式改革被扔进了历史的垃圾堆。1991 年，当"苏联"一词从地图上消失时，对老虎和人来说，苏联远东地区变成了不同的地方。

63

似乎纯属巧合，苏联老虎生物学家和苏联的孤立境况，几乎在同一时间结束。皮库诺夫 1988 年在辛辛那提会议期间奔走呼吁的国际支持与合作，终于来临。这对于 20 世纪 90 年代早期的东北虎来说是个好消息。坏消息是，所有保护措施——包括对老虎黑市贸易的有效压制，以及对不可持续的甚或是彻头彻尾非法的木材采伐的严格限制——与苏联行政机构的权威性、严格性以及运营预算一同崩溃。

由于莫斯科补贴的突然减少和国内贸易的萧条，历史学家约翰·斯蒂芬写道："从 1991 年秋季开始，远东地区的经济一落千丈。严重的燃料短缺导致公共设施瘫痪，政府削减了服务，并切断了对边远地区的供应。"军队不得不紧急建立野战厨房，帮助因停电而陷入绝望的城镇居民。失业和营养不良的人数迅速上升。到1993年，斯蒂芬报告说，"该地区的经济状况一塌糊涂。"接下来的服务和资源私有化，成了贪婪无良的攫取者谋取私利的聚宝盆。"在社会边缘潜伏几十年后，骗子、投机分子和黑市商人站到了舞台中心，他们的队伍被'诚实'的企业家所壮大。这些企业家发现，不贿赂就无法开展业务，而且往往代价不菲。"滨海边疆区是受害最严重的省份之一。"然而对食物短缺的现象，大多数远东人表现出非凡的适应能力——就像众所周知的那样。"斯蒂芬补充道，"他们在住所周边种植和腌制农产品。长期以来，偷猎一直在私下进行，这有助于填补蛋白质的缺口。"——这里说的是偷猎有蹄类动物获取肉类。与此同时，盗猎老虎换取硬通货，则帮着填补了卢布和购买力间的缺口。这些破坏性的市场力量与几个有影响的国际合作机构，几乎同时开始发挥作用。于是一场竞赛开始了。

市场力量领先了一小步。1990年，现代集团风风火火地从韩国赶来，与滨海边疆区政府签署了一项为期30年的伐木协议。现代集团的工人很快进入锡霍特–阿林山脉伐木。伐木地点在斯维特拉亚村（Svetlaya）附近，那里曾经是古拉格集中营。苏联解体后的俄罗斯总统鲍里斯·叶利钦把资源开采权交给了地方政府。因此，尽管联邦政府发布了负面的环境影响报告，但地方监管始终睁一只眼闭一只眼。在接下来的几年里，现代集团每年消耗700万立方英尺（约20万立方米）木材。它名义上是一家国际合资企业，但经营方式是直接出口原木（主要是出口到日本），并没有给当地留下财富。这同时表明，现代集团的俄罗斯合作伙伴也在掠夺国内的资产。1992年，同一个合资集团试图在比金上游盆地获得类似的采伐特权，但是乌德盖人和保护人士联手抗议，阻止了这一企图，至少是暂时阻止了。

选择性砍伐锡霍特-阿林山脉中的栎树、白蜡树和红松，对老虎种群的影响是间接的。偷猎是直接影响，而且立竿见影。1990年，一项新的调查评估认为苏联远东地区可能有300到400只老虎，这个数字令人鼓舞，但随后发生剧烈的政治和经济变化，老虎数量再次开始下降。包括环境保护和自然资源部在内的大型中央机构预算紧缩，再加上卢布贬值，导致地方政府裁员，工人实际收入大幅减少，也影响到远东自然保护区里的护林员。随着边境管制放松和地区经济的萧条，滨海边疆区的地理位置变得举足轻重。它毗邻中国北部，与朝鲜的北端相对，距日本咫尺之遥。在全球最饥渴的老虎器官市场附近，躺着全球最后一批数量可观的东北虎。巨大的需求来者不拒，把所有供给尽数消化。到1993年，每年大约有60只老虎遭到非法捕杀。以这种灾难性的捕杀速度，整个种群将在十年内消失。即使老虎变得罕见之后捕杀率会有所下降，但这种规模的捕杀可能很快就会将东北虎种群压低到不太可能恢复的水平。在地区层面，盗猎老虎的经济效益微乎其微，但并没有因此减轻对老虎的捕猎压力。没错，与国内企业家和外国公司觊觎的巨大木材资源相比，盗猎老虎微不足道。但对村庄来说，一只死老虎仍然可以获得巨大回报，而且只需要扣动一下扳机。

尽管大多数老虎生活在滨海边疆区，但大部分走私活动似乎通过更靠北的哈巴罗夫斯克进行。国际反偷猎组织"全球生存网络"（GSN）的两名研究人员报告称，在哈巴罗夫斯克，商人花5000美元就可以买到一具老虎尸体。仅骨头一项，价格超过每磅130美元。哈巴罗夫斯克的腐败官员也涉足老虎贸易。他们向该市的俄裔韩国居民出售剥了皮的冷冻老虎尸体。另一起案件的中心人物是一家伐木公司的卡车司机。"他沿着他们公司建造的道路，驾车进入泰加林，通行无阻。"全球生存网络的报道说，"他在工作时随身携带步枪，偷猎鹿、野猪和老虎。"这名卡车司机通过两个中间人卖掉了老虎，一个是符拉迪沃斯托克的腐败海关官员，另一个是锡霍特－阿林海岸一个港口小镇的船运公司雇员。"老虎的器官很容易藏在船上，放在商业集装箱里面或是成吨的俄罗斯原木中。"报告解释道。森林和它卓越的捕食者，都被拆成碎片，打包出口，在市场大潮中扬帆而去。

不过，在全球生存网络和其他国际组织的帮助下，从1993年年底开始，俄罗斯环境保护部（最新变更的名称）发起一项名为"老虎巡查"的严厉行动，以期遏制偷猎行为。护林员们穿着华丽的制服，坐着崭新的车辆，在泰加林间的道路上进行抽查。探员们秘密调查黑市交易。至少一名来自比金河谷的交易人被捕。1995年夏天，俄罗斯总理维克托·切尔诺梅尔金颁布第795号国家法令《关于拯救俄罗斯远东地区的东北虎和其他濒危动植物的法令》，这标志着政府对执法和司法的支持。在接下来的一年半里，有七人被起诉，偷猎行为也随之减少。目前，估计每年有20到30只老虎遭到捕杀。对400只老虎来说，这仍然是严重的损耗，但是算不上灾难性。

这项行动是针对偷猎的，另一项国际合作促进了对活老虎的研究。这项合作始于1989年爱达荷州中部山区的篝火晚会。当时，爱达荷大学博士后、生物学家霍华德·奎格利（Howard Quigley）正围在篝火边，接待来自苏联科学院的代表团。奎格利的博士后奖学金是通过莫里斯·霍诺克（Maurice Hornocker）获得的。霍诺克是传奇性的硬派野外工作者，在20世纪60年代为爱达荷州的美洲狮研究做出了开创性的贡献。由于不适应大学管理部门的限制，霍诺克建立了自己的机构"霍诺克野生动物研究所"。通过该研究所，他支持并领导了北美各地大型哺乳动物的生态保护研究。加入霍诺克研究所之前，霍华德·奎格利曾研究过爱达荷州的美洲狮、巴西的美洲豹和中国中部山区的大熊猫。当篝火谈话转向东北虎时，苏联代表团的领导抛出了橄榄枝：来苏联参观吧，一起讨论合作行动的可能性。1990 年 1 月，霍诺克和奎格利乘坐俄罗斯航空公司的飞机进入符拉迪沃斯托克。他们遇到一个表情严肃的俄罗斯代表团，第一个站出来的便是皮库诺夫。经过几天的会谈，然后是对锡霍特－阿林自然保护区的实地考察。又经过持续数月跨越太平洋的细致谋划，东北虎项目启动了。项目目标是尽可能地收集关于老虎生态学的最佳数据，并将这些数据应用于老虎保护。它的方法是将霍诺克研究所的无线电遥测和麻醉技术，与俄罗斯人的追踪技术以及本土生态知识结合起来。

1992 年 2 月，野外工作人员捕获第一只老虎并佩戴了颈圈。这是一只年轻的雌性老虎，取名"奥尔加"。那时，另一位美国生物学家也来到了这里。这位魁梧随和的年轻人名叫戴尔·米奎尔（Dale Miquelle），代表霍诺克担任该项目的野外协调员。米奎尔在波士顿郊区长大，毕业于耶鲁大学，毕业后在密歇根和阿拉斯加从事驼鹿种群的研究，还在尼泊尔协助过一段时间的老虎研究。他在爱达荷大学获得博士学位，在那里认识了奎格利和霍诺克。爱达荷大学碰巧位于博伊西北部一个叫莫斯科的小镇上，但直到奎格利找他谈东北虎的工作前，米奎尔从未踏足过莫斯科，也从未去过俄罗斯东部，更没想到自己会到那里去。

按照米奎尔的回忆，他起初并不情愿，但又不能拒绝。一系列令人沮丧的因素，比如老虎密度很低，它们固有的隐秘性，以及在俄罗斯开展工作时会遇到的政治和文化困难，都让他小心谨慎。不过，权衡这些因素之后，他看到一个诱人的挑战："这是一个机会，要么悲惨地失败，要么做出一些有价值的事情。"他来到这里，开始学习俄语，并定居在锡霍特－阿林自然保护区外的小渔村——特尔尼（Terney）。米奎尔计划给自己三年时间，看看什么是可行的。他在俄罗斯最主要的同事是叶夫根尼·N. 斯米尔诺夫（Evgeny N. Smirnov），自然保护区的首席老虎生物学家。斯米尔诺夫身材矮小，戴着大眼镜，带着温暖的微笑。20 世纪 60 年代，他作为一名老鼠研究者来到这个偏远的地方，对老虎产生兴趣，但从未失去对老鼠的兴趣。米奎尔的野外助手是科里亚·雷宾（Kolya Reebin）及类似的一群人，眼神忧伤，说话简洁，不知疲倦，行事稳重。雷宾在乌克兰开过出租车，然后到滨海边疆区重新开始他的生活，先是当护林员，后来是老虎追踪者。就像任何壮丽而严峻的土地中的边疆地带一样——比如罗伯特·瑟沃斯（Robert Service）的育空地区，威弗瑞·塞西格（Wilfred Thesiger）的"空白之地"，玛丽·金斯利（Mary Kinsley）在 1893年看到的西非奥古伊河——俄罗斯远东的锡霍特－阿林山脉为个人转型提供了空间，也发出了有诱惑力的邀请。十年后，戴尔·米奎尔仍然在特尔尼，与俄罗斯妻子和继子一起，住在一栋整洁的小房子里。

米奎尔留在特尔尼，也就意味着，他没有被吸引到该地区的其他地方。2000 年，霍诺克研究所与一个实力更强的合作伙伴纽约野生生物保护学会（WCS）合并。从那以后，米奎尔的活动范围也扩大了。他每周的工作日程满满当当，包括处理符拉迪沃斯托克的机构管理事务，到中国东北协助虎豹研究，检查边境附近的狩猎租约，或者是承担落到 WCS 俄罗斯远东项目负责人身上的广泛职责。一月下旬的一天，他刚刚结束这样一次旅行，开了九个小时的车，直到他的四驱丰田车越过边界进入保护区。车上只有一名乘客陪伴。周遭山峦看上去光洁而古老。两英尺（约 60 厘米）厚的积雪让它们的线条变得柔和。

光秃秃的白桦树和栎树影影绰绰，将群山的洁白变成奶油棕色。向西，在附近的山坡之外，是被云杉和冷杉覆盖的高耸的山峰和山脊。向东，是俯瞰日本海的海岸悬崖，虽然看不见但很近。

当我们在通往特尔尼的砾石路间登上一个高地时，米奎尔告诉我："这是俄罗斯最好的老虎栖息地之一。"

64

特尔尼是个摇摇欲坠的简陋小镇，人口有 5000 人。外围街区横跨山麓丘陵，小镇中心在平地上。一条名为谢列布良卡（Serebryanka，俄语中"银色"之意）河的小溪从山上向南流入大海。小镇的主要生计是渔业、鱼罐头业、木材业以及政府事务（特尔尼是县政府所在地，也是锡霍特－阿林自然保护区管理局的所在地）。渔业贸易似乎一直都很稳定；木材业繁荣之下则存在危机；政府不再是过去的样子。主要由海外非政府组织资助的东北虎项目带来一些额外收入，但没有明显改变市民的态度。当地学校像是一家粉刷过的工厂。如果你仔细搜索，向人问路打探，或者不用霓虹灯的提示就能认出西里尔字母写的 magazin 这个词，你就会发现门前有着阴暗铁门的几家小杂货店。在这些商店里，你可以买到廉价的伏特加、美味的啤酒、清淡的奶酪、神秘的香肠、巧克力、杏干和美味的腌鲑鱼。4 美元可以买到所有你能带走的东西。

小镇的街巷都没有铺装过路面，至少在山坡陡峭的地方是这样。遇上春雨泥泞，简直无法行走，于是铺了木板。木板铺得很随意，就像把废弃的木板直接从脏兮兮的建筑工地上扔下来。勇敢的小平房聚集成不规则的街区，房子的侧面是风化的木板，屋顶是波纹石棉。在大片灰色和棕色房子中间，有几栋房子刷成明亮的颜色——更确切地说，它们曾经被刷成明亮的颜色。随着时间的流逝，它们逐渐暗淡但依然醒目，就像是点缀在单调街区中的奇怪色斑，暗示着苏联涂料供应的变化莫测。曾经可能是黄绿色的颜色，现在看起来更像芥末色。鲜艳的天蓝色已经褪成欢快而平淡的蓝色，就像派对上瘾了的气球和老迈鹦鹉的蓝色。

室内管道在特尔尼很少见。每栋房子60步以内必有一口井。水从井里一桶一桶送到厨房，再送到每周洗澡用的桑拿房中。桑拿房在每个院子的另一个角落，跟到水井的距离差不多。在西伯利亚的冬天，要为一桶洗碗水或是为了上厕所走60步，可实在是一段很长的路——我现在这么说，既是出于经验，也是出于同情。当暴风雪来袭时，每个家庭都像是被围困的堡垒。然而，特尔尼人慷慨、热情、开放而亲切，至少当你被恰当地介绍到火炉加热的厨房时是这样的。如果你是个陌生人，在街上遇到他们，他们只会变得冷漠和警惕。晚上十点就会停电。这是一个安静而乏味的地方，跟俄罗斯和其他国家的许多小镇并无不同——除了偶尔有一只老虎漫步走过，在这家或那家停下来，如同死亡天使般杀死并吃掉一条狗。

65

我在特尔尼及其周围待了十天，就干了三件事。一是跟在戴尔·米奎尔、科里亚·雷宾和其他人身后，在白雪皑皑的山坡上和凝水成冰的溪流底部寻找老虎的踪迹。二是与当地老虎权威，比如研究老虎和老鼠的叶夫根尼·斯米尔诺夫，谈论科学和保护问题。最后，还见证了老虎和狗之间一边倒的持续冲突。

狗这事让我特别感兴趣。这些犬科动物在老虎和人类的接触面频遭不测，令人不安，代表着更大的紧张局面。然而，这似乎并不完全

　　　　　众神的怪兽：在历史和思想丛林里的食人动物

是坏事。我们都有理由怀疑：老虎吃狗肉到底是一种摩擦，还是一种润滑？

我们从符拉迪沃斯托克来到特尔尼的当晚，米奎尔收到消息，一只戴着无线电项圈的老虎潜入小镇，杀了科里亚·雷宾的一只狗。就在前天晚上，这只名叫迪克的狗在凌晨4点左右开始吠叫，然后就沉默了。第二天早上，科里亚发现它已经死了，而且被吃了一半。迪克剩下的部分（脑袋、脖子和小部分肩部）仍然连着链子。现在好了，老虎杀死了老虎项目王牌追踪者的看门狗——这似乎不仅仅是巧合，不是吗？只要一点点非科学想象的飞跃，就可以将这件事看作报复行为，一种猫科动物的粗暴反击。通过颈圈发出的无线电频率，识别出是年轻雄虎费迪亚，去年11月科里亚曾试图捕捉它。

最初，费迪亚在河的北面杀死了一头牛和一只狗，这引起了老虎项目的注意。野外小组按照标准的捕获和释放流程，在被吃了一部分的牛尸旁边设了陷阱，希望饿着的老虎还会回来。当它回来时，科里亚用装满镇静剂的飞镖射中了它。做完详细检查，戴上颈圈，起好名字，然后当场释放，尽管现场距离特尔尼小镇很近。在接下来几周里，费迪亚渡过这条河，平安无事地穿过小镇，在科里亚房子后面的森林山坡上过得舒舒服服。它一直是只谨慎的好老虎，以野生猎物为食，避开牛和狗的更多诱惑，直到昨天晚上。

听到消息后，我和米奎尔立即跑到科里亚的房子，加入监听行动。这个小组包括科里亚的弟弟沙夏（他也是这个项目的跟踪者）、阿纳托利·霍巴特诺夫（一个表情严肃但温和的男子，留着深色胡子，穿着迷彩背心，手持AK-47，在政府的老虎反应小组工作）、约翰·古德里奇（一位瘦长的美国生物学家，六年前加入米奎尔的项目）。阿纳托利在迪克的残骸上设置了两枚爆竹和一枚照明弹。这些小惊喜都是绊线触发式的，让冒险回来继续进食的老虎产生可怕的厌恶感。它会屈服于这种诱惑吗？在科里亚小房子的前屋，无线电接收器在费迪亚的频率上稳定鸣叫，就像没有指针的布谷鸟时钟，确信会大声报时，但不知道在什么时候。

接收器的信号音色怪异，任何用无线电跟踪动物或在潜艇里收听声纳的人都很熟悉：蒂克……蒂克……蒂克……蒂克……节奏缓慢，音量也挺大，这表明费迪亚已经在附近睡着了。要想知道它是不是已经饱餐狗肉，唯一方法是等待。

那么，我们就等着。但是，像费迪亚一样，我们不会空着肚子等待。这里是俄罗斯。人们已经聚集在一起，怎么会少了食物？在科里亚妻子露比亚的操持下，我们敞开肚子大吃特吃，有红菜汤、胡萝卜沙拉、炸鱼、香肠和鱼子酱饺子。酒足饭饱，我们又坐下来监听。一个小时，两个小时……蒂克……蒂克……蒂克……蒂克……为了消遣时间，我们开始看电影，朱丽娅·罗伯茨和丹泽尔·华盛顿主演的《塘鹅暗杀令》，不过是俄语配音。这让程式化的好莱坞情节变得更有趣味，因为除了 da 和 nyet，我一句话也听不懂。我们在科里亚和露比亚的卧室里看电影，所有人都趴在床上和地板上。与此同时，接收机还在缓慢而有规律地响着。信号偶尔会改变节奏——加速到蒂克蒂克蒂克蒂克——表明动物在动。这促使科里亚振作起来，拿着那个小玩意出门仔细扫描。用定向天线慢慢扫描，可以精确定位信号的方位。但每次从门外回来，他都带回来不确定的消息——信号又慢了，费迪亚还在休息。我扪心自问，现在是失望还是高兴？大概还是失望，我想。如果不给费迪亚来点粗鲁的教训，它就不太可能改掉吃狗的习惯。此外，我们都渴望来点行动。

但不是今晚。那天深夜，丹泽尔和朱丽娅躲过子弹，躲开倾斜的汽车，避开身穿细条纹西装的邪恶白人。费迪亚对装有机关的半条狗漠不关心。然后我们就散了。这只老虎很鲁莽，但不容易上当。

第二天，我拜访了锡霍特－阿林自然保护区的主管阿纳托利·阿斯塔菲耶夫（Anatoly Astafiev）。听我们说到头天晚上的监听，他提到，在 20 世纪 70 年代末和 80 年代初，老虎出现在同样的森林山坡上——没错，就在科里亚·雷宾现在居住的地方。它们经常进城。"它们当然吃了很多狗，"阿斯塔菲耶夫说，"有二十几条。"但老虎跟人没有真正的冲突，他补充道，老虎只是稳定地消耗家狗供应，而这种供应似乎也很容易维持和补偿。

几天后，我和沙夏·雷宾一起去追踪老虎。他今年 25 岁，性格开朗。他和哥哥一样，出生于乌克兰，在一间技术学院接受汽车制造培训，在生产出口重型采矿设备的工厂短暂工作过，之后就来这里寻找更具森林气息的生活。对疲惫和寒冷，沙夏朝气蓬勃的忍耐力令人赞叹，非常适合在这些山区从事老虎工作。他只会说几个英语单词，我懂的俄语更少，所以除了手势和点头，我们几乎不能交流。但这没关系，今天大部分工作依靠的是视觉、听觉和身体。沿着自然保护区里的道路行走，我们在雪地上发现了新脚印。接收机收听到强烈的信号。

"莉迪亚。"他说。

"莉迪亚。"我附和着。沙夏认出了目前佩戴颈圈的五只老虎中的另一只。约翰·古德里奇跟我简要介绍过这份名单，包括淘气的费迪亚和四只雌虎：奥尔加是众人眷顾的宠儿，她是该项目在 1992 年捕获的第一只老虎；另外三只是内莉、勒德米拉和莉迪亚。除了这五只戴着颈圈的老虎，还有三只雄虎（亚历克、鲍里斯和米沙）和其他几只雌虎。它们来了又走，其中几只被偷猎者杀害。鲍里斯在南部的一个城镇附近遭到枪杀。它当时溜进一个棚子，走出来时被人发现。奥尔加躲开了这些麻烦，运气很好。她现在戴的颈圈已经换过四次电池。费迪亚，如果它不洗心革面，就可能重蹈鲍里斯的覆辙。至于莉迪亚，她现在占据了这片领地。可能是因为有海岸公路穿过，盗猎者很容易进来，这片领地上前几只佩戴颈圈的雌虎已遭不测。

强烈的蒂克蒂克蒂克蒂克声表明，莉迪亚就在附近，就在长满森林的山坡上，或者西边的灌木丛里。一天前她还在路的东边，沿着海边的悬崖潜行。约翰和我跟着她度过了一个寒冷的下午。一夜之后，她似乎穿过公路到了这里。通过无线电追踪她的行动，用三角法确定她的位置，把位置点绘制到地图上，然后徒步检查地面上的标志——她的窝、杀戮的残余以及其他显示其活动的微妙线索——这些都是沙夏和他哥哥每天要完成的任务。这些在野外助手的帮助下收集的证据，让古德里奇、米奎尔和斯米尔诺夫对东北虎如何在栖息地中生活有了形象的认识。这个过程是渐进的，不是什么顿悟。耐力、耐心、敏锐的观察力和准确性都是必备的素质。大多是间接的证据，很少能见到真正的老虎。

当我和沙夏开始今天的徒步时，又赶上风刮得很大。在蔚蓝的天空和耀眼而温热的阳光下，风像一根消防水带，把我们身上的热量抽走。我眯着眼睛迎着狂风，品味着一首诗里的两句话。这首诗在我的记忆中挥之不去，每到极其寒冷的环境中，每句话都能给我带来欢乐：

> 如果我们闭上眼睛，睫毛会冻结，直到我们看不见；
> 这并不是什么有趣的事，但唯一会哭的人是萨姆·麦基。

我们沿着莉迪亚的足迹来回走了六个小时，像雪中的幽灵一样追踪她。

当我们刚开始跟着她的足迹往前走时，沙夏有规律地停下来收听接收机。有的地方积雪深及大腿，我们穿着靴子和羊毛裤，每一步都得把膝盖抬得高高的。在开阔山坡上的浅雪中，我们走得更快，但偶尔也会被绊倒，或是在底层干燥而光滑的栎树叶上滑倒。在一些地方，夜风吹过莉迪亚的足迹，脚印的边缘变得柔和模糊，但仍然又深又大，不可能错过。她总能把后脚准确地放在前脚脚印上，所以虽然是四条腿，但留下的脚印几乎不比两条腿多。从脚印的间距来看，她的步伐大小看起来跟人很像。但在溪流中光滑的黄蓝色冰面上，每个脚印都清晰可见，大如葡萄柚，被莉迪亚的重量和热量压印在那里：一个掌垫和四个卵形脚趾。

我们爬上几条山脊，连滚带爬地向前攀走，随时调整路线。这时"蒂克蒂克蒂克蒂克"的声音越来越响。最后，当我们在一条山脊上停下时，沙夏收听到一个非常强的信号。他断开天线，仍然收到强烈的信号。"三百米，"他指着前方说。"没动。她没动。她是……"他努力寻找合适的英语单词，"……在睡觉？"事实上，她到底是睡着了，还是沐浴在阳光中，或者蹲在巨石后面，窥探入侵她领地的笨蛋，永远无人知晓。"已经够近了，"沙夏决定，"我们不想让她紧张，对吗？""对，我们不要那样做。"我同意。

于是，我们撤退。我们再一次沿着她先前的足迹往回走，追溯她昨天晚上和白天的行迹。沙夏现在收起接收器，完全依靠传统的技能。他给我看了一个莉迪亚在树下留下的气味标记。即使有沙夏的指点，我也几乎闻不到她辛辣的签到标记。他指了指小溪积雪的河岸上的一个小洞，还说了打洞动物的俄语名字。水貂？也许是紫貂？我只能猜测。我们看到了梅花鹿的踪迹，它们的脚印和一小堆粪便。穿过斜坡和山脊，每一步得奋力从雪里拔腿，沙夏艰难地跋涉着。我努力跟上，我在球形的羽绒服里气喘吁吁，汗流浃背。风停了，但午后并没有变暖。尽管我浑身发热出汗，但每当我停下来写笔记，手指就被冻得麻木。我们没有时间停下来吃午饭。我边走边嚼一些肉干。穿着浅色羊皮夹克的沙夏，什么也不吃，但丝毫没有疲劳的迹象。

最后，我们下到一处溪流底部。那里结满了冰，还有灌木、金黄色的草丛和飘过来的雪。沙夏开始之字形迂回前进，试图切回莉迪亚的路线。他断断续续地找到脚印，跟不了多久又丢失了线索。最后莉迪亚一去不复返。她的足迹被二十四小时的风雪抹去了。我们又走了一个小时。沿着小溪顺流而下，穿过一条应该通向大路的小路。我现在已经精疲力竭，饥肠辘辘，摇摇欲坠。大腿几乎举不起来，脚趾也麻木了。身体只能靠着本能行走，大脑已经不转了。我包里的某个地方还有一点巧克力。我终于瘫倒在沙夏的卡车上，惊讶地发现水壶竟然没有冻成冰坨。这是老虎栖息地中典型的一天。

莉迪亚是一只幸运的动物，而且适应力很强。她的领地横跨特尔尼西南几十平方英里。那里是得天独厚的栖息地，猎物众多，水源丰富，唯一的瑕疵是有条横穿的道路。不过，其他领地可能问题更大。别的老虎可不像她那么远离人类活动区。第二天早上，我和约翰·古德里奇在他家厨房的火炉旁喝咖啡，听说费迪亚又杀了一只狗。

66

"猫咬狗"上不了东北虎世界的新闻头条。在俄罗斯科学文献中，络绎不绝的报道显示出，东北虎和狗之间的冲突由来已久。猎狗，农场狗，看门狗，甚至没有高危任务的乡村狗。在大部分这类逸事中，老虎吃掉一只或多只狗。想来也正常，因为一只中等大小的成年老虎和一只大型家犬的体重，差不多相当于一只狐狸和一只兔子。

跟兔子不同，狗至少有一些奋起反击的遗传倾向，但因为体型差距，这让狗的处境变得更糟糕。尤其是工作犬，习惯于使命感和忠诚感，它们的顽强抵抗可能是自杀性的。如果它们是不负责任、没有纪律的宠物，情况又有所不同。"没有专门训练过的狗在狩猎中一无是处，"尼古拉·贝科夫在 1925 年写道，"因为它们一看到老虎的新鲜足迹，或者一看到老虎，立刻被慌张和恐惧所压倒，变得神志不清。狗往往在这种时候落入虎口。"丧失勇气，不仅对狗来说是危险的，对其他动物也一样。K.G. 阿布拉莫夫在 1965 年报道说，他所研究的老虎袭击人类事件，几乎都发生在老虎受伤或被人激怒时。还有一种情况是"猎人胆怯的狗试图自救，爬到主人两腿之间，引发老虎和人的正面对抗。老虎从不放弃与狗较量的机会，即便狗的主人装备精良"。阿布拉莫夫提到猎人别洛诺索夫（Belonosov）的例子。当时，他在山德斯基溪（Shanduiskiy Greek）的冬日树林中迷了路，又遭到一只老虎跟踪。当时，他带着三条狗。老虎抓了一条，然后把别洛诺索夫丢在一边，没有伤害他——或者至少没有亲自伤害他。他是冻死的。当他的尸体被发现时，另外两条狗还坐在尸体边——永远忠诚，而且聪明到选择谨慎而不是勇敢。

伊戈尔·尼古拉耶夫及其前研究伙伴、已去世的 A.G. 尤达科夫（A.G.Yudakov）花了四个冬季，研究大乌苏尔卡河一带的老虎。在他们最近联名发表的专著中，列举了老虎最喜欢的猎物种类：野猪、马鹿、狍子、麝、亚洲黑熊和狗。尼古拉耶夫和尤达科夫研究的老虎没有杀死除狗以外的其他家养动物。当然，老虎之所以不吃牛、山羊和绵羊，可能更多是因为大乌苏尔卡河上游没什么牲畜。那里的猎人和狗要比牧民多得多，而不是因为老虎讨厌牛肉、山羊肉或羊肉。在

20世纪70年代早期，根据E.N.马尤斯金（E. N. Matyushkin）和两位合著者的研究，"一只年轻的老虎经常在基夫卡村（Kievka）的郊区猎捕狗——甚至在不同房屋间寻觅"。马尤斯金的合著者之一是叶夫根尼·斯米尔诺夫，锡霍特－阿林自然保护区的老虎专家。斯米尔诺夫还发表过一篇论文，进一步量化狗在老虎食谱中的重要性。根据他早年在自然保护区里收集的数据，当老虎数量从历史低点回升时，狗占到老虎猎物的22%。

俄罗斯科学文献中另一个反复出现的内容是：东北虎很少攻击人类。这似乎与老虎吃狗的现象形成奇怪的对比。不过在19世纪后期，情形有所不同。另一个消息来源称，在当时的俄罗斯远东地区，老虎经常攻击人。不过在现代，由老虎导致的人身伤亡确实非常罕见。健康老虎与人的直接冲突或者未经挑衅的捕食，就更为罕见了，它们跟致残或虚弱的老虎还不一样。"没有受伤的老虎，通常很少袭击人类，"贝科夫在1925年写道，"只有当它被长时间追捕，没有机会进食或休息，这种事才会发生。在这种情况下，被激怒的掠食者通常会藏起来，突袭寻踪而来的猎人。"另一个消息来源证实，从贝科夫时代到20世纪50年代，俄罗斯远东地区就没有出现过吃人的老虎。这个记录一直持续到1976年2月18日。当天，一名司机在拉佐村附近的路上被老虎杀死。拖拉机司机没有做出任何明显的挑衅动作。而且老虎徘徊不去，以尸体为食。

叶夫根尼·斯米尔诺夫引用过另一个案例，1980年11月一名男子遭老虎杀害。"这次袭击是由一只雌虎和几只幼崽发起的，也没人挑衅它们。"1992年2月，一只老虎突然袭击并杀死了一名猎人，当时这名猎人正在锡霍特－阿林山脉北端的萨马尔加河流域检查陷阱线。两年后，在特尔尼以西的山区，一位伐木人在巡视他的陷阱时遭到袭击。这只老虎当时在一棵倒下的树旁休息，伐木人从老虎旁边走过，然后停下来，可能是为了瞄准一只松鼠。老虎暴起——是一时冲动吗？——瞬间就从快走变成跳跃，扑向那人。后来，人们在雪地里发现这名男子的手套，还有上膛的松鼠猎枪。伊戈尔·尼古拉耶夫和他的另一名同事维克多·尤金（Victor Yudin），利用痕迹、血迹和其他证据推断出事件的大致经过。"老虎在第四下跳跃中，就杀死了这名男子，他甚至来不及躲到树后。"他们报告说。老虎将猎物从捕杀地点转移到 100 英尺（30 米）外的云杉树上。"大概有其中四分之一的距离，老虎都是用嘴叼着那个人，尸体没有触地。依据是雪地上的痕迹和树干上距地面 77 厘米的血迹。后来，老虎再次来到猎物边，将他吃了个精光。"尼古拉耶夫和尤金最近调查了整个滨海边疆区 1970 年至 1996 年间的人虎冲突状况。除了这件事，他们的报告还提到 1996 年 1 月发生在游击队市（Partizansk）附近的事件。袭击事件发生后，"只要老虎没被射杀"，受害者的尸体"就会被完全吃掉"。最近发生的一系列袭击事件，让我们不由重新审视 1976 年的拖拉机司机事件：究竟是一次单纯的反常现象，还是代表着一种变化趋势的预兆？

尼古拉耶夫和尤金煞费苦心，把人虎冲突放到更大的背景下考察，认为五十年来俄罗斯远东地区已经大不相同。"老虎数量大幅增加，它们的行为也发生了变化。老虎与人类和人类活动的接触增加，对人类的恐惧降低，导致人虎冲突越来越多。"他们进一步推断，在 20 世纪 90 年代早期，盗猎猖獗，受伤和致残的老虎越来越多。"这种老虎不仅会捕杀牲畜，还可能猎杀人类。"两位科学家发现，即使在这种情况下，老虎袭击人类的案例也非常罕见，而无端袭击的案例就更少了。这很了不起。可能在老虎心中，狗算是猎物，但人类通常不

是。尼古拉和尤金接着写道，

> 如果老虎在遇到人或家畜时偏离了通常的正常行为，往往是由于以前所受的创伤或当时人们的不当行为。值得注意的是，受到攻击的通常是携带武器的人。武器能够帮助人自卫和进攻，但在瞬息万变的情况下，如果不能一击毙命，常常导致受伤的动物发起攻击。

自20世纪80年代以来，人类数量与日俱增，老虎数量也是。于是，两个物种发生了数百次冲突，幸好大多数都以和平方式结束。尼古拉耶夫和尤金认为，如果人类没有武器，那么所有冲突都能和平解决。"因此我们可以得出结论，东北虎种群中没有食人动物。"但是他们所说的"没有食人动物"，当然是有前提的：没有老虎会经常性地捕食人类或以吃人肉为乐，也不存在各种失误阴差阳错地交织在一起的情况。

戴尔·米奎尔补充说，自1997年以来东北虎就没杀过人。他怀疑，这也许意味着肆无忌惮的老虎偷猎行为在减少，因此致命报应事件也随之减少。

根据其他地区和历史时期中有关老虎的知识和经验，专家们大多相信，老虎不会自然地把人类当作猎物。查尔斯·麦克道戈尔（Charles McDougal）就是其中一员，他最初是作为人类学家接受培训的，一度是老虎猎手。过去40年里，麦克道戈尔大部分时间都在研究老虎，在尼泊尔和印度倡导老虎保护。1987年，麦克道戈尔发表论文《地理和历史视角下的食人老虎》（The Man-Eating Tiger in Geographical and Historical Perspective）。他在论文中写道："正常的老虎表现出对人类根深蒂固的厌恶，避免与人类接触。"这种厌恶的缘由很难确定，但也许可以追溯到远在火器发明之前的历史。"在某个老虎与人类互动的史前阶段，避开两足动物成为它们的适应性行为策略。"然而，一旦人类活动破坏了老虎及其天然猎物的关系，难免出现例外。麦克道戈尔的研究有一点非常有趣的发现：发生例外的情形千差万别。

食人虎在里海虎亚种中几乎不存在，至少在里海南部边缘（也就是现在的伊朗）是这样。在19世纪末到20世纪初，缅甸、泰国和马来半岛有许多老虎，但很少出现食人虎的问题。越南内陆的部落居民对老虎也没有什么恐惧，他们习惯于在森林里平静地遇见老虎。一个世纪前的苏门答腊，尽管老虎数量众多，但吃人现象很少。

根据麦克道戈尔的研究，异常严重的老虎食人问题发生在三个地方：中国东南部、东北部和新加坡，至少在当地老虎灭绝之前是这样。中国的老虎食人问题，早在马可·波罗时代就引起了人们的关注。到20世纪早期，情况可能变得更糟糕，因为仅存的老虎局限在最后一点残存的森林里，被人类、农田和家畜重重包围。"1922年，仅在一个村庄，几周内就有60人被杀。"麦克道戈尔写道。在新加坡这样一个在一个世纪前就已被征服的小地方，每年有多达三百人被老虎杀死。在19世纪后期的中国东北，随着穿越荒野的铁路线的修建，"食人者进入茅屋，带走中国和俄罗斯定居者"。就在中国东北边境之外，朝鲜村民也遭受吃人老虎的折磨。在俄罗斯，食人虎问题的严重性介于中国东北和朝鲜之间。

印度次大陆有着丰富的老虎历史和老虎带来的痛苦，麦克道戈尔将之单列为一类。可以从一些统计数据中推断印度食人虎的情况。印度人虎冲突的历史漫长而血腥，而老虎通常是输家。1877年，英属印度大概有800人被老虎杀死。1905年，一只名为尚帕瓦特

（Champawat，以它首先现身的尼泊尔边境附近的一个村庄命名）的雌虎先在尼泊尔杀了 200 人，进入印度后又杀了 236 人，直到被吉姆·科贝特开枪打死。从 1902 年到 1910 年，印度平均每年有 851 人死于虎口，而到 1922 年，受害者人数上升到 1603 人。到 20 世纪后期，老虎变得相对稀少，这个数字再次下降，但也没有清零。直到 1982 年，恒河口的孙德尔本斯沼泽地每年还有大约 45 人死于老虎之口；在中北部边境的赫里地区，就在科贝特冒险的地方附近，每年仍有大约 20 人被老虎杀害。跨过边境，进入尼泊尔，也就是查尔斯·麦克道戈尔获得第一手经验的地方。1980 年，皇家奇特旺国家公园推出新政策，允许当地人进入公园割茅草盖房，在公园里被老虎袭击致死的人数急剧上升。接下来几年里，奇特旺及其周边地区有 13 人被老虎杀害和吃掉。

麦克道戈尔指出，在不同地区和不同时期，老虎食人行为的直接原因多种多样，但几乎所有案例都有共通之处：老虎缺少天然猎物。"要么是因为人类干扰了老虎原先的栖息地，要么是因为老虎分散到周边的栖息地。"换句话说，深层原因是栖息地缩小、野生猎物缺乏以及老虎的急迫需求。食人虎通常是雌虎（反正有一位专家是这么声称的），因为当猎物短缺威胁到它们的幼崽时，雌虎就会变得特别绝望。受伤、衰老或身体虚弱的老虎（如尚帕瓦特在较早的枪击事件中失去了两颗犬牙）也面临着特殊的劣势，天然猎物减少会迫使它们做出鲁莽的举动。

在一个智人数量越来越多，老虎的栖息地被挤压得越来越少的世界里，还不断发生老虎食人事件，这难道不令人惊讶吗？查尔斯·麦克道戈尔不这么认为。在另一篇与著名老虎生物学家约翰·塞登斯蒂克（John Seidensticker）合著的论文中，他提出了相反的观点。塞登斯蒂克和麦克道戈尔写道："老虎杀死人类的数量，与人类的可获得量和潜在的脆弱性根本不成比例。"我们反而要追问，"为什么老虎并没有杀死更多的人？"1993年，这篇论文在伦敦一个关于哺乳动物作为捕食者的研讨会上宣读，并发表于会议论文集中。它预见到了伊戈尔·尼古拉耶夫和维克多·尤金几年后用俄语表达的观点：最值得注意的是，老虎很少攻击人类，而且只有很小一部分是无端发动的。

塞登斯蒂克和麦克道戈尔比尼古拉耶夫和尤金走得更远，为这种现象提出了一种解释。他们的论文涵盖了老虎捕食行为的方方面面，包括它们如何选择、接近和杀死受害者，还提出了老虎攻击人类的假说。塞登斯蒂克和麦克道戈尔发现，老虎通常从后面袭击猎物。当受害者背对老虎时，老虎从隐蔽的地方冲上去杀死猎物。杀死猎物的方法，要么是在颈背上咬一口、切断脊髓，要么是在喉咙上咬一口。决定老虎何时以及如何攻击的关键因素，是老虎是否有足够的遮蔽物，以及猎物的移动情况和姿势。关于姿势的部分，特别有启发性。"以正常直立姿势行走的人，并不具有猎物的'正确'形态。"他们指出，"人站立时头部和颈部的位置与猎物不同，大多数成年人比许多大型猎物都要高。"那些遭受攻击的人，很多情况下是在做让颈部靠近地面的运动，于是变得更容易接近，对老虎更有吸引力。比如"在清早或天黑时外出弯腰割胶或者割草的人，以及晚上出去解手的人"。两位作者认为，对老虎来说，直立的成年人代表着非常不同的视觉信号，这种信号不会让老虎像看到狍子、野猪、水牛或狂吠的狗那样产生食欲。

但另一方面，如果老虎被枪击伤或被激怒，准备战斗——显然这种行为模式迥异于跟踪猎物——那么人类的两足姿势不足以构成威慑。较早的文献中清楚地讲到这一点。"当老虎公开攻击一个人时，"尼古拉·贝科夫写道，"它会跳一次或几次，用脚掌击打人的头部或肩膀。"往往一击就足以打碎头骨或折断锁骨。人类倒下后，"老虎用利爪尽可能深地抠进头部或身体，撕掉衣服。它只需一击就能让脊柱或胸腔暴露出来。""没有武器的帮助，"贝科夫补充说，"人类毫无胜算。"

但是普通老虎对人类到底有多危险，不同的俄罗斯人有不同的看法。K.G. 阿布拉莫夫同意塞登斯蒂克和麦克道戈尔的观点："老虎通常会避免攻击人类，除非环境所迫。"阿布拉莫夫本人曾担任锡霍特－阿林自然保护区的首任主管。在 35 年的老虎研究经历中，他从未在俄罗斯远东遇到过一起能被证实的老虎袭人事件。他对前辈贝科夫提到的食人虎传说将信将疑，"我和乌德盖人一起多次谈论过老虎，你怎么解释他们对老虎吃人一无所知呢？他们提到的所有事件，都跟老虎捕食狗有关。"

1965 年，阿布拉莫夫发表了这一评论。又过了 35 年，我才有机会与乌德盖人交谈，而此时他们对安巴的态度，不过是许多正遭受外部新生力量冲击的文化传统之一。俄罗斯本身是一个非常独特的地方，尽管全球化还没有从根本上改变比金河沿岸的老虎、狗和当地猎人之间的关系，但变化正在到来，一如既往。在这件事上，唯一重要的问题，也是吸引我来到比金的问题是，这里接下来的变化是渐进的还是灾难性的？是否会为野生东北虎留下继续生存的机会？

67

我提到过西伯利亚很冷吗？是的，好吧。"西伯利亚"是一个宽泛而不精确的地理概念，我只去过它的东南角。我是否提到过，二月份的俄罗斯远东地区比冰箱里的马提尼酒还要冷？我是否清楚说明过，与锡霍特－阿林山脉的冬季相比，蒙大拿简直是热带？

结束跟退休的乌德盖老人的交谈后，皮库诺夫、米夏和我准备从克拉斯尼雅村向上游进发，进入比金山谷。年轻的乌德盖人仍然在那里打猎和设陷阱。那里是皮库诺夫研究区域的一部分，他知之甚详。他常到那里去，每年冬天都会去两次，通过检查道路网格上的痕迹来监视老虎出现与否。我们计划在那里待两天一夜，住在猎人的小屋里。皮库诺夫在那里有熟人。我们将乘坐雪地车旅行，这种便利令人内疚，能迅速把我们带到遥远的营地，去认识少数几位猎人，也让我对风寒的概念有了新认识。

　　出发那天早上，我们穿得像是要去火星的冰冻背面。我穿了两双袜子、秋裤、厚羊毛裤、羊毛裤外的滑雪围兜、滑雪围兜外的棉裤（向皮库诺夫借来的）、秋衣、羊毛衬衫、抓绒衫、抓绒衫外的抓绒外套、抓绒外套外是带兜帽的戈尔特斯外套、围脖、适合户外探险的保暖羽绒服、巴拉克拉法帽、傻傻的带耳罩的帽子、戈尔特斯外套上的风帽盖住帽子、一双雪地摩托靴（从戴尔·米奎尔那儿借来的）和一副带防风外壳的抓绒手套。戴上手套后，我的手跟脚一样灵巧。换句话说，带到俄罗斯的每一件保暖衣服，我都穿上了，甚至更多。我几乎不能动弹。尿尿都非常费劲，可能会扭伤手腕。

　　我们花了半个早上的时间整理衣服，解冻雪地车的引擎，然后把多余的汽油罐、一点食物、一点伏特加和我们的睡袋装进类似滑雪橇的货运雪橇上。雪橇挂在皮库诺夫的雪地车后面。雪地车是一辆布兰牌汽车，32匹马力，非常强劲，拉着我们三个人以及补给品以令人不安的轻快速度移动。上午10点，雪地车咆哮着开出村庄。阳光明媚，气温远低于零度。皮库诺夫骑在车鞍上，裹着羊皮大衣和塑胶防风绑腿，戴着一顶毛皮帽子，半蒙着羊毛围巾，像狂热的哥萨克骑兵那样开着车。我和米夏笨拙地坐在雪橇上。米夏给了我一个面向前方的位置，他自己负责守车瞭望。这看起来很慷慨大方，直到行进了五分钟后，我感觉冷空气像去漆剂一样撕扯我的脸颊。我们俩都没什么可抓握的。在这里抓着一根绳子，在那里抓着一个凸缘，靠在汽油罐、睡袋和一袋土豆上。雪橇只是一个卷曲的钢板，没有减震器，也没有挡风玻璃，更不用说转向装置、扶手、刹车或者能向皮库诺夫发出减速信号的东西。从我坐的位置看去，我们就像是满载货物前往加利福尼亚的乔德一家和偏离路线的保加利亚三流雪橇队的混合体。在村子外面几英里处，皮库诺夫向右一摆，直接把我们从河堤抛到冰冻的比金河上。然后他转动油门，我们就像喷气动力的狗拉雪橇一样在积雪覆盖的冰面上尖叫。

半小时后，我们停下来进行一次检查，发现一个盖子有问题的汽油罐漏了几加仑到货物里。皮库诺夫的睡袋湿透了，我的还好，只泡了一小部分。皮库诺夫吓了一跳，怒气冲冲地蹀来蹀去，好像除了他自己，还有人可以责怪似的。他撕开帆布防水布，打开箱子，扔掉一张湿漉漉的纸板，重新包装，然后以他特有的迅疾恢复热情，愉快地宣布：没关系，至少伏特加还是好的！继续前进。

我们经过一座桥，一座最近刚刚完工的由混凝土塔、钢梁和平板组成的现代时髦建筑。这座桥是一项战略工程的成果。那项工程时断时续，目的是开辟哈巴罗夫斯克市和符拉迪沃斯托克附近港口之间的另一条道路，以便远离中国边境。过桥后，确实有一条路通向哈巴罗夫斯克，还有一条路扎进森林八英里，然后戛然而止。当政治、机会主义和市场激励的平衡再次转移时，这条遥远的路总有一天会进入森林更深处，那一天说不定很快就会到来。对传统的乌德盖人以及他们的朋友（比如皮库诺夫和米夏）来说，这座桥代表着破坏这片神圣的偏远山谷的危险，越过这座桥，毁灭迟早会来临。通过开采比金河上游的红松、白冷杉和其他木材，一些人会变得富有，但这与乌德盖人无关，他们最多只能挣到工资。最糟糕的是，他们将看到祖先的狩猎场变成伐木场、滑雪道、金矿营地以及通向更远处的道路。各式各样的外来者将沿着这条路，加入争夺野味、紫貂和河鱼的行列。不需要多少生态学背景也能理解，一旦发生这些转变，比金将不再是老虎的立足之地。

中午时分，我们又在冰上停下来，让温暖和知觉重新回到手指、脚趾和脸上。现在我们已经进入皮库诺夫长期研究老虎的区域。1969年11月，他第一次来到这里，普查肉类和毛皮资源，当时他是一名年轻的野生动物管理员。他对东北虎产生了浓厚的兴趣，但当时没有获得官方授权开展研究。不过其他野生动物也让他大开眼界。他以前从未在任何地方见过如此丰富的猎物。大量的鹿，大量的紫貂，野猪多到可以翻起整个山坡寻找食物。到野外的第二天，他射杀了一只体重超过250磅（113千克）的公猪，脂肪厚达三英寸（7.6厘米）。这头猪给他供应了一个月的肉食、擦靴油和食用油。但今天，我们在冰面上只看到几组鹿的足迹。皮库诺夫认为，不管数量是否下降，雪地车带来不断增加的人流就已经把它们吓跑了。

除了我们拥挤的雪地车留下的车辙和少数动物足迹，我们在右侧河岸上看到另一个人类来访的痕迹。在河边三十英尺（9米）高的岩石峭壁上，架着一架木梯。梯子上方是一个小小的神龛，像一个玩具屋，坐落在狭窄的岩架上。悬崖底部的一棵小树上装饰着亮闪闪的布和纸。这是弗拉基米尔·阿列克谢耶维奇·坎楚加（那位绰号叫安巴的老人）提到的那种礼敬场所。在这里，猎人和其他旅人向老虎致敬，通过祈祷和献祭实物来祈求好运。墨西哥路边的圣母雕像也收获到同样虔诚的精神信仰——只是比金的老虎是土生土长的，而瓦哈卡州的圣母玛利亚却不是。小树的一根树枝上塞着一个普拉姆香烟盒，红白相间，俗丽夺目。一个空烟盒如果出现在其他地方，不过是不值一提的垃圾，但在这里不是。在这里，它是森林居民虔诚信仰的象征。在皮库诺夫的鼓励下，我爬上梯子，把十卢布放进岩石的裂缝里。然后我们又嚎叫着前进，就像拉尔夫·斯蒂德曼笔下三位疯狂的极地探险家。

下午三点左右，皮库诺夫将雪地车拖出河床，开进南岸一个隐藏在树丛中的营地。在那里，一对中年乌德盖兄弟欢迎我们进入他们的小木屋。他们是苏-桑·提夫维奇·乔卡的侄子。提夫维奇就是那个戴着无线助听器告诉我"老虎是个魔术师"的老人。这一小块狩猎区已经被他们家族占据了大半个世纪，但是最近有些不同寻常，哥哥跟我们说，比如紫貂，今年很糟糕。鹿也不太多。"森林里有很多陌生人，"他抱怨道，"这个地方就像一扇旋转门。这就是为什么不再有鱼了。"我注意到他抽的是普拉姆牌香烟，从一个红白相间的烟盒里取烟。

短暂的拜访之后——短暂到只够交换新闻、讨论老虎和趋势，以及我们三个在兄弟俩的火炉前勉强解冻——皮库诺夫就把每个人赶到外面合影。这是他的惯例。每次定期拜访上游的朋友和线人，他都会带一些小礼物，比如食物、伏特加和之前的照片。兄弟俩自豪地摆好姿势，拿着自制的滑雪板（上面裹着鹿皮增加摩擦力）和新生的小狗。哥哥戴着一顶印有纽约尼克斯队字样的帽子。

天黑前我们拜访了其他几个营地。其中一个是由安巴自己的年轻亲戚鲁斯兰·尼古拉耶维奇·坎楚加（Ruslan Nikolaevich Kanchuga）经营的。鲁斯兰身材矮小，留着稀疏的小胡子，鼻子扁平，像是职业拳击手。他不动声色地答应了皮库诺夫的住宿要求。他昨天是一个人，明天又会是一个人，但是……是的，为什么不呢，我们今晚可以分享他的小屋。原木墙壁上装饰着一些从俄罗斯小报上剪下来的照片。屋里的家具有一个柴炉，两个木板床，一张从墙上伸出的木板桌，以及一个安装在污水桶上方的重力阀水箱。门只有五英尺（1.5 米）高，鲁斯兰不必蹲下穿过去，又方便保持屋里的热度。小屋密封很好，温暖舒适，可能比克拉斯尼雅村、特尔尼以及符拉迪沃斯托克的大多数房屋和公共建筑都要暖和。

米夏是一位乐于助人的客人，劈柴填炉子，以便炉火能烧到天亮。我把沾了汽油的睡袋晾出去（皮库诺夫的已经不能晾了，但是在这个小屋里，没有睡袋他也可以睡得很好）。然后研究钉在墙上的林林总总。我在剪报上看到一张照片，一个男人站在一张伸展开的虎皮旁，旁边的文字说明翻译过来是：“维克多·加波诺夫负责狩猎比赛，获胜者将赢得一张东北虎皮。”只有一个维克多·加波诺夫，就是在 1989 年与阿纳托利·布拉金共同撰写论文的那位。他们主张对森林管理进行“激进改革”，包括将老虎降格为猎物并向外国猎人高价出售狩猎许可。皮库诺夫向我保证，按照现行法律，以虎皮作为狩猎比赛的奖品是违法的。剪报也许是一种讽刺吧，他觉得。我猜或许还是种一厢情愿的想法。

夜幕舒适地包裹着我们，鲁斯兰正在用米饭和野猪肉做晚餐。皮库诺夫拿出一瓶 Armu 牌伏特加，这是他最喜欢的牌子。他还从随身携带的野外装备包里拿出一对黄铜小酒杯。结果鲁斯兰已经戒酒了。事实上，为了解决酗酒问题，他把自己催眠了。所以他只喝茶。我们用俄罗斯的方式一杯接一杯地喝伏特加。野猪肉和米饭被干掉之后，我拿出了一大块阿尔彭金巧克力。鲁斯兰没有对这种奢侈品表现出催眠般的厌恶。夜晚像充气床垫一样，随着谈话慢慢展开。

皮库诺夫意味深长地告诉我，鲁斯兰是一个认真的猎人。因为在他之前，他的父亲就是一个认真的猎人。皮库诺夫认为这是一种赞美：这是一个对森林了如指掌的人。然而，相比大多数战后一代的乌德盖人，鲁斯兰的生活复杂而多样。1971年，他小学毕业，和父亲一起来到上游的狩猎营地，当时他16岁。四年后，他成了狩猎公社的职业猎手，凭借自己的森林狩猎技能领取政府薪水。然后他在军队待了两年，先在符拉迪沃斯托克一所学院接受电子通信培训，之后分配到哈巴罗夫斯克边疆区的信号部队服役。他在部队服役期间，他父亲退休了，所以他家的狩猎区分给了别人，而不是被鲁斯兰认领。他在20世纪80年代恢复狩猎生活，现在大部分时间都在森林里度过，但他不得不与另外两个猎人共用一片不大的猎区。比金河的这条支流长度不足12英里（19千米），却有着三个猎人，很挤。

他射杀野猪、马鹿和熊。他告诉我，有些猎人会找到正在冬眠的熊，然后"卖给"前来打猎的新俄罗斯人，但那种俗气的投机不会诱惑鲁斯兰。他宁愿自己杀了熊，拿走肉，卖掉胆囊。熊胆每克3美元，如果胆囊很大，那么单克的价格更高。熊掌也很畅销。他还会诱捕紫貂、水獭、猞猁、水貂、獾，以及其他一些物种。想看紫貂吗？他一边问一边递给我一只死的，完整但了无生气，内脏还留在里面，皮毛是光滑的棕色。这是他前一天抓的。尸体还在解冻，他明天给它剥皮。我注意到鲁斯兰的腰带上别着一把不显眼的剥皮小刀。不，今年紫貂的收成不好，诱捕收成估计也不好。要没有陷阱，他就只能坐在这里吃手指，无所事事，收支失衡了。事情变得如此糟糕，他12月份不得不偷猎了一头母鹿。他坦白自己偷猎的事，也坦诚地说自己有压力、有责任，克拉斯尼雅村有很多亲戚盼着他送肉。

说完这些，我改变了话题，问鲁斯兰有关老虎的事。他说了一些似乎令人惊讶的事情，但听上去简单坦率，相当可信。他说："我从未见过老虎。我从来没有面对面见过老虎。"

经年累月在这片森林里狩猎、诱捕、旅行，他竟然从未见过活生生的老虎。皮库诺夫证实了这种说法的合理性，他早些时候同样承认："没人问过我见过多少次老虎，实际上我只见过少数几次。"这种幽灵般行踪隐秘的动物，对皮库诺夫来说是一种甜蜜的挫败，但对鲁斯兰来说再合适不过了。"我需要一只老虎，就像我的脑袋需要一个洞。"他说。实际上，这个翻译并不严谨。米夏礼貌地解释道，鲁斯兰说了一句粗俗的俚语，直译过来应该是"我需要一只老虎，就像我的鸡巴需要老虎"。

他当然不需要老虎。他不需要老虎在森林里穿过他的小路、吃他的狗或与他竞争野猪，他也不喜欢老虎躺在他脚下死去。偷猎老虎，不，谢谢。是的，没错，他想拥有一辆雅马哈雪地车，像那些跑来跑去又胖又笨的新俄罗斯人一样。但一只死老虎不能给他带来雪地车，鲁斯兰说。死老虎只会带来麻烦。有些人号称一具老虎尸体值6万卢布。但是如果你真杀了一只，你就必须卖掉它，赶快悄悄卖掉。可卖给谁呢？鲁斯兰可没有那种关系，说不定还会被抓住。

所以他对自己跟东北虎没有近距离接触感到心满意足。"我爷爷常说，你走你的路，它走它的道。你不打扰他，它也不会打扰你。"鲁斯兰认为，在老虎出没的比金河谷里步行的危险，并不比在交通拥堵、犯罪猖獗的符拉迪沃斯托克更大。

鲁斯兰·尼古拉耶维奇·坎楚加不是一位多愁善感的人。他是一个顽固的乌德盖人，来自古老的乌德盖族群，他的社会经济基础广阔而稳定——一只脚牢牢扎根于传统，另一只脚向前伸，进入充满可能性、欲望和成本的完全不同的领域。夜间晚些时候，他偶然间提到，他是个中年单身汉了，但在比金还是很孤独。"我还是想结婚。我打算在网上找一个老婆。"

什么样的老婆？我问。什么样都行。唯一的条件是，他说，她必须喜欢吃鱼，而且能吃生肉。我不由得想，在什么地方，什么情况下，鲁斯兰才能在网上给自己征婚。笔记本电脑和调制解调器还没有侵入这段比金河。

　　老虎呢？我问。它有特殊的力量或光环吗？它在某种意义上是神圣的吗？它是森林之魂吗？它是神一般的吗？

　　"它是一种动物。"鲁斯兰说。

众神的怪兽：在历史和思想丛林里的食人动物

科学幻想的终结

68

法国西南部曾经有过狮子。德国有过狮子，就在莱茵河的滩地上。英国有过狮子，它们在海平面下降时抵达英国，脚都没湿，站稳脚跟后，一路向西扩散到德文郡。波兰也有过狮子。狮子从非洲向北扩散，大约在 90 万年前到达欧洲，在整个欧洲大陆广泛分布，还算常见。它们挺过冰河时代，在间冰期蓬勃发展，捕食丰盛的本地有蹄类动物——驯鹿、爱尔兰麋鹿、原牛、野牛、野马、北山羊以及其他物种。至少在欧洲一些地区，狮子存活到更新世末期，也就是 1.1 万年前。那时现代人已经到来。

冰川砾石和洞穴中都发现过这种欧洲大猫的骨骸。这些发现提供了狮子的分布情况、地质年代以及体型和外貌等方面的证据。也许由于这个原因，它们被称为洞狮。但是，究竟是所有狮子都在洞穴中筑巢，还是特殊情况下的例外，科学家还不确定。对化石数据的深度解读认为："在山里，它们把洞穴当作避难所；但在平原上，没有洞穴它们也能生存。"不过，狮骨与洞穴的联系可能不具有代表性，而且容易被误读。洞穴是天然的陵墓，能够完好保存骨质材料的样本，而洞穴外的骨质材料早就被天气和食腐动物摧毁了。因此，"洞狮"这个术语并不精确，跟"洞熊"一词相似。其实"洞熊"挺恰当，一般指更新世物种 Ursus spelaeus，一种会在洞穴中冬眠的巨型素食熊。大多数专家非正式地使用"洞狮"这个称谓，而不担心生态学精确性。

洞狮生前的样貌与今天所知的非洲狮相似，不过平均而言体型要大一些。芬兰已故古生物学家比约恩·柯登（Björn Kurtén）是更新世哺乳动物权威，他称洞狮为"巨兽"，甚至可能是"有史以来体型最大的猫科动物"。一个多世纪以来，科学家们一直在争论洞狮与已灭绝或现存的猫科动物的关系。这些分歧反映在变化无常的术语上，洞狮曾被贴上不同的学名，诸如 Panthera spelaea、Felis spelaea、Panthera leo spelaea 以及 Panthera atrox。艾伦·特纳和毛里西奥·安东在他们最近对大型猫科动物的研究中，反驳了洞狮和现代狮体型不同的看法，认为两者均属于 Panthera leo。但是争论还没有结束。其他专家依然认为它是 Panthera spelaea，一个已经灭绝的更新世物种，比非洲狮大，甚至比东北虎还大，而且明显没有鬃毛。

当然，化石里没有保存狮子的鬃毛。无论雄雌，欧洲洞狮都没有鬃毛，这是从另一个证据推断出来的。同样的证据也证明，狮子和人类一度共享更新世晚期的欧洲土地。这种媒介就是艺术，几万年前在石灰石洞穴的石壁上创造的岩画艺术。在已发现的旧石器时代洞穴岩画中，有一组最为壮观，令人惊讶，而无鬃狮子就是其中最主要的绘画主题。这个古老的画廊，几千年来一直被落石所封闭，直到1994年才被发现。它就是肖维岩洞（la Grotte Chauvet）。

69

1994年12月18日下午，在法国东南部的阿尔代什（Ardèche）

河边，三名探索岩壁的业余探洞者为艺术史开辟了一条新路。和其他探洞者一样，他们对那个地方已经了如指掌。他们只是稍微往前探测了一点，坚持得更久一点，就有了惊人的发现。

岩壁是埃斯特冰斗（Cirque d'Estre）的一部分。这片峡谷岩壁在阿尔代什河上方隐约可见。三人沿着古老的骡路向上走，通向一个岩架。在岩架下方，他们可以看到葡萄园和一条路。穿过密集的灌丛后，他们在悬崖的白色岩石上找到一个窄缝，比飞机舷窗大不了多少。他们爬过岩缝，进入岩壁内一个倾斜的小岩洞，岩洞尽头是一堆碎石。他们之前探索过这个岩洞，那时注意到碎石间有一股气流，就像从巨大的地下肺中呼出的空气。那天，探险三人组决定调查这些气流的来源。

他们用手挖出砾石，发现一条天然通道，像是下水道一样的管状竖井，勉强可以容纳一个人顺着它向下曲折前进。他们一个接着一个头朝下往前爬，顺着通道下降，然后又向上拐。大约爬了 20 英尺（6米），他们来到一个更大岩洞上方的岩架上。借助头灯，他们可以看到 30 英尺（9 米）下的岩洞地面。"我们试着大喊，借助回声判断距离，"他们后来写道，"声音传得很远，似乎消失在巨大的洞穴中。"他们不知道自己发现了什么，只知道似乎是一个巨大的原始洞穴。他们爬出通道，从面包车上拿了一个绳梯，回来继续探索。

三名探洞者中的一位叫让－马里·肖维（Jean-Marie Chauvet）。他是当地居民，自小就是洞穴爱好者，现供职于文化部，守卫阿尔代什山谷的壁画岩洞。阿尔代什岩洞群——当时已经发现了其中 27 个岩洞——并不像拉斯科（Lascaux）、阿尔塔米拉（Altamira）、特罗伊斯－弗莱雷（Trois-Frères）或其他一些岩洞那么惊人或有名；在旧石器时代的艺术世界里，相比于法国西部、比利牛斯山脉和西班牙北部坎塔布里亚海岸那些更有吸引力的地方，阿尔代什只能算是个小小的插曲。不过，让－马里·肖维和他的朋友们注定要改变这一点。他们展开梯子爬下去，很快就有了三个发现。

第一个发现是，这个洞穴比当地其他洞穴都大得多。从一个岩洞通向另一个岩洞，距离超出了头灯的照射范围。第二个发现是，这里曾是洞熊（*Ursus spelaeus*）的避难所。熊的骨头和牙齿散落在地面，三位探洞者小心翼翼地避免把它们踩碎。当他们用头灯扫过从洞顶垂下来的一块岩石，照到一片脏兮兮的红色图案时，第三个发现来了。他们走近一看，认出一只用赭色颜料绘制的猛犸象。"我们被震撼了，"他们写道，"从那一刻起，我们对这个洞穴的看法截然不同。史前人类曾在我们之前来过这里。"然而，猛犸象还只是他们即将发现的东西的一小部分。

在那天晚上剩下的时间里和几天后的第二次探访中，肖维和他的同伴探索了这个岩洞。它延伸了将近2000英尺（610米），有五个主要岩洞相互联通。这个地方到处都是艺术。他们发现了一头赭石红的豹子——这是在旧石器时代绘画中发现的第一个豹子图像。他们发现了马、野牛、原牛、更多的猛犸象、驯鹿、北山羊、巨鹿和许多犀牛，两只犀牛正在抵头争斗。犀牛在欧洲岩洞艺术中非常罕见，在阿尔代什则从未见过。他们还发现了熊，脸庞粗壮，体形魁梧，轮廓是赭色或木炭色的。最引人注目的是，他们发现了狮子。

起初，他们只看到几个分散的狮子图像。其中一个"非常奇怪，似乎有点失败"，因为它的嘴画变形了；另一个倒是有匀称的头部和结实的眉骨。每只狮子都没有鬃毛，但显然都是猫科动物。还有三个巨大的狮子全身图像，并排出现。当他们走到最深的岩洞尽头，肖维和他的同伴转向左边的墙。"这时，我们的灯突然照亮了一长条黑色的横幅图画。"他们回忆道，"我们在图画上移动手电筒的亮光，那画面让我们屏住了呼吸，然后欢呼雀跃，流下喜悦的泪水。我们陷入疯狂和眩晕。"他们正盯着一幅巨大的动态壁画，画上有十几头狮子，都没有鬃毛。这些狮子聚成一团，就像狩猎中的狮群那样，专注地盯着一群混杂在一起的动物——野牛、犀牛、一匹马和一头瘦小的年幼猛犸象。一些狮子似乎正伸长脖子，沉着肩膀，探出鼻子，姿势就像是在跟踪。它们的头部形状良好，阴影巧妙，令人想到内部的骨骼结构和特征。这些狮子由才气洋溢的艺术家自信地涂抹而成，而这名艺术家一定近距离观察过活生生的狮子。它们是真实的。它们蓄势待发。它们很漂亮。

如今，研究肖维岩洞的学生和鉴赏家把最里面的这组岩画称为"狮子画板"。无论在什么地方提到这个岩洞，不管是在论文还是专著中，你都可以看到复制的狮子画板。其他任何旧石器时代的艺术画廊里，都没有这样的作品。

自 1994 年发现以来，肖维岩洞一直受到法国政府的保护。在著名的欧洲史前艺术专家让·克洛特（Jean Clottes）的指导下，学者和技术人员组成的团队仔细开展研究。克洛特说，肖维洞穴可以媲美拉斯科洞穴，是最壮观的已发现洞穴之一。已经发现了 400 多幅动物图像（包括绘画、素描、岩石表面的蚀刻画）并对它们做了编目，其中许多是犀牛、猛犸象、熊和狮子的图像。这在岩洞艺术中非常罕见，因为后者通常更关注早期人类猎捕的大型食草动物。阿尔塔米拉的野牛、拉斯科的鹿和马更为典型。特罗伊斯－弗莱雷洞穴中有一头身体僵硬的狮子，而蒂多杜贝尔（Tuc d'Audoubert）则有一头狮子攻击一匹马，但这样的图像很少见，算不上主要的表现主题。克洛特和他的团队在肖维岩洞中发现了 73 幅狮子图像，比欧洲其他所有洞穴中的总数还要多。在旧石器时代的遗址中，肖维是危险动物的洞穴。

然而这些图像并不是恐惧和厌恶的记录。犀牛很优雅。熊虽然笨重，但并不可怕。狮子英俊，严厉而威严。无论是谁创作了这些图像，都是用熟练的手、平静的心和专注虔诚的眼睛画就的。他们是最优秀的画师。

肖维岩洞没有鬃毛的狮子引起了一些问题。它们都是雌狮吗？如果是这样，为什么肖维的艺术家拒绝画雄狮？或者，这个物种（*Panthera spelaea*）或亚种（*Panthera leo spelaea*）雄雌都没有鬃毛的？在倒数第二个岩洞的石壁上，有一对重叠的木炭图像，似乎能回答这些问题。这幅画就是分层透视构图的马群图。最前面的一层是三匹黑鬃马。黑鬃马后面是一头狮子，再后面是另一头狮子，两者都是侧影，头朝相反的方向。背景中的狮子似乎正在咆哮，而前景中的狮子似乎在嗅背景那头狮子的后部。研究非洲狮的野外生物学家克雷格·帕克（Craig Packer）参观完洞穴后，认为那只咆哮着的狮子是一只不情愿或没有准备好的雌狮，正在拒绝发情雄狮的嗅探。让·克洛特还注意到，最靠里的岩洞有另一幅狮子全身图像，没有鬃毛，但有睾丸。这是欧洲洞狮雄性和雌性都没有鬃毛的确凿证据。

1995 年，克洛特第一次检查肖维岩洞后写道："这些岩画的确切年代尚无定论。"许多其他著名艺术洞穴（比如阿尔塔米拉、特罗伊斯－弗莱雷、诺克斯等），都可以追溯到马格德林期（Magdalenian）的旧石器时代文化。马格德林期大约结束于 1 万年前。但对于肖维岩洞，克洛特补充道："一些细节指向马格德林之前的梭鲁特期，大约在 1.8 万到 2.1 万年前。"另一个可供比较的基线是拉斯科。拉斯科是一个古老的洞穴，有着古老的马格德林期风格，可追溯到大约 1.7 万年前，几乎与梭鲁特期的晚期相接。同样位于法国西部的古纳克（Cougnac）洞穴和佩赫－梅尔（Pech-Merle）洞穴更为古老，可追溯到 2.4 万年前。而比利牛斯山中的加尔加斯洞穴则有 2.6 万年的历史。早期岩洞风格手法更为原始,后来复杂度逐渐发展,感受力和技艺也更为精进,最终出现了马格德林期如阿尔塔米拉那样的伟大艺术。肖维岩洞的风格、主题和色彩特征,似乎跟阿尔代什山谷的梭鲁特期岩洞类似,而其他细节则表现出与拉斯科的古马格德林期艺术的密切关系。总之,克洛特基于风格分析,将肖维岩画的年代暂定为 1.7 万到 2.1 万年前或更早。他谨慎地提醒人们,新岩洞具有"充满力量的独创性",可能带来更多的惊喜,因此对它的定年也可能出错。

然后人们对肖维岩画的样品做了碳 -14 测年,结果令人震惊。至少有部分图像的历史似乎有 3.5 万年之久。这意味着,它比地球上任何已知的岩画艺术都要古老。

然而,肖维岩洞虽然古老,但它并不原始。已经出现复杂的技艺,比如空间透视、肌肉阴影、刮擦图像外周来形成浮雕感。让·克洛特在最近一次公开演讲中说:"这改变了我们对艺术进化的整体观念。"渐进主义的范式不再成立。肖维的证据更新了我们的认知,跟后来被取代的尼安德特人不同,当现代人在 4 万年前抵达欧洲时,他们的艺术感知力就已经很发达,他们的技能和视野也已经很复杂。在接下来的 2 万年里,几乎没有什么进步。克洛特总结道:因此艺术发展实际上是突变,而不是渐进的过程。一个奇妙的岩洞,在 20 世纪晚期揭开了如此复杂的秘密,他说,这是肖维岩洞重要性的一部分。

肖维岩洞还有一个谜团,这个谜团连碳 -14 测年、绘画风格分析和古生物学情景分析都没法解开。那些古代艺术家为什么对狮子如此着迷?他们恐惧什么?厌恶什么?一种肉食动物对另一种肉食动物常见的愤怒或是激烈的怨恨,体现在哪里?在旧石器时代的阿尔代什山谷中,至少有些时候,这种大型食肉动物的食谱中一定包含了智人。

那么，当时的人们怎么会对狮子产生如此的美学崇拜和从容的灵性欣赏呢？

70

从地质尺度看，3.5万年非常短暂。但从人类演化、人类文化、人类心理和记忆的尺度，它非常漫长。肖维岩洞证明，至少在3.5万年前，我们人类就已经将狮子视为意识世界乃至生态世界的重要组成部分。不仅如此。创作岩画的艺术家不仅了解狮子，将之视为强大的捕食者予以尊重，还在某种意义上珍视它们。观赏狮子壁画的复制本时，任何人都能体会到这一点。肖维的狮子被表现得如此会心而亲切，恐怕很难将其当作敌人或对手的负面妖魔肖像，也很难看作是画师憎恶或摒弃的表现。

那么，这些图像到底表达什么呢？没人知道，专家也不知道。对肖维岩洞那些奇特的动物群像，让·克洛特没有绘出简单而概括的解释。他怀疑旧石器时代的洞穴艺术反映了某种萨满式的信仰。艺术家本身就是萨满巫师，被群体选中或毛遂自荐，进入那些深深的洞穴，自我催眠，创造或重访那些石壁上的魔法图画。他们用这种方式来达到不同目的，"治愈病人、预言未来、遇见灵兽、改变天气，以及通过超自然手段控制真正的动物"，等等。不过，这种宽泛的概念如何具体应用于阿尔代什的狮子？"肖维岩洞毫无疑问地揭示，大型猫科动物在当地动物群中扮演了重要的作用。"克洛特写道。但是到底是什么作用呢？"这些动物无疑象征着危险、力量和权力。"这一点难以辩驳，但仍然模糊不清。克洛特继续猜测，艺术家可能试图在他们的图像中"捕捉这种力量的本质"，从而掌握"它们所代表的危险和它们对周围环境的掌控力"。也许是，也许不是。"所有关于这个问题的猜测，"他坦率地承认，"只能是猜测。"

如果让·克洛特都无法给出明确的答案，那么答案自然就不是显而易见的。我们其他人只能继续面对自己的困惑，用我们对艺术的主观反应来做出自己的猜测。我自己对肖维洞穴也无法给出简单概括的结论。一方面是因为我并未亲眼见过。参观岩洞当然很诱人，但考虑到地下环境的脆弱和对进入岩洞的必要限制，我并不打算去获取邀请。再说我也不是旧石器时代艺术符号语系的权威。我只是用几个星期的时间，着迷又仔细地观察狮子壁画、三重狮子侧像和肖维洞穴中其他狮子的照片，然后得出自己的认识。我认为，这些图像的创作者所认识到的，不仅仅是危险、力量和权力，他们也看到了这些凶猛野兽的优雅、庄严、高贵、自信、安静、仁慈、敏锐的洞察力和某种无远弗届的主导地位。于是他们煞费苦心，将之记录并保存下来，甚至拿起木炭在岩石上开始创作。你可以称之为萨满教、图腾崇拜、偶像崇拜，或者干脆称之为，艺术。不管叫什么，他们都成功了。洞狮消失了，但肖维洞穴仍在。

71

因此，智人与食肉动物之间存在重要的精神联系，3.5万年是已被证实的时间长度。这段时间是从过去到现在的长度。那么，从现在到未来，又会有多久？我们还能期待3.5万年好坏参半且影响深远的共存吗？简直不可能。那我们能期待1000年的共存吗？还是不能。我们能期望……哦，比方说，人类还能继续与危险的大型野兽共存300年吗？我对此也表示怀疑。我猜，最后一批自由徜徉的大型食肉动物，将在下个世纪中叶消失。公元2150年，可能就是这种特殊关系的终结之时。这无疑令人遗憾。从肖维岩洞创作出第一幅草图到现在，我们和它们之间建立了古老悠久的关联。但这种关联的终点并不遥远，只有不到八代人的时间。这段时间足够我们应对诸多不确定性因素吗？其中还有一个我们无法忽略的重要因素：人口和消费的持续增长。

我不想太听天由命。不管这些食肉动物的物种、亚种和种群，在什么样的生态和政治环境中生活，它们未来的状态都将取决于许多相互作用的因素。有些因素是全球性的，有些是地方性的，有些是有形的、可测量和可控制的，有些不是。例如，意大利和法国的高档皮革制品生产商为购买高档鳄鱼皮而支付的批发价，将直接影响到澳大利亚北部鳄鱼商业养殖的生存能力。养殖鳄鱼是一码事，野生鳄鱼是另一码事。那些流向昂贵鳄鱼皮手包的美元和欧元，可能会影响到对玛丽河沿岸私人土地所有者的激励，影响到利物浦河的原住民保护河岸栖息地、帮助野生鳄鱼筑巢；但也可能没有影响。在印度西部，现代医学、电气化、自来水和教育，可能会提高玛尔达里人的预期寿命和婴儿存活率，自然也惠及依然居住在吉尔森林中的人。反过来，这可能会增加玛尔达里人和他们的水牛对饲草资源的压力，而同样的资源也是狮子的天然猎物野生有蹄类所需要的。此外，城市的吸引力和教育展示的多种可能性，可能会吸引年轻的玛尔达里人脱离传统的营地生活。这将逐渐清空森林中的牧牛人，把森林（至少在短期内）留给白斑鹿、狮子和生态游客。在罗马尼亚，随着国家试图重建正常的经济，对熊皮战利品的追求会被对山毛榉、冷杉、云杉和栎树的大量需求所取代。而森林私有化可能会将喀尔巴阡山脉摧毁得支离破碎，变成砍光的林地、铺好的道路、奶牛牧场和周末别墅。在俄罗斯远东，任何事情都有可能发生。在那里，为数不多的自然保护区和其他保护区是必要的，但不足以维持老虎的长久生存，而保护区之间的关键地带可能很快就会遭到商业砍伐。这些土地中至少有一部分已经将狩猎权私有化。与破坏性更大的森林产品开采方式相比，这算是前景不错的选择了。但是，狩猎权是否应该像布拉金和加波诺夫（还有格雷厄姆·韦伯）提议的那样，拍卖少量老虎当作战利品？俄罗斯老虎生物学家仍对这种想法心存警惕，不过仍是可讨论的选项。与此同时，当锡霍特－阿林山脉的老虎尸体供应量减少，死老虎黑市的价格就会上升。

考虑所有这些政治、经济和地理变量，没有人能够预测地区局势将会如何发展。如果硬将这些变量捆绑在一起，给出对全球顶级食肉动物的预测，那么即便成功做出预测，其结果也是草率和鲁莽的。我不会尝试这样的冒险。相反，在我看来，或许可以参考联合国人口司的另一套预测。这套预测将使偷猎率、保护激励、栖息地保护、收获配额和"可持续"开发的短期计算都变得几乎无关紧要。

此刻就有两份白皮书躺在我桌上，每份不过杂志大小，但塞满了各种统计数据。最近的一份题为《世界人口前景：2000年修订版》（*World Population Prospects: The 2000 Revision*）。这是联合国经济和社会事务部人口司编写的多卷本报告的简明摘要。它利用上溯到1950年的人口数据和变化趋势，预测未来的人口变化，直至2050年。报告每两年修订一次，更新输入数据和估计结果。另一份是发表于1998年的《2150年世界人口预测》（*World Population Projections to 2015*）。这份报告是修订频率较低的系列报告之一，从更长远的角度考察人口变化。它预测了未来150年的人口变化，这是一项巨大的挑战，但联合国里有一批足够明智、博学而大胆的人。

两份报告都考虑到了很多因素变动的影响。比如，生育率（受教育等文化因素的影响）、死亡率（受艾滋病等公共卫生因素的影响）、国家间的人口迁徙，以及人口老龄化，等等。预测在区域、国家和全球三个尺度进行，并且认识到预测固有的偶然性，因此根据影响生殖行为的假设（高、中、低生育率），提供多种预测情景（人口数量高、中、低）。我们都知道人口总数仍在增长，虽然增长速度没有以前那么快，但依然很快。同时，我们都认为人口增长终将停止，也必须停止。不是吗？至少在未来某个足够拥挤的时刻，增长就会停止。报告描绘了持续增长曲线的可能形状。1998 年的《2150 年预测》甚至讨论了人口终将在何时达到顶峰，届时又是何种规模。

在这两份报告中，《世界人口前景》略为平实。报告称："世界人口将在 2000 年年中达到 61 亿，并以每年 1.2% 的速度增长，也就是每年增加 7700 万人。"在当前的年增长人口中，印度占了五分之一。这对亚洲狮无疑是坏消息，尽管联合国报告没有这么说。全球多数新生人口来自欠发达地区，特别是热带的贫困国家。报告进一步预测，到 2050 年，世界总人口在 79 亿至 109 亿之间。按照可能性最大的中等生育率假设，2050 年总人口达 93 亿。

这并非终点。《世界人口前景》的预测时段较短，而且没有涉及人口增长何时结束的问题，没有给出最终的峰值。《2150 年世界人口预测》令人沮丧地回答了这些问题，报告称："如果以每名妇女略多于两个孩子的世代更替水平作为中等生育率假设，世界人口将从 1995 年的 57 亿增长到 2050 年的 94 亿、2100 年的 104 亿以及 2150 年的 108 亿。"到那时，增长曲线将趋于平稳，最终数字略低于 110 亿。每个人都将继续占据空间，喝水，燃烧能源，消耗固体资源，制造垃圾，渴望舒适的物质生活，渴望自己以及 2.0 个孩子的安全，还要吃饭。

尽可以称我为悲观主义者，但当我展望未来，我看不到任何狮子、老虎或熊的身影。

　　　　　　　　　　　众神的怪兽：在历史和思想丛林里的食人动物

72

关于这一点，睿智的生物学家已经警告过我们。早在 1986 年，大卫·艾伦菲尔德（David Ehrenfeld）发表过一篇文章，题为《下一个千年的生活：谁将留在地球社群中？》（Life in the Next Millennium: Who Will Be Left in the Earth's Community）。在冒险给出答案的过程中，他提出一个谨慎的假设：变化趋势在未来 50 年中不会有重大干扰。

> 换句话说，将来几乎一定会有更多的人，更多工业化，更多城市，更多标准，更多企业集团或巨型组织，更多宣示特权的消费品，更发达的旅游业，更高额的高级武器研发预算，更多广告和品牌塑造，更多农业机械和化学，留给个人怪癖的空间更加狭窄。

艾伦菲尔德说，如果这些趋势保持稳定，那么"预测地球上动植物物种的命运，就变得相当容易了"。然后，他总结自己 16 年前在《生物保护》（Biological Conservation）一书中做过的分析，提出最可能灭绝物种的共性。

《生物保护》短小易读，最初是大学生物学学生的教科书，后来成为保护生物学的基础文献。书中讨论到灭绝和濒危的问题，列举了那些会"降低动物生存潜力的特征"，包括：体型大、分布受限、繁殖率低、集群繁殖，在缺乏有效野生动物管理的情况下所面临的狩猎压力，跨越国界的迁徙以及无法容忍人类存在，等等。针对每种特征，艾伦菲尔德还列举了相应的代表性物种，如体型较大的美洲狮、分布受限的巴哈马鹦鹉、繁殖率低的大熊猫、迁徙的绿海龟，等等。然后，他把所有假设综合起来，设想一种不幸拥有多个易灭绝特征的"最濒危动物"。"结果是一种大型捕食动物。"艾伦菲尔德写道：

> 它无法容忍狭小的栖息地，怀孕期长，窝崽数少。它因为人类获取自然产品和／或运动娱乐而遭到狩猎，却缺乏有效的野生动物管理。它的分布范围受限，但又跨越国界。它无法忍受人类干扰，聚群繁殖，并具有非适应性的行为特质。虽然可能不存在这样的动物，但这个模型跟北极熊非常接近，只有一两处例外。

这就是艾伦菲尔德设想的最易灭绝的典型动物。按照他对易灭绝程度的描述，紧随北极熊之后的，分别是老虎、棕熊和狮子。

他同时补充道，能在 21 世纪及未来幸存的典型物种，将拥有与上述相反的特征，比如体型小、食草、繁殖快、分布广。某些杂草般坚韧的生物非常吻合这些特征，如家雀、灰松鼠、北美负鼠和褐家鼠。后来艾伦菲尔德在另一篇文章中引用了自己 1970 年的警告，忧心忡忡地重申："如果世界继续当前的进程，那么我们能期待的伙伴，就是这些可爱的动物了。"到目前为止，世界已经在继续当前的进程了。

1974 年，在美洲热带地区开展野外工作的生态学家约翰·特尔伯格（John Terborgh）发表了类似的分析报告，题目是《保护自然多样性：易灭绝物种的问题》。他写道：问题的实质是人口增长、消费以及全球土地利用方式的转变，对生态群落产生的不断破坏；有些物种比其他物种感受得更早、更敏感。要有效规划并尽可能多地保护自然，特尔伯格认为，"识别出最脆弱的物种类群至关重要"。他列出六种脆弱的类群，大部分与艾伦菲尔德的重叠，包括具有聚群筑巢习性的物种、大陆性分布受限的物种、某些岛屿上特有的物种以及进行跨国迁徙的物种。而在特尔伯格列表中排行第一的，是体型巨大的物种，尤其是处于食物链顶端的物种。它们繁殖率低，对能量和领地的需求高。换言之，他说的就是大型食肉动物。

在警告灭绝风险的同时，生态学家开始注意到大型食肉动物的另一个重要特征：它们是基石物种（keytone species，又称关键物种），具有重要生态功能，至少在某些情况下是这样。这是个新标签，表示某个物种对生态系统整体结构的极端重要性。

基石（拱顶石），是指用在石拱中的楔形石头，用来吸收和平衡不稳定的作用力。基石物种意味着，尽管数量有限，但可以在整个生态群落中发挥巨大的稳定作用。如果这一物种消失，无论因为自然灭绝还是人为干预，都将使整个群落失去平衡。原本紧密联系的物种命运产生分歧，一些数量爆发，另一些则陷入灭绝。基石物种的想法根源于查尔斯·埃尔顿和雷蒙德·林德曼的工作在几十年后开枝散叶。还记得他们俩吗？查尔斯·埃尔顿是英国生态学家，在斯匹次卑尔根研究狐狸和旅鼠，提出了食物链的概念。雷蒙德·林德曼，这位早熟的研究生在明尼苏达州一个日渐衰老的湖泊中研究太阳鱼和水草，受到埃尔顿的工作启发，发展出营养层级的概念。与基石物种相关的概念是营养级联，指的是生态系统中的关键物种被移除后渐次传递的次生破坏。

埃尔顿和林德曼都没有谈到基石物种或营养级联。1960年，科学三人组"海斯顿、史密斯和斯洛博德金"（听起来像一家律师事务所）合写了一篇论文。与埃尔顿和林德曼一样，这三位科学家也没有因此在生态文献中永垂不朽。海斯顿及其同事（方便起见，有时合称为 HSS）讨论的主题是如何限制物种的种群数量。也就是说，究竟是什么阻止某种动物变得更多。根据 HSS 的说法，竞争是限制种群增长的主要机制，但不是唯一的，正如他们一目了然的论文标题《群落结构、种群控制和竞争》（Community Structure, Population Control, and Competition）。

他们首先认识到，食物链中相互关联的物种可以分成四个营养级：生产者（植物）、分解者（食腐动物和微生物）、食草动物（吃植物的物种）和食肉动物（吃动物的物种）。每个物种都受到一些限制因素的影响，控制其种群数量的激增。生产者、分解者和捕食者的数量通常受到食物供应的限制。就植物而言，食物供应意味着水、营养和阳光。对其他营养级来说，营养供应的含义不言自明。如果食物供应低而需求高，那么物种间的竞争一定激烈而显著，通过迫使每个竞争者适应或消失来推动演化。这是一种自下而上的限制：食物短缺加剧竞争。但是竞争并不是故事的全部。HSS 马后炮般地指出，有一个营养级是前述规则的例外。"食草动物很少受食物的限制，几乎最常受捕食者的调控，因此不太可能竞争共同的资源。"这里的含义是，捕食者自上而下施加压力，对构建生态群落发挥至关重要的作用。是的，食草动物也必须演化和适应，但适应方向不是竞争带来的麻烦，而是捕食带来的威胁。食草动物的数量取决于狮子、老虎、豹子、美洲狮、猎豹、鬣狗和狼的数量，而不是草的供应。

下一步研究是华盛顿大学海洋生态学家罗伯特·T. 潘恩（Robert T. Paine）完成的。他曾在西雅图西部马考湾（Mukkaw Bay）岩石海岸线的潮间带，仔细观察过一种海星——赭色海星（*Pisaster ochraceus*）。这种海星是食肉动物，在海浪下的岩石表面捕食藤壶、贻贝、甲壳类和其他无脊椎动物。海星不能像藤壶或贻贝那样躲进贝壳，避免脱水。因此，它的捕食范围局限在潮间带的低潮区。即使在低潮区，海星的数量也不是特别多。它的影响虽大，作用方式却是缓慢而平静的。它最喜欢的猎物是加州贻贝（*Mytilus californianus*），这种贻贝往往在中潮区和低潮区定居，美味又便利。虽然会被海星吃，但加州贻贝其实是生存空间的有力竞争者，与藤壶、帽贝和其他固着生物相抗衡。海星移动速度慢（只能超过藤壶），退潮时又有脱水的风险，不太适合中潮区，于是贻贝就成了中潮区的优势物种。不过在低潮区，赭色海星的生活就相当舒适了。低潮区有贻贝和帽贝、藤壶、石鳖、海葵、藻类、海绵，不过数量不是那么多，此外还有至少一种以海绵为食的海蛞蝓。从 1963 年 6 月开始，潘恩坚持不懈地从一小段海岸线上移走所有的赭色海星，观察其次生影响。

不到一年，低潮区原本多种多样的生物群落消失了，侵略性十足的贻贝正在占领这些地方。有一段时间，有两种藤壶能与贻贝共存。过了几年，藤壶也被挤了出来，吃海绵的海蛞蝓消失了。实验区内的物种多样性从 15 种下降到 8 种。最终，贻贝爆发式繁衍和扩张，几乎完全垄断了这片栖息地，物种多样性继续下降。潘恩在 1966 年发表的论文中得出结论，赭色海星的捕食打断强势贻贝支配性的竞争优势，从而维持更加多样化的群落。移走海星，会导致营养级联反应，甚至间接影响海蛞蝓。三年后，潘恩发表第二篇论文。他在文中称赭石海星是"群落结构的基石"，首次明确称其为"基石物种"，从此认识和命名了一个重要生态学原理。

基石物种的概念逐渐流行。其他生态学家开始在他们研究的生态系统中注意到基石效应。海獭（*Enhydra lutris*）成为另一个著名范例。鉴于海獭在保存潮下带海藻森林中的作用，它被认定为阿拉斯加海岸的基石物种。海獭吃海胆，海胆吃海带。研究人员发现，尽管有适度的海胆种群取食海藻，有海獭的存在，海藻森林就能茁壮生长；水獭被移除后（原因是狩猎而不是人为试验），海胆大量繁殖，吃光了所有海藻。

移除基石物种或顶级捕食者引发的营养级联现象，也出现在陆地生态系统中，如巴拿马的巴罗科罗拉多岛（Barro Colorado Island）。直到20世纪初，巴罗科罗拉多还只是大陆森林的一个小山顶，美洲豹、美洲狮和其他动物都可以到达。后来，为巴拿马运河修建的加通湖（Lago Gatun）蓄水淹没了周边的森林，这个山顶变得与世隔绝，大型猫科动物再也不能随意进出。巴罗科罗拉多岛的面积很小，不足以养活美洲豹和美洲狮的定居种群。那些捕食动物缺失几十年后，巴罗科罗拉多的生态系统发生了变化。中等体型的食肉动物（如领西貒和长鼻浣熊）突然处于食物链的顶端，现在变得非常丰富。大量鸟类种群消失。值得注意的是，十种消失的鸟类都在地面筑巢或觅食，可能是被中型食肉动物消灭的。食种子的哺乳动物（如豚鼠和刺豚鼠）也变得异常丰富。食种子动物激增，会不会妨碍产生大量可食种子的树种的繁殖？直到1988年，约翰·特尔伯格从营养级联的角度提出假说，才将各种证据串联到一起。如果巴罗科罗拉多岛上美洲狮和美洲豹的消失，导致鸟类种群灭绝和某些树木繁殖失败，这将是营养级联的经典案例。

特尔伯格和十位合著者最近发表了另一个案例，研究的是古里湖（Lago Guri）中的一组森林岛屿。古里湖是委内瑞拉一个水力发电项目营建的人工湖。自水库1986年蓄水以来，在面积最小的岛屿上，大型食肉动物和犰狳都消失了。犰狳的食物切叶蚁蓬勃发展，鬣蜥和吼猴也是。鬣蜥和吼猴吃植物，包括幼树的嫩枝；它们数量大增，似乎阻碍了林冠树种的繁殖，改变了岛屿的植物区系。特尔伯格及其同事在《科学》杂志上报道了研究发现，标题十分愤怒：《无捕食者森林片段中的生态崩溃》（Ecological Meltdown in Predator-Free

Forest Fragments）。在论文的末尾，他们写道："这些观察是一种警告。在美国本土大部分地区，能够产生自上而下调控作用的大型食肉动物已经消失。地球陆地的大部分地区也是如此。"他们暗示，生态崩溃很快就会降临你身边的生态系统。

著名保护生物学家迈克尔·索莱（Michael Soulé）和年轻的合著者凯文·克鲁克斯（Kevin R. Crooks）描述了类似的情形。他们研究的是南加州被城市扩张包围的小块原生灌丛栖息地。那一带最大的捕食动物是郊狼（*Canis latrans*）。郊狼是一种狡猾而善于投机的传奇生物。它们可以在人类附近生存，同时也会选好自己的位置，不承担无谓的风险。随着人类发展的压力加剧，灌木栖息地斑块持续破碎和萎缩。一些斑块中的郊狼数量已经下降。与之相应，中型食肉动物的活动增加，如浣熊、家猫和负鼠。中型食肉动物的繁荣，又与在灌木间筑巢的鸟类的萧条相关联。谁会想到郊狼竟然是斑唧鹀、走鹃或加州蚋莺的守护天使呢？研究基石物种的生态学家，想到了。

圣地亚哥郊区的郊狼、巴拿马的美洲豹和阿拉斯加沿海的海獭，就像罗伯特·潘恩的赭色海星，是各自群落内占据高营养层级的食肉动物。这绝非巧合。早期对基石物种的思考，几乎将之完全等同于位居营养层级高处的捕食者。"基石捕食者"甚至跟"基石物种"画等号。然后进入了新时期，"基石"概念风行，就像许多时尚元素一样被过度使用。类似术语泛滥起来，生态学家谈论"基石资源""基石食草动物""基石共生生物""基石修饰物种"、基石足虫，或基石随便什么东西。种种迹象反映了一个无可辩驳的事实，即许多物种都具有这样或那样的特殊意义。基石物种的应用范围越广，其内涵就越不严格。最近，几个生态学小组发表论文批评"基石"的使用过于宽泛，试图让这个概念重新聚焦。伯克利教授玛丽·E. 鲍尔（Mary E.

Power）领导的团队将"基石物种"简洁明了地定义为"对其群落或生态系统的影响很大，而且相对于其丰度而言影响大得不成比例的物种"。为了让定义变得可用，鲍尔的团队提出一个数学框架，用以衡量生态系统中单个物种的"群落重要性"。也就是说，他们发明了一个方程式。

　　来吧，朋友们，到生态数学冰冷的湖里快速潜个水吧。我保证，你的鸡皮疙瘩不会比我的更多。让我们用 CI 代表"群落重要性"，正如玛丽·鲍尔和她的同事约定的那样。用小写字母 i 代表那些基石效应有待验证的物种。符号 p 表示该物种在生态系统中的丰度比例。t 代表性状，意思是生态群落的任何特征（比如物种多样性或物种相对丰度）。如果能使用某种方法量化这些特征，那么就可以度量群落的整体变化。如果从系统中把物种 i 彻底移除——无论是被意外或蓄意消灭，还是像潘恩移除海星那样的实验性去除——然后分别测量移除前后的群落特征，用 N（Normal）表示移除前的状态，D（Delete）表示移除后的状态。好了，准备好潜水了吗？我保证，任何人，只要心脏没有停止跳动，都可以马上得到干毛巾和夏日阳光。

　　定义好变量之后，鲍尔及其合作者（罗伯特·潘恩也是其中之一）给出了这个简单的公式：

$$CI_i = \left[(t_N - t_D)/t_N \right] (1/p_i)$$

如果某个物种真的是基石物种，他们补充说，那么它的 CI 值将远大于 1。用简单的文字表述就是：一个基石物种在群落中的重要性将远远高于普通物种。

　　说得更明白些：不管用不用代数，从生态学的角度，我们永远不会知道我们失去了什么，直到我们看到物种消灭在各个方面造成的破坏。

　　关于这个主题最新的论文，还是特尔伯格和多位合作者共同撰写的。1997 年，一个研讨会悄然召开，讨论大陆尺度保护规划的科学问题。特尔伯格和六名同事提交了一篇论文，题为《顶级食肉动物在调节陆地生态系统中的作用》（The Role of Top Carnivores in Regulating Terrestrial Ecosystems）。他们讨论的问题是，究竟是什么决定了生态群落的结构和运作？最重要的调控是自上而下进行的（如捕食），还是自下而上的（如食物供应限制导致的竞争）？经过全面的分析，特尔伯格及其同伴得出结论："这些证据有力地证明，顶级食肉动物对猎物数量具有强有力的调控作用。这种自上而下的调控稳定了陆地生态系统的营养结构。"失去大型捕食者之后，中型食肉动物、大型食草动物以及食种子动物将变得数量过剩。结果将是一场瘟疫般的蚕食，动物将植被吃成树桩，干扰树木繁殖，破坏林冠的长期更新，消灭筑地面巢的鸟类，还可能消灭其他小型动物。证据表明，那些处于食物链顶端的大型危险动物，具有"至关重要且不可替代的调节作用"。"顶级食肉动物的消失，"特尔伯格的小组说，"似乎将不可逆转地导致生态系统的简化，并伴随着一连串灭绝事件。"

这够糟糕了。然而，生态层面的损失并不是唯一需要考虑的代价。这些来自委内瑞拉、巴拿马、马考湾和其他地方的实地数据，还没有提到大型食肉动物的另一个维度，也是人们可能会非常怀念的：它们对人类心灵具有"至关重要且不可替代的调节作用"。

73

行星 LV-426 是一块饱受风暴摧残的岩石，荒凉而令人生畏，位于宇宙偏僻的角落，距离地球大约 1120 亿英里（1802 亿千米）。这里没有本土生命，但也不完全是空白。在一次星际感染的意外中，它得到了一个非凡物种的休眠卵——皮质的、半透明的、像康加鼓一样大的卵。没人知道它们在那里休眠了多久。这些卵在等待被重新唤醒的机会，从而进入生命周期的全盛阶段。什么样的世界中的什么生物产下这些卵，没人知道。事实上，根本没人知道这个物种的存在。直到有一天，人类登上商业拖曳星舰"诺斯托罗莫"号。"诺斯托罗莫"号临时改变原本的深空工业任务，转而调查来自LV-426的神秘信号。出乎意料的是，这个信号表明那个星球可能孕育着智慧生命。

从某种意义上，确实如此。潜伏在孤立无援的卵里的外星生命有其独特的智能，它们贪婪、狡猾、强大、敏捷，没有人想在星际文化交流中寻找这种生命。这条误导性的信号，只会把"诺斯托罗莫"号的船员卷入可怕的麻烦之中。这种未知的生物原本是一种完美的捕食者，而智人虽然陌生，却是合适的猎物。

如果你还没想起来，就让我直接告诉你吧，这是1979年的电影《异形》的开场。《异形》是一部巧妙的好莱坞电影，由一位英国导演使用美国剧本主要在英国摄制。电影上映时反响热烈，让人愉悦又恶心，取得了巨大的商业成功（据说这部电影总投入1100万美元，获得6000万美元的票房收入和4000万美元的录像带销售收入），还获得奥斯卡最佳电影特效奖。《异形》后来拍了三部续集，系列电影共同代表了有史以来最有趣的电影怪物传奇。

该系列的后续是《异形2》（1986年）、《异形3》（1992年）和《异形4：复活》（1997年）。每部电影都跟第一部类似，由西格妮·韦弗（Sigourney Weaver）扮演不屈不挠的艾伦·蕾普莉（Ellen Ripley）。蕾普莉是一名中尉，供职于一家庞大的集团公司的航天服务部门。该公司那时管理着全部的已知宇宙。在最初的那部电影中，韦弗扮演的蕾普莉在一场可怕的战斗之后，成为"诺斯托罗莫"号最后的幸存者。

这四部电影中的另一个主角，实际上并不是一个单独的角色或独立的存在（像金刚或哥斯拉），而是一个生物群体，既多产又可怕。除了"异形"，它们没有其他名字。这种生命形式的无名性，增加了它的神秘性。它被称为"敌对有机体""怪物""异种变体""东西"。还有一次，一位船员亲眼目睹两个伙伴遭受屠杀，语无伦次地称之为"龙"。西格妮·韦弗反复出演，为系列电影带来响亮的名声和巧妙又多样的性吸引力（比如漂亮的蕾普莉、男性化的蕾普莉或者充满男子气概的蕾普莉）。但是，外星人——或者应该称为异形——才是真正的明星，给这部电影的大反派赋予了令人震惊的价值和令人惧怕的能量。1999 年，在这部电影 20 周年纪念活动中，首部电影的联合制片人艾弗·鲍威尔（Ivor Powell）明智地评论道，"我认为异形本身就是一个特许经营权，真的。它是非常非常强大的视觉形象。"它之所以如此强大——尤其是在《异形 1》中，在后面几部电影中没有那么强大——部分原因是那些生物只能被短暂而模糊地瞥见。它的视觉冲击力与其模糊程度成正比。当蕾普莉乘坐"诺斯托罗莫"号的小艇逃离时，即便观众目不转睛（除非他手里拿着遥控器，反复定格和回放可怕的瞬间），也看不太清楚外星人长什么样。

异形的力量，还来自编剧丹·欧班农（Dan O'Bannon）和罗纳德·舒塞特（Ronald Shusett）给它植入的生物复杂性。它不仅具有视觉的冲击，而且包含抽象的力量，很有说服力。欧班农提出基本的想法，然后邀请舒塞特合作完成设计。尤其值得称道的是，欧班农不仅构想了这种讨厌的外星生物，而且为之设定了多级变形的生命周期。

有报道称，欧班农的暗黑灵感来自昆虫世界。具体说来，就是所谓的蛛蜂，它们捕食蜘蛛为后代提供食物。这类物种大多是蛛蜂科（Pompilidae）昆虫（欧班农可能不知道这一点，不过他也不会关心）。

蛛蜂是一类修长、腿上多刺的独居蜂，蜇人的剧痛是出了名的。雌性蛛蜂的典型繁殖程序是这样的：交配结束后，她抓住一只美味多汁的蜘蛛，蜇刺它（让蜘蛛瘫痪），再把它拖回准备好的巢穴里，在上面产卵，然后离开。而蛛蜂属（*Pepsis*）的鸟蜂有时又称"鸟蛛鹰"，因为它们能捕食老鼠大小的捕鸟蛛。

瘫痪的蜘蛛无法逃脱，但它不会死，不会腐烂，不会在巢穴里干枯。最终，从卵中孵化出的蛛蜂幼虫，以母亲贴心留下的鲜肉为食。昆虫学家把这种策略称为卵寄生。除了蜘蛛，这类独居的寄生蜂还会选择各种各样的受害者，如甲虫、蟑螂和蝉。丹·欧班农以此为原型构想出异形，用瘫痪的人体来供养它的卵。

当过度好奇的凯恩（约翰·赫特饰演）靠近蓄势待发的卵时，两个物种间令人毛骨悚然的关系开始了。异形的卵像玩偶盒一样弹开，释放出恶魔般的幼体，瞬间撞穿凯恩的头盔，粘在他的脸上。凯恩被带回飞船，昏迷不醒。这个可怕的寄生生物像奶油派一样紧紧地粘在他身上。它形如螃蟹，球茎状的身体两边长着八条又长又结实的抓脚，紧紧抓住凯恩。它的产卵器是一根又短又丑的管子，插进凯恩的喉咙里。在设计的过程中，导演把这个东西称为"抱脸体"，不过电影角色从没说过这个词。如果说卵是异形生命周期的第一阶段，抱脸体就是第二阶段。无法在不杀死病人的情况下通过手术把它取出来。但是过了一会，在没有人注意的时候，它自己掉了下来。后来发现它已经死了，就像被扔在沙滩上的脏兮兮的甲壳动物。凯恩醒了过来，似乎没事了。

他当然有事。任何人都不知道凯恩已经被注入第三阶段形态的胚胎，长在他的胸腔里。尽管异形在 LV-426 行星上有很长的休眠期，但一旦苏醒，就变成一种快速成熟的生物。第三阶段的孕育期很短。

　　　　　　　众神的怪兽：在历史和思想丛林里的食人动物

凯恩胃口恢复后，和其他船员一起坐下来吃饭。他们都感觉如释重负，渴望离开这个邪恶的星球，赶紧回家。吃了几口，凯恩像是被什么东西噎着了。他开始咳嗽，口吐白沫，呕吐，伴有阵发性痉挛，直到胸骨上肿起来一大块，令人揪心。肿块炸开，鲜血淋漓，一个又小又凶猛的丑陋恶魔从他的胸腔中钻出来，将凯恩当场杀死。凯恩的同伴大惊失色，下巴掉了一地。据说那些没被提前告知的演员，明知是演戏，在现场也被吓到了。这个新生物看起来不过是一团肿胀的组织，全身赤裸，血迹斑斑，牙齿格格作响，但没有眼睛。在短暂的停顿后，它显示出沸腾的活力，飞快地在桌子上游走而过，把盘子撒了一地，然后就消失了。

导演把异形的第三阶段称为"破胸体"。艾弗·鲍威尔曾说，如果剧本中没有"破胸体"，就不会让读过剧本的好莱坞高管们恐惧和着迷，这部电影可能永远都拍不出来。舒塞特回忆说，一拍完这个场景，摄影师就走到一边吐了起来。舒塞特想："我的上帝，我们在这里做了什么？"

但是还没有结束。这只是异形最后阶段的前奏。在"诺斯特罗莫"号洞穴深处的某个地方，这种生物再次变形。这次是通过另一种生物学过程——蜕皮。旧的皮肤裂开，异形获得新生。

我们没有目睹这种转变，船员们也没有。他们搜索全舰，试图消灭这种可怕的害虫。机舱技术员布雷特（哈利·迪安·斯坦顿饰）发现了一具柔软的已蜕去的外皮。几秒钟后，布雷特成了下一个受害者。我们也第一次见识到第四阶段——成体异形。

它的牙齿如冰柱般尖细，滴下透明的黏液。双颚间突出的附器上长出第二对颚，攻击时像癫蛤蟆的舌头一样伸出来攻击。它的循环系统里流的是酸，而不是血液——我们最终了解到这一点。天知道它是从哪里吐出黏糊糊的蛛丝般的细丝，把半昏迷的人类包裹成茧，用作卵的营养储备。它的脑袋光滑发亮，颜色黝黑，像是茄子，但从前往后奇怪地拉长，就像一把冰镐。它的双臂各有六根爪状的手指，双腿直立，像是人或者鸵鸟，又或者是霸王龙（*Tyrannosaurus rex*）。一条长长的触须从它的腹部向前伸出，如同巨型乌贼的触手——反正在第一部电影中是这样，在《异形3》中改成了尾巴。当然，这些都只是类比。事实是，尽管它的头可能"像"这个，四肢可能是"像"那个，但总体上非常奇异和独特。异形本身不像任何东西。

设计异形的是狂躁的瑞士艺术家H.R.吉格（H. R. Giger）。丹·欧班农在一家画廊看到他那些令人毛骨悚然的画作，于是委托他完成这项任务。一开始欧班农聘请吉格临时画一些草图，当影片的最终导演雷德利·斯科特（Ridley Scott）看到吉格的样图时，这位艺术家就成了团队的主要成员之一。吉格成了摄制工作室里的疯狂天才，一身黑衣，喜怒无常，在工作室侧面专门建造的隔间里长时间工作。"这个人的视角本质上是不健康的，"欧班农赞赏地评论道，"他的画作乖张怪僻，惹人讨厌，令人作呕，但绝对光彩夺目。"我曾经看过这些画的复制品。虽然它们令人毛骨悚然，但却是静态的，缺乏他为电影量身定做的怪物那种邪恶的活力。吉格创作的异形，是对欧班农的叙事概念在视觉上的华丽实现：它是一种巨大而暴躁的掠食者，它有着繁殖的热情和对猎物的欲望，尽管在达尔文的术语中这是中性的，与道德无涉，但在电影中不仅令人恐惧，而且感觉邪恶。

还有它的新陈代谢之谜。许多成年蛛蜂以花蜜或汁液（富含碳水化合物，对飞行有益）为食，不过会为幼虫后代提供肉食。成体异形吃什么呢？没人告诉我们。在《异形3》中，似乎有一只异形在人类尸体上匆匆咬了几口。但电影并没有交代，从破胸体（如旱獭般大）

猛长到成体［八英尺（约2.4米）高，又瘦又壮］，异形依靠的是什么营养输入。异形没有马上吞食人类受害者，而是留作后代的食物。每位受害者注定被一只破胸体寄生，但也不像被蛛蜂蜇伤的捕鸟蛛那样全然瘫痪，只是被黏稠的丝状物所镇静和约束。这个设定在几个关键情节中起到了重要作用。比如在《异形2》中，蕾普莉成功营救一位被异形抓住并包入茧中的小女孩纽特。启发欧班农的蛛蜂模型，以及没有吃肉的异形成体，都指向一个基本事实：这些电影的主旨是捕食，而不是寄生。

后来在《异形3》中，蕾普莉自己也提到了这一点。在那部电影中，她把自己对异形行为来之不易的了解，告诉最后一群绝望的幸存者。他们当时已经陷入困境，不知道可恶的敌人躲在哪里，在哪里出没。"它不会走远的，"她向他们保证，"它会在这一带筑巢。就在……"她说着，折起一直在研究的地图，然后冷冷地扫视四周，"……这里。"

"你怎么知道的？"一个人紧张问道。

"它就像狮子，"蕾普莉说，"总是紧跟着斑马。"

74

那么，这些华而不实又闹闹哄哄的太空怪物电影，跟我们的主题有什么关系呢？我想给出两个理由。首先，这些电影生动呈现了针对人类的捕食行为，表现出某种残酷的真实。生活在遥远城市或生态贫瘠的郊区的人们，不应轻易驳回原住民合乎情理的恐惧。比如吉尔的玛尔达里人，他们不得不在与狮子共用的森林里放牧牛群，养育孩子。《异形》系列引发的恐惧与之类似，因此能提供有益的提醒。这种提醒能让人们从电影令人目眩的声光特效，转而关注地球景观保护的严肃问题。这种提醒是什么？如果不承认顶级捕食者让我们付出的代价，就不应夸夸其谈它们的价值。如果回避谁来承担损失的关键问题，也就无法衡量这一代价。我们又回到了麝鼠难题。如果你无法想象自己如何把水牛赶到印度西部的水坑边，无法想象自己如何在罗马尼亚的山坡上放羊，无法想象自己如何在阿纳姆地微咸的小溪上撒网，那么，至少可以试着想象自己登上"诺斯托罗莫"号，敏锐地觉察到在自己周围的某个地方，这个走廊下面或者那个通风井上面，正潜伏着一只觊觎你肉身的异形。

冷静关注这些巧妙而肤浅的电影的第二个理由，与第一个理由截然相反。我相信《异形》系列的成功，就像《贝奥武夫》和《吉尔伽美什》的经久不衰，不仅反映了我们对杀人怪物的恐惧，也反映了我们对它们的需求和渴望。

这些怪物让我们最生动的噩梦变得活灵活现。它们让我们兴奋不已。它们挑战我们，激发出蕾普莉那样的超凡勇气。它们让我们回想自身局限。它们陪伴着我们。宇宙浩瀚无边，但据我们所知，绝大多数地方空虚寒冷。一旦我们消灭地球上最后一只恐怖的猛兽，就像我们似乎正决心要做的那样，那么在余下的历史里，在余下的全部岁月里，无论人类再走多远，去到哪里，可能永远都不会再遇到任何一只猛兽了。当人类飞跃宇宙空间，唯一比登上 LV-426 并遇见异形更恐惧的，我猜，是邂逅一个又一个行星，而一无所获。

75

第一次拜访吉尔的 18 个月后，我又回来看狮子。我又一次与拉维·切拉姆同行。他从德里北部山区的野生动物研究所过来跟我会合。我们又一次住在保护区边缘的旅馆里，希望尽可能多地待在森林里。现在是 11 月下旬，雨季刚刚结束。路边没有像磨碎的香菜一样细腻、轻轻印着狮子足迹的尘土，只有新近变干的泥浆。朦胧的棕褐色光线被冲洗得清澈透亮。我们去年五月看到的棕色的枯萎草地、林下灌木以及光秃秃的、满是灰尘的树木，现在都长满了树叶，郁郁葱葱。这片森林是一片真正的丛林，而不是<u>丛林</u>单调的 X 光影像。树木枝叶茂盛，视线只能看到近处，但也常常带来惊喜。

我还注意到其他一些变化。雄性白斑鹿的鹿角刚从天鹅绒般的嫩皮里长出来。小鹿已经接近成年。孔雀的尾巴很短，因为换羽显得有些卑微。在村庄的市集摊位上，芒果令人失望地缺了货，取而代之的是少得可怜的当季水果：椰子、小香蕉、硬苹果。随着冬天临近，早晨开始变得寒冷，黎明前出发去森林时，拉维和我不得不穿上夹克。

从拉维的老搭档、追踪者穆罕默德·朱玛那里，我们还听到一些令人沮丧的消息。三只幼狮，就是那三只在蒲桃树荫下挨着母亲吃奶的小狮子，都死了。成年雄狮杀死了它们，想必是急于与它们的母亲交配。那是一只平静的雌性，我曾短视地称之为快乐母狮。拉维坦然地接受了这个信息。他是生物学家。在有限的栖息地内，幼崽的死亡率居高不下，是种群压力之下不可避免的现象。这不是悲剧，不必归结为保护的失败。出生、变化、死亡，既是森林的法则，也是世界的法则。顾不上多愁善感，拉维就被另一个问题吸引了。这个消息可能意味着成年定居狮子中统治地位和领地的变化。是否有一只强壮的年轻雄狮进入该地区，取代了这些幼崽的父亲？

遗憾的是，在这次实地考察中，他没有机会得到答案。这次狮子追踪行动被官僚主义和狭隘的地盘意识所阻止。一个新来的家伙接任林业部的地方行政官。他是自负且缺乏安全感的年轻人。他似乎被某位保护区的人灌输了对拉维的敌意，于是视拉维为来自德拉墩的受过良好教育的外来竞争者。更糟糕的是，一位颇有权势的政治领袖的儿子以及他的武装保镖们，当时碰巧从孟买前来拜访。为王子打破保护区的管理惯例，让这位行政长官忸怩不安。于是，他躲着我们，闭门不见。我们需要他在一张纸上签名授权。但他什么都不做，对拉维·切拉姆博士也是如此，甚至更是如此。尽管拉维可以像其他游客一样，乘坐有导游的车辆穿过保护区，但他不能徒步进行实地观察。他的考察许可被拒绝了。于是，拒绝我同样的许可也就顺理成章了。我甚至在酒店接到匿名电话，警告我"拉维·切拉姆在吉尔不受欢迎"，"只要你继续和他混在一起，你就会有麻烦"。这真令人沮丧。我提前很久就发出了书面申请，然后长途跋涉，与全世界最受尊敬的亚洲狮权威一道抵达吉尔，却迎来这样的结果。但更令人沮丧的是，我感到深深的悲哀。如果这种政治化的双重标准渗入吉尔野生动物保护区和国家公园的管理实践具体化，那么狮子还有什么希望呢？

但不管我们怎么想，也都无济于事。拉维和我得到信息后，就把注意力转到了别的地方。我们拜访了玛尔达里长老和拉维的另一位老追踪者。老追踪者也是玛尔达里人，他最终丢掉林业部门的工作，搬到偏远的村庄生活。

他现在在村里以放牧水牛和卖牛奶为生。他还珍藏着一本剪贴簿，里面记录着担任狮子研究助理的岁月。他的记忆和泛黄的推荐信，可以追溯到保罗·乔斯林和史蒂夫·伯威克。我们跟一名男子谈话，他几年前被狮子咬伤。当时他在帮忙把狮子赶出芒果园，那只狮子受了伤，躲在芒果林中护理受伤的腿。遭到驱赶时，它愤怒回应。这名男子名叫易卜拉欣，是林业部一名不熟练的员工。他给我展示了受伤的手掌和前臂上的伤疤。

我们接受了不同主人的盛情款待，喝了满肚子的甜茶，就是那些带有烟熏味、加了很多水牛奶、在扁平的钢碟里热腾腾的甜茶。我们

众神的怪兽：在历史和思想丛林里的食人动物

徒步穿过保护区外的一片林地，那里的官僚机构和政治局势没有那么严格。我们听到了狮子的吼声，但没有看到狮子。我们尽可能与任何人谈论狮子的行为、狮子的袭击、森林的现状、威胁森林的蚕食行为、林业部门的政策、对玛尔达里人的处置、食肉动物和人类之间的冲突、古老传统和新欲望之间的冲突，以及目前吉尔被冲击的文化和剧烈变化的生态。我想知道，这里究竟有没有一段时间不曾受到剧烈变化的冲击？我在酒店里花了几个小时，翻阅着一本很小的旧书。那本书回顾了朱纳加德历代纳瓦卜所代表的当地历史。最棒的是，拉维和我回到他的老朋友伊斯梅尔·巴普家中。在拉坎迪亚溪旁荆棘篱笆环绕的营地里，享受了几天地道的玛尔达里式款待和交谈，在水牛中间睡了几个晚上。

巴普，圆脸，威严，目光炯炯有神，像个温和的讽刺家。他自己亲身经历过许多变化，而且深深地感受到变化的影响。有好几个晚上，当我们坐在他的围栏外啜饮甜茶、品味黄昏时，他不止一次提起这个话题。他像对待养子一样对待拉维。在他眼里，这个儿子既有才华又有地位，受过良好的教育，但仍然能理解玛尔达里的生活方式。拉维的出现，似乎触发了巴普的怀旧情绪。他也渴望有机会与感兴趣的外国人分享他的想法。

巴普一辈子都住在这附近，有五十六年了。他的家族来自现在属于巴基斯坦的辛德地区，可能是六七代以前移居到吉尔的。他的祖父曾经在这里建过一个营地。巴普本人是四兄弟中最小的，还有一个妹妹。四兄弟中，只有他仍然过着玛尔达里式的生活。有一个兄弟成了农民，还有一个经营商店，另一个拥有几辆卡车并从事运输。当他第一次建立自己的营地时，家里只有他自己、母亲和妹妹。从20头水牛开始，他把牛群增加到80头，每年卖掉一些换取家用。他在这里结了婚，生了孩子。孩子长大后，卖掉更多的水牛办婚礼。每一次换钱或花钱之后，他再一如既往地壮大牛群。谁说你不能在有狮子的地方饲养牲畜？他问道。你当然可以。他的母亲教导他，生活要正直，待人要热情。如果有人来访，给他们茶和食物。她说，只要这样做，一切都会好起来的。巴普似乎对母亲的正确教导非常满意和感恩。

但他不是一个自满的人。他是一个快乐、感恩的人，他懂得错失和后悔的隐痛。二十来岁的时候，他说，我可以从森林里把最大的木头扛出来。我会砍树，拿走木材，从不顾及什么限制，从不考虑森林需要多少年才能重新长出来。我可能砍了一千棵树，现在我有三个儿子，如果我能把他们教得比我那时候好，我就能拯救三千棵树，使它们免于破坏。还有，那时候我讨厌狮子。没有它们，事情看起来会简单得多。你可以放心地放牧你的动物，无论白天还是晚上，不用害怕袭击，没有什么麻烦。不用老是担心狮子会做什么。狮子，狮子……总是狮子。我这辈子花了这么多时间思考狮子，如果我把这些时间花在冥想上，真主都能在我面前出现了。慢慢地，我意识到，这片土地属于狮子。如果非要说这片土地属于谁的话，那只能是狮子。如果它们不能留在这里，它们还能去哪儿？我们才是入侵者。

所有这些都是拉维从巴普的古吉拉特语、辛德语和印地语大杂烩里翻译过来的。我从来没听他说过一句英语，但他的脸是那么活泼，那么快活，那么慈祥，让我觉得几乎只要看着他，就能领会他的意思。

这片土地现在不一样了，他说。首先，地下水位变低了。拉坎迪亚以前一年到头都有水，现在到夏天它就干了。大部分古老的森林都被改造成了农田，种上了小麦、扁豆、大蒜、花生、甘蔗和芒果。他曾经在附近的村庄里接受过五年教育，现在那个村庄的规模扩大了两倍还多。如果这种趋势继续下去，巴普预言，再过两三代，就只有照片能证明吉尔曾经有过狮子这样的生物了。尽管我可以肯定地说，巴普从来没有听说过营养级联这个高深华丽的词，但他显然认同这个概念。"如果狮子走了，森林也就走了，其他一切都走了。"

三天来，拉维和我尽情享受巴普的款待，还有他的热咖喱茄子、粗扁豆煎饼和水牛酸奶。然后，我们不情愿地回到旅馆。我们与林业部行政官员的小小政治问题无法解决，只得收拾行李离开。拉维将回研究所继续工作。我会在孟买做一些档案研究，然后飞到印度东部去看看比塔卡尼卡河中的鳄鱼。我对亚洲狮的进一步了解，只能从期刊论文、学位论文和书籍中获得了。在这个地方的最后一个早晨，我们回到巴普的营地告别。

"最后一杯茶？"巴普说。这次他用的是英语！这让拉维和我都深感惊讶，他却得意地微笑着，自豪于自己对另一种语言的探索。

钢制的茶碟分发一圈。我用三根手指从下握住茶碟，指尖放在茶碟边缘，小心地保持着水平。巴普亲自倒茶。蒸汽袅袅上升。"Bhus"，这是印地语的口语，意思是"够了"，一种礼貌的拒绝。这是一种得体的礼仪，限制客人对主人资源的消耗。但今天，我觍着脸直到小浅碟都快溢出来了，才说这句话。其实我想要一整份。

整个上午，我都在思考变化的巨大威力。它以令人惊叹的速度，在不同的景观和文化中穿梭，造成不可承受但又似乎无法避免的损失。不过现在，我只想拥抱此时此地。我试着专注于这份玛尔达里茶，并且意识到，短时间之内，我没法再得到另一份了。我知道，礼貌的喝茶方法是在炉子边上快速地大声啜一口，以示欣赏。谈话来回穿梭，我完全听不懂。于是低头抿了一口茶，差点烫着舌头。哎哟。这种液体中那些带着麝香味的香甜牛奶，来自一头在狮子出没的森林里吃草的水牛。太可口了，只是热得喝不下去。过了一会儿，就又太凉了。

引用注释

5　"我的上帝啊，我投靠你……" Psalms 7:1–2 (*New Oxford Annotated Bible*).

8　眼睛"如同清晨的眼睑……" Job 41:18 (King James Version).

8　"主用他残忍、伟大……" Isaiah 27:1 (*New Oxford Annotated Bible*).

8　"弯曲的蛇" Isaiah 27:1 (King James Version).

8　"压碎利维坦的头" Psalm 74:14 (*New Oxford Annotated Bible*).

9　"谁能开它的腮颊？……" Job 41:14, 15, 19–21. (King James Version).

9　"你能用鱼钩钓上利维坦吗……" Ibid., verses 1–2.

9　"它岂能向你连连恳求……" Ibid., verses 3–5.

9　"没有哪个凶猛的人敢惹它……" Ibid., verse 10.

10　"箭不能恐吓它使它逃避……" Ibid., verses 28–34.

18　"趁着夜色从它们出没的地方下来" Herodotus (1972), p. 482.

19　"吾乃亚述巴尼拔……" Hobusch (1980), p. 34.

19　"吾心坚强，跋涉山区和森林之间，抓捕强壮之狮十五头……" Ibid., p. 35.

19　"遵保护神尼努尔塔之命……" Ibid., p. 35.

19　"100头鬃狮" Pliny the Elder (1991), p. 115.

20　"表演时有500头狮子被杀死……" Plutarch (1999), p. 270.

20　"世界统治者" Clutton-Brock (1996), p. 377.

20　"利用野生动物的'娱乐'活动仍在继续……" Ibid., p. 377.

20　每个人拥有……"屠狮的权利……" Ibid., p. 378.

21　"人们经常能见到狮子……" Quoted in Kinnear (1920), p. 35.

21　"因为害怕强盗和小偷……" Quoted in ibid., p. 34.

21　"五年前，有一头狮子出现在……" Quoted in ibid., p. 36.

21　"几年前，一具狮子尸体……" Quoted in ibid., p. 36.

众神的怪兽：在历史和思想丛林里的食人动物

22 "狮子仍然沿着河岸生存……"Quoted in ibid., p. 37.

22 "我曾经看见一具狮子尸体……"Quoted in ibid., p. 37.

25 "送牛奶的人。"Tambs-Lyche (1997), p. 148.

25 "既遭受怀疑……"Ibid., p. 148.

25 "游牧种姓"Ibid., p. 148.

25 "他们远离村庄，带着一百来只动物……"Ibid., pp. 148–49.

32 "狮子是一种比老虎吵闹得多的动物……"Fenton (1909), p. 14.

33 "没有必要在印度的其他地方寻找……"Wynter-Blyth (1949), p. 494.

33 "狮子天性相对大胆……"Rashid and David (1992), p. 37.

33 "狮子天性大胆，生活方式更社会化……"Ibid., p. 38.

34 "卡提阿瓦人是勇敢好战的种族……"Wilberforce-Bell (1916; reprinted in 1980), p. 68.

35 "这里的一切充满了混乱……"Ibid., p. 179.

35 卡提斯人"开始厌倦……"Ibid., p. 198.

36 "晚上在田野里游荡……"Ibid., p. 202.

37 "不超过12头"Wynter-Blyth (1950), p. 467.

39 "狮子更大胆……"Ibid., pp. 467–68.

39 "非常大胆"Ibid., p. 468.

39 "寇松勋爵放弃在……"Edwards and Fraser (1907), p. 172.

39 "要么是由于新闻界的强烈抗议……"Ibid., p. 172.

40 "毫无疑问……"Fenton (1909), p. 4.

40 "然而，我观察到有趣的现象……"Wynter-Blyth (1950), p.469.

43 "干旱过后，狮子开始……"Saberwal et al. (1994), p. 503.

48 "它们经常表现为……"Quoted in Daniel (1996), p. 67.

48 "像老虎一样，豹子有时……"Quoted in Ibid., pp. 181–82.

49 "普拉耶格"……意为"汇合"Corbett (1991), *The Man-Eating Leopard of Rudraprayag*, p. 5.

49 "无拘无束、欢快地泻在覆盖着……"Ibid., p. 3.

49 "蝎子蜇伤"Ibid., p. 174.

49 "它们的习性使它们与人类居住地……"Quoted in Daniel (1996), p. 182.

50 "我相信它是一只雌性……"Quoted in Ibid., pp. 185–86.

50 "有四个小女孩……"Quoted in Ibid., p. 186.

51 "豹一直与人类生活紧密相连……"Daniel (1996), p. 225.

52 "在致人伤亡方面，大型兽类中豹仅次于……"Ibid., p. 225.

52　"豹子造成的死亡……"Ibid., p. 225.

52　"豹子一旦开始吃人……"Ibid., p. 225.

52　"这个时代最完美的食肉动物"Ibid., p. 225.

57　"解释这些原由的科学"Colinvaux　(1978) chapter title, p. 5.

57　"动物有不同的体型……"Ibid., p. 18.

58　"生命以体型分级的形式出现……"Ibid., p. 19.

58　"体型较大的动物……"Ibid., p. 19.

58　"事实上，我们很难避免这样一种信念……"Herodotus (1972), p. 248.

58　"达尔文本人是杰出的野外博物学家……"Elton (1966), p. 3.

59　"因为植物的种类比动物少……"Ibid., p. 3.

60　"食物是动物社会中最紧迫的问题……"Ibid., p. 56.

60　"食物链"……"食物循环"Ibid., p. 56.

61　"食肉动物能吃的食物大小……"Ibid., p. 59.

61　"人类是唯一能处理……"Ibid., p. 61.

62　"数字金字塔"Ibid., p. 68.

62　"最终，会到达某个临界点"Ibid., p. 69.

63　"一位终身致力于生态学研究、最有创造力……"Addendum, by Hutchinson, to the posthumously published Lindeman (1942), p. 418.

64　"累进效率"Lindeman (1942), p. 407.

76　"大自然的表面可以比作……"Darwin (1964), p. 67.

76　"严重的伤害不可避免地落在……"Ibid., p. 66.

78　"大约75%的粪便中含有……"Joslin (1984), p. 653.

79　不可接触者……"上帝的孩子"Mendelsohn and Vicziany (1998), p. xiii.

79　"它们发现动物尸体、成群聚集的速度……"Ali (1996), p. 110.

83　"当然，也包括最后一只亚洲狮。"S. Berwick (1976), p. 38.

83　"如果林业部将玛尔达里人……"Ibid., p. 38.

84　"十三种姓"Tambs-Lyche (1997), p. 112.

85　"放牧"……"传播"Enthoven (1997), vol. 1, p. 271.

85　"她身体的污垢"Ibid., p. 273.

85　"狮子攻击牛……"Ibid., p. 273.

85　"一个高大英俊、皮肤白皙的部落……"Ibid., p. 275.

86　"强壮、高大且美观……"Ibid., vol. 3, p. 254.

86　"男人既无趣又愚蠢……"Ibid., p. 257.

86　"通常是女人用手势或语言来决定……"Westphal-Hellbusch quoted in

Tambs-Lyche (1997), p. 158.

87 "住在外面的人" Enthoven (1997), vol. 3, p. 253.

87 "远离正道的人" Ibid., p. 253.

88 "数据表明，玛尔达里人……" M. Berwick (1990), p. 92.

88 "没有理由认为狮子……" Joslin typescript of his IUCN presentation (from the files of Steve Berwick), p. 11.

89 "免于恐惧的森林" Government of Gujarat (1975), p. 19.

89 "在这些受保护的森林里……" Ibid., p. 19, note††.

89 "危险的" Kautilya (1992), p. 321.

90 "疑虑" Singh and Kamboj (1996), p. 84.

90 "一些搬迁的家庭在……" Ibid., p. 84.

91 "玛尔达里的搬迁项目已经失败……" Chellam and Johnsingh (1993), p. 417.

91 "我们的心在城市附近……" Quoted in Raval (1997), p. 87.

91 "吉尔意味着（我们的）心"。Quoted in ibid., p. 87.

91 "（他们）还不如把我们扔回吉尔……" Quoted in ibid., p. 87.

91 "第二个千年到来时……" Quoted in ibid., p. 89.

91 "即使有保护，吉尔也会退化……" Quoted in ibid., p. 87.

91 "如果没有丛林……" Quoted in ibid., p. 89.

91 "当天空乌云密布……" Quoted in ibid., p. 87.

91 "资源管理和景观质量的看法……" Ibid., title page.

105 "许多受访者报告，在旱季，贫穷村民遭到狮子捕杀的牲畜……" Saberwal et al. (1994), p. 504.

106 "我发现一只活鳌虾……" Errington (1967), p. 241.

106 "我吃的猎物……" Ibid., p. viii.

107 "毫无疑问，麝鼠肉是……" Ibid., p. 24.

108 "损耗部分" Errington (1963), p. 184.

108 "过剩的青年个体" Ibid., p. 184.

108 "考虑到这个因素……" Ibid., p. 184.

111 "鳄鱼迷" Graham and Beard (1973), p. 31.

111 "只要一个人不断受到……" Ibid., p. 201.

112 "死亡：威廉·H.奥尔森……" *Time*, April 22, 1966, p. 77.

113 "我们发现了他的腿……" Graham and Beard (1973), p. 200.

114 "不在乎鳄鱼是下了煮熟的蛋……" Quoted in ibid., pp. 31–32.

114 "心满意足的平和" Ibid., p 96.

114　格雷厄姆认为，这样的神"与魔鬼没有区别……"Ibid., p. 66.

114　"他们的自信不是熟视无睹的……"Ibid., p. 68.

115　"被动物吃掉的恐惧……"Ibid., p. 69.

115　"文明的禁忌之一……"Ibid., p. 69.

115　"这种担忧引发……"Ibid., p. 69.

115　"正是围绕食人问题……"Ibid., p. 69.

116　"他们似乎对袭击的受害者……"Ibid., pp. 69–70.

116　"在我们潜意识的幼稚逻辑中……"Ibid., p. 69.

117　"我们对鳄鱼的了解……"Ibid., p. 218.

118　"我们对鳄鱼的知识是增加了……"Ibid., p. 223.

118　"人类有一种文化本能……"Ibid., p. 201.

122　"在孟加拉湾沿岸数量繁多"Quoted in Bustard and Choudhury (1981), p. 204.

124　"鳄鱼不易引起公众的同情……"Bustard (1969), 249.

124　"很明显，"布斯塔德写道，"如果任何人都能来……"Ibid., p. 253.

125　"可以应用到全球……"Ibid., p. 255.

125　"事关印度三种鳄鱼的保护……"Bustard (1974), p. 1.

125　"印度村民不害怕鳄鱼……"Ibid., p. 11.

125　"众所周知，人类并不是鳄鱼喜欢的……"Ibid., p. 11.

126　"该地区是咸水鳄的优质栖息地……"Ibid., p. 34.

126　"为保持当地居民的合作……"Bustard and Choudhury (1981), pp. 209–210.

137　"侥幸脱险的经历……"Stokes (1846), vol. 1, p. 397.

137　"心爱的西班牙猎犬的脚掌"Ibid., p. 397.

138　"一只短吻鳄在离我很近的地方……"Stokes (1846), vol. 2, p. 36.

138　"及时游到对岸……"Ibid., p. 37.

139　熟知艰苦环境里长期生存的必要性[1]

160　"我下个月要和大家去阿纳姆地……"Quoted in Egan (1996), p. 23.

160　"在达尔文市，人们普遍认为……"Egan (1996), p. 192.

161　"为了北领地原住民的使用和利益"Blackburn (1971), p. 8.

161　如果"原住民保留地内某些土地……"Quoted in Berndt and Berndt (1954), p.202.

---

[1]　格雷厄姆·韦伯提醒我，在人类移民到澳大利亚之后的远古时期，原住民对火的使用可能导致一些地区的景观发生了重大变化，而他们的狩猎行为可能是导致更新世动物灭绝的一个因素。例如，不会飞的鸟类种群可能比鳄鱼种群更容易受到早期狩猎方式的影响。

161　"没有人事先向我们解释过……"The full text of the Bark Petition, in both languages, is reproduced in Dean (1963), p. 6.

163　"原住民土地权"Blackburn (1971), p. 58.

163　"原住民对土地的义务感比……"Ibid., p. 130.

163　"试图用一句格言来表达……"Ibid., pp. 130–31.

164　"我们相信自己是一条鳄鱼……"Quoted in Watson et al. (1989), p. 26.

172　"昨天我们去加朗加利……"Laynhapuy Schools A.S.S.P.A. Committee (1992), p. 16.

172　"我们看到三个巴茹……"Ibid., p. 18.

172　"我们尝了盐水……"Ibid., p. 17.

183　枪支和配枪权[1]

190　试着把这个想法告诉地狱天使们[2]

194　"天生聪明、记忆力惊人……"Quoted in Cullen (1990), p. 96.

194　"全球军备控制的主要支持者……"Quoted in Judt (2001), p. 44.

194　"欧洲的好共产党人之一"Quoted in ibid., p. 44.

197　"别唱了，尼古……"Quoted in Behr (1991), p. 26.

197　"我真不敢相信……"Quoted in ibid., p. 26.

207　"有时候'发现'的鹿比……"Crişan (1994), typescript translation by Eduard Érsek, pp. 19–20.

207　"阻力的极限"Ibid., p. 24.

207　"这对他们来说是一种荣誉……"Ibid., p. 25.

208　"熊向各个方向逃窜……"Ibid., p. 46.

209　"我们，还有林业工人们……"Ibid., p. 46.

218　总面积在310万到770万公顷之间[3]

222　*Sha naqba imuru*，可以译作《看见深渊的人》George edition (1999), p. xxv.

224　"我在高地认识他，我的朋友……"Ibid., p. 18.

224　"大人，你没有看到那家伙……"Ibid., p. 154.

225　"你虚弱的话语……"Ibid., p. 19.

---

① 在我与安德鲁·卡波会面近三年后，他以特有的穿透性坦率告诉我，他"在这件事上变得软弱了"，因为"垃圾乡巴佬杀手"搞臭了拥有枪支的澳大利亚人的名声。

② 安德鲁后来告诉我，他确实向天使表达了这些担忧，用婉转的方式，然后"他们同意了制作头骨的方案，结果很棒！"。

③ 根据安妮特·默顿斯的最新估计，栖息地面积为767万公顷可能是准确的。

225 "可怕的食人魔"，披着"七个……" Ibid., p. xxxii.

225 "怪物"，脸像卷曲的肠子 Dalley edition (1998), pp. 42, 323.

225 说他是"邪恶"的象征 Sandars edition (1972), p. 33.

225 "一张奇怪的脸和长长的头发……" Lambert (1987), p. 43.

226 "我会咬穿你的气管和脖子……" Dalley edition (1998), p. 72.

226 "獠牙" George edition (1999), p. 44.

226 "践踏森林" Ibid., p. 46.

226 "吉尔伽美什砍树……" Dalley edition (1998), p. 76.

226 "风之王" George edition (1999), p. 223.

226 "林地之门" Ibid., p. 55.

227 "最邪恶的蛇" Byock edition (1990), p. 59.

228 "没有武器可以伤害它" Hamilton (1961), p. 164.

229 "拉布"的原意就是狮子 Heidel edition (1963), p. 141.

229 《巴比伦创世记》 Ibid., title page.

229 "闪闪发光的那个" King edition (1902), p. 9.

229 "怪物蛇" Ibid., p. 17.

229 "她用毒药，而不是血……" Ibid., p. 17.

230 "众神中最聪明的" Heidel edition (1963), p. 5.

230 "像一条扁平的鱼一般分成两半" King edition (1902), p. 77.

230 "贝奥武夫一生充满客场胜利……" Alexander edition (1973), p 17.

231 "一个强大的恶魔……" Heaney edition (2000), p. 9.

231 "被放逐的怪物，该隐的后裔……" Ibid., p. 9.

231 "当黎明破晓，白昼悄悄掠过……" Ibid., p. 33.

231 "这个生物没有让他久等……" Ibid., pp. 49, 51.

232 "他冒险靠近，举起魔爪……" Ibid., p. 51.

233 "悲痛欲绝、饥肠辘辘……" Ibid., p. 89.

233 "深渊之狼" Ibid., pp. 110, 111.

233 "野蛮的爪子" Ibid., p. 105.

233 "一群令人眼花缭乱的海兽……" Ibid., p. 105.

234 "不要让骄傲冲昏头脑……" Ibid., p. 121.

235 "曾经的伟人已经奄奄一息……" Ibid., p. 205.

235 被"放逐"的怪物 Ibid., p. 9.

235 "被上帝诅咒" Ibid., p. 11.

235 "孤独的战争" Ibid., p. 13.

235 "沉思她的错误" Ibid., p. 89.

236 "打扰它睡眠的闯入者"Ibid., p. 157.

236 "愤怒地扭动着"Ibid., p. 155.

236 "从心理学的角度，龙是一个人本我……"Campbell (1998), p. 149.

236 "当齐格弗里德杀死龙……"Ibid., p. 146.

237 "龙不是漫无目的的幻想……"Tolkien (1936), pp. 15–16.

237 "命运的残酷无情"Ibid., p. 17.

238 "人类与充满敌意的世界交战……"Ibid., p. 18.

238 "*lif is læne*..."Ibid., p. 18. Jerry Coffey, of Montana State University, provided me with the translation of this line, which Tolkien omitted.

238 "地狱的奴隶"Heaney edition (2000), p. 53.

238 "上帝的愤怒"Tolkien (1936), p. 25.

238 "可怕的地狱新娘"Heaney edition (2000), p. 89.

238 "地狱母亲"Ibid., p. 91.

238 "邪恶的力量"Ibid., p. 93.

238 "邪恶之物"Ibid., p. 171.

238 "古老的怪物变成……"Tolkien (1936), p. 23.

239 "该隐家族"Heaney edition (2000), p. 9.

239 "生命之主"Ibid., p. 3.

239 "如果不是因为临近异教时代……"Tolkien (1936), p. 23.

239 "疯狂的长篇大论……"Heaney edition (2000), p. 211.

240 "人类文化中充斥着跟自然中不尽相同的动物……"Shepard (1997), p. 175.

240 "一只在山洞里守着金子的会喷火……"Ibid., p. 176.

241 "我们对夜间怪物的恐惧……"Ibid., p. 29.

242 "长着残忍利喙的无声猎犬"Mayor (2000), p. 29.

243 "狮子一样的四足动物……"Aelian (1971), vol. 1, book 4, p. 241.

244 "蜜蜂狼"，也就是熊 Alexander edition (1973), p. 8.

255 "没有足够的停车位……"Schullery (1992), p. 106.

266 "一片嘴唇和连着头发的头皮……"Herrero (1985), p. 72.

266 "很多软组织都被……"Ibid., p. 73.

267 "熊造成的伤害"Quoted in McMillion (1998), p. 92.

267 "然后，一旦人死了……"Quoted in ibid., p. 92.

267 "就像对待一头驼鹿或野牛……"McMillion (1998), p. 85.

268 "一只灰熊杀死并吃掉一个人……"Ibid., p. 13–14.

270 "咬—吐悖论" Ellis and McCosker (1991), p. 110.

271 "藤蔓让小家伙停了……" Auffenberg (1981), p. 320.

271 更像是食肉的真鲨…… Ibid., p. 209.

272 "遭遇鳄鱼的死亡翻滚……" Plumwood (1996), p. 35.

272 "难以言表" Ibid., p. 35.

273 "它又来了……" Ibid., p. 34.

274 "用滚烫的钳子夹住……" Ibid., p. 35.

274 "旋转的离心机……" Ibid., p. 35.

275 "我意识到，用这种方式，鳄鱼要花很长时间……" Ibid., p. 36.

275 "男权主义怪物神话" Ibid., p. 40.

276 "不可饶恕的怪物" Ibid., p. 40.

276 "如果通常的死亡是一种恐怖……" Ibid., p. 42.

276 "被禁止的界限崩溃" Ibid., p. 42.

279 "猎豹的小犬齿是为了跑得快……" Ibid., p. 58.

283 "剪切咬" Akersten (1985), p. 18.

284 "剑齿虎群在远处重新集结……" Ibid., p. 18.

284 "气管和主要血管造成更重要也更迅速的……" Turner (1997), p. 124.

286 "我几乎可以肯定，人类智识和技术的崛起……" Brain (1981), p. 158.

288 "不止一种猫科动物……" Ibid., p. 273.

297 "对温血脊椎动物而言……" Quoted in Mayr (1956), which is reprinted in Mayr (1976), p. 211.

298 "目前公认的八个老虎亚种……" Kitchener (1999), p. 22.

299 "似乎随着纬度的增加而逐渐变化……" Ibid., p. 35.

300 "的确，身披冬毛的东北虎……" Matthiessen (2000), p. 47.

309 "意识形态改革" Stephan (1994), p. 219.

310 《满洲虎》Baikov (1925), typescript translation by Misha Jones, p. 1.

310 "成年雄虎的胡须、心脏、血液、骨骼……" Ibid., typescript translation, p. 17.

310 "它相当鲜嫩可口，没有骚味……" Ibid., typescript translation, p. 17.

310 "半野蛮人" Ibid., typescript translation, p. 19.

311 "在'泰加沙皇'的威慑下……" Ibid., typescript translation, p. 19.

311 "如果老虎吃了人……" Ibid., typescript translation, p. 19.

312 "一百万人（不包括劳改犯）……" Stephan (1994), p. 185.

312 "应该发展独立的……" Ibid., p. 185.

313 "被执政党的打猎迷狠狠地揍了一顿" Matthiessen (2000), p. 10.

313 "雌虎在保护幼崽时非常勇敢……"Baikov (1925), quoted in Stroganov (1969), p. 495.

316 "没有国际合作，就不可能保护东北虎……"Pikunov (1988a), p. 179.

316 "对待老虎的过时态度和对老虎的保护……"Bragin and Gaponov (1989), typescript translation by Bragin, p. 1.

316 "和国民经济所有其他领域一样……"Ibid., typescript translation, p. 9.

317 "特殊的自然管理制度"Ibid., typescript translation, p. 9.

317 "不能保留这么多栖息地……"Ibid., typescript translation, p. 9.

318 "特殊经济制度区"Ibid., typescript translation, p. 9.

318 "在这些地区开展老虎商业狩猎将是……"Ibid., typescript translation, p. 10.

318 "要最大限度发掘这些老虎的价值……"Ibid., typescript translation, p. 10.

319 "在目前的条件下，如果狩猎承租人……"Ibid., typescript translation, p. 10.

319 "远东地区的经济一落千丈……"Stephan (1994), p. 290.

320 "该地区的经济状况一塌糊涂"Ibid., p. 288.

320 "然而对食物短缺的现象，大多数远东人……"Ibid., p. 290.

322 "他沿着他们公司建造的道路……"Galster and Eliot (1999), pp. 235–36.

322 《关于拯救俄罗斯远东地区的东北虎和其他濒危动植物的法令》Ibid., p. 237.

333 "没有专门训练过的狗在狩猎中一无是处……"Baikov (1925), typescript translation, p. 14.

333 "猎人胆怯的狗试图自救……"Abramov (1965), typescript translation by Misha Jones, p. 6.

334 "一只年轻的老虎经常在基夫卡村的郊区……"Matyushkin et al. (1980), p. 35.

334 "没有受伤的老虎，通常很少袭击人类……"Baikov (1925), typescript translation, p. 14.

334 "这次袭击是由一只雌虎和……"Smirnov (1992) abstract, in Matyushkin (1998), p. 337.

335 "老虎在第四下跳跃中……"Nikolaev and Yudin (n.d.), typescript in English, p. 6.

335 "只要老虎没被射杀……"Ibid., p. 6.

335 "老虎数量大幅增加……"Ibid., p. 1.

335 "这种老虎不仅会捕杀牲畜……"Ibid., p. 3.

336 "如果老虎在遇到人或家畜时偏离了……"Ibid., p. 7.

336 "因此我们可以得出结论……"Ibid., p. 7.

336 "正常的老虎表现出对人类根深蒂固的……"McDougal （1987）, p. 435.

337 "……几周内就有60人被杀"Ibid., p. 437.

337 "食人者进入茅屋……"Ibid., p. 438.

338 "要么是因为人类干扰了老虎原先的栖息地……"Ibid., p. 443.

339 "老虎杀死人类的数量……"Seiden sticker and McDougal (1993), p. 105.

339 "为什么老虎并没有杀死更多的人？"Ibid., p. 121.

339 "以正常直立姿势行走的人……"Ibid., p. 122.

339 "在清早或天黑时外出弯腰割胶或者割草的人……"Ibid., p. 122.

339 "当老虎公开攻击一个人时……"Baikov (1925), typescript translation, p. 15.

340 "老虎通常会避免攻击人类……"Abramov (1965), typescript translation, p. 7.

340 "我和乌德盖人一起多次谈论过老虎……"Ibid., typescript translation, p. 7.

349 "在山里，它们把洞穴当作……"Vereshchagin and Baryshnikov (1984), p. 497.

350 "巨兽"，甚至可能是"有史以来体型最大的猫科动物"Kurtén (1968), p. 85.

351 "我们试着大喊，借助回声……"Chauvet et al. (1996), p. 35.

352 "我们被震撼了……"Ibid., pp. 40–41.

352 "非常奇怪，似乎有点……"Ibid., p. 48.

352 "这时，我们的灯突然照亮了……"Ibid., p. 58.

354 "这些岩画的确切年代……"Clottes (1995), p. 34.

354 "一些细节指向马格德林之前……"Ibid., p. 34.

355 "充满力量的独创性"Clottes (1996), p. 121.

355 "这改变了我们对艺术进化……"Jean Clottes lecture in Bozeman, Montana; June 1, 2001.

356 "治愈病人、预言未来……"Clottes and Lewis-Williams (1998), p. 19.

356 "肖维岩洞毫无疑问地揭示，大型猫科动物……"Clottes (1996), p. 127.

356 "所有关于这个问题的猜测……"Ibid., p. 127.

360 "世界人口将在2000年年中达到61亿……"United Nations Population Division (2001), p. v.

360 "如果以每名妇女略多于两个孩子……"United Nations Population Division (1998), p. ix.

361 "换句话说，将来几乎一定会有更多的人……"Ehrenfeld (1986), pp. 176–77.

361 "预测地球上动植物种的命运……"Ibid., p. 177.

361 "降低动物生存潜力的特征……" Ehrenfeld (1970), p. 129.

362 "最濒危动物" Ibid., p. 130.

362 "结果是一种大型捕食者……" Ibid., p. 130.

362 "如果世界继续当前的进程……" Ehrenfeld (1986), p. 178.

362 "识别出最脆弱的物种类群至关重要" Terborgh (1974), p. 719.

364 "食草动物很少受食物的限制……" Hairston, Smith, and Slobodkin (1960), p. 424.

365 "群落结构的基石" Paine (1969), p. 92.

365 "基石物种" Ibid., p. 92.

367 "这些观察是一种警告……" Terborgh et al. (2001), p. 1925.

368 "对其群落或生态系统的影响很大……" Power et al. (1996), p. 609.

368 给出了这个简单的公式 The equation is in Power et al. (1996), p. 610.

369 "这些证据有力地证明……" Terborgh et al. (1999), pp. 57–58.

369 "至关重要且不可替代的调节作用"…… Ibid., p. 58.

369 "顶级食肉动物的消失"……"似乎将不可逆转地导致" Ibid., p. 58.

371 "我认为异形本身就是一个特许经营权……"伊沃·鲍威尔的声明出现在纪录片《异形遗产》中，该纪录片是为了庆祝《异形》发行20周年而制作的。

373 "我的上帝，我们在这里做了什么……"罗恩·舒塞特在《异形遗产》中的讲话。

374 "这个人的视角本质上是不健康的……"欧班农对吉格的评论被吉格用在了简介上（1996）。

参考文献

对那些阅读过精美版本、热爱书和书的历史、并注意日期的读者，我想做一个小小的声明：在本书中引用的每本书，碰巧是我手头能拿来做研究的任何版本，很多情况下都不是第一版或最著名的版本。因此会有一些明显的时代错误，比如达尔文 (1964) 和埃尔顿 (1966)。我相信你们知道查尔斯·达尔文并没有在 1964 年出版《物种起源》，也相信你能欣赏其他的版本，比如查尔斯·埃尔顿开拓性的 1927 年卷现在更容易在后来的版本中找到。

Abdi, Rupa Desai. 1993. *Maldharis of Saurashtra: A Glimpse into Their Past and Present*. Bhavnagar, India: Suchitra Offset.

Abramov, K. G. 1965. "Tigr Amursky—relikt fauny Dal'nego Vostoka" ("The Amur Tiger: Relict Fauna of the Far East"). *Zapiski Primorskogo fil-iala Geograficheskogo obshchestva SSSR (Notes of the Primoriskiy Branch of the USSR Geographic Society)*, Vol. 1, No. 24. Vladivostok: Dal'nevostochnogo knizhnogo izdatal'estva (Far East Publishing House). Typescript translation by Misha Jones.

Aelian. 1971. *On the Characteristics of Animals*, trans. A. F. Scholfield. London: William Heinemann.

Akersten, William A. 1985. "Canine Function in Smilodon (Mammalia; Felidae; Machairodontinae)." *Contributions in Science*, no. 356. Los Angeles: Los Angeles County Museum.

Alexander, Michael, ed. and trans. 1973. *Beowulf*. Harmondsworth, Middlesex, Eng.: Penguin Books.

Ali, Salim. 1996. *The Book of Indian Birds*. Bombay: Bombay Natural History Society and Oxford University Press.

Allen, Judy, and Jeanne Griffiths. 1979. *The Book of the Dragon*. Secaucus, N.J.: Chartwell Books.

Allen, Thomas B. 1999. *The Shark Almanac*. New York: Lyons Press.

Almăşan, Horia. N.d. *Bonitatea Fondurilor de Vînătoare şi Efectivele Optime la Principalele Specii de Vînat din R. S. România*. (Privately translated by Eduard Érsek as "Carrying Capacity of Hunting Areas and Optimal Population Numbers of Game in Romania.") Bucharest: Institutul de Cercetărişi Amenajări Silvice.

Anderson, Elaine. 1984. "Who's Who in the Pleistocene: A Mammalian Bestiary." In Martin and Klein (1984).

Arseniev, V. K. 1996. *Dersu the Trapper*, trans. Malcolm Burr, preface by Jaimy Gordon. Kingston, N.Y.: McPherson.

Auffenberg, Walter. 1981. *The Behavioral Ecology of the Komodo Monitor*. Gainesville: University Presses of Florida.

Baikov, N. A. 1925. "Man'chzhurskii tigr" ("The Manchurian Tiger"). Harbin, China: Obshchestvo izucheniya Man'chzhurskogo Kraya (Society for the Study of Manchuria). Typescript translation by Misha Jones.

Bailey, Theodore N. 1993. *The African Leopard: Ecology and Behavior of a Solitary Felid*. New York: Columbia University Press.

Bakels, Jet. 1992. "Tiger by the Tail: On Tigers, Ancestors, and Nature Spirits in Kerinci." Typescript of a paper written for the Sumatran Tiger PHVA Workshop, November 22–29, 1992. Padang, Sumatra.

Behr, Edward. 1991. *Kiss the Hand You Cannot Bite: The Rise and Fall of the Ceauşescus*. New York: Villard Books.

Bellow, Saul. 1998. *The Dean's December*. New York: Penguin Books.

Berndt, Ronald M. 1964. "The Gove Dispute: The Question of Australian Aboriginal Land and the Preservation of Sacred Sites." *Anthropological Forum*, Vol. 1, No. 2.

Berndt, Ronald M., and Catherine H. Berndt. 1954. *Arnhem Land: Its History and Its People*. Melbourne: F. W. Cheshire.

Berndt, Ronald M., and Catherine H. Berndt, with John E. Stanton. 1998. *Aboriginal Australian Art*. Sydney: New Holland Publishers.

Berwick, Marianne. 1990. "The Ecology of the *Maldhari* Graziers in the Gir Forest, India." In *Conservation in Developing Countries: Problems and Prospects*, ed. J. C. Daniel and J. S. Serrao. Bombay: Bombay Natural History Society.

Berwick, Stephen. 1971. "The Gir Forest: Its Wildlife and Ecology." *Span*. December 1971.

————. 1974. "The Community of Wild Ruminants in the Gir Forest Ecosystem, India." Ph.D. dissertation, Yale University.

————. 1976. "The Gir Forest: An Endangered Ecosystem." *American Scientist*, vol. 64.

Bhaskarananda, Swami. 1994. *The Essentials of Hinduism: A Comprehensive Overview of the World's Oldest Religion*. Seattle: Viveka Press.

Biknevicius, A. R., B. Van Valkenburgh, and J. Walker. 1996. "Incisor Size and Shape: Implications for Feeding Behaviors in Saber-Toothed 'Cats.'" *Journal of Vertebrate Paleontology*, vol. 16, no. 3.

Blackburn, Mr. Justice. 1971. *Milirrpum v. Nabalco Pty. Ltd. and the Commonwealth of Australia*. Decision in a case before the Supreme Court of the Northern Territory. Sydney: Law Book Company.

Blainey, Geoffrey. 1993. *The Rush That Never Ended: A History of Australian Mining*. Melbourne: Melbourne University Press.

Blank, Jonah. 1992. *Arrow of the Blue-Skinned God: Retracing the Ramayana Through India*. New York: Doubleday/Image Books.

Bleakley, J. W. 1929. "The Aboriginals and Half-Castes of Central Australia and North Australia." Report to the Parliament of the Commonwealth of Australia.

Bloch, Maurice. 1997. *Prey into Hunter: The Politics of Religious Experience*. Cambridge: Cambridge University Press.

Bomford, Mary, and Judy Caughley, eds. 1996. *Sustainable Use of Wildlife by Aboriginal People and Torres Strait Islanders*. Canberra: Australian Government Publishing Service.

Booth, Martin. 1990. *Carpet Sahib: A Life of Jim Corbett*. New Delhi: Oxford University Press.

Bowlby, John. 1992. *Charles Darwin: A New Life*. New York: W. W. Norton.

Bragin, A. P. 1986. "Population Characteristics and Social-Spatial Patterns of the Tiger (*Panthera tigris*) on the Eastern Macroslope of the Sikhote-Alin Mountain Range, USSR." Vladivostok: VINITI. Typescript translation by Bragin.

Bragin, Anatoly P., and Victor V. Gaponov. 1989. "Problems of the Amur Tiger." *Okhota i okhotnichie khozyaistvo* (*Hunters and Hunting*), no. 10. Typescript translation by Bragin.

Brain, C. K. 1970. "New Finds at the Swartkrans Australopithecine Site." *Nature*, vol. 225, March 21, 1970.

———. 1981. *The Hunters or the Hunted? An Introduction to African Cave Taphonomy*. Chicago: University of Chicago Press.

Braun, Clait E., ed. 1991. "Mountain Lion-Human Interaction." Proceedings from a symposium and workshop, April 24–26, 1991. Denver: Colorado Division of Wildlife.

Brazaitis, Peter, Myrna E. Watanabe, and George Amato. 1998. "The Caiman Trade." *Scientific American*, vol. 278, no. 3.

Breeden, Stanley, and Belinda Wright. 1998. *Kakadu: Looking After the Country—the Gagudju Way*. Marleston, South Australia: J. B. Books.

Brown, David E. 1985. *The Grizzly in the Southwest: Documentary of an Extinction*. Norman: University of Oklahoma Press.

Brown, Gary. 1993. *The Great Bear Almanac*. New York: Lyons and Burford.

Burford, Tim, and Dan Richardson. 1998. *Romania: The Rough Guide*. London: Rough Guides.

Burkert, Walter. 1998. *Creation of the Sacred: Tracks of Biology in Early Religions*. Cambridge, Mass.: Harvard University Press.

Busch, Robert H. 2000. *The Grizzly Almanac*. New York: Lyons Press.

Bustard, H. Robert. 1969. "A Future for Crocodiles." *Oryx*, vol. 10, no. 4.

———. 1974. "A Preliminary Survey of the Prospects for Crocodile Farming (India)." Report FO: IND/71/033. Rome: FAO.

Bustard, H. R., and B. C. Choudhury. 1980a. "Long Distance Movement by a Saltwater Crocodile (*Crocodylus porosus*)." *British Journal of Herpetology*, vol. 6.

———. 1980b. "Conservation Future of the Saltwater Crocodile (*Crocodylus porosus* Schneider) in India." *Journal of the Bombay Natural History Society*, vol. 77, no. 2.

Butler, W. Harry. 1987. "'Living with Crocodiles' in the Northern Territory of Australia." In Webb, Manolis, and Whitehead (1987).

Byock, Jesse L., ed. and trans. 1990. *The Saga of the Volsungs*. New York: Penguin Books.

Campbell, Joseph. 1972. *The Hero with a Thousand Faces*. Princeton, N.J.: Bollingen

Series/Princeton University Press.

———. 1988. *The Power of Myth*. With Bill Moyers. New York: Doubleday.

———. 1991. *Primitive Mythology: The Masks of God*. New York: Penguin Books.

Capstick, Peter Hathaway. 1998. *Maneaters*. Long Beach, Calif.: Safari Press.

Caputo, Philip. 2002. *Ghosts of Tsavo: Stalking the Mystery Lions of East Africa*. Washington, D.C.: National Geographic Adventure Press.

Caras, Roger A. 1977. *Dangerous to Man: The Definitive Story of Wildlife's Reputed Dangers*. South Hackensack, N. J.: Stoeger.

Carment, David. 1996. *Looking at Darwin's Past*. Darwin, Northern Territory, Aus.: North Australia Research Unit.

Carpenter, Stephen R., James F. Kitchell, and James R. Hodgson. 1985. "Cascading Trophic Interactions and Lake Productivity." *BioScience*, vol. 35, no. 10.

Cartmill, Matt. 1993. *A View to a Death in the Morning: Hunting and Nature Through History*. Cambridge, Mass.: Harvard University Press.

Carver, Robert. 1999. *The Accursed Mountains: Journeys in Albania*. London: HarperCollins.

Chaloupka, George. N.d. *Burrunguy: Nourlangie Rock*. Australia (no city given): Northart.

Champion-Jones, R. N. 1945. "Occurrence of the Lion in Persia." *Journal of the Bombay Natural History Society*, vol. 45.

Charlesworth, Max. 1984. *The Aboriginal Land Rights Movement*. Richmond, Victoria, Aus.: Hodja Educational Resources Cooperative.

Chatterjee, Nilanjana. 1992. "Midnight's Unwanted Children: East Bengali Refugees and the Politics of Rehabilitation." Ph.D. dissertation, Brown University.

Chauvet, Jean-Marie, Eliette Brunel Deschamps, and Christian Hillaire. 1996. *Dawn of Art: The Chauvet Cave*. New York: Harry N. Abrams.

Chellam, Ravi, 1993. "Ecology of the Asiatic Lion (*Panthera leo persica*)." Ph.D. dissertation. Saurashtra University, Rajkot.

———. 1996. "Lions of the Gir Forest." *Wildlife Conservation*. May–June 1996.

———. 1997. "Asia's Envy, India's Pride." Srishti, vol. 2.

Chellam, Ravi, and A. J. T. Johnsingh. 1993. "Management of Asiatic Lions in the Gir Forest, India." *Symposium of the Zoological Society of London*, no. 65.

Chellam, Ravi, and Vasant Saberwal. 2000. "Asiatic Lion." In *Endangered Animals: A Reference Guide to Conflicting Issues*. Richard P. Reading and Brian Miller, eds.

Westport, Conn.: Greenwood Press.

Cherry, John, ed. 1995. *Mythical Beasts*. London: British Museum Press.

Choudhury, B. C., and H. R. Bustard. 1980. "Predation on Natural Nests of the Saltwater Crocodile (*Crocodylus porosus* Schneider) on North Andaman Island with Notes on the Crocodile Population." *Journal of the Bombay Natural History Society*, vol. 76, no. 2.

Choudhury, B. C., and S. Choudhury. 1986. "Lessons from Crocodile Reintroduction Projects in India." *Indian Forester*, vol. 112, no. 10.

Clark, Tim W., A. Peyton Curlee, Steven C. Minta, and Peter M. Kareiva, eds. 1999. *Carnivores in Ecosystems: The Yellowstone Experience*. New Haven, Conn.: Yale University Press.

Clarke, James. 1969. *Man Is the Prey*. New York: Stein and Day.

Clottes, Jean. 1995. "Rhinos and Lions and Bears (Oh, My!)." *Natural History*, vol. 104, May 1995.

———. 1996. "Epilogue: Chauvet Cave Today." In Chauvet, Deschamps, and Hillaire (1996).

———. 2001. "Chauvet Cave: France's Magical Ice Age Art." *National Geographic*, vol. 200, August 2001.

Clottes, Jean, and David Lewis-Williams. 1998. *The Shamans of Prehistory: Trance and Magic in the Painted Caves*. Text by Jean Clottes, trans. Sophie Hawkes. New York: Harry N. Abrams.

Clutton-Brock, Juliet. 1996. "Competitors, Companions, Status Symbols, or Pests: A Review of Human Associations with Other Carnivores." In Gittleman (1996).

Codrescu, Andrei. 1991. *The Hole in the Flag: A Romanian Exile's Story of Return and Revolution*. New York: William Morrow.

Cohen, Joel E. 1995. *How Many People Can the Earth Support?* New York: W. W. Norton.

Cole, Keith. 1979. *The Aborigines of Arnhem Land*. Adelaide, Aus.: Rigby.

———. 1980. *Arnhem Land: Places and People*. Adelaide, Aus.: Rigby.

Colinvaux, Paul. 1978. *Why Big Fierce Animals Are Rare: An Ecologist's Perspective*. Princeton, N.J.: Princeton University Press.

Corbett, Jim. 1991. *The Jim Corbett Omnibus*. (Consisting of: *Man-Eaters of Kumaon, The Temple Tiger and More Man-Eaters of Kumaon*, and *The Man-Eating Leopard of Rudraprayag*.) Delhi: Oxford University Press.

Cott, Hugh B. 1961. "Scientific Results of an Inquiry into the Ecology and Economic Status of the Nile Crocodile (*Crocodylus niloticus*) in Uganda and Northern Rhodesia." *Transactions of the Zoological Society of London*, vol. 29, part 4.

Courtney, Nicholas. 1980. *The Tiger: Symbol of Freedom*. London: Quartet Books.

Craighead, Frank C., Jr. 1979. *Track of the Grizzly*. San Francisco: Sierra Club Books.

Craighead, John J., J. S. Summer, and G. B. Scaggs. 1982. *A Definitive System for Analysis of Grizzly Bear Habitat and Other Wilderness Resources*. Monograph No. 1. Missoula, Mont.: Wildlife-Wildlands.

Crawley, Michael J., ed. 1992. *Natural Enemies: The Population Biology of Predators, Parasites and Diseases*. Oxford: Blackwell Scientific Publications.

Crişan, Vasile. 1994. *Jäger? Schlächter: Ceauşescu*. (Privately translated by Eduard Érsek as "Ceauşescu: Hunter or Butcher?") Mainz, Ger.: Verlag Dieter Hoffmann.

Cronon, William. 1983. *Changes in the Land: Indians, Colonists, and the Ecology of New England*. New York: Hill and Wang.

Crooks, Kevin R., and Michael E. Soulé. 1999. "Mesopredator Release and Avifaunal Extinctions in a Fragmented System." *Nature*, vol. 400, August 5, 1999.

Crowe, David M. 1994. *A History of the Gypsies of Eastern Europe and Russia*. New York: St. Martin's.

Cullen, Robert. 1990. "Report from Romania." *The New Yorker*, vol. 66, April 2, 1990.

Dalley, Stephanie, ed. and trans. 1998. *Myths from Mesopotamia: Creation, the Flood, Gilgamesh, and Others*. Oxford: Oxford University Press.

Dalvi, M. K. 1969. "Gir Lion Census 1968." *Indian Forester*, vol. 95, no. 11.

Daniel, J. C. 1980. "An Island of Hope." *Animal Kingdom*, vol. 83, no. 5.

———. 1996. *The Leopard in India: A Natural History*. Dehra Dun, India: Natraj Publishers.

Darwin, Charles. 1964. *On the Origin of Species*. A facsimile of the first (1859) edition. Cambridge, Mass.: Harvard University Press.

Day, David. 1981. *The Encyclopedia of Vanished Species*. London: McLaren.

Dean, R. L., et al. 1963. *Report from the Select Committee on Grievances of Yirrkala Aborigines, Arnhem Land Reserve*. Canberra: Commonwealth Government Printer.

Deletant, Dennis. 1995. *Ceauşescu and the Securitate: Coercion and Dissent in Romania, 1965–1989*. London: Hurst.

Desai, J. R. 1974. "The Gir Forest Reserve: Its Habitats, Faunal and Social

Problems." In *Second World Conference on National Parks*, ed. Sir Hugh Elliott. Morges, Switz.: IUCN.

Desai, Bharat. 2001. "Gir Lion May Be Cramped for Space." *Times of India*, May 28, 2001.

Deurbrouck, Jo, and Dean Miller. 2001. *Cat Attacks: True Stories and Hard Lessons from Cougar Country*. Seattle: Sasquatch Books.

Dharmakumarsinhji, K. S., and M. A. Wynter-Blyth. 1950. "The Gir Forest and Its Lions, Part III." (See under Wynter-Blyth for parts I and II.) *Journal of the Bombay Natural History Society*, Vol. 49.

———. 1998. *Reminiscences of Indian Wildlife*. Delhi: Oxford University Press.

Dharmakumarsinhji, R. S. 1968. "The Gir Lion." *Cheetal*, vol. 10, no. 2.

Diamond, Jared M. 1986. "How Great White Sharks, Sabre-Toothed Cats and Soldiers Kill." *Nature*, vol. 322, August 28, 1986.

Dilks, David. 1969. *Curzon in India*. 2 vols. New York: Taplinger.

Divyabhanusinh. 1995. *The End of a Trail: The Cheetah in India*. New Delhi: Banyan Books.

———. 1998. "A Princely Bequest." *Seminar*, no. 466, June 1998.

Dresser, B. L., R. W. Reese, and E. J. Maruska, eds. 1988. *Proceedings of the 5th World Conference on Breeding Endangered Species in Capitivity*. Cincinnati, Ohio: Cincinnati Zoo.

Duggins, David O. 1980. "Kelp Beds and Sea Otters: An Experimental Approach." *Ecology*, vol. 61, no. 3.

Dunstone, N., and M. L. Gorman, eds. 1993. *Mammals as Predators*. Proceedings of a symposium held by the Zoological Society of London and the Mammal Society, London, November 22–23, 1991. Symposia of the Zoological Society of London, number 65. Oxford: Clarendon Press.

Edgaonkar, Advait, and Ravi Chellam. 1998. "A Preliminary Study on the Ecology of the Leopard, *Panthera pardus fusca*, in the Sanjay Gandhi National Park, Maharashtra." Dehra Dun, India: Wildlife Institute of India.

Edwards, Hugh. 1989. *Crocodile Attack*. New York: Harper and Row.

Edwards, S. M., and L. G. Fraser. 1907. *Ruling Princes of India: Junagadh*. Bombay: "Times of India" Press.

Egan, Ted. 1996. *Justice All Their Own: The Caledon Bay and Woodah Island Killings, 1932–1933*. Melbourne: Melbourne University Press.

Egerton, Frank N. 1973. "Changing Concepts of the Balance of Nature." *Quarterly Review of Biology*, vol. 48.

Ehrenfeld, David W. 1970. *Biological Conservation*. New York: Holt, Rinehart and Winston.

———. 1986. "Life in the Next Millennium: Who Will Be Left in the Earth's Community?" In Kaufman and Mallory (1986).

Ehrenreich, Barbara. 1997. *Blood Rites: Origins and History of the Passions of War.* New York: Henry Holt.

Ellis, Richard. 1999. *The Search for the Giant Squid*. New York: Penguin Books.

———. 1996. *Monsters of the Sea*. New York: Doubleday/Main Street Books.

Ellis, Richard, and John E. McCosker. 1991. *Great White Shark*. Stanford, Calif.: Stanford University Press.

Elton, Charles. 1966. *Animal Ecology*. New York: October House.

Emerson, Sharon B., and Leonard Radinsky. 1980. "Functional Analysis of Sabertooth Cranial Morphology." *Paleobiology*, vol. 6, no. 3.

Enthoven, R. E. 1997. *The Tribes and Castes of Bombay*. 3 vols. Delhi: Low Price Publications.

Errington, Paul. 1946a. "Predation and Vertebrate Populations." *Quarterly Review of Biology*, vol. 21, no. 2.

———. 1946b. "Predation and Vertebrate Populations (Concluded)." *Quarterly Review of Biology*, vol. 21, no. 3.

———. 1956. "Factors Limiting Higher Vertebrate Populations." *Science*, vol. 124, August 16, 1956.

———. 1963. "The Phenomenon of Predation." *American Scientist*, vol. 51, no. 2.

———. 1967. *Of Predation and Life*. Ames: Iowa State University Press.

Estes, James, Kevin Crooks, and Robert Holt. 2001. "Predators, Ecological Role of." *Encyclopedia of Biodiversity*, vol. 4. Edited by Simon Asher Levin. San Diego, Calif.: Academic Press.

Ewer, R. F. 1998. *The Carnivores*. With a new foreword by Devra Kleiman. Ithaca, N.Y.: Cornell University Press.

Ewing, Susan, and Elizabeth Grossman, eds. 1999. *Shadow Cat: Encountering the American Mountain Lion*. Seattle: Sasquatch Books.

Farkas, Ann E., Prudence O. Harper, and Evelyn B. Harrison, eds. 1987. *Monsters and Demons in the Ancient and Medieval Worlds*. Mainz on Rhine, Ger.: Verlag

Philipp von Zabern.

Feazel, Charles T. 1992. *White Bear: Encounters with the Master of the Arctic Ice*. New York: Ballantine Books.

Feder, Martin E., and George V. Lauder, eds. 1986. *Predator-Prey Relationships: Perspectives and Approaches from the Study of Lower Vertebrates*. Chicago: University of Chicago Press.

Fenton, L. L. 1909. "The Kathiawar Lion." *Journal of the Bombay Natural History Society*, vol. 19.

Ferry, David, ed. and trans. 1994. *Gilgamesh: A New Rendering in English Verse*. New York: Noonday Press/Farrar, Straus and Giroux.

Finlayson, Max, Dean Yibarbuk, Lisa Thurtell, Michael Storrs, and Peter Cooke. 1999. "Local Community Management of the Blyth/Liverpool Wetlands, Arnhem Land, Northern Territory, Australia." Canberra: Supervising Scientist, Environment Australia.

Fischer, Hank. 1995. *Wolf Wars: The Remarkable Inside Story of the Restoration of Wolves to Yellowstone*. Helena, Mont.: Falcon Press.

Fischer, Henry G. 1987. "The Ancient Egyptian Attitude Toward the Monstrous." In Farkas, Harper, and Harrison (1987).

Fischer-Galaţi, Stephen. 1970. *Twentieth Century Romania*. New York: Columbia University Press.

Flannery, Tim. 1995. *The Future Eaters*. New York: George Braziller.

Gadgil, Madhav, and Ramachandra Guha. 1993. *This Fissured Land: An Ecological History of India*. Delhi: Oxford University Press.

———. 1995. *Ecology and Equity: The Use and Abuse of Nature in Contemporary India*. New York: Routledge.

Galster, Steven Russell, and Karin Vaud Eliot. 1999. "Roaring Back: Antipoaching Strategies for the Russian Far East and the Comeback of the Amur Tiger." In Seidensticker et al. (1999).

Gans, Carl. 1986. "Functional Morphology of Predator-Prey Relationships." In Feder and Lauder (1986).

Gardner, John. 1989. *Grendel*. New York: Vintage Books.

Gee, E. P. 1964. *The Wild Life of India*. London: Collins.

Geist, Valerius. 1989. "Did Large Predators Keep Humans out of North America?" In *The Walking Larder: Patterns of Domestication, Pastoralism, and Predation*, ed.

Juliet Clutton-Brock. London: Hyman Unwin.

George, Andrew, ed. and trans. 1999. *The Epic of Gilgamesh*. New York: Penguin Books.

Georgescu, Vlad. 1991. *The Romanians: A History*, ed. Matei Calinescu, trans. Alexander Bley-Vroman. Columbus: Ohio State University Press.

Gilbert, D. A., C. Packer, A. E. Pusey, J. C. Stephens, and S. J. O'Brien. 1991. "Analytical DNA Fingerprinting on Lions: Parentage, Genetic Diversity, and Kinship." *Journal of Heredity*, vol. 82.

Gillespie, Dan, Peter Cooke, and John Taylor. N.d. "Improving the Capacity of Indigenous People to Contribute to the Conservation of Biodiversity in Australia." A report to the Biological Diversity Advisory Council, Environment Australia. Darwin, Northern Territory, Aus.: Tallegalla Consultants et al.

Gittleman, John L., ed. 1989. *Carnivore Behavior, Ecology, and Evolution*. Ithaca, N.Y.: Cornell University Press.

———. 1996. *Carnivore Behavior, Ecology, and Evolution*. Vol. 2. Ithaca: Cornell University Press.

Gittleman, J. L., S. Funk, D. W. Macdonald, and R. K. Wayne, eds. 2001. *Carnivore Conservation*. Cambridge: Cambridge University Press.

Gonyea, William J. 1976. "Behavioral Implications of Saber-Toothed Felid Morhpology." *Paleobiology*, vol. 2.

Government of Gujarat. 1975. *The Gir Lion Sanctuary Project*. Revised (from 1972 edition) by K. P. Karamchandani. Gandhinagar: Government of Gujarat.

Graham, Alistair, and Peter Beard. 1973. *Eyelids of Morning: The Mingled Destinies of Crocodiles and Men*. New York: A & W Visual Library.

Groger-Wurm, Helen M. 1973. "Australian Aboriginal Bark Paintings and Their Mythological Interpretation." Australian Aboriginal Studies, no. 30. Canberra: Australian Institute of Aboriginal Studies.

Grumbine, R. Edward. 1992. *Ghost Bears: Exploring the Biodiversity Crisis*. Washington, D.C.: Island Press.

Grun, Bernard. 1982. *The Timetables of History: A Horizontal Linkage of People and Events*. New York: Touchstone.

Grzelewski,Derek. 2001. "Risky Business." *Smithsonian*, vol. 32, no. 8.

Guggisberg, C. A. W. 1963. *Simba: The Life of the Lion*. Philadelphia: Chilton Books.

———. 1972. *Crocodiles: Their Natural History, Folklore and Conservation*.

Harrisburg, Pa.: Stackpole Books.

Hairston, Nelson G., Frederick E. Smith, and Lawrence B. Slobodkin. 1960. "Community Structure, Population Control, and Competition." *American Naturalist*, vol. 94, no. 879.

Hale, Julian. 1971. *Ceaușescu's Romania: A Political Documentary*. London: George G. Harrap.

Hamilton, Edith. 1961. *Mythology*. New York: Mentor Books/New American Library.

Hansen, Kevin. 1992. *Cougar: The American Lion*. Flagstaff, Ariz.: Northland Publishing.

Harrison, Paul. 1992. *The Third Revolution: Environment, Population and a Sustainable World*. London: I. B. Tauris.

Hasluck, Paul. 1988. *Shades of Darkness: Aboriginal Affairs 1925–1965*. Melbourne: Melbourne University Press.

Heaney, G. F. 1944. "Occurrence of the Lion in Persia." *Journal of the Bombay Natural History Society*, vol. 44.

Heaney, Seamus, ed. and trans. 2000. *Beowulf: A New Verse Translation*. New York: Farrar, Straus and Giroux.

Heidel, Alexander, ed. and trans. 1963. *The Babylonian Genesis*. Chicago: University of Chicago Press.

Herodotus. 1972. *The Histories*, trans. Aubrey de Sélincourt; revised, with an introduction and notes by A. R. Burn. Harmondsworth, Middlesex, Eng.: Penguin Books.

Herrero, Stephen. 1985. *Bear Attacks: Their Causes and Avoidance*. New York: Nick Lyons Books.

Hiatt, L. R. 1965. *Kinship and Conflict: A Study of an Aboriginal Community in Northern Arnhem Land*. Canberra: Australian National University Press.

Hobbes, Thomas. 1985. *Leviathan*, ed. with an introduction by C. B. Macpherson. New York: Penguin Classics.

Hodges-Hill, Edward. 1992. *Man-Eater: Tales of Lion and Tiger Encounters*. Heathfield, East Sussex, Eng.: Cockbird Press.

Hobusch, Erich. 1980. *Fair Game: A History of Hunting, Shooting and Animal Conservation*. English version by Ruth Michaelis-Jena and Patrick Murray. New York: Arco Publishing.

Horner, John R., and Don Lessem. 1993. *The Complete T. rex*. New York: Simon and

Schuster.

Hoult, Janet. 1987. *Dragons: Their History and Symbolism*. Glastonbury, Somerset, Eng.: Gothic Image Publications.

Hoogesteijn, Rafael, and Edgardo Mondolfi. 1996. "Body Mass and Skull Measurements in Four Jaguar Populations and Observations on Their Prey Base." *Bulletin of the Florida Museum of Natural History*, vol. 39, no. 6.

Hughes, Robert. 1988. *The Fatal Shore*. New York: Vintage Books.

Hummel, Monte, and Sherry Pettigrew, with John Murray. 1991. *Wild Hunters: Predators in Peril*. Niwot, Colo.: Roberts Rinehart.

Hutcherson, Gillian. 1995. *Djalkiri Wanga, The Land Is My Foundation: 50 Years of Aboriginal Art from Yirrkala, Northeast Arnhem Land*. Occasional Paper, no. 4. Perth: University of Western Australia/Berndt Museum of Anthropology.

Hutton, Jon M., and Grahame J. W. Webb. 1992. "An Introduction to the Farming of Crocodiles." From a workshop held at the 10th Working Meeting of the IUCN/SSC Crocodile Specialist Group, Gainesville, Fl., April 21–27, 1990.

———. 1994. "The Principles of Farming Crocodiles." In *Proceedings of the Second Regional Meeting (Eastern Asia, Oceania, Australasia) of the Crocodile Specialist Group of the Species Survival Commission of IUCN Convened at Darwin, Northern Territory, Australia*. Gland, Switz.: IUCN.

Ioanid, Radu. 2000. *The Holocaust in Romania: The Destruction of Jews and Gypsies Under the Antonescu Regime, 1940–1944*. Chicago: Ivan R. Dee.

Ionescu, Ovidiu. 1999. "Status and Management of the Brown Bear in Romania." In Servheen et al. (1999).

Irving, Laurence. 1972. *Arctic Life of Birds and Mammals, Including Man*. New York: Springer-Verlag.

Jagannathan, Shakunthala. 1984. *Hinduism: An Introduction*. Mumbai: Vakils, Feffer and Simons.

Janis, Christine. 1994. "The Sabertooth's Repeat Performances." *Natural History*, vol. 103, no. 4.

Janis, Christine M., Kathleen M. Scott, and Louis L. Jacobs, eds. 1998. *Evolution of Tertiary Mammals of North America*. Vol. 1, *Terrestrial Carnivores, Ungulates, and Ungulatelike Mammals*. Cambridge: Cambridge University Press.

Johanson, Donald, and Blake Edgar. 1996. *From Lucy to Language*. New York: Simon and Schuster.

众神的怪兽：在历史和思想丛林里的食人动物

Johnsingh, A. J. T., and Ravi Chellam. 1991. "India's Last Lions." *Zoogoer*, vol. 20, no. 5.

Johnsingh, A. J. T., Ravi Chellam, and G. S. Rawat. 1995. "Prospects for Ecotourism in India." In *Integrating People and Wildlife for a Sustainable Future*, ed. John A. Bissonette and Paul R. Krausman. Bethesda, Md.: Wildlife Society.

Joslin, Paul. 1973. "The Asiatic Lion: A Study of Ecology and Behaviour." Ph.D. dissertation, University of Edinburgh.

———. 1980. "The Lion's Share Is Very Small." *Animal Kingdom*, vol. 83, no. 5.

———. 1984. "The Environmental Limitations and Future of the Asiatic Lion." *Journal of the Bombay Natural History Society*, vol. 81.

———. 1985. "Lions of India." *Bison*. Spring 1985.

Judt, Tony. 2001. "Romania: The Bottom of the Heap." *New York Review of Books*, November 1, 2001.

Kanvinde, Hemal S. 1995. "Bhitarkanika Wildlife Sanctuary." In *Protecting Endangered National Parks*. Delhi: Rajiv Gandhi Institute for Contemporary Studies.

Kaplan, Robert. D. 1994. *Balkan Ghosts: A Journey Through History*. New York: Vintage Books.

Kar, S. K. 1993. "Post Hatching Dispersal and Growth of the Saltwater Crocodile, *Crocodylus porosus* Schneider, in Orissa, India." *Journal of the Bombay Natural History Society*, vol. 90.

Kar, S. K., and H. R. Bustard. 1989. "Status of the Saltwater Crocodile (*Crocodylus porosus* Schneider) in the Bhitarkanika Wildlife Sanctuary, Orissa, India." *Journal of the Bombay Natural History Society*, vol. 86.

———. 1990. "Results of a Pilot Saltwater Crocodile *Crocodylus porosus* Schneider Restocking in Bhitarkanika Wildlife Sanctuary, Orissa." *Journal of the Bombay Natural History Society*, vol. 87.

Kaufman, Les, and Kenneth Mallory, eds. 1986. *The Last Extinction*. Cambridge, Mass.: MIT Press.

Kautilya. 1992. *The Arthashastra*, ed. and trans. L. N. Rangarajan. New Delhi: Penguin Books.

Keen, Ian. 1994. *Knowledge and Secrecy in an Aboriginal Religion*. Oxford: Clarendon Press.

Keenan, Sheila. 2000. *Gods, Goddesses, and Monsters: An Encyclopedia of World Mythology*. New York: Scholastic.

Keilman, Nico. 2001. "Uncertain Population Forecasts." *Nature*, vol. 412. August 2, 2001.

Keiter, Robert B., and Mark S. Boyce, eds. 1991. *The Greater Yellowstone Ecosystem: Redefining America's Wilderness Heritage*. New Haven, Conn.: Yale University Press.

Kellert, Stephen R. 1997. *Kinship to Mastery: Biophilia in Human Evolution and Development*. Washington, D.C.: Island Press/Shearwater Books.

King, L. W., ed. and trans. 1902. *Enuma Elish: The Seven Tablets of Creation*. Vol. 1. London: Luzac. (Facsimile reprint, Escondido, Calif.: Book Tree, 1999.)

Kingsland, Sharon E. 1988. *Modeling Nature: Episodes in the History of Population Ecology*. Chicago: University of Chicago Press.

Kinnear, N. B. 1920. "The Past and Present Distribution of the Lion in South Eastern Asia." *Journal of the Bombay Natural History Society*, vol. 27.

Kitchener, Andrew. 1991. *The Natural History of the Wild Cats*. Ithaca, N.Y.: Cornell University Press.

———. 1999. "Tiger Distribution, Phenotypic Variation and Conservation Issues." In Seidensticker et al. (1999).

Kowalski, Kazimierz. 1967. "The Pleistocene Extinction of Mammals in Europe." In Martin and Wright (1967).

Kruuk, Hans. 2002. *Hunter and Hunted: Relationships Between Carnivores and People*. Cambridge: Cambridge University Press.

Kurtén, Björn. 1968. *Pleistocene Mammals of Europe*. Chicago: Aldine Publishing.

———. 1972. *The Age of Mammals*. New York: Columbia University Press.

———. 1995. *The Cave Bear Story: Life and Death of a Vanished Animal*. New York: Columbia University Press.

Lambert, David, and the Diagram Group. 1990. *The Dinosaur Data Book*. New York: Avon Books.

Lambert, Wilfred G. 1987. "Gilgamesh in Literature and Art: The Second and First Millennia." In Farkas, Harper, and Harrison (1987).

Laurance, William F. and Richard O. Bierregaard, Jr., eds. 1997. *Tropical Forest Remnants: Ecology, Management, and Conservation of Fragmented Communities*. Chicago: University of Chicago Press.

Laynhapuy Schools A.S.S.P.A. Committee. 1992. "Baniyala Garrangali Galtha Rom Workshop." Nhulunbuy, Northern Territory, Aus.: Yirrkala Literature Production

Centre.

Leopold, Aldo. 1933. *Game Management*. New York: Charles Scribner's Sons.

Leyhausen, Paul. 1979. *Cat Behavior: The Predatory and Social Behavior of Domestic and Wild Cats*, trans. Barbara A. Tonkin. New York: Garland STPM Press.

Lindeman, Raymond L. 1942. "The Trophic-Dynamic Aspect of Ecology." *Ecology*, vol. 23, no. 4.

Lindskog, Birger. 1954. *African Leopard Men*. Studia Ethnographica Upsaliensia, 7. Uppsala, Swe.: Almqvist & Wiksells Boktryckeri.

Lineweaver, Thomas H., Ⅲ, and Richard H. Backus. 1984. *The Natural History of Sharks*. New York: Nick Lyons Books/Schocken Books.

Long, John, ed. 1998. *Attacked! By Beasts of Prey and Other Deadly Creatures*. Camden, Me.: Ragged Mountain Press.

Loos, Noel, and Koiki Mabo. 1996. *Edward Koiki Mabo: His Life and Struggle for Land Rights*. St. Lucia, Queensland, Aus.: University of Queensland Press.

Lutz, Wolfgang, Warren Sanderson, and Sergei Scherbov. 2001. "The End of World Population Growth." *Nature*, vol. 412, August 2, 2001.

Lydekker, R. 1900. *The Great and Small Game of India, Burma, and Tibet*. London: Rowland Ward.

McCulloch, Dale R., and Reginald H. Barrett. 1991. *Wildlife 2001: Populations*. Proceedings of an International Conference on Population Dynamics and Management of Vertebrates (Exclusive of Primates and Fish). London: Elsevier Applied Science.

McDougal, Charles. 1977. *The Face of the Tiger*. London: Rivington Books and André Deutsch.

———. 1987. "The Man-Eating Tiger in Geographical and Historical Perspective." In Tilson and Seal (1987).

McGowan, Chistopher. 1997. *The Raptor and the Lamb: Predators and Prey in the Living World*. New York: Henry Holt.

McMillion, Scott. 1998. *Mark of the Grizzly: True Stories of Recent Bear Attacks and the Hard Lessons Learned*. Helena: Falcon Publishing.

McNamee, Thomas. 1990. *The Grizzly Bear*. New York: Penguin Books.

———. 1998. *The Return of the Wolf to Yellowstone*. New York: Henry Holt/Owl Books.

McNeely, Jeffrey A., and Paul Spencer Wachtel. 1988. *The Soul of the Tiger: Searching for Nature's Answers in Exotic Southeast Asia*. New York: Doubleday.

McVedy, Colin. 1972. *The Penguin Atlas of Ancient History*. Harmondsworth,

Middlesex, Eng.: Penguin Books.

Mallick, Ross. 1993. *Development Policy of a Communist Government: West Bengal Since 1997*. Cambridge: Cambridge University Press.

———. 1998. *Development, Ethnicity and Human Rights in South Asia*. New Delhi: Sage Publications.

Manfredi Paola, ed. 1997. *In Danger: Habitats, Species and People*. New Delhi: Ranthambhore Foundation.

Maniguet, Xavier. 1991. *The Jaws of Death: Shark as Predator, Man as Prey*, trans. David A. Christie. Dobbs Ferry, N.Y.: Sheridan House.

Marean, Curtis W. 1989. "Sabertooth Cats and Their Relevance for Early Hominid Diet and Evolution." *Journal of Human Evolution*, vol. 18.

Marean, Curtis W. and Celeste L. Ehrhardt. 1995. "Paleoanthropological and Paleoecological Implications of the Taphonomy of a Sabertooth's Den." *Journal of Human Evolution*, vol. 29.

Marika, Wandjuk. 1995. *Wandjuk Marika, Life Story*. As told to Jennifer Isaacs. St. Lucia, Queensland, Aus.: University of Queensland Press.

Martin, P. S., and H. E. Wright, Jr., eds. 1967. *Pleistocene Extinctions: The Search for a Cause*. New Haven: Yale University Press.

Martin, Paul S., and Richard G. Klein, eds. 1984. *Quaternary Extinctions: A Prehistoric Revolution*. Tucson: University of Arizona Press.

Matthiessen, Peter. 2000. *Tigers in the Snow*. New York: North Point Press/Farrar, Straus and Giroux.

Matyushkin, E. N. 1998. *The Amur Tiger in Russia: An Annotated Bibliography, 1925–1997*. Moscow: World Wide Fund for Nature.

Matyushkin, E. N., V. I. Zhivotchenko, and E. N. Smirnov. 1980. *The Amur Tiger in the USSR*. English translation, uncredited. Gland, Switz.: IUCN.

Mayor, Adrienne. 2000. *The First Fossil Hunters: Paleontology in Greek and Roman Times*. Princeton, N.J.: Princeton University Press.

Mayr, Ernst. 1956. "Geographical Character Gradients and Climatic Adaptation." *Evolution*, vol. 10, no. 1. Revised and reprinted in Mayr's *Evolution and the Diversity of Life: Selected Essays*. Cambridge, Mass.: Belknap Press of Harvard University Press, 1976.

Mazur, Laurie Ann. 1994. *Beyond the Numbers: A Reader on Population, Consumption, and the Environment*. Washington, D.C.: Island Press.

Mech, L. David. 1981. *The Wolf: The Ecology and Behavior of an Endangered Species*. Minneapolis: University of Minnesota Press.

Meena, R. L., R. D. Kambol, and Mahesh Singh. N.d. "The Gir." Sasan, India: Gir Welfare Fund, Wildlife Division.

Mehta, Gita. 1997. *Snakes and Ladders: A View of Modern India*. London: Secker and Warburg.

Mendelsohn, Oliver, and Marika Vicziany. 1998. *The Untouchables: Subor- dination, Poverty and the State in Modern India*. Cambridge: Cambridge University Press.

Menge, Bruce A., and Tess L. Freidenburg. 2001. "Keystone Species." *Encyclopedia of Biodiversity*, vol. 3, ed. Simon Asher Levin. San Diego, Calif.: Academic Press.

Mertens, Annette, and Christoph Promberger. N.d. "Economic Aspects of Large Carnivore-Livestock Conflicts in Romania." (Draft/private.)

Messel, Harry. 1977. "The Crocodile Programme in Northern Australia: Population Surveys and Numbers." In *A Study of Crocodylus Porosus in Northern Australia: A Series of Five Lectures*, ed. Messel and Butler. Sydney: Shakespeare Head Press.

———. 1991. "Sustainable Utilization: A Program That Conserves Many Crocodilians." *Species*, vol. 16.

Metzger, Bruce M., and Roland E. Murphy, eds. 1994. *The New Oxford Annotated Bible*. New York: Oxford University Press.

Micu, Ion. 1998. *Ursul Brun: Aspecte Eco-Etologice*. (Privately translated by Eduard Érsek.) Bucharest: Editura Ceres.

Mills, L. Scott, Michael E. Soulé, and Daniel F. Doak. 1993. "The Keystone-Species Concept in Ecology and Conservation." *BioScience*, vol. 43, no. 4.

Minta, Steven C., Peter M. Kareiva, and A. Peyton Curlee. 1999. "Carnivore Research and Conservation: Learning from History and Theory." In Clark et al. (1999).

Mitchell, Stephen, ed. and trans. 1992. *The Book of Job*. New York: Harper Perennial.

Montgomery, Sy. 1995. *Spell of the Tiger: The Man-Eaters of Sundarbans*. Boston: Houghton Mifflin.

Moorehead, Alan. 1987. *The Fatal Impact: The Invasion of the South Pacific 1767– 1840*. Sydney: Mead and Beckett Publishing.

Moraes, Frank. 1956. *Jawaharlal Nehru*. New York: Macmillan.

Morell, Virginia. 1994. "Serengeti's Big Cats Going to the Dogs." *Science*, vol. 264, June 17, 1994.

———. 1996. "New Virus Variant Killed Serengeti Cats." *Science*, vol. 271, February

2, 1996.

Morphy, Howard. 1984. *Journey to the Crocodile's Nest*. Canberra: Australian Institute of Aboriginal Studies.

――. 1991. *Ancestral Connections: Art and an Aboriginal System of Knowledge*. Chicago: University of Chicago Press.

Murphy, John C., and Robert W. Henderson. 1997. *Tales of Giant Snakes: A Historical Natural History of Anacondas and Pythons*. Malabar, Fla.: Krieger.

Naipaul, V. S. 1979. *India: A Wounded Civilization*. New York: Penguin Books.

――. 1992. *India: A Million Mutinies Now*. New York: Penguin Books.

Narayan, R. K. 1977. *The Ramayana*. New York: Penguin Books.

――. 1984. *A Tiger for Malgudi*. New York: Penguin Books.

――. 1993. *Gods, Demons, and Others*. Chicago: University of Chicago Press.

Narayan, Shankar. 1996. "Joint Management of Gir National Park." In *People and Protected Areas: Towards Participatory Conservation in India*, ed. Ashish Kothari, Neena Singh, and Saloni Suri. New Delhi: Sage Publications.

Negi, S. S. 1969. "Transplanting of Indian Lion in Uttar Pradesh State." *Cheetal*, vol. 12, no. 1.

Newell, Josh, and Emma Wilson. 1996. *The Russian Far East: Forests, Biodiversity Hotspots, and Industrial Developments*. Tokyo: Friends of the Earth—Japan.

Nichols, Michael, and Geoffrey C. Ward. 1998. *The Year of the Tiger*. Washington, D.C.: National Geographic Society.

Nikolaev, Igor G., and Victor G. Yudin. 1993. "Tiger and Man in Conflict Situations." *Bull. Mosk. Obschestva Ispytateley Prirody. Otd. Biol.*, vol. 98, no. 3.

――. N.d. "Conflicts between Man and Tiger in the Russian Far East." Typescript in English of an (unpublished?) update, circa 1999, of Nikolaev and Yudin (1993).

Nitecki, Matthew H., ed. 1984. *Extinctions*. Chicago: University of Chicago Press.

Nowell, Kristin, and Peter Jackson. 1996. *Wild Cats: Status Survey and Conservation Action Plan*. Gland, Switz.: IUCN.

Nuttall-Smith, Chris. 2002. "Symbol of Asian Pride Extinct: Report." *Vancouver Sun*, November 2, 2002.

O'Brien, Stephen J. 1994. "Genetic and Phylogenetic Analyses of Endangered Species." *Annual Review of Genetics*, vol. 28.

O'Brien, S. J., P. Joslin, G. L. Smith Ⅲ, R. Wolfe, N. Schaffer, E. Heath, J. Ott-Joslin, P. P. Rawal, K. K. Bhattacharjee, and J. S. Martenson. 1987. "Evidence for African

Origins of Founders of the Asiatic Lion Species Survival Plan." *Zoo Biology*, vol. 6.

O'Brien, Stephen J., Janice S. Martenson, Craig Packer, Lawrence Herbst, Valerius de Vos, Paul Joslin, Janis Ott-Joslin, David E. Wildt, and Mitchell Bush. 1987. "Biochemical Genetic Variation in Geographic Isolates of African and Asiatic Lions." *National Geographic Research*, vol. 3, no. 1.

Odum, Eugene P. 1971. *Fundamentals of Ecology.* Philadelphia: W. B. Saunders.

Okarma, Henryk, Yaroslav Dovchanych, Slavomir Findo, Ovidiu Ionescu, Petr Koubek, and Laszlo Szemethy. N.d. "Status of Large Carnivores (Brown Bear, Wolf, Lynx, Otter) in the Carpathians." (Draft/private.)

Oza, G. M. 1974. "Conservation of the Asiatic Lion: Now Limited to Gujarat State, India." *Biological Conservation*, vol. 6, no. 3.

Pacepa, Lt. Gen. Ion Mihai. 1987. *Red Horizons: The True Story of Nicolae and Elena Ceausescu's Crimes, Lifestyle, and Corruption.* Washington, D.C.: Regnery Gateway.

Packer, Craig, and Jean Clottes. 2000. "When Lions Ruled France." *Natural History*, vol. 109, November 2000.

Paine, Robert T. 1963. "Trophic Relationships of Sympatric Predatory Gastropods." *Ecology*, vol. 44, no. 1.

———. 1966. "Food Web Complexity and Species Diversity." *American Naturalist*, vol. 100, no. 910.

———. 1969. "A Note on Trophic Complexity and Community Stability." *American Naturalist*, vol. 103, no. 929.

Pakula, Hannah. 1984. *The Last Romantic: A Biography of Queen Marie of Roumania.* New York: Simon and Schuster.

Pandav, Bivash. 1996. "Birds of the Bhitarkanika Mangroves, Eastern India." *Forktail*, vol. 12.

Pandav, Bivash, and Binod C. Choudhury. 1996. "Diurnal and Seasonal Activity Patterns of Water Monitor (*Varanus salvator*) in the Bhitarkanika Mangroves, Orissa, India." *Hamadryad*, vol. 21.

Panwar, H. S. 1995. "Management of Wildlife Habitats in India." In *The Development of International Principles and Practices of Wildlife Research and Management: Asian and American Approaches*, ed. Stephen H. Berwick and V. B. Saharia. Delhi: Oxford University Press.

Patterson, Lt. Col. J. H. 1996. *The Man-Eaters of Tsavo.* New York: Pocket Books.

Penny, Malcolm. 1991. *Alligators and Crocodiles*. New York: Crescent Books.

Pericot-Garcia, Luis, John Galloway, and Andreas Lommel. 1967. *Prehistoric and Primitive Art*. New York: Harry N. Abrams.

Perry, Richard. 1965. *The World of the Tiger*. New York: Atheneum.

Peterson, Nicolas, and Marcia Langton. 1983. *Aborigines, Land and Land Rights*. Canberra: Australian Institute of Aboriginal Studies.

Pfeffer, Pierre, ed. 1989. *Predators and Predation: The Struggle for Life in the Animal World*. New York: Facts on File.

Philip, Neil. 1999. *Myths and Legends*. New York: DK Publishing.

Pikunov, D. G. 1988a. "Amur Tiger (*Panthera Tigris Altaika*): Present Situation and Perspectives for Preservation of Its Population in the Soviet Far East." In Dresser et al. (1988).

———. 1988b. "Eating Habits of the Amur Tiger (*Panthera Tigris Altaika*) in the Wild." In Dresser et al. (1988).

Pliny the Elder. 1991. *Natural History: A Selection*, trans. with intro. and notes by John F. Healey. New York: Penguin Books.

Plumwood, Val. 1993. *Feminism and the Mastery of Nature*. London: Routledge.

———. 1996. "Being Prey." *Terra Nova*, vol. 1, no. 3.

Plutarch. 1999. *Roman Lives: A Selection of Eight Roman Lives*, trans. Robin Waterfield; intro. and notes by Philip A. Stadter. Oxford: Oxford University Press.

Pocock, R. I. 1930. "The Lions of Asia." *Journal of the Bombay Natural History Society*, vol. 34.

———. 1936. "The Lion in Baluchistan." *Journal of the Bombay Natural History Society*, vol. 38.

Pope, Clifford H. 1962. *The Giant Snakes: The Natural History of the Boa Constrictor, the Anaconda, and the Largest Pythons*. London: Routledge & Kegan Paul.

Powell, Alan. 1996. *Far Country: A Short History of the Northern Territory*. Carlton, Victoria, Aus.: Melbourne University Press.

Power, Mary E., David Tilman, James A. Estes, Bruce A. Menge, William J. Bond, L. Scott Mills, Gretchen Daily, Juan Carlos Castilla, Jane Lubchenco, and Robert T. Paine. 1996. "Challenges in the Quest for Keystones." *BioScience*, vol. 46, no. 8.

Prater, S. H. 1980. *The Book of Indian Animals*. Bombay: Bombay Natural History Society and Oxford University Press.

Press, Tony, David Lea, Ann Webb, and Alistair Graham, eds. 1995. *Kakadu: Natural and Cultural Heritage and Management*. Darwin, Northern Territory, Aus.: Australia Nature Conservation Agency.

Quigley, Howard B. 1993. "Saving Siberia's Tigers." *National Geographic*. July 1993.

Quirk, Susan, and Michael Archer, eds. N.d. *Prehistoric Animals of Australia*. Drawings by Peter Shouten. Sydney: Australian Museum.

Rashid, M. A. 1978. "The Gir Wild Life Sanctuary and National Park in Gujarat State." Gujarat Forest Department, Gujarat, India.

———. 1983. "The Gir (Asiatic) Lion." *Cheetal*, vol. 24, no. 3.

Rashid, M. A., and Reuben David. 1992. *The Asiatic Lion*. Department of Environment, Government of India. Baroda, India: Vishal Offset.

Raval, Shishir R. 1991. "The Gir National Park and the Maldharis: Beyond 'Setting Aside.'" In *Resident Peoples and National Parks*, ed. Patrick C. West and Steven R. Brechin. Tucson: University of Arizona Press.

———. 1994. "Wheel of Life: Perceptions and Concerns of the Resident Peoples for Gir National Park in India." *Society and Natural Resources*, vol. 7.

———. 1997. "Perceptions of Resource Management and Landscape Quality of the Gir Wildlife Sanctuary and National Park in India." Ph.D. dissertation, University of Michigan.

Reed, A. W. 1978. *Aboriginal Legends: Animal Tales*. Kew, Victoria, Aus.: Reed Books.

Reynolds, Henry. 1992. *The Law of the Land*. Ringwood, Victoria, Aus.: Penguin Books.

Reynolds, John. 1974. *Men and Mines: A History of Australian Mining 1788–1971*. Melbourne: Sun Books.

Ridley, Mark. 1993. *Evolution*. Boston: Blackwell Scientific Publications.

Roelke-Parker, Melody, Linda Munson, Craig Packer, Richard Kock, Sarah Cleaveland, Margaret Carpenter, Stephen J. O'Brien, Andreas Pospischil, Regina Hofmann-Lehmann, Hans Lutz, George L. M. Mwamengele, M. N. Mgasa, G. A. Machange, Brian A. Summers, and Max J. G. Appel. 1996. "A Canine Distemper Virus Epidemic in Serengeti Lions (*Panthera leo*)." *Nature*, vol. 379, February 1, 1996.

Rose, Carol. 2000. *Giants, Monsters, and Dragons: An Encyclopedia of Folklore,*

Legend, and Myth. New York: W. W. Norton.

Rose, Kenneth. 1969. *Superior Person: A Portrait of Curzon and His Circle in Late Victorian England*. New York: Weybright and Talley.

Ross, Charles A., ed. 1989. *Crocodiles and Alligators*. Silverwater, New South Wales, Aus.: Golden Press.

Saberwal, Vasant. 1990. "Lion-Human Conflict Around Gir." *WII Newsletter*, vol. 5, no. 3.

Saberwal, Vasant K., James P. Gibbs, Ravi Chellam, and A. J. T. Johnsingh. 1994. "Lion-Human Conflict in the Gir Forest, India." *Conservation Biology*, vol. 8, no. 2.

Saharia, V. B. 1982. *Wildlife in India*. Dehra Dun: Natraj Publishers.

Saitoti, Tepilit Ole, and Carol Beckwith. *Maasai*. New York: Abradale Press/Harry N. Abrams.

Salvatori, V., O. Ionescu, H. Okarma, and S. Findo. N.d. "The Hunting Legislation in the Carpathian Mountains: Implications for the Conservation and Management of Large Carnivores." (Draft/private.)

Sandars, N. K., ed. and trans. 1972. *The Epic of Gilgamesh*. Harmondsworth, Middlesex, Eng.: Penguin Books.

Savage, R. J. G., and M. R. Long. 1986. *Mammal Evolution: An Illustrated Guide*. New York: Facts on File.

Savill, Sheila. 1977. *Pears Encyclopedia of Myths and Legends: Western and Northern Europe, Central and Southern Africa*. London: Pelham Books.

Savill, Sheila, and Elizabeth Locke. 1976. *Pears Encyclopedia of Myths and Legends: Ancient Near and Middle East, Ancient Greece and Rome*. London: Pelham Books.

Schaller, George B. 1967. *The Deer and the Tiger: A Study of Wildlife in India*. Chicago: University of Chicago Press.

———. 1972. *The Serengeti Lion: A Study of Predator-Prey Relations*. Chicago: University of Chicago Press.

———. 1993. *The Last Panda*. Chicago: University of Chicago Press.

Scholander, P. F. 1955. "Evolution of Climatic Adaptation in Homeotherms." *Evolution*, vol. 9.

Schullery, Paul. 1992. *The Bears of Yellowstone*. Worland, Wyo.: High Plains Publishing Company.

Scott, Jonathan. 1995. *Kingdom of Lions*. London: Kyle Cathie.

Seidensticker, John, and Charles McDougal. 1993. "Tiger Predatory Behaviour, Ecology and Conservation." In Dunstone and Gorman (1993).

Seidensticker, John, Sarah Christie, and Peter Jackson, eds. 1999. *Riding the Tiger: Tiger Conservation in Human-Dominated Landscapes*. Cambridge: Cambridge University Press.

Servheen, Christopher, Stephen Herrero, and Bernard Peyton. 1999. *Bears: Status Survey and Conservation Action Plan*. Gland, Switz.: IUCN.

Sharma, Arpan. 1998. "Shifting Home: New Horizons on the Anvil for the Asiatic Lion." *Sanctuary Asia*, vol. 18, no. 5.

Sharma, Diwakar, and A. J. T. Johnsingh. 1996. "Impacts of Management Practices on Lion and Ungulate Habitats in Gir Protected Area." Dehra Dun, India: Wildlife Institute of India.

Shaw, Harley. 1989. *Soul Among Lions: The Cougar as Peaceful Adversary*. Boulder, Colo.: Johnson Books.

Shepard, Paul. 1996. *The Others: How Animals Made Us Human*. Washington: Island Press/Shearwater Books.

———. 1998. *The Tender Carnivore and the Sacred Game*. Foreword by George Sessions. Athens, Ga.: University of Georgia Press.

Shepard, Paul and Barry Sanders. 1985. *The Sacred Paw: The Bear in Nature, Myth, and Literature*. New York: Viking.

Simberloff, Daniel. 1997. "Flagships, Umbrellas, and Keystones: Is Single-Species Management Passé in the Landscape Era?" *Biological Conservation*, vol. 83, no. 3.

Sinha, S. K. 1975. "Distribution of the Indian Lion over Centuries." *Cheetal*, vol. 17, no. 1.

Singh, H. S., and R. D. Kamboj. 1996. *Biodiversity Conservation Plan for Gir*, vol. 1. Junagadh, India: Gujarat Forest Department.

Soulé, Michael E., James A. Estes, Joel Berger, and Carlos Martinez del Rio. In press. "Recovery Goals for Ecologically Effective Numbers of Endangered Keystone Species."

Soulé, Michael E., and John Terborgh, eds. 1999. *Continental Conservation: Scientific Foundations of Regional Reserve Networks*. Washington, D.C.: Island Press.

Soulé, Michael E., and Bruce A. Wilcox, eds. 1980. *Conservation Biology: An Evolutionary-Ecological Perspective*. Sunderland, Mass.: Sinauer Associates.

Spear, Percival. 1990. *A History of India*. Vol. 2. New York: Penguin Books.

Srivastav, Asheem, and Suvira Srivastav. 1999. *Asiatic Lion: On the Brink*. Dehra Dun, India: Bishen Singh Mahendra Pal Singh.

Stephan, John J. 1994. *The Russian Far East: A History*. Stanford, Calif.: Stanford University Press.

Stevens, John D., ed. 1999. *Sharks*. New York: Facts on File.

Stern, Horst. 1993. *The Last Hunt*, trans. Deborah Lucas Schneider. New York: Random House.

Stirrat, Simon, David Lawson, and W. J. Freeland. 2000. "Detecting and Responding to Changes in Numbers: The Future of Monitoring *Crocodylus porosus* in the Northern Territory of Australia." Draft paper presented to a meeting of the Crocodile Specialist Group of the IUCN, Cuba, January 2000.

Stokes, J. Lort. 1846. *Discoveries in Australia; with an Account of the Coasts and Rivers Explored and Surveyed during the Voyage of H.M S. Beagle, in the Years 1837–38–39–40–41–42–43*. London: T. and W. Boone.

Stroganov, S. U. 1969. *Carnivorous Mammals of Siberia*, trans. A. Birron. Jerusalem: Israel Program for Scientific Translations.

Subramaniam, Kamala. N.d. *Srimad Bhagavatam*. Bombay: Bharatiya Vidya Bhavan.

Tambs-Lyche, Harald. 1997. *Power, Profit and Poetry: Traditional Society in Kathiawar, Western India*. New Delhi: Manohar.

Tammita-Delgoda, Sinharaja. 1995. *A Traveller's History of India*. New York: Interlink Books.

Taylor, Robert J. 1984. *Predation*. New York: Chapman and Hall.

Terborgh, John. 1974. "Preservation of Natural Diversity: The Problem of Extinction Prone Species." *BioScience*, vol. 24, no. 12.

———. 1988. "The Big Things That Run the World—A Sequel to E. O. Wilson." *Conservation Biology*, vol. 2, no. 4.

Terborgh, John, James A. Estes, Paul Paquet, Katherine Ralls, Diane Boyd-Heger, Brian J. Miller, and Reed F. Noss. 1999. "The Role of Top Carnivores in Regulating Terrestrial Ecosystems." In Soulé and Terborgh (1999).

Terborgh, John, Lawrence Lopez, Percy Nuñez V., Madhu Rao, Ghazala Shahabuddin, Gabriela Orihuela, Mailen Riveros, Rafael Ascanio, Greg H. Adler, Thomas D. Lambert, and Luis Balbas. 2001. "Ecological Meltdown in Predator-Free Forest Fragments." *Science*, vol. 294. November 30, 2001.

Terborgh, John, Lawrence Lopez, José Tello, Douglas Yu, and Ana Rita Bruni. 1997. "Transitory States in Relaxing Ecosystems of Land Bridge Islands." In Laurance and Bierregaard (1997).

Terborgh, John, and Blair Winter. 1980. "Some Causes of Extinction." In Soulé and Wilcox (1980).

Thapar, Valmik. 1997. *Land of the Tiger: A Natural History of the Indian Subcontinent*. Berkeley: University of California Press.

Tharoor, Shashi. 1997. *India: From Midnight to the Millennium*. New York: Arcade Publishing.

Thomas, E. Donnall, Jr. 2001. "Predators: Montanans Confront the Politics of Fang and Claw." *Big Sky Journal*, vol. 8, no. 6.

Thompson, C. J. S. 1968. *The Mystery and Lore of Monsters*. New York: Bell Publishing Company.

Thomson, Donald F. 1949. *Economic Structure and the Ceremonial Exchange Cycle in Arnhem Land*. Melbourne: Macmillan.

Thorbjarnanarson, John. 1992. *Crocodiles: An Action Plan for Their Conservation*. ed. Harry Messel, F. Wayne King, and James Perran Ross. Gland, Switz.: IUCN.

———. 1999. "Crocodile Tears and Skins: International Trade, Economic Constraints, and Limits to the Sustainable Use of Crocodilians." *Conservation Biology*, vol. 13, no. 3.

Tilson, Ronald L., and Ulysses S. Seal, eds. 1987. *Tigers of the World: The Biology, Biopolitics, Management, and Conservation of an Endangered Species*. Park Ridge, N.J.: Noyes Publications.

Todd, Neil B. 1965. "Metrical and Non-metrical Variation in the Skulls of Gir Lions." *Journal of the Bombay Natural History Society*, vol. 62.

Tolkien, J. R. R. 1936. *Beowulf: The Monsters and the Critics*. Sir Israel Gollancz Memorial Lecture, from the Proceedings of the British Academy, Vol. 22. London: Oxford University Press.

Turner, Alan. 1997. *The Big Cats and Their Fossil Relatives*, illus. Mauricio Antón. New York: Columbia University Press.

Underwood, Lamar, ed. 2000. *Man Eaters: True Tales of Animals Stalking, Mauling, Killing, and Eating Human Prey*. New York: Lyons Press.

Van Valen, Leigh. 1969. "Evolution of Dental Growth and Adaptation in Mammalian Carnivores." *Evolution*, vol. 23.

Van Valkenburgh, Blaire. 1988. "Incidence of Tooth Breakage Among Large, Predatory Mammals." *American Naturalist*, vol. 131, no. 2.

———. 1989. "Carnivore Dental Adaptations and Diet: A Study of Trophic Diversity within Guilds." In Gittleman (1989).

Van Valkenburgh, Blaire, and Fritz Hertel. 1993. "Tough Times at La Brea: Tooth Breakage in Large Carnivores of the Late Pleistocene." *Science*, vol. 261, July 23, 1993.

Van Valkenburgh, B., and C. B. Ruff. 1987. "Canine Tooth Strength and Killing Behaviour in Large Carnivores." *Journal of Zoology* (London), vol. 212.

Vereshchagin, N. K., and G. F. Baryshnikov. 1984. "Quaternary Mammalian Extinctions in Northern Eurasia." In Martin and Klein (1984).

Warner, W. Lloyd. 1958. *A Black Civilization: A Social Study of an Australian Tribe*. New York: Harper and Brothers.

Watson, Helen, with the Yolngu community at Yirrkala, and David Wade Chambers. 1989. *Singing the Land, Signing the Land: A Portfolio of Exhibits*. Geelong, Victoria: Deakin University.

Webb, Grahame. 1982. "A Look at the Freshwater Crocodile." *Australian Natural History*, vol. 20, no. 2.

———. 1991a. "'Wise Use' of Wildlife." *Journal of Natural History*, vol. 25.

———. 1991b. "The Influence of Season on Australian Crocodiles." In *Monsoonal Australia: Landscape, Ecology and Man in the Northern Lowlands*, ed. C. D. Haynes, M. G. Ridpath, and M. A. J. Williams. Rotterdam: A. A. Balkema.

———. 1998. *Numunwari*. Chipping Norton, New South Wales, Aus.: Surrey Beatty & Sons.

Webb, Grahame J. W., and S. Charlie Manolis. 1991. "Monitoring Saltwater Crocodiles (*Crocodylus porosus*) in the Northern Territory of Australia." In McCulloch and Barrett (1991).

Webb, Grahame, and Charlie Manolis. 1989. *Crocodiles of Australia*. Frenchs Forest, New South Wales, Aus.: Reed Books.

Webb, Grahame J. W., S. Charlie Manolis, and Peter J. Whitehead, eds. 1987. *Wildlife Management: Crocodiles and Alligators*. Chipping Norton, New South Wales, Aus.: Surrey Beatty & Sons.

Webb, Grahame J. W., S. Charlie Manolis, and Brett Ottley. 1994. "Crocodile Management and Research in the Northern Territory: 1992–94." Paper presented at the 12th Working Meeting of the IUCN-SSC Crocodile Specialist Group, Pattaya, Thailand, May 2–6, 1994.

Webb, Grahame, Charles Missi, and Miriam Cleary. 1996. "Sustainable Use of Crocodiles by Aboriginal People in the Northern Territory." In Bomford and Caughley (1996).

Webb, Grahame J. W., Brett Ottley, Adam R. C. Britton, and S. Charlie Manolis. 2000. "Recovery of Saltwater Crocodiles (*Crocodylus porosus*) in the Northern Territory: 1971–1998." A report to the Parks and Wildlife Commission of the Northern Territory. Sanderson, Northern Territory, Aus.: Wildlife Management International.

Wells, Ann E. 1971. *This Their Dreaming: Legends of the Panels of Aboriginal Art in the Yirrkala Church*. St. Lucia, Queensland, Aus.: University of Queensland Press.

Wells, Edgar. 1982. *Reward and Punishment in Arnhem Land* 1962–1963. Canberra: Australian Institute of Aboriginal Studies.

Wessing, Robert. 1986. *The Soul of Ambiguity: The Tiger in Southeast Asia*. Special Report, no. 24, Monograph Series on Southeast Asia. Center for Southeast Asian Studies, Northern Illinois University.

Westphal-Hollbusch, S. 1974. *Hinduistische Viehzüchter im Nordwestlichen Indien*. Vol. 1: *Die Rabari*. Berlin: Duncker und Humboldt.

Whitaker, Romulus. 1987. "The Management of Crocodilians in India." In Webb, Manolis, and Whitehead (1987).

Wilberforce-Bell, H. 1980. *The History of Kathiawad from the Earliest Times*. (Reprint of the 1916 edition, London: Heinemann.) New Delhi: Ajay Book Service.

Wildt, D. E., M. Bush, K. L. Goodrowe, C. Packer, A. E. Pusey, J. L. Brown, P. Joslin, and S. J. O'Brien. 1987. "Reproductive and Genetic Consequences of Founding Isolated Lion Populations." *Nature*, vol. 329, September 24, 1987.

Williams, Nancy. 1986. *The Yolngu and Their Land: A System of Land Tenure and the Fight for Its Recognition*. Stanford, Calif.: Stanford University Press.

———. 1998. *Intellectual Property and Aboriginal Environmental Knowledge*. Darwin, Northern Territory, Aus.: Centre for Indigenous Natural and Cultural Resource Management.

Willis, Roy, ed. 1994. *Signifying Animals: Human Meaning in the Natural World*. London: Routledge.

Woodroffe, Rosie. 2000. "Predators and People: Using Human Densities to Interpret

Declines of Large Carnivores." *Animal Conservation*, vol. 3.

———. 2001. "Strategies for Carnivore Conservation: Lessons from Contemporary Extinctions." In Gittleman et al. (2001).

Woodroffe, Rosie, and Joshua R. Ginsburg. 1998. "Edge Effects and the Extinction of Populations Inside Protected Areas." *Science*, vol. 280, June 26, 1998.

Wright, David, ed. and trans. 1957. *Beowulf: A Prose Translation*. New York: Penguin Books.

Wynter-Blyth, M. A. 1949. "The Gir Forest and Its Lions, Part I." *Journal of the Bombay Natural History Society*, vol. 48.

———. 1950. "The History of the Lion in Junagadh State 1880 to 1936." *Journal of the Bombay Natural History Society*, vol. 49, no. 3.

———. 1956. "The Lion Census of 1955." *Journal of the Bombay Natural History Society*, vol. 53.

Wynter-Blyth, M. A., and Kumar Shree Dharmakumarsinhji. 1950. "The Gir Forest and Its Lions, Part II." *Journal of the Bombay Natural History Society*, vol. 49, no. 3.

Yirrkala Artists. 1999. *Saltwater: Yirrkala Bark Paintings of the Sea Country*. Neutral Bay, New South Wales, Aus.: Buku-Larrngay Mulka Centre, in association with Jennifer Isaacs Publishing.

Yunupingu, Galarrwuy, ed. 1997. *Our Land Is Our Life: Land Rights—Past, Present and Future*. St. Lucia, Queensland, Aus.: University of Queensland Press.

致　谢

在提到具体人名之前，我先在这里说明我对几类人士深切的感激之情。我听过他们的声音，闯入过他们的土地，还试图从他们的文化、信仰和生活历史汲取智慧。他们是：吉尔的玛尔达里人，阿纳姆东部的雍古人，阿纳姆地北部的巴拉达人、昆温克人和伦巴朗加人，印度奥里萨邦的丹玛尔村和卡玛·萨希村的村民，罗马尼亚喀尔巴阡山脉的牧羊人，以及俄罗斯远东比金河谷的乌德盖人。这些人，既有集体的传统，又拥有各自的个性，他们是我书中人类的主角。我感谢他们所给予的一切，我尊重他们所了解和忍受的一切。此外，尽管书中没有提到，落基山脉北部的内兹佩尔塞人（他们祖先的土地位于我们现在称之为爱达荷的地方）在我对这个主题的探索中发挥了重要作用。

几个机构纵容、欢迎、帮助或者至少容忍了我的询问和拜访。诚挚感谢他们所有人。部分机构名单如下：印度野生动物研究所、孟买博物学会、美国信息服务社、泰姬酒店集团、古吉拉特邦林业部、奥里萨邦林业部、迪姆鲁原住民土地管理公司、巴温南加原住民公司、北领地土地理事会、尤茶印迪基金会、喀尔巴阡大型食肉动物项目、罗马尼亚林业部、霍诺克野生动物研究所、可持续利用自然资源研究所（俄罗斯远东分部）、锡霍特－阿林自然保护区、国际野生生物保护学会，以及玛帕拉研究中心。

　　我对拉维·切拉姆的巨大亏欠已被记录在案。除了拉维（及其妻子博玛，女儿罗什尼），许多科学家以及其他人，也用他们的时间、他们的信任、他们的影响力，以及他们的好客和慷慨接待我。这些人给了我各种各样的帮助——提供信息，接受我参与他们的野外工作，安排我进入野外或跟人接触；还有，在一些情况下，向我敞开心扉，分享他们的笔记本，甚至打开家门欢迎我。下面我按地理位置列出他们的名字。印度：伊斯梅尔·巴普和他的家人，迪维亚哈努什·查维达和比瓦什·潘达维。澳大利亚：凯文·里奇和他的家人（杰基、罗莎娜和塔利）、雷·霍尔、安德鲁·卡波、迈克尔·克里斯蒂、南希·菲茨西蒙斯、彼得·库克和大卫·鲍曼。罗马尼亚：安妮特·默顿斯、克里斯多夫·普隆贝格尔、芭芭拉·普隆贝格尔－富尔帕斯、安德烈·布卢姆、奥维迪乌·伊奥内斯库及其家人、维切·布丘洛尤及其家人、阿夫拉姆·桑铎、瓦莱里娅·萨尔瓦托里、伊夫·加瑟、彼得·苏尔斯、吉吉·波帕及其家人，英国广播公司的贾斯汀·埃文斯、尼克·特纳和多米尼克·帕特里奇，扬·米库及其家人、斯勒尼克修道院的帕林特·伊格纳修和其他僧侣、佩特拉·布达及其妻子约兰达。俄罗斯：戴尔·米奎尔和他的妻子玛丽娜，约翰·古德里奇，迪玛·皮库诺夫和他的妻子奥尔加，叶夫根尼·斯米尔诺夫和他的家人，还有科里亚·雷宾和他的家人。非洲：劳伦斯·弗兰克、大卫·韦斯特和迈克·费伊。美国：史蒂夫·伯威克、约翰逊·钱皮恩、霍华德·奎格利、道格·皮科克、安德里亚·皮科克、史蒂夫·普里姆、托尼·鲁斯、小埃·唐纳尔·托马斯和他的妻子劳里。

　　还有一些为我服务的好人提供了重要的帮助。他们是翻译、野外同伴和协调人、印刷资料的翻译人：米夏·琼斯、西普里安·帕维尔、安德烈·布鲁姆、克里斯蒂·拉布（和他的妻子劳拉）、爱德华·埃尔塞克、吉吉·布伊克莱塞努、娜妮基娅·蒙古里蒂和曼达卡·马里卡。迈克尔·克里斯蒂和他的同事韦曼巴·盖卡曼古，提供了部分雍古人关于祖先鳄鱼巴茹的传统故事的译文。杰瑞·科菲帮我学习了古英语版《贝奥武夫》的某些段落。我忠实的转录员格洛丽亚·蒂埃德又一次完成了无价的工作。她转录了非常复杂的采访磁带，许多磁带充斥着陌生的口音，有时背景中还有刺耳的鹦鹉叫声或酒店空调糟糕的嗡鸣声。查克·韦斯特让我与国税局的高层保持一致。

其他许多人给了我各种各样的帮助和合作。这些提供帮助的人，我在书中提到一些（比如杰基·阿德贾拉尔）。我就不再重复书中提及的人物了。除了他们，我还感谢以下人士，这些人的贡献远远超出了我所讲述的，或者我的书中没有提到他们的名字。我将再次按国家列出他们的姓名。印度：比图·萨加尔、阿萨德·R.拉赫马尼、A.J.T.约翰辛格、J.C.丹尼尔、穆罕默德·朱玛、纳根德拉·辛格、达纳·拉克什曼、马赫什·辛格、马努吉·多拉基亚、罗斯·马利克、罗姆·惠特克、马努吉·马哈帕特拉、阿什利·威尔斯、K.K.阿南德，安妮·奥利里、米里亚姆·卡拉维拉、R.K.维什瓦那坦、迪帕克·梅塔、史蒂夫·舍默霍恩、D.苏巴兰姆、特瑞·怀特、卡鲁娜·辛格、尼希斯·达莱娅、拉梅什·萨巴帕拉、巴巴你·帕蒂；一个名叫所罗伯（很遗憾，我不知道他的姓）的年轻聪明的厨房经理，他在一个奇怪的时刻帮助提供了关键信息；还有一位名叫杜玛尔的追踪者（同样，我也不知道他的姓），他被眼镜蛇咬了鼻子，但幸存了下来，成为比塔卡尼卡生态系统的伟大向导。澳大利亚：南希·威廉姆斯、格雷厄姆·韦布、贾拉林巴·尤努平古、加拉鲁伊·尤努平古、曼达乌伊·尤努平古、查理·高朱瓦、西蒙·斯特拉特、亚当·布里顿、伊恩·芒罗、吉米·恩吉曼吉马、威利·乔尔巴尔、艾伦·乔丹、安德鲁·布莱克、霍华德和弗朗西斯·墨菲、玛西娅·朗顿、安·帕尔默、汤姆·尼科尔斯、内维尔·哈斯金斯、罗德·肯尼特、彼得·怀特海德、安娜·约翰逊、利昂·莫里斯、乌苏拉·扎尔、雷·弗兰尼根、尼克·罗宾逊和布雷特·奥特利。罗马尼亚：乔治·普雷多尤、莫索里尔·苏尔杜及其家人、奥瑞卡和盖奥尔吉·苏尔杜、瓦索·博罗明、马里乌斯·斯皮斯图、维克托·穆雷斯·安及其家人、阿利斯泰尔·巴斯、拉兹洛·凯德维斯、米尔恰·韦热莱特、塔马斯·桑迪、伊万·扬蒂埃、提比略·塞班、尼古·布塞洛乌、鲁桑达·桑杜、利维乌·富尔加、马里奥拉和特里安·特里夫、拉杜·索尼埃亚和扬·皮特里卡。俄罗斯：弗拉基米尔·阿拉米廖夫、弗拉基米尔·瓦西廖夫、阿纳托利·阿斯塔菲夫、阿纳托利·霍巴特诺夫和他的妻子巴鲁、斯拉瓦·雷宾和他的妻子尼娜，还有由奈杰尔·马文领导的一个慷慨的英国电视摄制组。美国：马克·布莱恩特、拉里·伯克、哈尔·埃斯彭、沃尔夫·施罗德（来自慕尼黑野生动物协会）、莉兹·克莱本、阿特·奥尔登堡、吉姆·墨菲、埃德里安娜·马约尔、乔希·奥伯、迈克尔·索莱、克里斯·塞尔芬、迈克·吉尔平、伊冯·巴斯金、鲍勃·赖德、罗伯特·瓦里、玛丽安·贝里克、瓦桑特·萨博瓦尔、迈克尔·卢埃林、戈登·威尔西、尼克·尼科尔斯、斯科特·鲍文、路易莎·威尔考克斯、兰斯·克雷黑德、罗西·伍德罗夫、艾伦·拉比诺维茨、乔希·金斯伯格、莫里斯·霍诺克。肯尼亚：希瑟·沃灵顿、莫迪凯·奥格达、史蒂文·埃克万加、亚伦·瓦格纳、肯·雷福德·史密斯、汤姆和彼得·西尔维斯特、科林和洛奇·弗兰科姆。除此之外，其他许多人热情好客地帮助我，为我提供有用的信息和良好的陪伴。我感谢他们所有人。如有遗漏，深为致歉。

我的一些专家朋友和文化中介提供了额外的服务。他们审阅本书

众神的怪兽：在历史和思想丛林里的食人动物

的部分草稿，提出更正、澄清和进一步的见解。当然，最终结果无可指责。他们是：拉维·切拉姆（再次感谢）、比瓦什·潘达夫、史蒂夫·贝里克、霍华德·奎格利、格雷厄姆·韦布、安德鲁·卡波、雷·霍尔、开尔文·莱奇、迈克尔·克里斯蒂、彼得·库克、南希·威廉姆斯、史蒂夫·罗格、安妮特·默顿斯、奥维迪乌·约内斯库、戴尔·密奎尔、约翰·古德里奇、埃德里安娜·马约尔、凯瑟琳·贝格利、布莱尔·范·瓦尔肯伯格、迈克尔·索莱、约翰·麦克科斯克、简·卢布琴科和让·克洛茨。

自从我开始构想本书，热情可爱的雷尼·韦恩·戈尔登一直是忠实拥护者，就像我所有其他朋友一样。玛丽亚·瓜纳切利，在把一个想法变成一本书的漫长过程中，再次成为我重要的编辑伙伴；她的耐心支持以及她对流程和结构的敏锐感觉非常宝贵。又一次，卡蒂亚·赖斯帮我聪明犀利地审稿。埃里克·约翰逊在许可和许多其他任务方面提供了宝贵的帮助。贾斯汀·莫里尔和他的工作室——M 工厂——巧妙地满足了我对地图的要求。我对诺顿出版社来说是一个新作家，但在各级部门，我都找到了和蔼可亲的专家同事。苏珊·莫尔多，作为斯克里布纳的出版商，是最初欢迎这个项目的。斯克里布纳对我之前三本书的出色处理，帮助我开始了对食肉动物的探索。克里斯·艾林森忍受并协助了研究的早期阶段，我对她的亏欠在这里无法估量。威尔·奎曼和玛丽·奎曼、凯·霍普、莎莉·奎曼、查理·法齐奥以及我大家庭的其他成员代表着人类的基底。随着时间的流逝和遥远的旅行，这个基底变得愈发重要。贝特西·盖恩斯凭借她的智慧和灿烂的笑容，在工作的最后阶段提供了至关重要的支持，更重要的是，给了我重生的机会。我在这里感谢她，我每天都会感谢她，因为我们一起在喧闹快乐的房子共同监护孩子们（巴迪、威利、斯基珀）。

图书在版编目（CIP）数据

众神的怪兽：在历史和思想丛林里的食人动物 /（美）
戴维·奎曼著；刘炎林译. —北京：商务印书馆，2022
（2022.4重印）
（自然文库）
ISBN 978-7-100-20116-2

Ⅰ. ①众…　Ⅱ. ①戴…②刘…　Ⅲ. ①野生动物—动
物保护—研究　Ⅳ. ① S863

中国版本图书馆 CIP 数据核字（2021）第 234793 号

自然文库
众神的怪兽
在历史和思想丛林里的食人动物
〔美〕戴维·奎曼　著
刘炎林　译

商 务 印 书 馆 出 版
（北京王府井大街36号　邮政编码100710）
商 务 印 书 馆 发 行
北京新华印刷有限公司印刷
ISBN 978 - 7 - 100 - 20116 - 2

2022 年 1 月第 1 版　　　开本 710×1000　1/16
2022 年 4 月北京第 2 次印刷　印张 27

定价：98.00 元